전력전자 2판

Power Electronics, A First Course:
Simulations and Laboratory Implementations

WILEY 한빛아카데미 Hanbit Academy, Inc.

옮긴이 **곽상신** sskwak@cau.ac.kr

경북대학교 전자공학과에서 학사 및 석사 학위를 취득했으며, 2005년에 미국 텍사스 A&M 대학교 전기컴퓨터공학과에서 박사 학위를 받았다. 2005년부터 2007년까지 삼성 SDI(주)에서 책임연구원으로 근무했으며, 2010년부터 중앙대학교 서울캠퍼스에서 전자전기공학부 교수로 재직 중이다. 지금까지 SCI급 논문 150여 편을 출간했다.

옮긴이 **김래영** rykim@hanyang.ac.kr

한양대학교 전기공학과에서 학사 및 석사 학위를 취득했으며, 2009년에 미국 버지니아 공과대학교 전기컴퓨터공학과에서 박사 학위를 받았다. 1999년부터 2004년까지 (주)효성 중공업연구소에서 선임연구원으로 근무했으며, 2009년부터 미국 실리콘벨리에 위치한 National Semiconductor(현 Texas Instrument)에서 박사후 책임연구원으로 재직했다. 2010년부터 한양대학교 서울캠퍼스에서 전기·생체공학부 교수로 재직 중이다. 지금까지 SCI급 최저명 논문 50여 편을 비롯한 200여 편의 논문을 출간했으며 해외 특허 5편을 비롯한 50여 편의 국내외 특허를 출원했다. 저서로는 『전력전자회로해석(2판)』(복두출판사, 2024) 등이 있다.

옮긴이 **이교범** kyl@ajou.ac.kr

아주대학교 전자공학과에서 학사 학위, 동대학교 제어계측공학과에서 석사 학위를 취득했으며, 고려대학교 전기공학과에서 박사 학위를 받았다. 덴마크 올보대학교(Aalborg University)에서 약 3년간 연구교수로 근무했으며, 2006년부터 전북대학교 전기공학과 조교수로 재직했다. 2007년부터 아주대학교에서 전자공학과 및 미래모빌리티공학과 교수로 재직 중이다. 저서로는 『Reliability Improvement Technology for Power Converter』(Springer, 2017), 『고급 전력전자공학』(문운당, 2019), 『전동기 제어』(문운당, 2021), 『스마트 인버터』(문운당, 2021) 등이 있다.

전력전자 2판 Power Electronics, A First Course

초판발행 2025년 3월 17일

지은이 Ned Mohan, Siddharth Raju / **옮긴이** 곽상신, 김래영, 이교범 / **펴낸이** 전태호
펴낸곳 한빛아카데미(주) / **주소** 서울시 서대문구 연희로2길 62 한빛아카데미(주) 2층
전화 02-336-7112 / **팩스** 02-336-7199
등록 2013년 1월 14일 제2017-000063호 / **ISBN** 979-11-7340-022-3 93560

총괄 박현진 / **책임편집** 김평화 / **기획·편집** 송유림
디자인 표지 윤혜원 내지 이아란 / **전산편집** 임희남 / **제작** 박성우, 김정우
영업 김호철, 김태진, 김성삼, 이정훈, 임현기, 이성훈, 김주성, 심지연

이 책에 대한 의견이나 오탈자 및 잘못된 내용은 출판사 홈페이지나 아래 이메일로 알려주십시오.
파본은 구매처에서 교환하실 수 있습니다. 책값은 뒤표지에 표시되어 있습니다.

홈페이지 www.hanbit.co.kr / 이메일 question@hanbit.co.kr

전력 전자

2판

Power Electronics, A First Course: Simulations and Laboratory Implementations

WILEY 한빛아카데미 Hanbit Academy, Inc.

지은이 머리말

지속 가능한 전기에너지 공급을 위한 전력전자의 역할

전력전자는 정보기술과 산업 자동화에 필요한 전력을 공급하는 기술로, 지속 가능한 전기에너지를 공급하는 데 있어서 중요한 역할을 한다. 대부분의 과학자들은 탄소 기반의 연료를 사용하여 에너지를 생산하는 것이 인류 문명을 위협하는 기후 변화에 영향을 미친다고 생각한다. 미국 에너지부(Department of Energy)의 보고에 따르면 소비되는 전체 에너지의 약 40%는 전기에너지를 통해 직접 변환된다. 여기에 전기 자동차와 플러그인 하이브리드 자동차, 고속 열차 등과 같은 잠재적인 전력 사용량까지 포함한다면 이 수치는 60%까지 증가할 것이다. 그러므로 현재 약 4%에 불과한 풍력과 태양광 등의 신재생에너지를 이용한 발전 시스템과 이렇게 생성된 에너지를 효율적으로 이용하기 위한 지능적이고 강인한 차세대 계통의 구축이 필요하다. 전기에너지를 효율적으로 이용하고 신재생에너지를 이용하여 발전하는 것은 에너지의 지속 가능성을 위해 꼭 필요한 것으로, 전력전자 시스템은 이를 구현하는 열쇠라고 할 수 있다.

이 책은 전력전자, 전력 시스템, 전기기기 및 구동으로 이루어진 전기에너지의 시스템 분야 중 전력전자 시스템에 집중한다. 시스템을 구성하는 요소 간 관계를 강조하기 위해 위에서 아래로 시스템에 접근하는 방식으로 전력전자 시스템을 설명하고자 했으며, 한 학기 정규과정에 맞추어 기본 및 실제적인 설계 내용을 모두 다룰 수 있도록 구성했다.

이 책은 구성 요소에 따라 전력전자 기술을 소개함으로써 초판에서 누락되었던 피드백 제어 설계, 역률 보상 회로, 소프트 스위칭, 그리고 (펄스 폭 변조 제어기술 중 하나로 정현파 펄스 폭 변조 기법에 비해 우수한 성능을 가진) 공간 벡터의 펄스 폭 변조 기법 등과 같은 주요한 주제에 대해 심도있게 다루었다.

만약 학생의 배경지식이 충분하여 빠르게 진도를 나간다면 한 학기에 이 교재를 다룰 수 있으며, 충분한 이해를 돕기 위해 흐름에 방해가 되지 않으면서도 전체 주제에서 필요한 부분은 생략할 수도 있다.

감사의 말

먼저 미군 해군연구청(ONR)에 큰 감사를 표한다. ONR로부터 미네소타 대학교는 “웹 지원, 강사 강의 온라인 코스(N00014-15-1-2391)”와 “국가 보급을 위한 전력전자, 모터 구동, 전력 시스템 보호 및 릴레이를 위한 WBG 기반의 초저가 실험실 개발(N00014-19-1-2018)”의 보조금을 받았다. 이 보조금을 통해 교육 목적으로 무료로 제공되는 Workbench 시뮬레이션 플랫폼을 개발할 수 있었다. 또한 미네소타 대학교의 스타트업인 Sciamble에서 제공하는 저비용 하드웨어 실험실을 개발할 수 있었다.

LTspice 예제 파일 개발과 자료 검토에 도움을 준 Madhukar Rao Airineni 박사와 Saurabh Tewari 박사에게도 진심으로 감사를 전한다.

지은이 Ned Mohan, Siddharth Raju

옮긴이 머리말

이 책은 전기전자의 기초지식을 바탕으로 전력전자공학을 학습하는 4학년 학생들과 전기전자계열 전공자 모두에게 유용하게 활용될 수 있도록 집필되었다. 기존의 전력전자공학 교재와 달리 정량적이고 수학적인 이론 전개를 가급적 배제하고 다양한 전력회로들의 원리와 동작 위주의 정성적인 내용으로 구성되었다. 기본적인 컨버터 설계부터 제어기의 상세한 내용까지 다루고 있어 학습자들이 개념을 파악하고 구체적인 설계 방향까지 접근하는 데 도움이 될 것이다.

옮긴이 **곽상신**

전력전자는 반도체 소자에 의해 전기에너지를 변환하는 전기공학의 한 분야로, 정보통신의 소형화부터 전기자동차, 최신 항공기와 태양광 및 풍력 등 미래지향적인 다양한 분야에서 기술의 발전이 매우 빠르게 이뤄지고 있다. 이러한 흐름에 발맞춰 새로 출간된 2판에서는 전력전자의 새로운 기술을 소개한다. 이를 통해 독자들은 신기술에 대한 이해의 폭을 넓힐 수 있을 것이다. 독자들이 쉽게 이해할 수 있도록 충실하게 번역을 하고자 노력하였다. 이 책이 전력전자를 보다 쉽고 편안하게 이해하는 데 미력하나마 도움이 되었으면 한다.

옮긴이 **김래영**

이 책은 전기전자의 기초지식을 학습한 4학년 학생들이 전력전자공학에 대한 기초를 이해할 수 있도록 집필되었다. 기존의 전력전자공학 교재와 달리 응용 분야에 따른 접근 방식으로 학생들의 흥미를 유발할 수 있도록 구성되었으며, 구현기술로 정의되는 전력전자공학을 재미있게 접할 수 있도록 하였다. 실제 제품에서 활용되는 다양한 구현기술을 다루며, 기본적인 수동회로 설계부터 구체적인 역률 보정회로 및 그 제어 기법을 설명하고 있어 학부생뿐만 아니라 산업체에 근무하는 연구원들의 기본 교재로도 적합할 것이다. 이 책의 예제와 연습문제는 학습자들이 스스로 학습의 정도를 파악하고 개념을 확립하는 데 큰 도움을 줄 것이다.

옮긴이 **이교범**

미리보기

본문
전력전자공학을 이해하는 데 필요한 내용을 쉽고 상세하게 설명합니다.

주요 용어 및 수식
핵심이 되는 용어와 주요 수식을 한눈에 파악할 수 있게 보여줍니다.

5.2 왜곡과 역률

전력전자 시스템으로부터 유입되는 전류의 **왜곡**distortion을 정량화하기 위해 확실한 지표 정의가 필요하다. 먼저 [그림 5-2(a)]와 같이 정현파sinusoidal 전원이 정상상태에서 선형 $R-L$ 부하에 공급되는 경우를 살펴보자. [그림 5-2(b)]과 같이 주어진 전압과 전류의 페이저도phasor에서 ϕ는 전압 대비 전류가 뒤지는lag 각도이다. 전원으로부터 공급되는 평균 전력은 전압 및 전류 크기의 실효값RMS value을 이용하면 다음과 같다.

$$P = V_s I_s \cos\phi \tag{5.1}$$

공급되는 전력의 **역률**power factor, PF은 식 (5.1)을 이용하여 전압 및 전류의 실효값 곱과 평균 전력 P의 비율로 다음과 같이 정의된다.

$$PF = \frac{P}{V_s I_s} = \cos\phi \tag{5.2}$$

여기서 $V_s I_s$는 피상 전력apparent power이며, 식 (5.2)로부터 전류 실효값은 다음과 같다.

$$I_s = \frac{P}{V_s \cdot PF} \tag{5.3}$$

식 (5.3)에서 역률 PF와 전류 I_s는 반비례한다. 전류는 계통 배전선과 변압기 등을 통해 흐르면서 저항 성분에서 손실loss을 발생시킨다. 따라서 계통 전원과 연결된 부하가 단위역률($PF=1$)이 된다면 계통 전원으로부터 공급되는 전류의 실효값을 최소화할 수 있고 이에 따라 손실이 최소화된다.

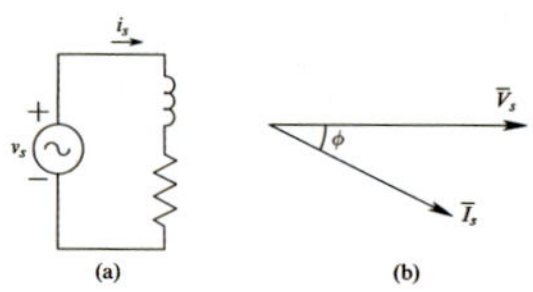

[그림 5-2] 기본적인 $R-L$ 회로의 전압과 전류 페이저도

예제 13-2

L_s를 포함하는 [그림 13-8(a)]의 단상 사이리스터 컨버터에서 다음을 구하시오.

(a) 정류각 u에 대한 식을 도출하시오.

(b) $V_s(\text{rms}) = 120\,\text{V}$, $L_s = 5\,\text{mH}$, $I_d = 10\,\text{A}$, $\alpha = 30°$이고 주파수 $f = 60\,\text{Hz}$일 때 정류각을 계산하시오.

풀이

(a) [그림 13-8(a)]로부터 식 (13.10)에서의 정류시간 동안 $v_L = v_s$이다. 따라서 식 (13.10)에서 v_L을 v_s로 대체하면 다음의 두 식 중 하나로 나타낼 수 있다.

$$\int_{\alpha}^{\alpha+u} \hat{V}_s \sin\omega t \cdot d(\omega t) = \hat{V}_s[\cos\alpha - \cos(\alpha+u)] = 2\omega L_s I_d$$

$$\cos(\alpha+u) = \cos\alpha - \frac{2\omega L_s I_d}{\hat{V}_s} \tag{13.13}$$

(b) 식 (13.13)에 $\hat{V}_s = \sqrt{2}\,V_s(\text{rms})$에서 주어진 값들을 대입하면 정류각 $u = 19.92°$이다. [그림 13-8]에서 사이리스터의 전류가 선형적으로 증가 또는 감소한다고 가정하면 [그림 13-8(b)]에서 점선으로 표현되는 기본주파수 성분 i_{s1}가 전압 v_s보다 각도 ϕ_1만큼 다음과 같이 지연된다.

$$\phi_1 \simeq \alpha + \frac{u}{2} \tag{13.14}$$

여기서 근사 등호($\simeq$)를 사용하는 것은 사이리스터의 전류가 선형적으로 증가 또는 감소한다는 가정 때문이다. 따라서 컨버터의 무효 전력은 다음과 같이 도출된다.

$$Q \simeq \frac{1}{2}\hat{V}_s \hat{I}_{s1} \sin\left(\alpha + \frac{u}{2}\right) \tag{13.15}$$

예제 / 풀이
본문에서 다룬 개념을 적용한 문제와 그에 대한 상세한 풀이를 제시합니다.

연습문제

플라이백 컨버터

[연습문제 8.1] ~ [연습문제 8.4]까지의 플라이백 컨버터에서 $V_{in} = 30V$이고 턴수는 각각 $N_1 = 30$, $N_2 = 15$이다. 권선 1의 자기 인덕턴스는 $50\mu H$이고 스위칭 주파수 $f_s = 200kHz$이며, 출력 전압 $V_o = 9V$로 조정된다.

8.1 부하가 30 W일 때 [그림 8-3]에서의 파형을 계산하고 커패시터의 전류 리플과 함께 그려라.

8.2 [연습문제 8.1]과 같은 듀티 비에 의해 컨버터가 불완전 및 완전 자기소거 모드의 경계에서 동작할 때의 임계 전력을 계산하라.

8.3 [연습문제 8.1]의 방법과 유사하게 [연습문제 8.2]의 파형을 그려라.

8.4 플라이백 컨버터가 완전 자기소거 모드에서 동작할 때 전압 전달비 V_o/V_{in}을 1차 측 권선에서 보이는 변압기의 자화 인덕턴스 L_{m1}, 스위칭 주파수 f_s, 듀티 비 D, 부하 저항 R로 표현하라.

포워드 컨버터

[연습문제 8.5] ~ [연습문제 8.7]의 포워드 컨버터에서 $V_{in} = 30V$, 턴수는 각각 $N_1 = 10$, $N_2 = 5$, $N_3 = 10$이다. 권선 1의 자기 인덕턴스는 $150\mu H$이고 스위칭 주파수 $f_s = 250kHz$이다. 출력 전압은 $V_o = 5V$로 조정되며, 출력 필터 인덕턴스는 $50\mu H$이고 출력 부하는 30W이다.

8.5 [그림 8-16(b)]에서 v_A, i_L, i_{in}, i_{D_3}의 파형을 구하고 그려라. 이때 i_{in}은 입력 전류이고 i_{D_3}는 다이오드 D_3를 통해 흐르는 전류이다.

8.6 최대 듀티 비를 0.7까지 늘려야 할 때 N_1/N_3을 계산하라.

8.7 [그림 8-16(b)]에서 다이오드 D_1이 필요한 이유를 설명하라.

8.8 불연속 전도 모드로 동작하는 포워드 컨버터에서 전압 전달비 V_o/V_{in}를 회로변수로 표현하라.

연습문제
해당 장에서 학습한 내용을 확인할 수 있는 문제를 제시합니다.

부록 2A 다이오드의 역회복과 전력 손실

이 부록에서는 다이오드의 역회복 특성을 살펴보고 이와 관련된 전력 손실을 계산한다.

2A.1 다이오드의 평균 순방향 전력 손실

다이오드를 통해 흐르는 전류에 의해 다이오드에 순방향 전압 강하 V_{FM}이 나타난다. [그림 2-4(a)]의 회로에서 다이오드의 평균 순방향 전력 손실 $P_{diode,F}$는 다음과 같다.

$$P_{diode,F} = (1-d)V_{FM}I_o \quad (2A.1)$$

여기서 d는 파워-폴에서 MOSFET의 듀티 비이며, 이에 따라 다이오드는 각 스위칭 주기의 $(1-d)$ 부분 동안 도통된다.

2A.2 다이오드의 역회복 특성

전력용 다이오드의 순방향 전류는 다수 캐리어 소자인 쇼트키 다이오드와 달리 정공뿐만 아니라 전자의 흐름에 의해 생성된다. 이러한 전류는 p층에 전자를 축적하고 n층에는 정공을 축적한다. 이러한 전하의 출현으로 과잉 전하를 완전히 제거하기 위한 음의 방향 전류가 흐르게 되며, 이러한 음의 방향 전류는 [그림 2A-1]에서 볼 수 있듯이 빠르게 0이 된다.

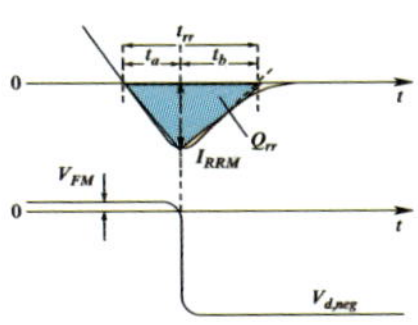

[그림 2A-1] 다이오드의 역회복 특성

[그림 2A-1]에 나타난 것처럼 역회복 전류의 피크치 I_{RRM}과 역회복 전하 Q_{rr}은 순방향 전류의 초기값 I_o와 전류가 감소하는 기울기인 di/dt에 의해 결정된다.

부록
해당 장과 관련하여 개념 이해를 돕는 추가 내용을 제공합니다. (2장, 3장, 4장, 6장)

이 책의 사용 설명서

■ 강의 보조 자료

한빛아카데미 홈페이지에서 '교수회원'으로 가입하신 분은 인증 후 교수용 강의 보조 자료를 제공받을 수 있습니다. 한빛아카데미 홈페이지 상단의 〈교수전용공간〉 메뉴를 클릭하세요.

http://www.hanbit.co.kr/academy

■ 학습 보조 자료

이 책을 학습하는 데 필요한 시뮬레이션 파일은 다음 경로에서 다운로드할 수 있습니다.

한빛아카데미 홈페이지 접속 → [도서명] 검색 → 도서 상세 페이지의 [부록/예제소스]

■ 랩 메뉴얼

이 책의 시뮬레이션 예제 및 연습문제에는 미네소타 대학교의 수학적 시뮬레이션 도구인 Sciamble Workbench가 활용되었습니다. 이와 관련된 추가적인 정보는 다음 경로를 통해 확인할 수 있습니다.

https://sciamble.com/resources/pe-drives-lab/basic-pe

목차

CHAPTER 01 구현기술로 정의되는 전력전자공학

CHAPTER 02

스위칭 파워-폴 설계

CHAPTER 03

스위치 모드 DC-DC 컨버터 : 스위칭 분석, 토폴로지 선택 및 설계

CHAPTER 04 스위치 모드 DC 전원 장치의 피드백 제어기 설계

CHAPTER 05 다이오드 정류기를 사용한 계통 입력의 정류

CHAPTER 06 역률 보정회로 및 피드백 제어기 설계

CHAPTER 07 자기회로에 대한 개념

CHAPTER 08 스위치 모드 DC 전원 공급 장치

CHAPTER 11 모터 드라이브와 무정전 전원 공급 장치, 전력 시스템에서의 스위치 모드 전력 응용 분야

CHAPTER 12 모터 드라이브, UPS 및 전력 시스템 응용을 위한 DC 및 저주파수 AC 전압의 합성

CHAPTER 13 사이리스터 컨버터

목차

CHAPTER 14

전력전자공학의 계통 응용 분야

CHAPTER
01

구현기술로 정의되는 전력전자공학

전력전자 시스템은 미래 에너지 수요에 대한 공급을 해치지 않으면서도 현재의 수요를 충족시키는 에너지 지속 가능성을 확보하기 위해 필수적인 시스템이다. 신재생에너지를 이용한 발전과 송전 및 소비에 따른 전력 효율의 향상은 이러한 지속 가능성을 유지하기 위한 두 축이라고 할 수 있다. 전력전자는 다음과 같은 여러 분야에서 응용된다.

- 풍력에너지, 태양광에너지 등의 신재생에너지 활용
- 신재생에너지 발전의 가변성을 상쇄시키기 위한 배터리와 플라이휠을 이용한 에너지 저장
- 송전 효율 증가
- 모터 구동 시스템과 조명 기구 등에서의 전기 소비 효율 증가

이번 장에서는 이러한 사항에 초점을 맞추어 자세히 논의하도록 하며, 전력전자의 기초에 대한 설명은 다음 장에서 다루도록 한다.

1.1 전력전자의 개요

전력전자 power electronic는 전원과 부하 사이의 인터페이스interface를 제공해 주는 **실현기술**로, [그림 1-1]과 같이 나타낼 수 있다.[1] 전원과 부하는 흔히 주파수나 전압의 크기 또는 상phase의 개수가 다를 수 있다. 전력전자 인터페이스는 전압과 전류의 형태를 변화시킴으로써 전원에서 부하로의 전력 전송을 용이하게 하며, 이 과정에서 전원과 부하의 역할은 서로 바뀔 수도 있다. [그림 1-1]의 제어기는 기존의 전압과 전류를 가능한 고효율, 고전력 밀도로 변환할 수 있도록 전력 변환 과정을 관리하는 역할을 한다. 풍력발전용 터빈 등에서 사용하는 **가변속 드라이브**는 전력전자의 중요한 응용 분야 중 한 예라고 할 수 있다.

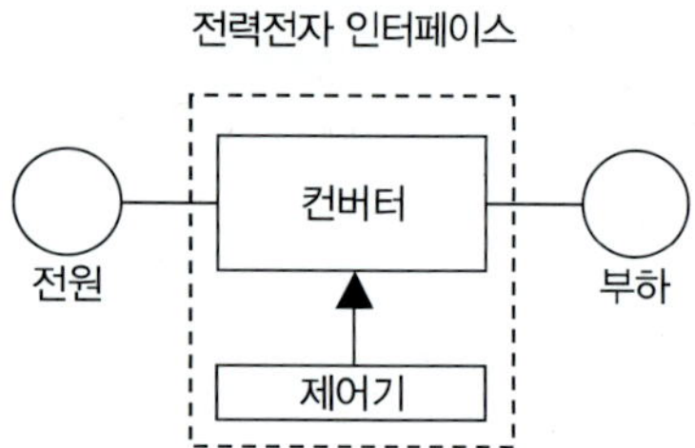

[그림 1-1] 전원과 부하 사이의 전력전자 인터페이스

1 N. Mohan, T.M. Undeland, and W.P. Robbins, *Power Electronics: Converters, Applications and Design*, 3rd ed, New York: John Wiley & Sons, 2003.

1.2 전력전자의 응용과 역할

전력전자 및 가변속 드라이브의 응용 분야는 광범위하다. 이 절에서는 몇몇 주요 응용 분야와 전력전자의 역할에 대해 살펴볼 것이다.

1.2.1 정보기술의 동력

계통으로부터 전원을 공급받는 개인용 컴퓨터나 오락기기와 같은 대부분의 가전제품은 주로 내부적으로 매우 낮은 DC 전압이 필요하다. 입력된 전압을 정류된 낮은 DC 전압으로 변환시키려면 [그림 1-2(a)]와 같은 스위치 모드의 DC 전원을 공급하는 형태의 전력전자가 필요하다. [그림 1-2(b)]는 컴퓨터에서 일반적으로 사용하는 방식으로, 계통으로부터 AC 전압을 입력받아 24 V DC 전압으로 변환하여 공급하는 구조를 보여준다. 24 V 의 반정류된 전압은 컴퓨터 내부로 분배되며, 인쇄회로 기판에 있는 논리 레벨의 전원 공급 장치에 입력된다. 이 전원 공급 장치는 24 V 전압을 5 V DC 전압과 같은 더 낮은 전압으로 매우 정확하게 정류한다. VLSI Very Large-Scale Integration 또는 매우 빠른 속도가 필요한 논리회로의 경우 5 V 보다 더 낮은 3.3 V 나 1 V 의 동작 전압이 필요하며, 0.5 V 레벨까지 필요할 수도 있다.

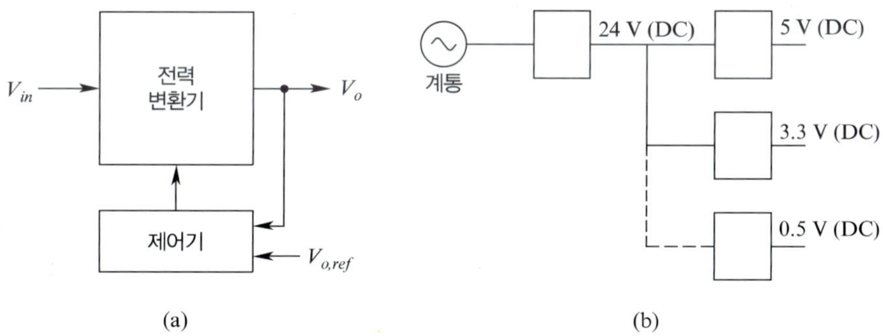

[그림 1-2] 제어된 저전압 DC 전원 공급 장치

휴대폰과 같이 많은 기기들은 하나 또는 2개의 배터리 셀 battery cell 을 입력으로 사용하는 낮은 배터리 전압에서 구동된다. 그러나 내부의 전기회로에서 더 높은 전압을 필요로 하는 경우 [그림 1-3]과 같이 입력 DC 전압을 더 높은 DC 전압으로 승압 boost 시키기 위한 회로가 필요하다.

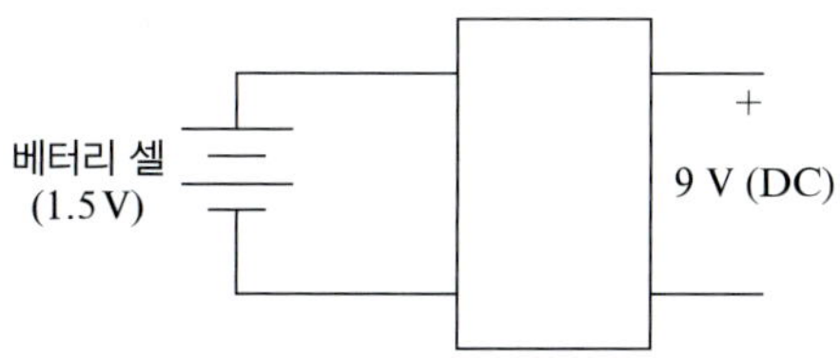

[그림 1-3] 배터리 셀로 동작하기 위한 부스트 DC-DC 컨버터

1.2.2 로봇공학과 유연한 생산

로봇공학 robotics과 유연한 생산은 글로벌 경제 속에서 산업 경쟁력 향상을 위해 필수적이다. 이러한 응용 분야에서는 속도와 위치를 정확하게 제어하기 위해 가변속 제어가 필요하다.

[그림 1-4]는 50 Hz 또는 60 Hz의 계통주파수를 가지는 단상 또는 3상 계통 전원을 AC 입력으로 하는 가변속 제어의 블록 다이어그램이다. 전력 처리 장치로서 전력전자 인터페이스의 역할은 모터(전동기)가 필요로 하는 전압을 공급해 주는 것이다. DC 모터의 경우 모터의 속도를 제어할 수 있도록 조절 가능한 DC 전압이 공급되며, AC 모터의 경우 모터의 속도를 제어하기 위해 전력전자 인터페이스에서 가변 크기 및 주파수를 가지는 정현파 AC 전압이 공급된다. 특별한 경우 전력전자 인터페이스는 계통과 모터 부하 사이에서 양방향으로 전력을 전달할 수도 있다.

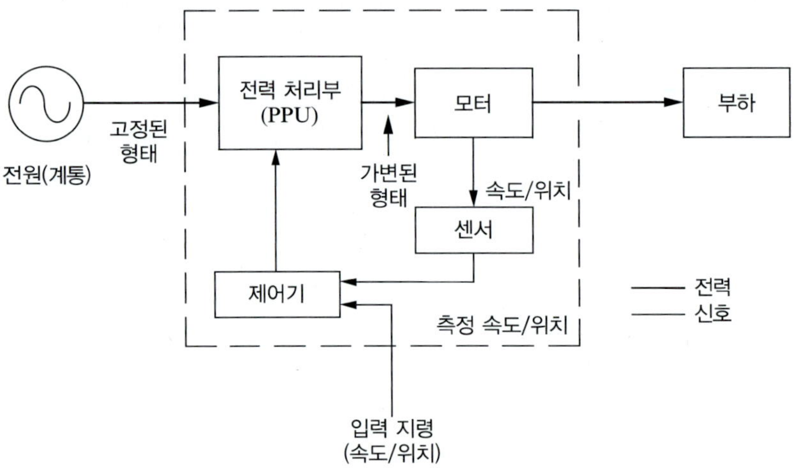

[그림 1-4] 가변속 제어를 위한 블록 다이어그램

[그림 1-5]와 [그림 1-6]의 블록 다이어그램에서의 유도가열과 전기 용접은 유연한 생산을 위해 전력전자가 적용되는 또 다른 주요 산업 응용 분야이다.

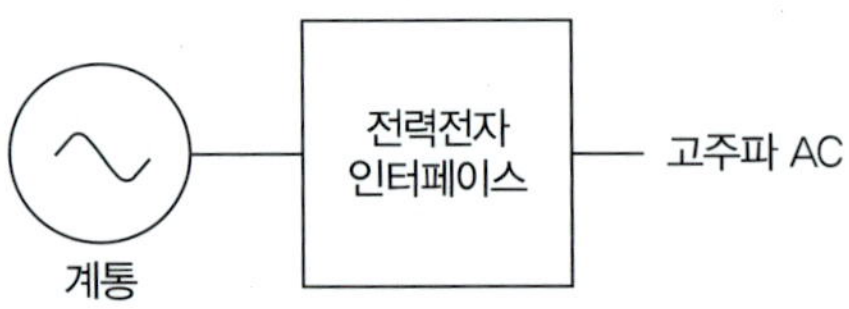

[그림 1-5] 유도가열을 위한 전력전자 인터페이스

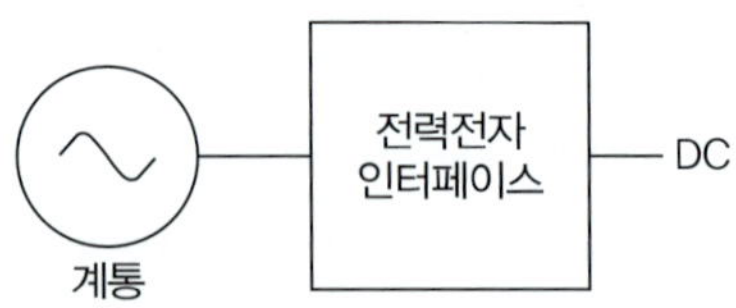

[그림 1-6] 전기 용접을 위한 전력전자 인터페이스

1.3 에너지와 환경 : 지속 가능한 전기에너지 공급을 위한 전력전자의 역할

앞서 언급한 것처럼 전력전자는 지속 가능한 전기에너지를 공급할 수 있는 기술이다. 대부분의 과학자들은 탄소 기반의 연료를 사용하여 에너지를 생산하는 것이 문명을 위협하는 기후 변화에 영향을 미친다고 생각하고 있다.

미국 에너지부Department of Energy의 보고에 따르면 전체 소비 에너지의 약 40%는 먼저 전기로 변환된다고 한다. 전기 및 플러그인plug-in 하이브리드 자동차, 고속 열차 등과 같은 전력 사용을 포함한다면 이 수치는 잠재적으로 60%까지 증가한다. 따라서 현재 약 4%에 불과한 풍력과 태양광 등의 재생 가능한 에너지원에서 전기를 생산하고 외딴 지역에서도 활용할 수 있도록 스마트 그리드를 구축하며, 더욱 효율적인 방법으로 전기를 사용하기 위한 지능적인 차세대 계통을 구축하는 것이 필수적이다. 즉 효율적인 전기에너지 이용과 신재생에너지를 이용한 발전은 지속 가능성을 위해 꼭 필요하며, 모두 전력전자 시스템이 필수적으로 요구된다.

1.3.1 에너지 보존

옛 속담에 한 푼을 아낀 것은 한 푼을 번 것과 마찬가지라는 말이 있다. 마찬가지로 에너지 절약은 재정적인 절약뿐만 아니라 환경에도 도움이 된다. [그림 1-7]은 미국 내 다양한 응용 분야의 전기 사용량을 백분율로 나타낸 것이다. 이러한 응용 분야에서의 에너지 절약의 가능성은 추후 설명할 것이다.

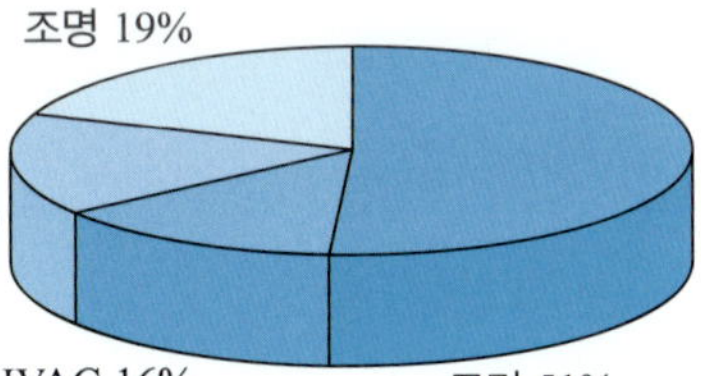

[그림 1-7] 미국 내 다양한 응용 분야에서의 전기 사용량

1.3.1.1 전기 모터 구동 시스템

[그림 1-7]과 같이 난방, 환기 및 공기조절(HVAC)과 같은 응용 분야를 포함한 전기 모터 분야는 전체 전기 생산량 중 1/2에서 2/3를 소비한다. 전통적으로 모터 구동 시스템은 거의 일정한 속도와 출력을 낸다. 예를 들어 펌프에서 유량은 조절 밸브를 통해 입력에너지를 일부 소모하면서 제어된다. 이처럼 소모되는 에너지는 [그림 1-8]과 같이 전력전자 기술인 가변속 전기 드라이브에 의해 모터 속도, 즉 펌프 속도를 효율적으로 제어함으로써 제거된다.[2]

2 N. Mohan and R.J. Ferraro, "Techniques for Energy Conservation in AC Motor Driven Systems", EPRI-Report EM-2037, Project 1201 1213, Sept. 1981.

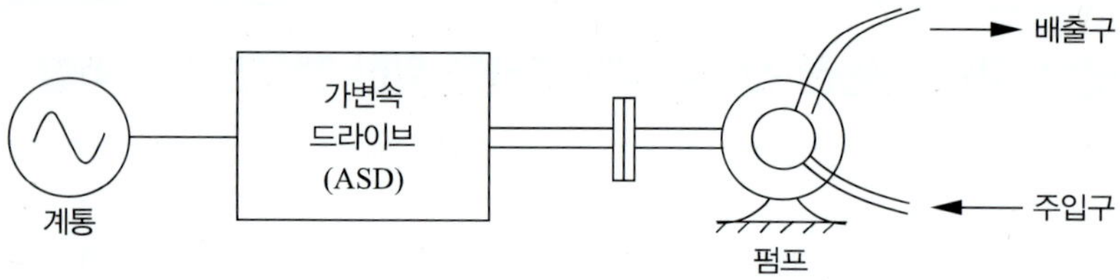

[그림 1-8] 펌프 구동 시스템에서 가변속 드라이브의 역할

현재 미국의 세 주택 중 하나는 전기 히트펌프를 사용한다. 가변속 드라이브를 통해 사용되고 있는 열부하에 맞는 속도로 히트펌프를 동작시키고 압축기의 주기적인 온-오프를 제거하면 에너지 소모량을 최대 30%까지 감소시킬 수 있다(에어컨에도 동일한 원리가 적용된다).[3] 미국 에너지성은 미국 내 이러한 모든 모터 구동 시스템의 효율적인 운영을 통해 매년 전체 뉴욕 주의 연간 전기 사용량에 해당하는 전기를 절약할 수 있다고 추정한다.[4]

1.3.1.2 LED를 이용한 조명

[그림 1-7]에 따르면 생산된 전력의 대략 1/5은 조명에 사용된다. 그중에서도 LED[Light-Emitting Diode]는 6배 정도 전력의 효율성을 향상시키며, 수명이 더 길고 백열등[incandescent lamp]과 동일하게 저렴하다. [그림 1-9]에서 볼 수 있듯이 LED에 DC 전류를 공급하기 위해서는 계통주파수[line frequency]를 변환하는 전력전자 인터페이스가 필요하다.

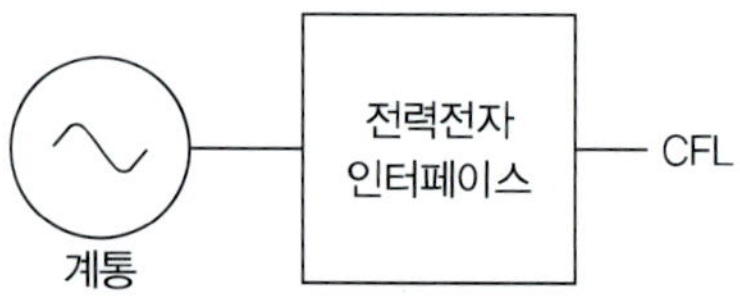

[그림 1-9] LED에 필요한 전력전자 인터페이스

1.3.1.3 교통 및 운송수단

전기 드라이브는 교통 및 운송수단의 에너지 절약에 있어 큰 가능성을 가지고 있다. 배터리[5] 및 연료전지 기술[6]의 발전과 함께 상용 가능한 전기 자동차[electric vehicle, EV]를 도입하기 위한 노력이 이루어지고 있으며, 하이브리드 전기 자동차[hybrid electric vehicle, HEV]도 우리 사회에 커다란 영향을 미칠 것으로 예측된다.[7]

---

3 N. Mohan and James Ramsey, "Comparative Study of Adjustable-Speed Drives for Heat Pumps", EPRI-Report EM-4704, Project 2033-4, Aug. 1986.

4 *Improving Motor and Drive System Performance: A Sourcebook for Industry, Industrial Technologies Program (ITP)* (Book), US Department of Energy (energy.gov). https://www1.eere.energy.gov/manufacturing/tech_assistance/pdfs/motor.pdf.

5 "Significant Progress in Lithium-air Battery Development", ScienceDaily. https://www.sciencedaily.com/releases/2021/05/210506104801.htm.

6 "Progress in Hydrogen and Fuel Cells", US Department of Energy.

미국 환경 보호국US Environmental Protection Agency에 따르면 [그림 1-10]과 같은 하이브리드 전기 차량이 도시와 고속도로의 통합 주행 시 예상되는 연비는 갤런당 48마일이다.[8] 이러한 연비는 미국 평균 승용차의 갤런당 22.1 마일에 해당하는 연비와 비교해 볼 필요가 있다.[9] 또한 자동차는 전체 온실가스 CO_2 배출량의 20% 정도를 차지하므로 자동차의 연비를 2배 높이는 것은 CO_2 배출량에 있어 매우 긍정적인 영향을 미칠 것이다.[10]

[그림 1-10] 연비가 높은 하이브리드 전기 자동차

기존의 자동차도 다양한 응용 분야의 전력전자를 필요로 하며,[11] 전기 및 하이브리드 자동차도 가변속 전기 드라이브 형태의 전력전자를 필요로 한다. 또한 경전철, 전기신호식 비행 조종 제어fly-by-wire를 갖춘 비행기, 전기 선박과 반자동 제어 장치drive-by-wire를 갖춘 자동차 같은 다른 교통 및 운송 시스템에도 전력전자가 적용되고 있다. 즉 교통 및 운송수단 관련 분야는 전력전자의 주요 응용 분야라고 할 수 있다.

1.3.2 신재생에너지

친환경적이고 깨끗하며, 재생 가능한 에너지는 태양과 바람으로부터 얻을 수 있다. 태양광 시스템에서 태양전지는 [그림 1-11(a)]와 같은 I-V 특성 곡선을 가진 DC를 생산하며, 동시에 발전된 전력을 계통 시스템에 전송하기 위해 [그림 1-11(b)]와 같은 전력전자 인터페이스를 필요로 한다.

---

7 "Alternative Fuels Data Center: Emissions from Electric Vehicles", US Department of Energy. https://afdc.energy.gov/vehicles/electric_emissions.html.

8 "Toyota Electric Vehicles", https://www.toyota.com/electrified.

9 "Alternative Fuels Data Center: Maps and Data—Average Fuel Economy by Major Vehicle Category", US Department of Energy. https://afdc.energy.gov/data/10310.

10 "Car Emissions and Global Warming", Union of Concerned Scientists (Ucsusa.org). https://www.ucsusa.org/resources/car-emissions-global-warming.

11 "Power Electronics in Automotive Applications", Elprocus. https://www.elprocus.com/power-electronics-in-automotive-applications.

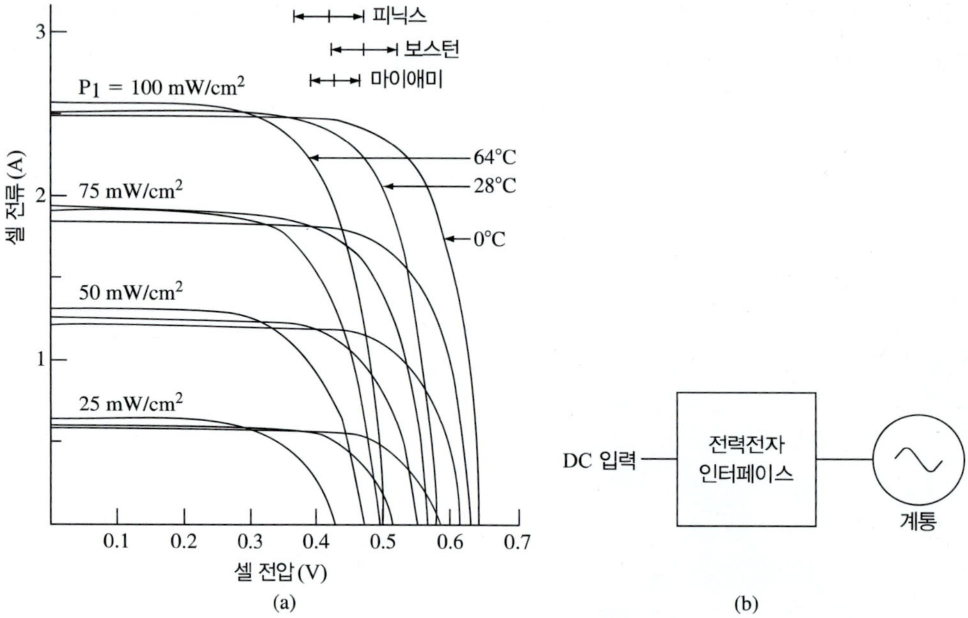

[그림 1-11] 미국의 태양광 시스템

풍력은 가장 빠르게 성장하고 있는 에너지 자원으로 많은 잠재력을 가지고 있다.[12] [그림 1-12]는 가변주파수 AC 형태의 출력을 가지는 풍력 시스템이 계통주파수 AC 전압의 계통 망에 접속하기 위한 전력전자의 필요성을 보여준다.

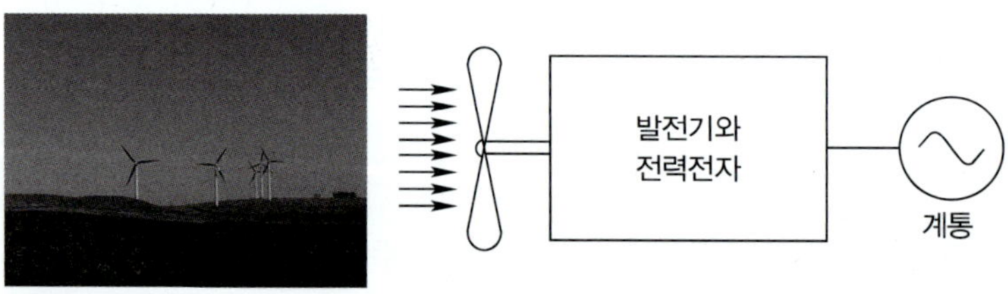

[그림 1-12] 풍력발전 시스템

1.3.3 전력전자의 계통 응용 분야

전력 시스템에서 전력전자 및 전기 드라이브 응용 분야는 매우 빠르게 성장하고 있다. 분산 전원 시스템에서 전력전자는 바람, 태양광, 연료전지 같은 비전형적 에너지원을 계통 망에 연계하기 위해 반드시 필요하다. 이러한 전력전자 기술을 사용하게 되면 송배전 계통에서 전력의 흐름을 제어할 수 있으며, 계통이 불안정하다면 특히 중요하다. 전력 시스템 동작의 보안 및 효율성 측면에서도 전력전자 사용의 필요성이 커지고 있다.

---

12 The American Clean Power Association. https://cleanpower.org/

무정전 전원 공급 장치uninterruptible power supply, UPS는 정전 시 전력 공급이 중단되어서는 안 되는 중요한 부하에 사용된다. [그림 1-13]과 같이 무정전 전원 공급 장치를 위한 전력전자 인터페이스는 상의 수는 다를 수 있으나 양쪽에 동일한 계통주파수를 갖는 전압을 갖도록 구성되어 있으며, 정전 시 부하에 전력을 공급하기 위해 배터리로 대표되는 에너지 저장 수단을 가진다.

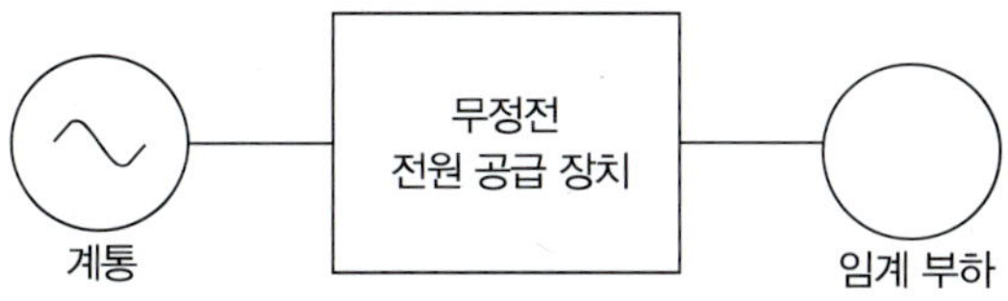

[그림 1-13] 무정전 전원 공급 장치 시스템

1.3.4 항공우주 및 군사 응용

전력전자는 우주탐사 및 우주여행 시 필수적이다. 국방은 미국에서 항상 전력전자의 중요한 응용 분야로 9.11 테러 이후 더욱 중요해졌다. 전력전자는 유압hydraulic 드라이브를 전기electric 드라이브로 교체할 때 얻어지는 비용과 무게 및 신뢰성과 같은 상당한 이점 때문에 탱크, 배, 비행기에서 큰 역할을 담당한다.

1.4 고효율 및 고전력 밀도의 필요성

전력전자 시스템은 에너지 효율 및 신뢰성을 반드시 가져야 하며, 크기와 밀도를 줄이기 위해 높은 전력밀도를 가지고 있어야 한다. 또한 전체 시스템을 구축할 때 경제적인 측면에서 실현 가능하도록 비용이 저렴해야 한다. 높은 에너지 효율은 에너지 낭비에 따른 동작 비용 손실을 줄임으로써 운영비용을 절감할 수 있고 지구 온난화에 대한 영향성을 저감시키며, (이 책의 뒷부분에서 설명할) 히트싱크heat sink에 의한 냉각의 필요성을 줄여 전력밀도를 증가시킬 수 있으므로 중요하다.

에너지 효율 η과 전력밀도 사이의 전력전자 시스템의 관계는 쉽게 나타낼 수 있다. [그림 1-14(a)]와 같은 시스템에서 에너지 효율은 출력 전력 P_o 및 전력 손실 P_{loss}로 다음과 같이 정의된다.

$$\eta = \frac{P_o}{P_o + P_{loss}} \tag{1.1}$$

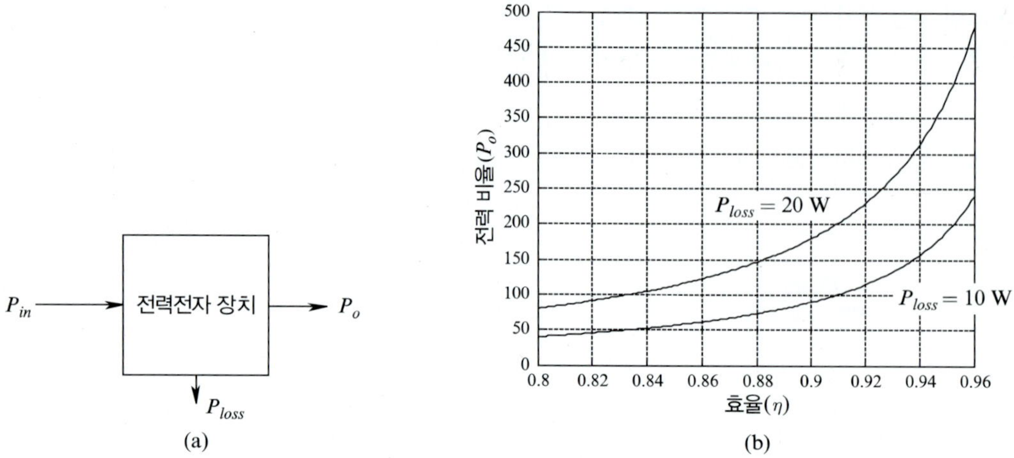

[그림 1-14] 효율에 대한 출력 전력 용량

식 (1.1)은 효율과 전력 손실을 사용하여 출력 전력에 대해 다음과 같이 다시 나타낼 수 있다.

$$P_o = \frac{\eta}{1-\eta} P_{loss} \tag{1.2}$$

식 (1.2)를 사용하여 P_{loss}의 두 값에 대한 출력 전력을 효율에 대한 함수로 나타내면 [그림 1-14(b)]와 같다. 전력전자 기기에서 냉각 시스템은 내부 온도가 일정한 한계를 초과하지 않게 열로 소비되도록 전력을 전달하도록 설계되어 있다. 따라서 전력전자 장치의 패키지는 특정한 전력 손실을 처리하도록 설계된다. 예를 들어 식 (1.2)를 이용한 [그림 1-14(b)]의 그래프에서는 에너지 변환 효율이 84%에서 94%로 증가할 때 동일한 용량의 전력전자 장치에서는 출력 전력 용량이 3배로 증가하는 것을 보여준다. 이는 정격 전력을 패키지의 부피로 나눈 전력밀도가 대략 같은 증가율로 증가한다는 것을 의미한다. 다음의 예제를 통해 자세히 살펴보자.

예제 1-1

어떤 전력전자 패키지가 200 W의 전력 손실을 처리할 수 있도록 설계되어 있다. 변환 효율이 89%에서 94%로 증가할 때 두 효율에서의 출력 전력 용량 값을 비교하라.

풀이

$P_{loss} = 200\,\mathrm{W}$이다. 식 (1.2)를 이용하면 $\eta = 89\%$에서는 $P_o = \frac{0.89}{1-0.89} \times 200 \simeq 1.6\,\mathrm{kW}$가 되며, $\eta = 94\%$에서는 $P_o = \frac{0.94}{1-0.94} \times 200 \simeq 3.13\,\mathrm{kW}$가 된다.

이 예제는 패키지의 효율이 89%에서 94%로 증가함에 따라 출력 전력 용량과 단위 부피당 와트인 전력밀도가 2배 가까이 증가하게 되는 것을 통해 높은 에너지 변환 효율의 중요성을 보여주고 있다.

1.5 전력전자 인터페이스 구조

앞서 설명한 다양한 응용 분야에서 전력전자의 역할을 살펴보았을 때 전력전자 인터페이스는 DC-DC, DC-AC 및 AC-AC 시스템 간의 전력 변환을 효율적으로 제어하기 위한 것으로 요약할 수 있다. 일반적으로 전력은 계통을 통해 공급되므로 [그림 1-15]에서 표현된 바와 같이 계통주파수인 AC가 한쪽에 연결된다. 다른 한쪽은 조절 가능한 크기의 DC나 조절 가능한 주파수 및 진폭의 AC 정현파 또는 유도가열 및 고주파 변합기를 사용하는 시스템과 같이 고주파 AC 등으로 구성된다. 계통 연계가 필요하지 않은 응용 분야도 [그림 1-15]의 블록 다이어그램의 일부로 나타낼 수 있을 것이다.

[그림 1-15] 전력전자 인터페이스의 블록 다이어그램

1.5.1 전압-링크 구조

[그림 1-15]의 인터페이스에 필요한 기능을 제공하기 위해 [그림 1-16]과 같이 단일 극성 전압만을 차단할 수 있는 트랜지스터와 다이오드로 구성된 전압-링크 구조가 흔히 사용된다. 이러한 구조는 한쪽은 계통에, 다른 한쪽은 부하에 연결된 2개의 분리된 컨버터로 구성된다. 2개의 컨버터는 DC 링크를 구성하는 병렬 커패시터를 통해 전압 극성이 반대가 되지 않도록 결선된다. 따라서 컨버터에는 단방향 전압 저지 능력을 가진 트랜지스터가 사용될 수 있다.

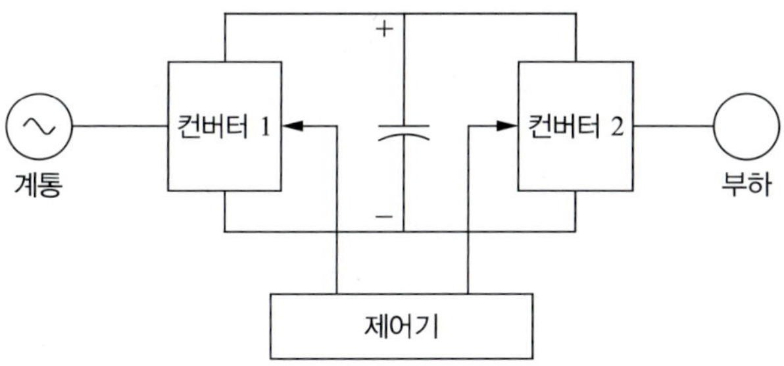

[그림 1-16] 전력전자 인터페이스의 전압-링크 구조

[그림 1-16]에서 2개의 컨버터에 병렬로 결선된 커패시터는 DC 전압-링크를 형성하므로 이러한 구조를 **전압-링크**voltage-link 또는 **전압-소스**voltage-source 구조라고 한다. 이 구조는 수십 와트부터 메가와트와 같은 매우 큰 전력 범위에서 사용되며, 계통 분야에서는 수백 메가와트까지 확장하여 사용할 수도 있다. 따라서 이 책에서는 주로 전압-링크 구조에 초점을 맞출 것이다.

1.5.2 전류-링크 구조

계통 응용 분야와 같이 매우 높은 대전력을 다루는 경우 [그림 1-17]과 같이 두 컨버터 사이에서 직렬로 연결된 인덕터가 전류-링크 역할을 하는 **전류-링크**current-link 또는 **전류-소스**current-source 구조를 적용하는 것이 유용할 수 있다(관련 내용은 이 책의 마지막 두 장에서 자세히 다룰 것이다). 이러한 구조의 컨버터는 일반적으로 사이리스터thyristor로 구성되며, 컨버터 내부의 전류는 AC 선간 전압에 의해 한 상에서 또 다른 한 상으로 AC의 형태로 "정류commutate"된다. 이는 14장에서 자세히 설명할 것이다.

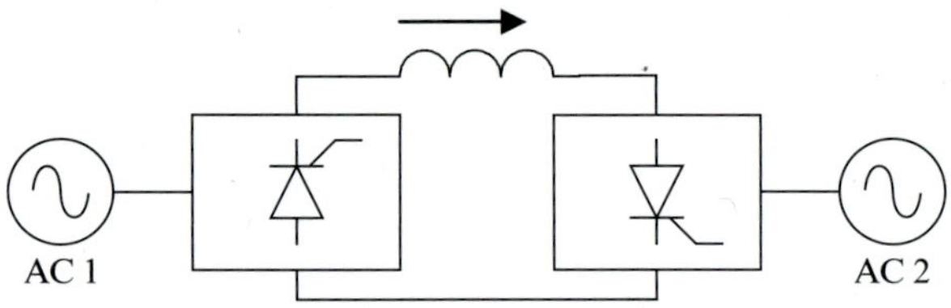

[그림 1-17] 전력전자 인터페이스의 전류-링크 구조

1.5.3 매트릭스 컨버터(직접 링크 구조)

최근 특정 응용 분야에서는 [그림 1-18]의 **매트릭스 컨버터**matrix converter 구조가 재평가되고 있다. 매트릭스 컨버터 구조는 이론적으로 입력과 출력 사이에 에너지 저장 소자가 필요하지 않다. 이러한 구조는 입력과 출력이 스위치에 의해 연결된 직접 링크 구조로 간주되며, 각 스위치는 **도통**on 시 양방향으로 전류를 이동할 수 있고 **비도통**off 시에는 양방향의 전압을 저지한다. 매트릭스 컨버터와 제어 방법에 대한 자세한 설명은 관련 자료를 참고하면 된다.[13]

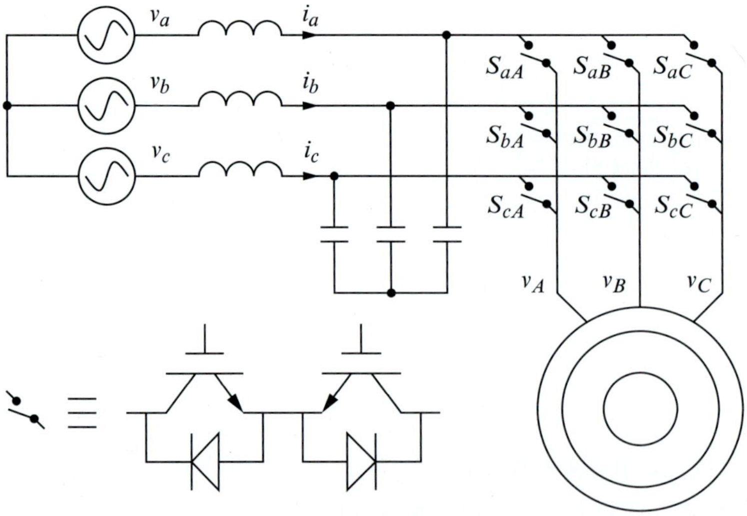

[그림 1-18] 전력전자 인터페이스의 매트릭스 컨버터 구조(출처 : 미국 에너지부)

13 N. Mohan, W. Robins, T. Undeland, and S. Raju, *Power Electronics for Grid-Integration of Renewables: Analysis, Simulations and Hardware Lab*, New York: John Wiley & Sons, 2023.

1.6 전압-링크 구조

[그림 1-16]과 [그림 1-19]의 전압-링크 구조에서 전력 계통 측 컨버터의 역할은 계통주파수를 가진 전압을 제어되지 않은 형태의 DC 전압으로 변환하는 것이다. 이러한 과정은 기초전자공학 또는 5장에서 언급될 다이오드 정류기[diode-rectifier] 회로로 수행할 수 있다. 그러나 전력 품질이 고려되어야 한다면 6장에서 논의될 다른 구조의 정류회로가 사용될 수도 있다. 여기에서는 DC 전압을 입력으로 하는 [그림 1-19]의 전압-링크 구조의 부하 측 컨버터에 초점을 두고 설명한다.

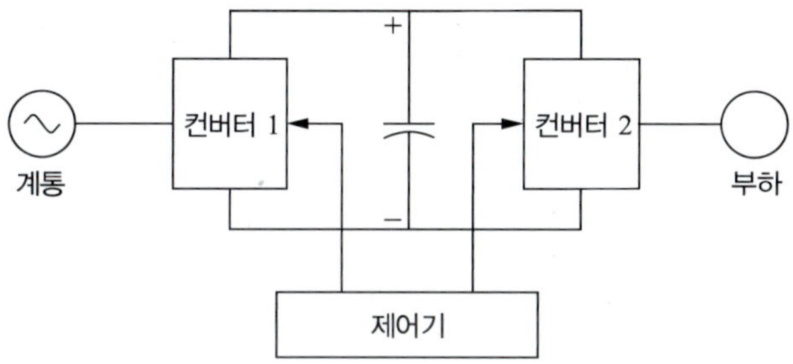

[그림 1-19] 전압-소스 구조에 따른 부하 측 컨버터

부하 측 컨버터의 기능은 응용 분야에 따라 정해진다. 원하는 컨버터의 출력에 따라 컨버터의 기능은 다음과 같이 분류된다.

- (조정 가능한 DC 또는 저주파 정현파 AC 출력의) **그룹 1**
  - DC 및 AC 모터 드라이브
  - 무정전 전원 공급 장치
  - 전기적으로 절연되지 않은 조절된 DC 전원 공급 장치
  - 계통 관련 응용 분야
- (고주파 AC 출력의) **그룹 2**
  - 고주파 변압기를 중간 단계로 사용하는 고주파 AC 시스템
  - 유도가열
  - 입력으로부터 전기적으로 절연된 DC 출력 전압을 가지는 DC 전원 공급 장치. 이때 부하 측 컨버터는 내부적으로 고주파 AC를 발생시키며, 이를 고주파 변압기를 통해 DC로 정류시킨다.

이 책에서는 이러한 두 그룹의 응용 분야에 적용되는 컨버터에 대해 논의할 것이다. 우선 부하 측 전압이 DC 또는 저주파 AC 출력인 그룹 1의 응용 분야에 해당하는 컨버터부터 알아보도록 한다.

1.6.1 스위치 모드 변환 : 빌딩 블록으로서의 스위칭 파워–폴

앞서 언급한 두 그룹의 응용 분야에서 높은 에너지 효율을 얻기 위해서는 선형 전력 변환 장치와는 달리 스위치로써 도통 혹은 비도통 동작이 가능한 트랜지스터, 그리고 다이오드를 적용한 스위치 모드 변환이 필요하다.

이러한 스위치 모드 변환은 [그림 1–20(a)]의 스위칭 파워–폴 A와 같은 기본적인 빌딩 블록을 통해 설명할 수 있다. 이 블록은 양방향 bi-positional 스위치로 구성되며, 스위치는 2개의 단자로 구성된다. 이때 2개의 단자는 순시적으로 변화하지 않는 전압 V_{in}을 가진 커패시터에 병렬로 결선된 **전압 단자** voltage-port와 순시적으로 변하지 않는 직렬 인덕터에 흐르는 **전류 단자** current-port로 구성된다. 이제부터 스위치가 각각 2개의 값, 즉 1과 0을 가지는 스위칭 신호 q_A에 의해 2개의 위치(위 또는 아래)에 해당하는 이상적인 상태를 가진다고 가정한다. 이 양방향 스위치의 실제 구현에 대한 것은 다음 장에서 고려할 것이다.

양방향 스위치는 [그림 1–20(b)]의 v_A 파형과 같이 스위칭 주파수 f_s, 즉 위 또는 아래로의 빠른 반복 비율에 따른 스위칭을 통해 입력 DC 전압 V_{in}을 반복적인 펄스의 고주파 전압 파형이 나오도록 "자른다 chop". 스위칭 사이클 동안의 펄스 폭 변조를 통해 펄스 출력의 스위칭 사이클 평균값의 제어가 가능하며, 다음 장에서 설명할 바와 같이 이러한 펄스 폭 변조 제어를 통해 조정 가능한 DC 성분의 조절과 저주파 대역의 정현파 AC 출력 제어가 가능하다.

고주파 펄스는 절전형 형광등, 유도가열, 그리고 고주파 변압기에 의해 전기적으로 절연된 DC 전원 공급 장치와 같은 응용 분야에 필수적이다. 스위치 모드 컨버터는 하나 혹은 하나 이상의 스위칭 파워–폴 switching power-pole로 구성된다.

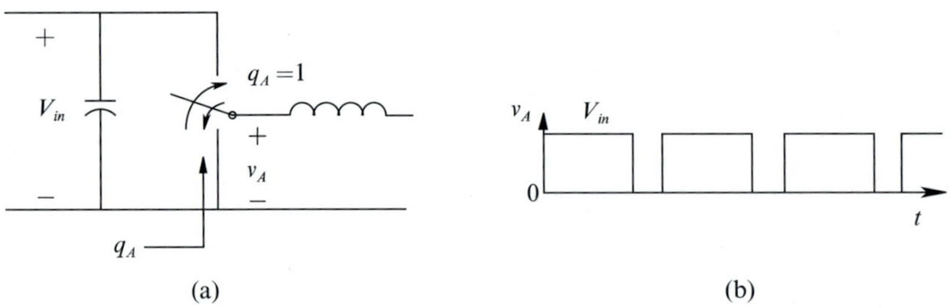

[그림 1–20] 컨버터의 빌딩 블록에 의한 스위칭 파워–폴

1.6.2 스위칭 파워-폴의 펄스 폭 변조(일정한 f_s)

그룹 1의 응용 분야에서 [그림 1-21(a)]의 스위칭 파워-폴의 목적은 출력 전압이 원하는 스위칭 사이클 평균화[switching-cycle average] 값, 즉 DC 전압 또는 스위칭 주파수 f_s에 비해 낮은 주파수 성분을 가지며, 정현적으로 변하는 AC 전압을 합성하는 것이다. 일정한 스위칭 주파수 f_s에 의한 스위칭은 [그림 1-21(b)]와 같이 $1/f_s$에 해당하는 값의 일정 스위칭 주기 T_s로 반복되는 일련의 전압 파형을 만든다.

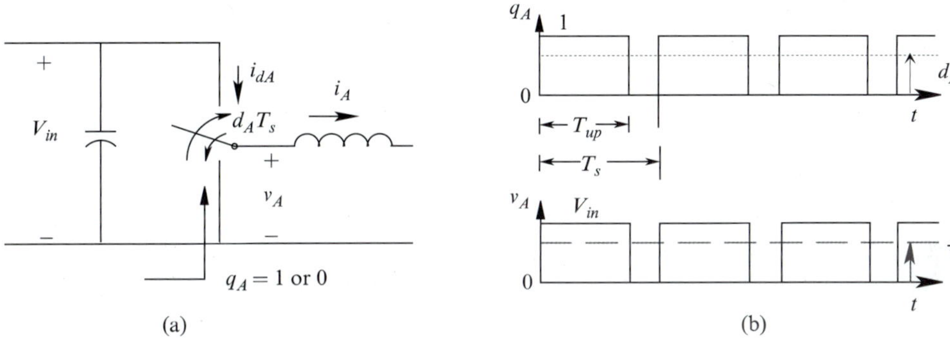

[그림 1-21] 스위칭 파워-폴의 펄스 폭 변조

[그림 1-21(b)]처럼 스위칭 사이클의 평균화 값에 해당하는 $\bar{v}_A$의 파형은 주기가 $T_s(=1/f_s)$인 각 스위칭 사이클에 대해 펄스 폭 T_{up}, 즉 스위치가 위쪽에 위치하여 v_A와 V_{in}이 같은 구간과 T_s 사이의 비율로써 제어된다. 이를 정리하면 $0 \leq d_A \leq 1$일 때 다음과 같다.

$$\bar{v}_A = \frac{T_{up}}{T_s} V_{in} = d_A V_{in} \tag{1.3}$$

여기서 [그림 1-21(b)]에서 q_A의 평균값인 $d_A(= T_{up}/T_s)$는 스위칭 파워-폴 A의 듀티 비[duty-ratio]로 정의되며, 스위칭 사이클의 평균화 전압은 위쪽에 "−"를 기입하여 나타낸다. 스위칭 사이클 평균화 전압과 스위치 듀티 비는 시간에 따라 변할 수 있으므로 소문자로 나타낸다. 출력 전압의 스위칭 사이클 평균화 값은 나중에 언급할 펄스 폭 변조와 유사하게 펄스 폭을 조정 또는 변조함으로써 달성될 수 있다. 이처럼 스위칭 파워-폴과 펄스 폭 변조에 의한 출력 제어는 높은 에너지 효율을 얻는 스위치 모드 변환을 하기 위한 단계이다.

앞서 설명했던 $\bar{v}_A$와 d_A는 k번째 스위칭 사이클에 대해 계산한 이산값[discrete quantities]을 나타낸다. 예를 들어 이 값들은 $\bar{v}_{A,k}$와 $d_{A,k}$처럼 나타낼 수 있다. 그러나 실제 응용 분야에서 펄스 폭인 T_{up}은 많은 스위칭 사이클 동안 매우 천천히 변화하는 값이므로 $\bar{v}_A ðtÞ$와 $d_A ðtÞ$와 같이 시간에 대해 연속적으로 변화하는 함수인 아날로그 값으로 간주할 수 있다. 간단히 말하면 이러한 변수들은 이산시간에 대한 의존도가 명확히 나타나지 않는다.

1.6.3 벅 DC–DC 컨버터의 스위칭 파워–폴 예시

입력 전압 V_{in}을 강압하기 위한 벅[buck] 컨버터의 스위칭 파워–폴을 고려해보자. [그림 1–22(a)]와 같은 구조를 가진 벅 컨버터는 부하에 평활한 전압을 출력하기 위해 커패시터가 부하와 병렬로 연결되어 있으며, 인덕터와 함께 저역 LC 필터를 구성한다.

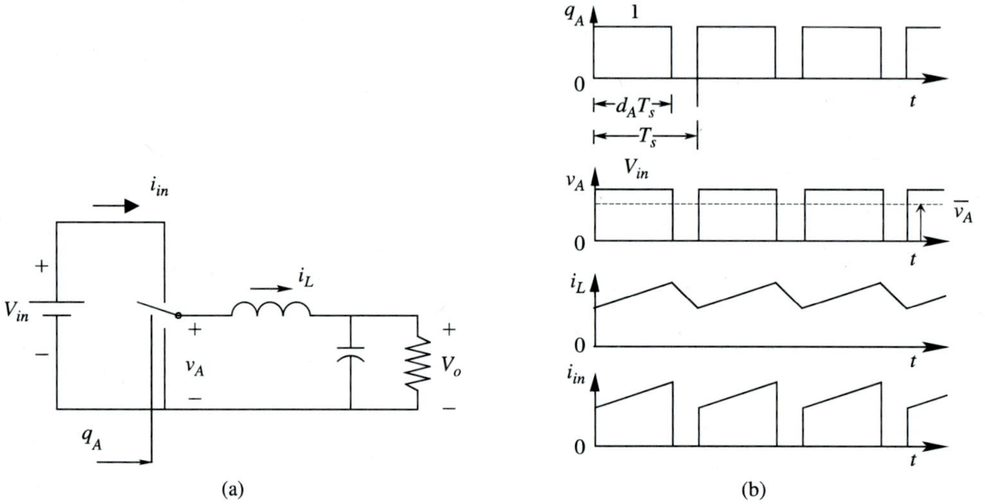

[그림 1–22] 벅 컨버터의 스위칭 파워–폴

정상상태에서 LC 필터에 의한 DC (평균) 입력의 감쇄는 없으므로 평균 출력 전압 V_o는 스위칭 사이클의 평균화 값인 $\bar{v}_A$와 같다. 식 (1.3)을 기반으로 d_A를 제어함으로써 출력 전압은 0에서 V_{in}의 범위 안, 즉 $0 \leq V_o \leq V_{in}$에서 다음과 같이 제어된다.

$$V_o = \bar{v}_A = d_A V_{in} \tag{1.4}$$

순시 출력 전압 $\bar{v}_A(t)$에는 당연히 맥동성 분이 존재한다. 그러나 전류 $i_L(t)$는 극[pole]의 전류 단자에 있는 직렬 인덕턴스에 의해 [그림 1–22(b)]와 같이 상대적으로 부드럽게 평활된다.

예제 1-2

[그림 1-22(a)]의 컨버터에서 입력 전압 V_{in}은 20 V, 출력 전압 V_o는 12 V 이다. 스위칭 주파수 f_s가 200 kHz 일 때 듀티 비 d_A와 펄스 폭 T_{up}을 계산하라.

풀이

$\bar{v}_A = V_o = 12\,\text{V}$ 이다. 식 (1.4)를 이용하면 $d_A = \dfrac{V_o}{V_{in}} = \dfrac{12}{20} = 0.6$ 이고 $T_s = \dfrac{1}{f_s} = 5\mu s$ 이다. 따라서 [그림 1-23]과 같이 $T_{up} = d_A T_s = 0.6 \times 5\mu s = 3\mu s$ 가 된다.

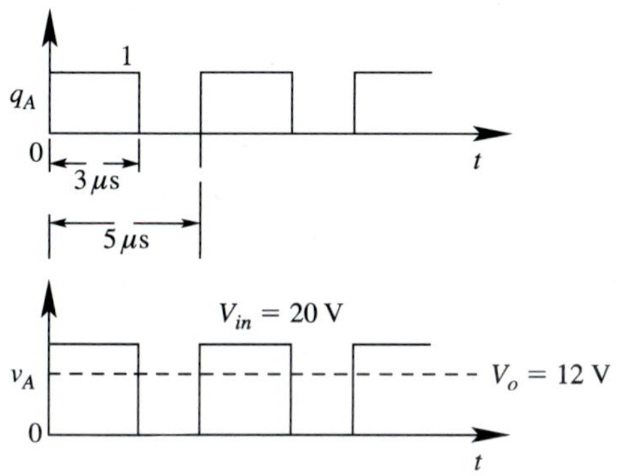

[그림 1-23] [예제 1-2]의 컨버터 파형

1.6.3.1 벅 컨버터에서의 양방향 스위치 구현

[그림 1-24(a)]와 같이 파워-폴에서의 양방향 스위치는 트랜지스터나 다이오드를 이용하여 구현할 수 있다. 트랜지스터의 게이트가 on 상태일 때 (스위치 신호 $q_A = 1$에 의해 다음 장에서 언급할 게이트 회로를 통해) [그림 1-24(b)]처럼 트랜지스터에는 인덕터 전류가 흐르고, 다이오드는 역방향으로 바이어스bias된다. 반대로 트랜지스터가 off 상태($q_A = 0$)일 때는 [그림 1-24(c)]와 같이 인덕터 전류가 다이오드를 통해 트랜지스터가 다시 켜지는 다음 스위칭 사이클까지 "환류freewheels"하게 된다. [그림 1-22(b)]의 스위칭 파형은 3장에서 자세히 다룰 것이다.

[그림 1-22(a)]의 스위치 모드 회로에서 $v_A(t)$ 파형의 맥동주파수에 해당하는 스위칭 주파수를 높임으로써 저역통과 LC 필터의 요구되는 값을 줄일 수 있다. 그러나 스위칭 주파수가 높아지면 양방향 스위치에서 더 큰 스위칭 손실이 유발된다(이에 대한 자세한 내용은 다음 장에서 다룰 것이다). 따라서 이러한 상충관계trade-off를 고려하여 적절한 스위칭 주파수를 선택해야 한다.

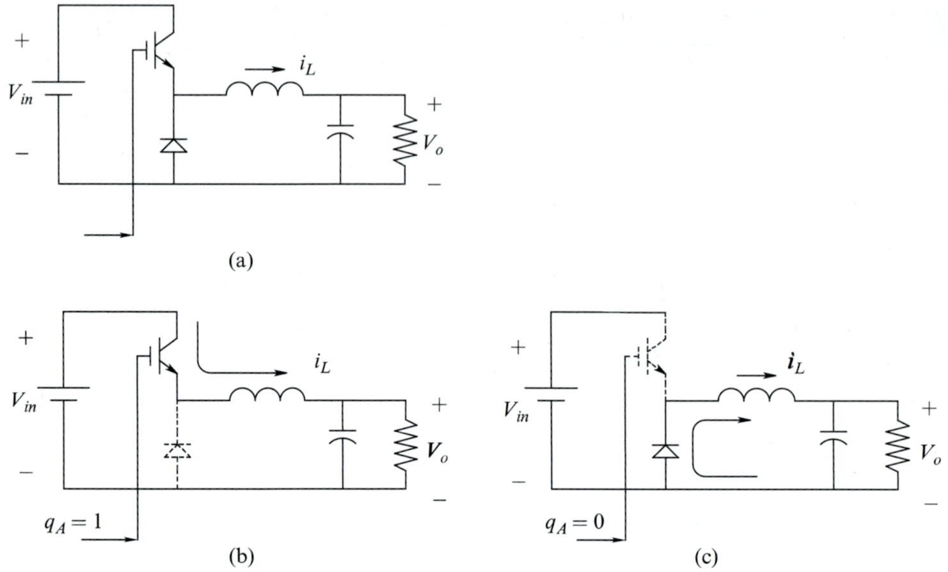

[그림 1-24] 벅 컨버터의 스위칭 파워-폴을 구성하는 트랜지스터와 다이오드

1.7 와이드 밴드갭 소재 기반의 반도체 소자 동향

와이드 밴드갭^Wide Bandgap, WBG^ 소재의 상당한 발전으로 질화 갈륨(갈륨 나이트라이드, GaN) 및 탄화 규소(실리콘 카바이드, SiC) 기반의 다이오드와 MOSFET과 같은 WBG 장치들을 전력전자 응용 분야에서 합리적인 가격으로 이용 가능해졌다. 이러한 장치들에는 최대 1.7kV 의 전압 차단 능력을 가진 SiC-MOSFET이 포함된다.

이러한 WBG 장치와 비교할 때, 실리콘 전력 장치 기술은 이미 성숙된 기술로서 앞으로는 소규모의 진화적 개선만이 가능하다. 이 장치들은 접합^junction^ 온도 150 ~ 200℃ 미만으로 제한되어 있으나 전력전자 응용 분야는 더 높은 전압과 주파수, 온도, 그리고 더 높은 효율을 동시에 요구하고 있다. 이는 미래의 응용 분야에서 실리콘 기반 장치의 사용을 점점 더 어렵고 비용이 많이 드는 일로 만든다.

WBG 장치는 특히 1000 V 를 넘는 높은 전압과 약 600 V 이하의 저전압 응용 분야에서 더 우수한 해결책을 제공한다. 이들은 더 빠르고 손실이 적으며, 더 높은 동작 온도를 가짐으로써 열 관리 시스템을 최소화한다.

WBG 장치는 실리콘 장치와 동일한 물리적 메커니즘으로 동작하며, 그 형태가 비슷하다. 그럼에도 WBG 장치의 성능이 더 나은 것은 뛰어난 소재 특성 때문이며, GaN과 SiC가 관심을 받고 있다. WBG 장치는 WBG 소재의 10배 더 큰 파괴 전장 강도 덕분에 더 빠른 스위칭과 더 낮은 손실, 더 높은 온도에서의 동작, 그리고 더 높은 열전도를 가능하게 한다. 이것이 WBG 장치가 실리콘 장치에 비해 근본적으로 우수한 이유이다.

다양한 SiC 장치는 상업적으로 이용 가능하며, SiC MOSFET과 다이오드는 1,000 V 이상의 전력전자 응용 분야에서 우세할 것이다. 마찬가지로 GaN 기반 다이오드와 MOSFET은 600 V 이하의 전력전자 응용 분야에서 우세할 것으로 예측된다. 다양한 응용 분야가 운영주파수와 전력 수준의 함수로서 [그림 1-25]에 표시되어 있으며, WBG에 대한 추가적인 세부 정보는 관련 자료를 통해 찾아볼 수 있다.[14]

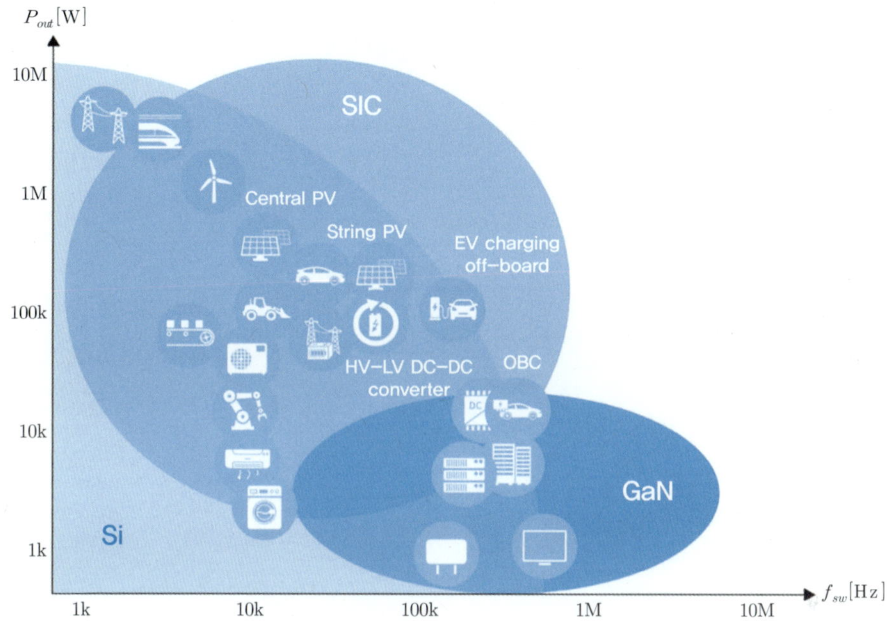

[그림 1-25] SiC 및 GaN 기반 장치의 응용[15]

1.8 시뮬레이션 및 하드웨어 프로토타이핑 활용

이 책에서는 다양한 모델링 도구들이 전력전자의 개념을 깊이 이해하고 논의를 촉진하기 위해 사용된다. LTspice와 Sciamble™ Workbench는 이 책의 모든 주제를 시연하는 데 사용되는 컴퓨터 시뮬레이션 도구이다.[16] LTspice는 널리 사용되는 SPICE 기반의 회로 시뮬레이터이며, Sciamble™ Workbench는 미국의 미네소타 대학교에서 개발한 수학적 시뮬레이션 도구이다. 이 책에서 설명된 모든 예제와 핵심 개념들은 LTspice와 Workbench를 사용해 시뮬레이션되며, 결과는 Sciamble의 웹사이트에서 제공된다.

---

14 N. Mohan, W. Robins, T. Undeland, and S. Raju, *Power Electronics for Grid-Integration of Renewables: Analysis, Simulations and Hardware Lab*, New York: John Wiley & Sons, 2023.

15 "Wide Bandgap Semiconductors (SiC/GaN)", Infineon Technologies AG의 허가를 받아 사용함. https://www.infineon.com/cms/en/product/technology/wide-bandgap-semiconductors-sic-gan/

16 Sciamble™ Workbench platform. https://sciamble.com.

Sciamble™ Workbench를 사용하는 데 있어 주목할 만한 특징은 수학적 시뮬레이션과 하드웨어 프로토타이핑 모드 간의 원활한 전환에 있다. 하드웨어 프로토타이핑은 실시간 컨트롤러의 개발을 단순화하여 이 책에서 다루는 개념들에 대한 신속한 실험실 실험을 가능하게 한다. 실제 실험은 이 책의 내용에 대한 더 깊이 있고 실용적인 이해를 가능하게 하며, Sciamble™ 의 전력전자 하드웨어 키트는 이 책의 모든 주제의 실험실 구현에 사용된다.

이러한 LTspice와 Sciamble™ Workbench를 사용한 모든 시뮬레이션 파일과 Workbench를 사용한 실험실 구현을 위한 매뉴얼은 Sciamble의 웹사이트에서 이용 가능하다.

연습문제

응용 및 에너지 절약

1.1 미국 에너지성의 보고서에서는 충분히 발전되고 효과적인 에너지 절약기술의 사용을 통해 미국 내 제조업 분야에서 연 122억 kWh 이상의 전력을 절약할 수 있다고 추정하고 있다.[17]

(a) 낭비되는 전력을 공급하기 위해 1100 MW급 용량의 발전소가 얼마나 필요한지 계산하라.

(b) 전기요금이 0.12 cents/kWh 라면 매년 절감되는 비용은 얼마인지 달러로 계산하라.

1.2 [그림 1-26(a)]는 프로세스 내에서 동작하는 송풍기의 유량 분석표이다. [그림 1-26(b)]의 정보를 사용하여, 시스템에서 가변속 드라이브(ASD)를 사용할 경우 (a) 유출구 조절기(아웃렛 댐퍼 outlet damper)를 사용하거나 (b) 유입구 풍향계(인렛 베인 inlet vane)을 적용한 시스템에 비해 전력 소비를 얼마나 줄일 수 있는지 백분율로 측정하라.

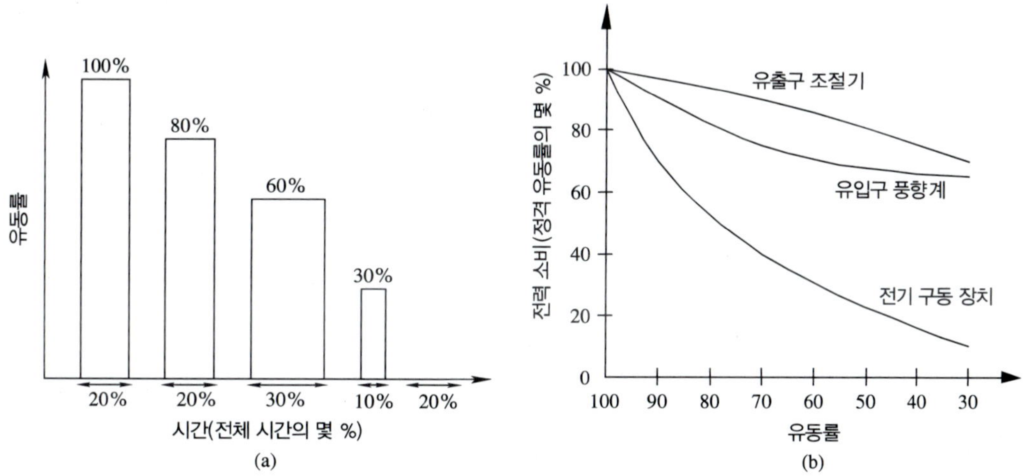

[그림 1-26] [연습문제 1.2]를 위한 그림

1.3 임의의 시스템에서 시스템의 크기는 전력 손실 용량을 기반으로 한다. 효율이 87%에서 95%로 증가했을 때 개선되는 전력밀도를 계산하라.

1.4 미국의 전력 생산량은 약 3.8×10^9 MW−hrs 이다. [그림 1-7]에 따르면 전력 생산량의 16%가 난방, 환기 및 공조(HVAC) 시스템에 사용되며, 조절 가능한 속도 드라이브를 사용하면 에너지의 최대 30%를 절약할 수 있다. 이 근거를 바탕으로 연간 에너지 절약량을 계산하고 낭비된 에너지를 공급하기 위해 지속적으로 운영해야 할 1100 MW급 발전소의 수를 구하라.

---

17 *Improving Motor and Drive System Performance: A Sourcebook for Industry, Industrial Technologies Program (ITP)* (Book), US Department of Energy (energy.gov). https://www1.eere.energy.gov/manufacturing/tech_assistance/pdfs/motor.pdf.

1.5 미국에서는 풍력으로 연간 10.8×10^9 MW−hrs 의 전기를 잠재적으로 생산할 수 있을 것으로 추정된다. 이 잠재력의 1/10만큼이 개발된다면 평균적으로 풍차가 그 가능 에너지의 30%만 생산한다고 가정하여 필요한 1.5 MW급 풍차의 수를 추정하라.

1.6 [연습문제 1.5]에서 각각의 1.5 MW급 풍력발전기가 전력전자 인터페이스를 이용하여 모든 출력 전력을 전달할 경우 전력전자 인터페이스의 전체 정격을 MW 단위로 계산하라.

1.7 [그림 1−7]에 따르면 미국에서 조명은 생산된 전기의 19%를 소비한다. 그중 LED는 동일한 광 출력에서 백열등이 소비하는 전력의 1/6을 소비하며, 미국의 전력 생산량은 약 3.8×10^9 MW−hrs 이다. 이 정보를 바탕으로 현재 모든 조명이 백열등이고, 이를 LED로 교체한다고 가정했을 때 연간 절약되는 MW−hrs 를 추정하라.

1.8 미국 환경 보호국에 따르면 전기 하이브리드 차량은 혼합(도시와 고속도로) 주행 조건에서 갤런당 52마일을 제공한다. 이는 미국의 평균 승용차가 연간 평균 11766마일의 거리를 주행할 때 갤런당 22.1마일을 제공하는 것과 비교된다. 일반 차량을 전기 하이브리드 차량으로 교체했을 때 자동차 한 대당 연간 절약되는 석유 배럴의 수를 계산하라. 단, 42갤런을 포함하는 석유 한 배럴이 약 20갤런의 가솔린을 생성한다고 가정하라.

1.9 미국에 약 1억 5천만 대의 자동차가 있다고 가정하고 [연습문제 1.8]의 결과를 사용하여 각 갤런의 가솔린 소비가 약 5파운드의 탄소를 배출한다고 가정했을 때 대기 중으로 방출되는 총 연간 탄소 감소량을 계산하라.

1.10 [연습문제 1.9]에서 계산한 절약된 연간 석유 배럴 수와 미국이 수입한 연간 약 35억 배럴의 원유 수를 비교하라.

1.11 연료전지 시스템은 생성된 열도 함께 사용할 경우 효율이 80%에 이르며, 이는 가스 터빈 기반 전기 생성의 효율의 2배 이상이다. 2천만 가구가 평균 5 kW를 생산한다고 가정할 때 이 연료전지 시스템이 연간 미국에서 생성되는 전력량(3.8×10^9 MW−hrs)에 비해 생성하는 전력의 비율을 계산하라.

1.12 전력전자 기반의 유도가열은 기존 전기 조리의 55%의 효율에 비해 80%의 효율을 가진다. 평균 가정이 기존 전기 조리를 사용하여 매일 2 kW−hrs 를 소비하며, 2천만 가구가 미국에서 유도 조리로 전환한다고 가정할 때 연간 전력 사용량의 절약량을 계산하라.

1.13 태양광의 평균 에너지 밀도는 $800\,\mathrm{W/m^2}$이고 전체 태양광발전 시스템의 효율은 10%라고 가정한다. 일반적인 대형 발전소의 발전량인 1000 MW의 전력을 생산하기 위해 필요한 태양광 셀의 설치 면적을 계산하라.

1.14 [연습문제 1.13]에서 태양광 셀을 각 가정의 지붕 위에 설치했으며, 각 셀의 면적은 $40\,\mathrm{m^2}$라고 한다. 이때 1000 MW의 전력을 생산하기 위해 필요한 가정의 수를 계산하라.

1.15 육지와 해안가의 풍력에너지를 활용할 때 전력전자의 역할을 설명하라.

1.16 태양에너지를 활용할 때 태양광발전 시스템으로써 전력전자의 역할을 설명하라.

1.17 배터리 저장 시스템과 연료전지 시스템에서 전력전자의 역할을 설명하라.

1.18 전기 자동차(EV), 하이브리드 전기 자동차(HEVs), 플러그인 하이브리드 전기 자동차(플러그인 HEVs)에서 전력전자의 역할을 설명하라.

1.19 고속철도를 활용한 운송 시스템에서 전력전자의 역할을 설명하라.

1.20 절전형 형광등과 LED 조명을 사용할 때 에너지 절약을 위한 전력전자의 역할을 설명하라.

1.21 난방 장치와 에어컨 시스템에서 에너지를 절약하기 위한 전력전자의 역할을 설명하라.

1.22 고전압 직류 DC(HVDC) 송전 시스템에서 전력을 전송할 때 전력전자의 역할을 설명하라.

스위칭 파워-폴의 펄스 폭 변조

1.23 벅 컨버터에서 입력 전압 $V_{in} = 12\,\mathrm{V}$이다. 출력 전압 V_o은 9 V가 되어야 하며, 스위칭 주파수 $f_s = 400\,\mathrm{KHz}$이다. 이상적인 스위칭 파워-폴로 가정할 때 스위칭 신호의 펄스 폭 T_{up}와 파워-폴의 듀티비 d_A를 계산하라.

1.24 [연습문제 1.23]의 강압형 컨버터에서 인덕터에 흐르는 전류가 리플 ripple 이 없는 1.5 A 라고 가정한다(이 전류의 리플은 3장에서 논의할 것이다). 전류 단자에서의 전압 v_A와 전압 단자에서 전류 i_{in}의 파형을 그려라.

1.25 [연습문제 1.23]에 주어진 입출력 사양을 사용하여 예상되는 선형 레귤레이터의 최대 효율을 계산하라. 단, 초과 입력 전압은 입력과 출력 사이에 위치하여 제어 가능한 controllable 저항처럼 동작하는 트랜지스터에 나타난다.

시뮬레이션 연습문제

1.26 [그림 1-22(a)]의 벅 컨버터 다이어그램에서 저역 통과 필터는 $L = 0.5\,\mathrm{mH}$, $C = 100\,\mathrm{uF}$의 사양을 가지며, 출력 부하 저항 $R = 0.5\Omega$이다. 입력 전압 v_A는 진폭이 $0.75\,\mu s$이고 주파수 $f_s = 100\,\mathrm{KHz}$인, 0에서 10 V 사이의 펄스 파형을 가진다.

(a) 출력 전압 v_o가 정상상태 도달 후 10번의 스위칭 주기 구간 동안의 입력 전압 v_A와 출력 전압 v_o의 파형을 그려라.

(b) 출력 전압 v_o와 입력 평균 전압 $\overline{v}_A$(입력 전압 v_A의 평균값)의 관계를 구하라.

(c) 스위칭 주파수와 LC 공진주파수의 비를 구하라. 푸리에 분석 Fourier analysis 을 사용하여 스위칭 주파수에서의 필터에 의한 입력 전압의 기본주파수 성분의 감쇄율을 계산하라.

1.27 [연습문제 1.26]에서 전달함수 $V_o(s)/V_A(s)$의 이득을 주파수의 함수(dB 단위)로 그려라. 또한 전달함수의 이득이 최대일 때 주파수와 LC 공진주파수가 일치하는지를 구하고 필터에 의한 기본주파수 성분의 감쇄량을 계산하라. 그리고 [연습문제 1.26(c)]의 푸리에 분석을 통한 결과와 어떻게 비교될 수 있는지 설명하라.

CHAPTER

02

스위칭 파워-폴 설계

1장에서는 지속 가능한 에너지를 위한 전력전자공학의 역할에 대해 살펴보았다. 전력전자공학은 우리가 현재 당면하고 있는 즉각적인 과제를 해결하기 위해 이론의 구현이 필요한 연구 분야에 적용되고 있다. 또한 이상적인 트랜지스터와 다이오드로 구성되고 출력을 제어하기 위해 PWM 방식을 사용하는, 이상적인 양방향 스위치로 이루어진 전력전자 컨버터 블록을 만듦으로써 스위칭 파워-폴에 대해서도 공부하였다.

이번 장에서는 전력전자 시스템에서 꼭 필요한 다양한 전력 반도체 소자의 유용성에 대해 다루며, 1장에서 논의한 것처럼 다양한 응용 분야에 사용되는 스위칭 파워-폴을 설계 할 때의 다양한 상충관계와 스위칭 특징에 대해서도 논의할 것이다. 마지막으로 스위칭 파워-폴의 평균 출력을 조절하고 제어하는 데 사용되는 PWM IC에 대해 간략히 다룰 것이다.

2.1 전력 트랜지스터와 전력 다이오드[1]

전력용 다이오드와 트랜지스터는 단일 레벨signal-level에서부터 킬로볼트(kV)와 킬로암페어(kA)의 전압과 전류를 다루며, 수 마이크로초(μs)에서부터 수십 나노초(ns)정도의 빠른 스위칭 시간을 가질 정도로 수십 년간 발전해왔다. 이러한 소자들은 어떤 전압과 전류 사양을 만족하도록 직렬 및 병렬로 연결될 수도 있다. 주어진 응용 분야에서 전력 다이오드와 전력 트랜지스터를 선택하는 것은 다음의 특성에 따른다.

- **정격 전압** Voltage rating : 소자가 off 상태에서 버틸 수 있는 최대 순시instantaneous 전압이다. 이 전압을 넘으면 고장이 나거나break down 소자가 손상을 입을 수 있다.
- **정격 전류** Current rating : 소자가 on 상태에서 작동할 수 있는 순시, 평균 또는 RMS 값으로 표현되는 최대 전류이다. 이 전류를 넘으면 소자는 과도한 열에 의해 파괴된다.
- **스위칭 속도** Switching speed : 소자가 on 상태와 off 상태 사이에서 변화할 때의 속도이다. 짧은 스위칭 시간, 즉 빠른 스위칭 속도를 갖는 소자는 낮은 스위칭 손실을 갖거나 적합한 스위칭 손실에서 높은 스위칭 주파수로 동작할 수 있다.
- **on 상태 전압** On-state voltage : on 상태 동안 전류가 흐를 때 소자의 전압 강하이다. 이 전압이 작을수록 on 상태 전력 손실이 줄어든다.

1 N. Mohan, T.M. Undeland, and W.P. Robbins, *Power Electronics: Converters, Applications and Design*, 3rd Edition, New York: John Wiley & Sons, 2003.

2.2 전력 트랜지스터 선택[2][3][4][5]

트랜지스터transistor는 제어 가능한 스위치로, 스위치 모드의 전력전자 응용에 대해 다음과 같은 몇 가지 형태로 이용된다.

- MOSFETs Metal-Oxide-Semiconductor Field-Effect Transistors
- IGBTs Insulated-Gate Bipolar Transistors
- IGCTs Integrated-Gate-Controlled Thyristors
- GTOs Gate-Turn-Off thyristors
- BJTs Bipolar-Junction Transistors, SITs Static Induction Transistors, MCTs MOS-Controlled Thyristors 등

스위치 모드 컨버터에는 두 가지 트랜지스터가 주로 사용된다. 먼저 MOSFET은 통상적으로 100 kHz가 넘는 스위칭 주파수에서 사용되며, 수백 V 이하에서 사용된다. 반면 IGBT는 매우 높은 전압, 전류 그리고 MW 수준의 높은 전력 범위에서 사용되며, 수십 kHz 이하의 스위칭 주파수에서 사용 가능하다. IGCT와 GTO는 수 MW 이상 전력 범위의 전력전자 계통 응용 분야에서 사용된다. 1장에서 살펴본 [그림 1-25]는 SiC 및 GaN 기반 장치의 기능과 응용 분야를 나타낸 것이다. MOSFET과 IGBT의 특성에 대해 간단히 살펴보자.

2.2.1 MOSFET

전압이 200 V 이하이고 스위칭 주파수가 100 kHz 가 넘는 스위칭 주파수의 응용 분야에서 **MOSFET**은 낮은 정격 전압에서의 낮은 on 상태 손실, 빠른 스위칭 속도, 그리고 on/off 전환을 용이하게 하기 위해 작은 전압과 전하가 필요한 큰 임피던스 게이트로 인해 선택하기 가장 좋은 소자이다. [그림 2-1(a)]는 n-채널 MOSFET의 회로 기호를 나타낸다.

n-채널 MOSFET은 **드레인**drain(D)과 **소스**source(S), 그리고 **게이트**gate(G)의 세 가지 터미널terminal로 구성되어 있다. MOSFET에서 순방향 전류forward current는 드레인에서 소스 터미널로 흐른다. MOSFET은 오직 순방향 극성 전압, 즉 양의 V_{DS}만 차단할 수 있으며, 음의 전압은 차단할 수 없다. 이는 MOSFET 내부에 존재하는 역병렬 다이오드 때문으로, 이러한 역병렬 다이오드는 대부분의 스위치 모드 컨버터 설계에서 효과적으로 사용될 수 있다. [그림 2-1(b)]는 다양한 게이트 전압 값에 따른 MOSFET의 I-V 특성 곡선을 나타낸다.

---

2 International Rectifier. http://www.irf.com.

3 POWEREX Corporation. http://www.pwrx.com.

4 Fuji Semiconductor. https://www.fujielectric.com/products/semiconductors_devices/

5 On Semiconductor. http://www.onsemiconductor.com.

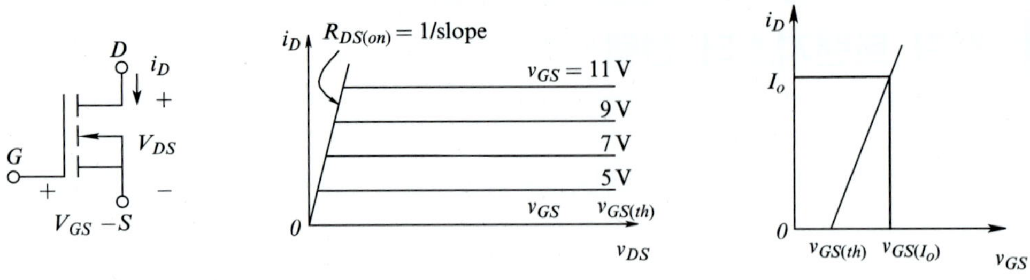

(a) 기호 (b) I-V 특성 (c) 전달 특성

[그림 2-1] MOSFET

통상적으로 게이트 전압이 2 ~ 4 V 인 문턱 전압 $v_{GS(th)}$ 보다 작으면 MOSFET은 [그림 2-1(b)]의 I-V 특성 곡선에 나타난 것처럼 완전히 off 되며, 개방open 스위치처럼 된다. $v_{GS(th)}$를 넘어가면 드레인 전류 i_D는 [그림 2-1(c)]의 전달 특성처럼 게이트 전압 v_{GS}에 의해 결정되며, 이는 MOSFET에 걸린 전압 v_{DS}의 거의 모든 값에 대해 유효하다([그림 2-1(b)]의 I-V 특성 곡선의 평형 특성을 참고하라). [그림 2-1(c)]에서 알 수 있는 바와 같이 게이트 전압이 최소한 $v_{GS(I_o)}$ 만큼 되어야 $i_D(= I_o)$가 흐른다. 통상적으로 on 상태를 유지하고 $i_D(= I_o)$를 흐르게 하려면 대략 10 V 정도의 높은 게이트 전압이 유지되어야 한다.

on 상태에서 MOSFET은 매우 작은 저항 $R_{DS(on)}$으로 근사화할 수 있으며, 이곳을 흐르는 드레인 전류는 연결되어 있는 외부회로에 의해 영향을 받는다. [그림 2-1(b)]의 I-V 특성 곡선의 기울기의 역수로 나타나는 on 상태 저항은 소자의 차단 정격 전압 V_{DSS}의 함수 형태이다.

$$R_{DS(on)} \ \alpha \ V_{DSS}^{2.5\ to\ 2.7} \tag{2.1}$$

식 (2.1)은 왜 MOSFET이 200 V 이하의 낮은 응용 분야에서 사용되는 것이 최적의 선택인지를 설명하고 있다. on 상태 저항은 소자의 접합 온도와 함께 올라가며, 온도를 제한치보다 낮게 유지시키기 위해 적절한 히트싱크가 필요하다.

2.2.2 IGBT

IGBT는 높은 정격 전압에서도 on 상태 손실이 낮고 MOSFET처럼 제어가 용이하다. 스위칭 속도는 30 kHz 이상으로 충분히 빠르다. 따라서 IGBT는 스위칭 주파수가 수십 kHz보다 작은 범위 안에서 kW나 MW 수준의 파워를 갖는 큰 전압과 전력 범위에서 동작하는 컨버터에 사용된다.

IGBT의 회로 기호는 [그림 2-2(a)]에 나타나 있으며, I-V 특성 곡선은 [그림 2-2(b)]에 제시되어 있다. MOSFET과 비슷하게 IGBT는 높은 게이트 임피던스를 가지고 있어 소자를 스위칭할 때 필요한 에너지가 적다. IGBT는 큰 차단 정격 전압을 갖는 소자의 경우에도 작은 on 상태 전압을 가진다. 예를 들어 1200 V 의 소자에서 V_{on}은 대략 2 V 이다.

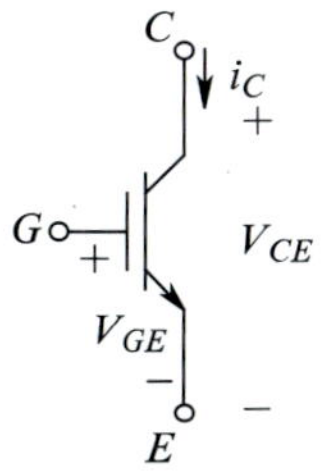

(a) 기호

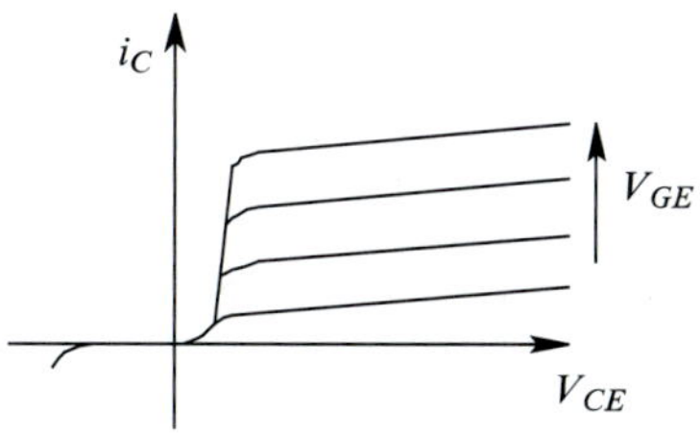

(b) I–V 특성

[그림 2-2] IGBT

IGBT는 음^{negative}의 전압을 저지하도록 설계될 수 있으나 대부분의 상업적 소자에서는 다른 특성을 향상시키 위한 설계를 함으로써 큰 역전압을 저지할 수 없게 된다. IGBT는 마이크로초(μs) 단위의 턴-온$^{turn-on}$ 및 턴-오프$^{turn-off}$ 시간을 가지고 3.3 kV 와 1200 A 크기만큼의 정격을 갖는 모듈로 동작할 수 있으며, 향후 5 kV 이상의 정격 전압을 가질 수 있을 것으로 예상된다.

2.2.3 집적형 전력 모듈과 지능형 전력 모듈[6][7][8]

3상 AC 전동기 드라이브의 경우 컨버터는 6개의 전력 트랜지스터가 필요하다. **집적형 전력 모듈**$^{Power-integrated\ modules,\ PIMs}$은 하나의 패키지가 몇 개의 트랜지스터와 다이오드로 구성되어 있으며, **지능형 전력 모듈**$^{Intelligent-power\ modules,\ IPMs}$은 게이트 드라이버 회로와 전력 트랜지스터가 포함되어 있다. 마이크로프로세서나 아날로그 집적회로로부터 나온 신호가 게이트 드라이버 회로에 입력되고, 드라이브 회로의 출력은 MOSFET의 게이트를 구동시킨다. IPM은 고장 보호와 진단 기능을 포함하고 있어 이러한 기능에 의해 전력전자 컨버터 설계가 대폭 단순화된다.

2.2.4 MOSFET과 IGBT의 가격

이러한 소자들의 발전과 더불어 소자의 상대적인 가격 또한 지속적으로 감소하였다. 각 소자의 가격은 600 V 소자에서 미국 화폐 기준 약 0.25 cents/A 정도이며, 1200 V 소자에서는 0.50 cents/A 정도이다. 3 kV 급 소자의 파워 모듈은 대략 1 cents/A 정도이다.

6 International Rectifier. http://www.irf.com.

7 International Rectifier. http://www.irf.com.

8 Fuji Semiconductor. https://www.fujielectric.com/products/semiconductors_devices/

2.3 전력 다이오드 선택

[그림 2-3(a)]는 다이오드의 회로 기호이다. [그림 2-3(b)]의 다이오드의 I-V 특성 곡선을 통해 다이오드는 역전압을 막는, 제어 불가능한 소자임을 알 수 있다. 전력 다이오드는 큰 범위의 역전압을 저지하고 순방향 전류를 흘릴 수 있다. 트랜지스터와 유사하게 전력 다이오드도 다음과 같은 몇 가지의 유형이 있으며, 응용 분야에 따라 이를 적절히 선택하여 사용해야 한다.

- 계통주파수 다이오드 Line-frequency diode
- 고속 회복 다이오드 Fast-recovery diode
- 쇼트키 다이오드 Schottky diode
- SiC 기반 쇼트키 다이오드 SiC-based Schottky diodes

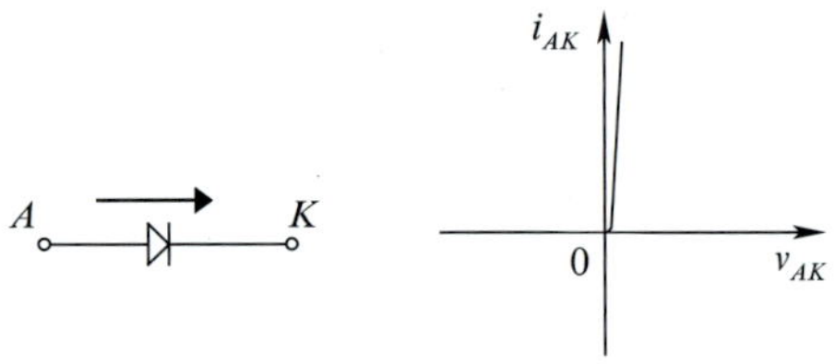

(a) 기호　(b) I-V 특성

[그림 2-3] 다이오드

계통주파수의 AC를 DC로 정류하는 것은 상대적으로 약간 낮은 on 상태의 전압 강하를 갖는 느린 스위칭 pn 접합 전력(계통주파수) 다이오드에 의해 이루어질 수 있으며, 정격 전압은 9 kV 이상, 정격 전류는 5 kA 이상까지 가능하다. 다이오드에 걸리는 on 상태의 전압 강하는 전압 저지 능력에 의해 결정되며, 보통 1 V ~ 3 V 정도이다.

스위치 모드 컨버터를 수십 kHz 부터 수백 kHz 까지의 높은 스위칭 주파수에서 동작시키려면 고속 스위칭 fast-switching 다이오드가 필요하다. 이러한 응용 분야에서는 계통주파수 다이오드와 마찬가지로 pn 접합으로 형성된 고속 복구 다이오드를 선택하여 다이오드와 관련된 스위칭 손실을 최소화해야 한다.

매우 낮은 출력 전압을 갖는 응용 분야에서 순방향 전압 강하가 1 V 정도인 일반적인 pn 접합 다이오드는 적절하지 않은, 즉 필요 이상으로 큰 순방향 전압 강하를 유발한다. 이러한 경우 전압 강하가 0.3 V ~ 0.5 V 정도 되는, **쇼트키 다이오드** Schottky diode 라고 불리는 다른 유형의 다이오드를 사용할 수 있다. 다수 캐리어 majority-carrier 소자인 쇼트키 다이오드는 매우 빠르게 스위칭하고 스위칭 손실을 최소화할 수 있다.

이 장에서 설명한 트랜지스터와 다이오드의 모든 소자들은 실리콘 기반의 소자들이다. 최근에는 1200 V 이상의 정격 전압에서 탄화규소 silicon-carbide, SiC 기반의 쇼트키 다이오드를 사용할 수 있다.[9]

---

9 Infineon Technologies. http://www.infineon.com.

이러한 소자는 1.7 V 정도의 높은 on 상태 전압 강하를 가지지만 스위칭 손실을 최소화할 수 있어 수백 V를 넘는 컨버터에 적절하다.

2.4 스위칭 특성과 파워-폴에서의 전력 손실

스위치 모드 컨버터에서 스위칭 **파워-폴**power-pole의 특성을 파악하는 것은 매우 중요하다. 이전 장에서 설명한 것처럼 [그림 2-4(a)]의 벅buck 컨버터의 파워-폴은 다이오드와 트랜지스터를 통해 구현할 수 있으며, 스위칭 특성을 설명하기 위해 전류 단자를 통과하는 전류가 일정한 DC 값인 I_o 라고 가정하여 설명할 수 있다. IGBT를 선택해도 유사한 설명이 가능하지만, 여기에서 트랜지스터는 MOSFET으로 가정한다.

[그림 2-4(b)]는 n-채널 MOSFET에서 게이트 전압에 따른 전형적인 v_{DS} 대비 i_D 특성을 나타낸 것으로, off 상태와 on 상태에 해당하는 동작점을 특성 곡선에 표시하였다(p-채널 MOSFET은 특성이 좋지 않아 전력 응용 분야에서 거의 사용되지 않는다).

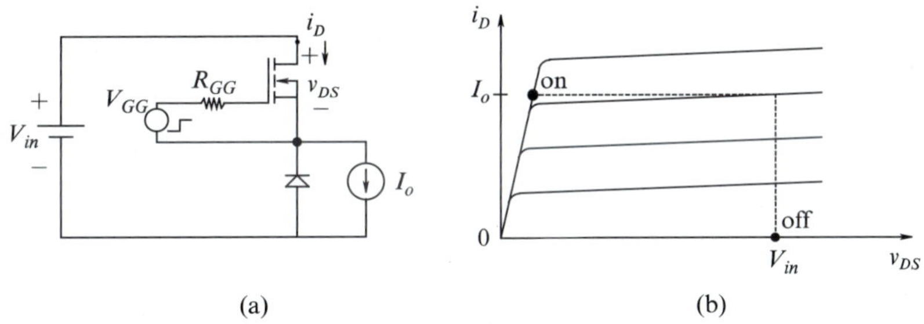

[그림 2-4] 스위칭 파워-폴의 MOSFET

MOSFET 스위칭 특성, 즉 [그림 2-4(a)]와 같은 스위칭 파워-폴의 스위칭 특성은 MOSFET 내부의 접합 용량junction capacitance(커패시턴스)에 의한 충방전 속도, i_D 대 v_{DS} 특성, MOSFET이 연결된 [그림 2-4(a)]의 회로와 게이트 드라이버 회로 등과 같은 여러 요소의 조합에 의해 결정된다. MOSFET 접합 커패시턴스는 드레인-소스 전압의 비선형적인 함수로 표현되며, 전압이 낮아지면 수십 배로 급격히 증가하는 특징을 가지고 있다. [그림 2-4(a)]에서 MOSFET의 게이트 드라이버 전압은 0에서 V_{GG}(대략 10 V)로, 또는 반대로 변화하는 전압원으로 표시되어 있으며, 외부저항인 R_{GG}와 내부 게이트 저항의 합인 R_{gate} 저항을 통해 게이트를 충전 또는 방전시킨다.

이러한 턴-온turn-on과 턴-오프turn-off 특성에 대한 간단한 설명은 다이오드가 이상적이라고 가정했을 때 가능하다. 다이오드 역회복을 포함한 스위칭에 대한 세부적인 사항들은 이 장의 부록에서 논의하도록 한다.

2.4.1 턴-온 특성

[그림 2-5(a)]는 **턴-온**되기 전 MOSFET이 off 상태이고 입력 DC 전압 V_{in} 을 차단하며, 전류 I_o 는 다이오드에 의해 환류 freewheels 하고 있음을 보여준다. [그림 2-5(b)]는 게이트에 양의 전압이 인가될 때 MOSFET이 어떻게 off 상태에서 on 상태가 되는지에 대한 턴-온 특성을 나타낸다. MOSFET을 on 하려면 게이트 드라이버 전압은 0에서 V_{GG} 까지 상승해야 하며, 게이트 회로 저항인 R_{gate} 를 통해 게이트 소스 커패시턴스를 게이트 드라이버 전압의 문턱 전압인 $V_{GS(th)}$ 까지 충전하기 위해서는 턴-온 지연시간 delay time $t_{d(on)}$ 만큼의 시간이 필요하다. 턴-온 지연시간 동안 MOSFET은 [그림 2-5(a)]와 같이 off 상태이고 I_o 는 다이오드를 통해 환류를 지속한다.

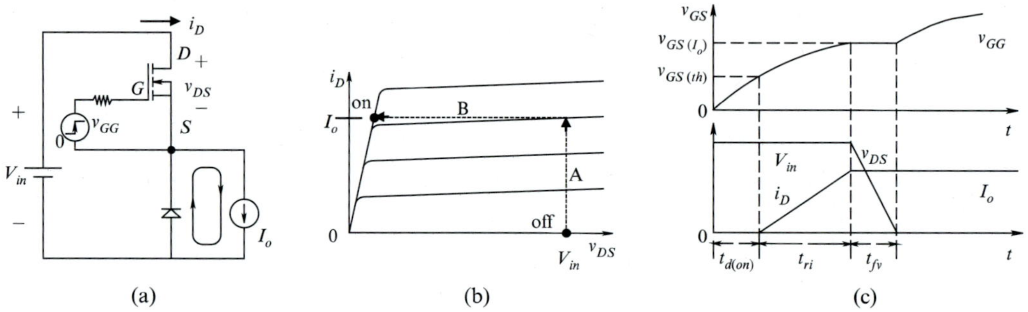

[그림 2-5] MOSFET 턴-온

MOSFET을 턴-온하기 위해서는 먼저 전류 i_D가 MOSFET을 통해 증가해야 한다. 다이오드에 전체 양(+)의 전류($I_o - i_D$)가 흐르는 동안 다이오드의 양단 전압은 0이 되며, MOSFET은 전체 입력 전압 V_{in}을 차단해야 한다. 그러므로 전류 상승시간 t_{ri} 동안 MOSFET 전압과 전류는 [그림 2-5(b)]의 I-V 특성에서 궤적 A를 따르며, 시간에 의한 변화는 [그림 2-5(c)]와 같이 나타난다.

만약 MOSFET 전류가 I_o에 도달하면 다이오드는 역방향으로 바이어스되고 MOSFET 전압은 떨어진다. 전압 하강시간 t_{fv} 동안 [그림 2-5(b)]의 궤적 B와 [그림 2-5(c)]에 나타난 것처럼 게이트 소스 간 전압은 $V_{GS(I_o)}$로 유지된다. 턴-온 전환이 완료되면 [그림 2-5(c)]와 같이 게이트는 게이트 드라이버 전압 V_{GG}로 충전된다.

예제 2-1

[그림 2-4(a)]의 컨버터에서 트랜지스터는 MOSFET이며, on 상태일 때 5 A 의 전류가 흐른다. 트랜지스터에 전체 입력 전압인 50 V 가 인가될 때 고장에 의해 동작 전류가 흐른다고 가정한다. 동작 전류를 40 A 로 제한하기 위해 게이트 드라이버 회로에 공급되어야 하는 최대 on 상태 게이트 구동 전압을 계산하라. 단, MOSFET의 접합 온도 T_j는 175℃ 로 가정한다.

풀이

MOSFET의 전달 특성은 [그림 2-6]과 같다. $V_{GS} = 7.5\,\mathrm{V}$ 일 때 MOSFET을 통하는 전류는 40 A 로 제한된다.

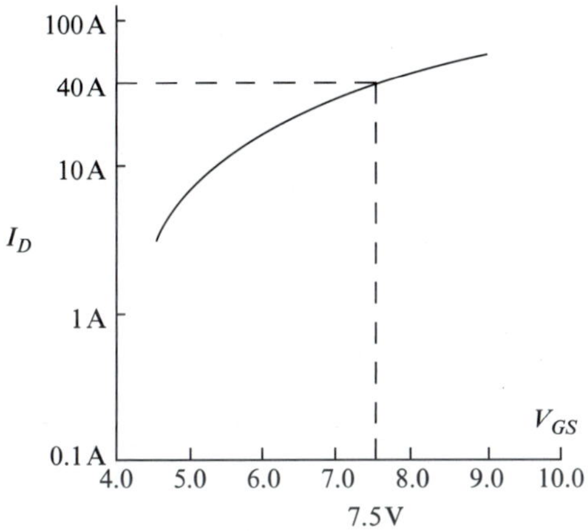

[그림 2-6] MOSFET 전달 특성

2.4.2 턴-오프 특성

턴-오프 순서[sequence]는 턴-온 과정과 반대이다. 턴-오프되기 전에 MOSFET에는 전류 I_o가 흐르고 다이오드는 [그림 2-7(a)]와 같이 역바이어스가 된다. [그림 2-7(b)]는 MOSFET의 I-V 특성을 나타낸 것으로, MOSFET이 어떻게 on 지점에서 off 지점으로 움직이는지를 나타낸다. MOSFET를 off 하려면 게이트 드라이버 전압은 V_{GG}에서 0으로 감소해야 한다. 또한 게이트 회로 저항인 R_{gate}를 통해 게이트-소스 커패시턴스를 V_{GG}에서 $V_{GS(I_o)}$까지 방전시키기 위해서는 턴-오프 지연시간 $t_{d(off)}$가 필요하다. 이러한 턴-오프 지연시간 동안 MOSFET은 on 상태를 유지한다.

MOSFET을 턴-오프하기 위해서는 출력 전류가 다이오드를 통해 환류될 수 있어야 한다. 다이오드는 순방향 바이어스되어야 하므로 MOSFET의 전압은 [그림 2-7(b)]의 궤적 C와 같이 증가하며, 이때 MOSFET의 전류는 I_o로 유지된다. 이러한 전압 상승시간 t_{rv} 동안 전압과 전류는 [그림 2-7(c)]와 같고 게이트 소스 전압은 $V_{GS(I_o)}$로 유지된다. 일단 MOSFET 전압이 V_{in}에 도달하면 다이오드는 순방향으로 바이어스되고 MOSFET 전류는 줄어든다. 전류가 줄어드는 시간인 t_{fi} 동안 스위치는 [그림 2-7(b)]의 궤적 D와 같이 동작하며, 시간에 따른 변화는 [그림 2-7(c)]와 같이 나타난다. 이때 게이트 소스 전압은 $V_{GS(th)}$까지 감소한다. 턴-오프 과정이 완료되면 게이트 전압은 0까지 방전된다.

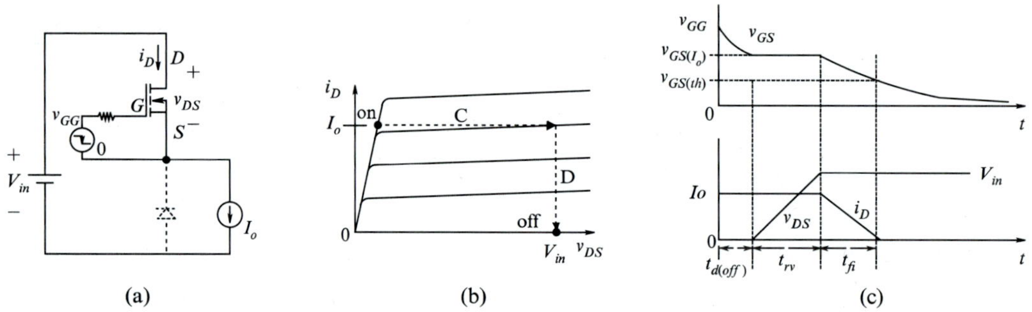

[그림 2-7] MOSFET 턴-오프

2.4.3 (이상적인 다이오드를 가정한) MOSFET 내에서의 전력 손실 계산

게이트 드라이버 회로 내의 전력 손실은 매우 높은 스위칭 주파수를 가질 경우를 제외하고 무시할 수 있을 정도로 적다. 전력 손실은 주로 드레인과 소스 사이에서 발생하며, **전도 손실**conduction loss과 **스위칭 손실**switching loss로 분류할 수 있다.

2.4.3.1 전도 손실

on 상태의 MOSFET에는 매 스위칭 시간 주기 T_s 중 스위치 듀티 비duty ratio $d = T_{on} / T_s$에 해당하는 시간 T_{on} 동안 드레인 전류가 흐른다. 드레인 전류가 dT_s 동안 I_o로 일정하다고 가정하면 스위칭 시간 주기의 나머지 시간 동안 드레인 전류는 0이 된다. 따라서 MOSFET 전류의 RMS 값은 다음과 같다.

$$I_T(\text{rms}) = \sqrt{d}\, I_o \tag{2.2a}$$

그러므로 MOSFET의 on 상태 저항 $R_{DS(on)}$에 의한 평균 전력 손실은 다음과 같다.

$$P_{cond} = R_{DS(on)}\, d I_o^2 \tag{2.2b}$$

앞서 언급했듯 $R_{DS(on)}$는 접합 온도에 따라 크게 변하며, 데이터 시트에서는 종종 접합 온도가 25℃일 때 $R_{DS(on)}$를 제공한다. 그러나 실제로는 제시된 $R_{DS(on)}$의 2배 정도를 사용하는 것이 더 현실적이며, 통상 온도 120℃ 일 때 $R_{DS(on)}$에 해당한다. 식 (2.3)은 전도 손실에 드레인 전류의 리플ripple이 미치는 영향을 설명한 것으로, 전도 손실은 드레인 전류가 최대가 되는 컨버터의 최대 부하에서 가장 높게 나타난다.

2.4.3.2 스위칭 손실

높은 스위칭 주파수에서 스위칭 전력 손실은 전도 손실보다 더 클 수 있다. [그림 2-5]와 [그림 2-7]에서 턴-온과 턴-오프의 궤적에 해당하는 MOSFET 전압 v_{DS}와 전류 i_D의 스위칭 파형이 시간에 따라 선형적이라고 가정하면 [그림 2-8]과 같이 다시 표현할 수 있다.

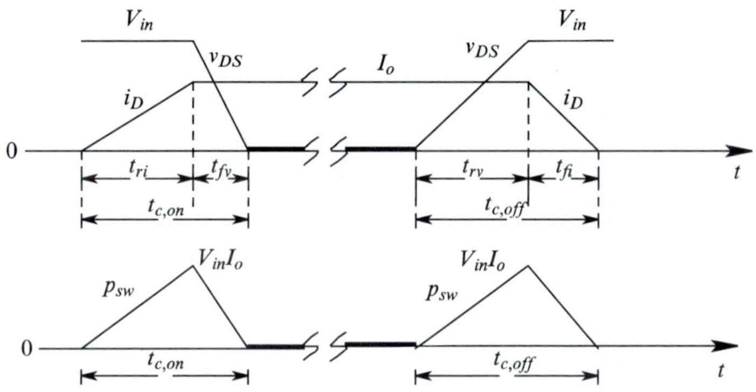

[그림 2-8] MOSFET 스위칭 손실

on 상태에서 off 상태로 변하는 과도상태 동안 또는 그 반대의 경우 트랜지스터는 [그림 2-8]의 스위칭 파형에서 볼 수 있듯이 전압과 전류가 동시에 높은 값을 가진다. 트랜지스터의 순시 전력 손실 $p_{sw}(t)$는 그래프처럼 v_{DS}와 i_D의 곱으로 나타난다. [그림 2-8]에서 스위칭 손실의 평균값은 다음과 같다.

$$P_{sw} = \frac{1}{2} V_{in} I_o (t_{c,\,on} + t_{c,\,off}) f_s \tag{2.3}$$

여기서 $t_{c,\,on}$과 $t_{c,\,off}$는 MOSFET 전압과 전류의 상승과 하강시간의 합으로, [그림 2-8]에서 다음과 같이 정의된다.

$$t_{c,\,on} = t_{ri} + t_{fv} \tag{2.4}$$

$$t_{c,\,off} = t_{rv} + t_{fi} \tag{2.5}$$

2.4.4 고장 방지 기능이 내장된 게이트 드라이버 집적회로[10]

MOSFET과 IGBT의 게이트 전압을 제어하기 위한 ASICs Application-Specific ICs는 고장 상황에서 트랜지스터를 턴-오프하는 과전류 보호 등의 다양한 보호 기능을 통해 컨버터 설계를 매우 단순화한다. 이전 장에서 다룬 것처럼 이러한 기능들은 전력 반도체 소자와 함께 지능형 전력 모듈 Intelligent Power Modules, IPMs에 집적된다.

[그림 2-9]는 MOSFET 게이트를 구동하기 위한 IC의 블록 다이어그램이다. 제어기로부터의 출력된 논리 레벨의 입력 신호 v_c는 파워-폴에서 하이-사이드 high-side MOSFET을 구동시키기 위한 기준 신호가 된다. 이때 V_{CC}는 논리 레벨의 공급 전압이며, V_{ext}는 게이트를 구동하기 위한 공급 전압으로, MOSFET의 소스 S를 기준으로 절연되어 있는 전원 공급 장치에서 공급된다.

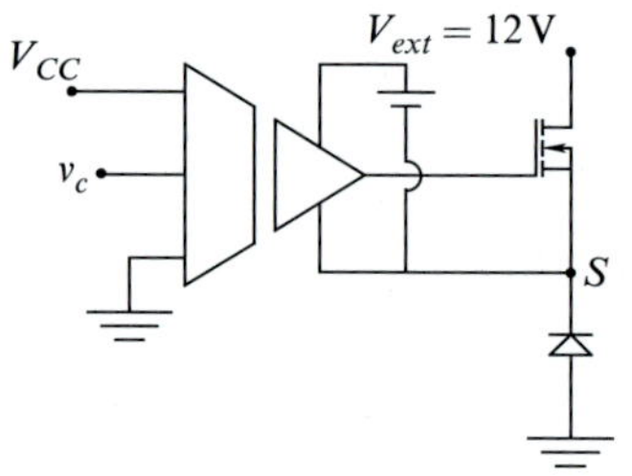

[그림 2-9] 게이트 드라이버 IC 기능도

이러한 목적의 IC 중 하나인 UCC21710은 게이트를 충전 및 방전하기 위해 각각 최대 10 A를 공급 및 소모할 수 있다. 이러한 IC는 과전류 고장에 대한 보호 기능을 내장하고 있어 트랜지스터와 직렬로 연결된 작은 저항에서 발생하는 전압 강하를 통해 측정된 트랜지스터 전류가 과전류 조건에서 게이트 구동 전압을 비활성화한다.

매우 적은 비용의 설계를 위한 [그림 2-10(a)]의 부트스트랩 드라이버는 더 비싼 광학적 또는 갈바닉 galvanically 절연 게이트 드라이버에 적합한 대안이다. 이는 상보적으로 구동되는, 직렬 연결된 장치 쌍이 있는 컨버터에 적합하다.

[그림 2-10(a)]에서 하이-사이드 스위치 S_1을 구동하는 버퍼에 전력을 공급하기 위해 절연 전원이 필요한 절연 게이트 드라이버와 달리 부트스트랩 드라이버는 커패시터 C_b에 저장된 에너지를 사용하여 버퍼에 전력을 공급한다. 커패시터는 변환기가 정상적으로 동작하는 중에 충전된다.

S_1이 꺼지고 S_2가 켜질 때 [그림 2-10(b)]에서 볼 수 있듯이 커패시터는 입력 DC 전원으로부터 충전된다. 저항 R_b는 축전기로 흐르는 전류를 제한하고 축전기 전압은 드라이버 내에 일반적으로 존재하는 능동 active 회로나 외부 제너 zener 다이오드를 사용하여 클램핑 clamp 된다. S_2가 꺼지면 다이오드 D_b에는

10 International Rectifier. http://www.irf.com.

역바이어스가 걸린다. 따라서 C_b의 전압은 S_1의 버퍼에 게이트를 턴-온하기 위한 전원을 제공하게 된다. 이 간격 동안 축전기는 [그림 2-10(c)]와 같이 방전된다.

단, 이러한 부트스트랩 드라이버는 하이-사이드 장치의 최대 on 시간이 부트스트랩 커패시터가 충전될 수 있도록 제한된다. 또한 높은 전압에서 더 두드러지는, R_b와 관련된 전력 손실로 인해 충전 주기^{cycle}마다 전체 효율이 낮아진다. 따라서 주로 100 V 이하에서 작동하는 컨버터로 사용이 제한된다.

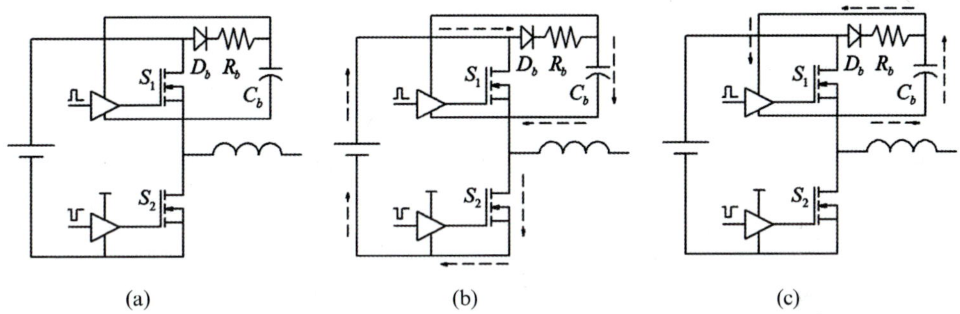

[그림 2-10] 부트스트랩 게이트 드라이버 회로와 동작 방식

2.5 이상적인 스위치와 다이오드의 정당성

제품 신뢰성과 높은 에너지 효율성은 컨버터 설계에 필요한 매우 중요한 기준이다. 먼저 신뢰성을 위해 적절한 안전 여유$^{safety\ margin}$를 갖도록 정격 전압과 정격 전류를 고려하여 반도체 소자를 선택해야 한다. 컨버터에서 높은 에너지 효율을 달성하려면 스위치의 on 상태 전압 강하와 스위칭 특성을 고려하여 전력 소자를 선택해야 한다. 또한 적절한 온도에서 동작하도록 소자에서 발생하는 열을 줄이기 위해 그 값을 계산해야 한다.

일반적으로 컨버터의 에너지 변환 효율은 약 90% 혹은 그 이상이다. 이것은 손실이 매우 작은 반도체 소자를 사용했음을 의미한다. 따라서 다양한 컨버터 토폴로지^{topology}를 분석하고 서로의 특성을 비교하는 경우 이상적인 트랜지스터와 다이오드를 가정할 수 있다. 실제로 소자를 선택하고 설계하기 위해 소자의 비이상적인 특징을 고려하는 것이 필수적이지만 다양한 컨버터 토폴로지의 특성을 분석하는 경우 이러한 비이상적인 특징은 무시할 수 있는 2차적 현상으로 나타난다. 이 책에서는 트랜지스터 종류 및 특별한 게이트 구동회로의 필요성과는 무관하게 앞서 사용한 일반적인 트랜지스터 기호를 사용한다.

2.6 설계 고려사항

컨버터 설계의 종합적인 목적은 가격, 크기, 무게, 에너지 효율성, 그리고 신뢰성을 최적화하는 것이다. 이러한 목적을 기억하면서 주어진 응용 분야에서 토폴로지와 부품을 선택할 때의 기준으로써 몇 가지 중요한 고려사항들을 간단하게 살펴볼 것이다.

2.6.1 스위칭 주파수 f_s

앞서 예로 든 벅 컨버터에서 살펴본 것과 같이 스위칭 파워-폴의 전류 단자에서는 높은 **스위칭 주파수**의 진동이 나타난다. 진동 파형에서 고주파 성분은 필터링이 필요하다. 이때 스위칭 주파수를 증가시키면 컨버터의 필터와 관련된 L과 C의 물리적 크기를 줄일 수 있는 이점을 직관적으로 알 수 있다(이는 특정한 값까지는 사실이며, 수백 kHz까지 해당되지만 그 값을 넘어서면 인덕터의 자기 손실과 커패시터의 내부 인덕턴스 때문에 그 추세가 뒤바뀐다). 또한 스위칭 주파수가 높을수록 넓은 제어 대역폭을 가질 수 있는데, 이는 4장에서 살펴볼 것이다.

앞서 다뤘듯 스위칭 주파수 증가에 따른 단점은 트랜지스터와 다이오드에서의 스위칭 손실의 증가이다. 더 빠른 스위칭 주파수는 적절하게 설계된 게이트 구동회로에 의한 트랜지스터의 더 빠른 스위칭을 의미한다. 이는 제어루프와 시스템의 나머지 부분에서 스위칭 노이즈를 유발시키는 더 높은 di/dt와 dv/dt로 인한 전자기적 간섭의 더 큰 문제를 유발할 수도 있다. 이러한 문제는 10장에서 다룰 소프트 스위칭 토폴로지 방식을 적용하여 (적어도 DC-DC 컨버터에서는) 최소화할 수 있다.

2.6.2 트랜지스터 및 다이오드 선택

앞서 MOSFET과 IGBT 중 사용할 소자를 선택할 때 스위칭 주파수와 전압의 범위를 논의한 바 있다. 마찬가지로 다이오드 종류도 적절하게 선택해야 한다. 이러한 소자들의 전압 정격은 (스위칭 동안에 기생효과에 의해서 전압 스파크를 포함한) 회로에서의 피크 전압 $\hat{V}$를 기준으로 한다. 전류 정격은 스위칭 전력 손실을 나타내는 소자가 다룰 수 있는 최고치 전류 $\hat{I}$와 on 상태에서 $R_{DS(on)}$ 저항을 가진 저항처럼 동작하는 MOSFET의 RMS 전류 I_{rms}를 고려해야 하며, on 상태에서 일정한 전압 강하로 근사할 수 있는 IGBT와 다이오드의 평균 전류 I_{avg}도 고려해야 한다. 응용 분야에 따른 안전 여유safety margin는 어떠한 요인에 의한 최악 조건의 스트레스보다 소자의 정격이 더 커야 함을 의미한다.

2.6.3 자성 부품

앞서 설명한 바와 같이 필터의 인덕턴스 값은 스위칭 주파수에 좌우된다. 인덕터 설계에 대해서는 9장에서 다룰 것이며, 필터 인덕터의 물리적 크기는 제1 근사해석first approximation을 한 면적 산출(A_p) 식에 의해 좌우된다.

$$A_p = L\hat{I}I_{\mathrm{rms}} \tag{2.6}$$

많은 토폴로지에서 L 값을 증가시키면 최고값과 실효값을 줄일 수 있으며, 이에 따라 트랜지스터와 다이오드 전류의 스트레스도 줄일 수 있다. 그러나 인덕터의 전반적인 크기 증가는 제어 대역폭이 감소한다는 단점이 된다.

2.6.4 커패시터 선택[11]

커패시터는 [그림 2-11]과 같이 **등가 직렬 저항**equivalent series resistance, ESR에 의한 스위칭 손실을 가진다. 또한 내부 인덕턴스인 **등가 직렬 인덕턴스**equivalent series inductance, ESL를 가진다. ESL이 C보다 커지는 시점인 **공진주파수**resonance frequency는 커패시터의 종류에 따라 달라진다. 전해 커패시터는 단위부피당 높은 커패시턴스를 가지지만 공진주파수는 낮다. 반면 세라믹ceramic과 금속 폴리프로필렌metal-polypropylene과 같은 커패시터는 상대적으로 높은 공진주파수를 가진다. 따라서 스위치 모드 DC 전원 공급 장치에서는 종종 출력 필터 커패시터로 큰 C를 가지는 전해 커패시터를 금속 폴리에스터metal-polyester 커패시터와 함께 병렬로 연결하여 사용한다.

[그림 2-11] 커패시터 ESR과 ESL

2.6.5 열 설계[12][13]

반도체와 자기 장치에서 장치의 온도 상승을 제한하려면 소비되는 전력을 줄여야 한다. 컨버터의 신뢰성과 기대 수명은 동작 온도에 의해 좌우되며, 동작 온도는 반드시 그 허용 최대치보다 낮아야 한다. 반면 컨버터를 높은 온도에서 동작시키면 히트싱크의 크기와 비용이 줄어든다. 여러 냉각기술이 있지만 일반적인 응용 분야에서 컨버터는 강제 공랭이나 액체에 의한 액체 냉각 방식이 아닌, 공기 대류에 의한 자연 냉각 방식을 종종 사용한다.

반도체 소자는 응용 분야에 따라 가격, 견고성ruggedness, 열전도thermal conduction, 그리고 방사선 강도radiation hardness에서 차이가 있는 다양한 패키지가 제공된다. [그림 2-12(a)]는 반도체 소자에 절연 패드

11 Panasonic Capacitor. http://www.panasonic.com

12 Boyd(Formerly Aavid, Thermal Division of Boyd Corp), for heat sinks. http://boydcorp.com/aavid.html.

13 Bergquist Company for thermal pads. http://www.bergquistcompany.com.

isolation pad를 통해 히트싱크가 부착된 경우를 나타낸 것이다. 절연 패드는 소자와 히트싱크 사이에서 열은 통하지만 전기적으로는 절연시키는 역할을 한다.

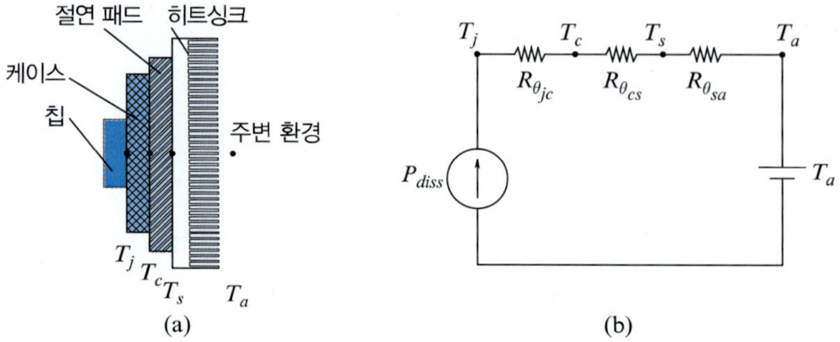

[그림 2-12] 열 설계

[그림 2-12(b)]는 장치의 전력 소비를 DC 전류원으로 표현하고 다양한 경로의 열적 저항을 직렬 저항으로 표현한 전기적 회로의 분석 방법을 나타낸다. 이때 온도는 전압과 같이 다양한 점에서 나타낼 수 있다. 데이터 시트는 다양한 열의 저항값을 명시한다. 열전도는 주로 전도를 통해 이루어지며, 절연 패드를 통해 반도체 소자로부터 케이스로 전도된다. 결과적으로 열적 저항은 각각 $R_{\theta jc}$와 $R_{\theta cs}$로 표현된다. 히트싱크에서 주변으로의 열전달은 주로 대류convection와 복사radiation의 형태로 이루어지며, 이때의 열 저항은 $R_{\theta sa}$로 표현될 수 있다. 전기적인 유사성으로 인해 반도체의 접합 온도는 소비 전력 P_{diss}를 통해 다음과 같이 계산될 수 있다.

$$T_j = T_a + (R_{\theta jc} + R_{\theta cs} + R_{\theta sa})P_{diss} \tag{2.7}$$

2.6.6 설계 절충안

[그림 2-13]은 스위칭 주파수에 대한 히트싱크와 커패시터, 그리고 자성 부품의 물리적 크기를 나타낸 것이다. 현재의 기술에 따르면 MOSFET을 사용하는 DC-DC 컨버터의 전반적인 크기를 줄이기 위한 스위칭 주파수의 최적의 값은 대략 200 kHz 에서 300 kHz 의 범위에서 조금씩 상승한다.

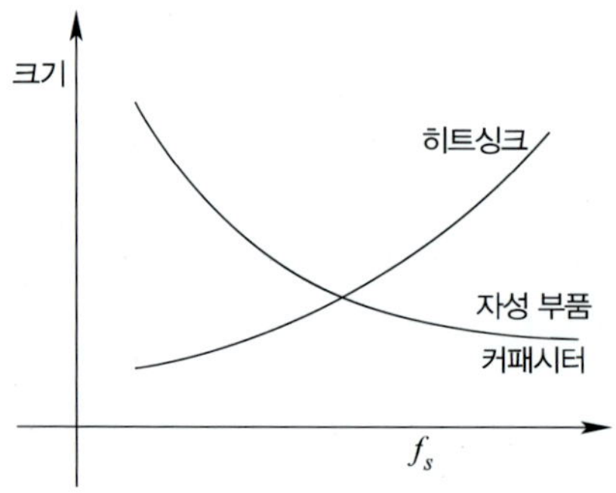

[그림 2-13] 자성 부품의 크기와 히트싱크의 주파수 곡선

2.7 PWM IC

DC-DC 컨버터의 파워-폴 펄스 폭 변조에서는 유니트로드/텍사스 인스트루먼트Unitrode/Texas Instrument 사의 UC3824와 같은 고속 PWM IC를 사용할 수 있다. 이러한 PWM IC에서 제어기에 의해 생성되는 제어 전압 $v_c(t)$는 [그림 2-14]와 같이 크기 $\widehat{V}_r$ 및 일정한 주파수 f_s를 가지는 램프 신호 v_r과 비교된다. 출력 스위칭 신호는 트랜지스터의 스위칭 함수 $q(t)$로 표현되며, $v_c(t) \geq v_r$일 때 1의 값을, 그 외의 경우에 0의 값을 갖는다. [그림 2-14]의 트랜지스터의 듀티 비는 다음과 같다.

$$d(t) = \frac{v_c(t)}{\widehat{V}_r} \tag{2.8}$$

따라서 제어 전압 $v_c(t)$는 스위칭 파워-폴의 평균 출력 전압을 제어할 수 있다. 이러한 내용은 3장과 4장에서 살펴볼 것이다.

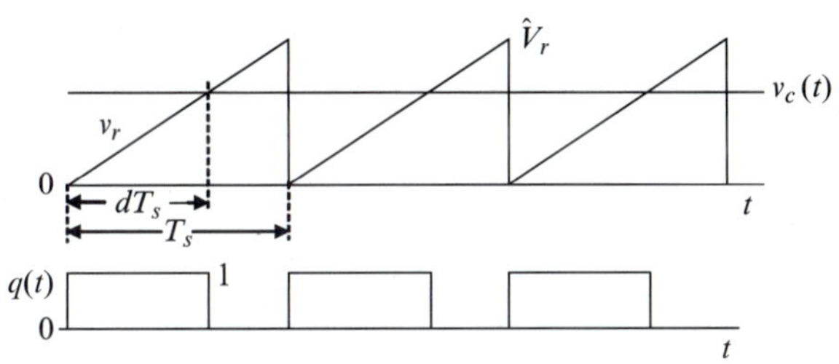

[그림 2-14] PWM IC 파형

텍사스 인스트루먼트사의 홈페이지를 통해 다양한 특수 용도의 IC를 살펴볼 수 있다.[14] 그 중 하나인 UCC28704는 플라이백flyback 컨버터에서 트랜지스터를 제어할 때 사용된다. 이 IC는 옵토커플러opto-coupler 피드백 회로를 필요로 하지 않으며, 대신 보조auxiliary 권선을 사용하여 탈자demagnetization 종료 시 출력 전압을 정확하게 감지한다. 8장에서 설명할 이 IC는 불연속 전도 모드에서 링잉ringing 트랜지스터 전압의 최저점valley에서 트랜지스터를 켜는 준(의사)공진quasi-resonant 스위칭을 제공한다. 8장에서 함께 살펴볼 UCC2897A는 포워드 컨버터를 제어하는 컨트롤러 IC로, 트랜스포머 코어를 리셋하기 위한 탈자 권선이 필요 없는 능동 클램프active-clamp 포워드 컨버터와 함께 작동하여 더 작고 효율적이다.

프로그래머블 디지털 컨트롤러의 비용이 급격하게 하락하면서 부동 소수점 연산을 지원하는 컨트롤러의 경우 특정 IC 대신 프로그래머블 디지털 컨트롤러를 사용하여 전력전자 변환기를 제어하는 것이 더욱 일반화되고 있다.

14 PWM Controller ICs. https://www.ti.com

예를 들어 텍사스 인스트루먼트사의 TMS320F280049 DSP는 14개의 ADC, 2개의 DAC, 16개의 PWM과 같은 내장 주변 장치를 갖추고 있다. 그리고 피크 전류 제어를 쉽게 구현하기 위해 내부 비교기 comparator의 DAC에 대한 경사 slope 생성 기능도 갖추고 있다. 대부분의 PWM 주변 장치는 다음 장에서 설명할 동기 정류 synchronous-rectified 벅 컨버터와 같은 변환기에 필요한 간단한 데드타임 dead-time을 지원한다.

보다 복잡한 정류 로직은 일반적으로 외부 논리 IC 또는 프로그래머블 로직을 위한 FPGA가 필요하다. TMS320F280049 DSP는 내부에 구성 가능한 로직 블록을 가지고 있어 매트릭스 컨버터와 같은 특수 정류가 필요한 변환기에 대해 PWM 신호 또는 입력 캡처 신호를 수정할 수 있다.

2.8 하드웨어 프로토타이핑

이 장에서 언급된 모든 구성 요소는 [그림 2-15]에 표시된 Sciamble 전력전자 실험 키트에 사용된다. 이 키트는 3개의 스위칭 파워-폴로 구성된다. 2개의 스위칭 파워-폴은 각각 onsemi사의 FDMS8090으로, 각 FDMS8090은 2개의 100 V, 10 A 인 Si-MOSFET으로 구성된다.

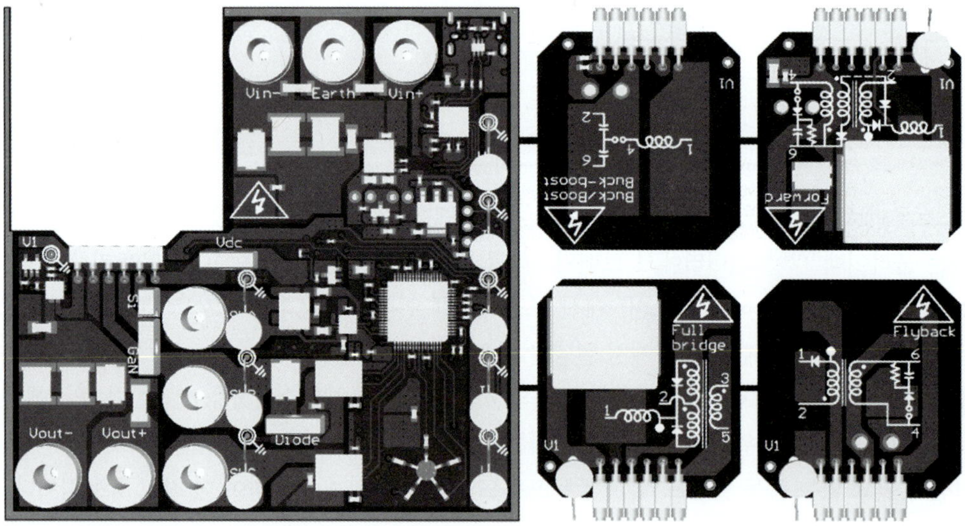

[그림 2-15] Sciamble 실험 키트

마지막 스위칭 파워-폴은 텍사스 인스트루먼트사의 LMG5200이다. LMG5200은 80 V, 10 A 로 정격된 GaN 하프 브리지 IC이다. GaN 및 Si 스위치 모두 2.4.4절에서 논의된 부트스트랩 드라이버를 통해 구동된다.

스위치는 2.7절에서 언급된 TMS320F280049 DSP를 사용하여 제어된다. 이 DSP는 Sciamble Workbench 플랫폼을 사용하여 직접 프로그래밍되며, C 프로그래밍이나 DSP 관련 지식 없이도 미리 만들어진 드래그-앤-드롭^drag-and-drop 툴박스를 사용하여 실시간으로 제어할 수 있다.

2.6.4절에서 언급한 바와 같이 실험 키트의 입력 및 출력 전력 단계는 각각 1개의 470 μF 커패시터와 병렬로 연결된 2개의 저^low ESR 10 μF 세라믹 커패시터를 사용하여 디커플링^decoupled 된다. 고려 중인 변환기에 따라 [그림 2-15]에 나타난 다양한 자기^magnetic 서브회로는 다음 장에서 설명할 Si 또는 GaN 전력 폴과 함께 사용된다. Sciamble 실험 키트에서 사용된 모든 구성 요소와 다음 장의 모든 LTspice 모델에 사용된 구성 요소의 데이터 시트는 Sciamble의 웹사이트를 통해 제공된다.

연습문제

파워-폴의 MOSFET

[연습문제 2.1]~[연습문제 2.8]은 [그림 2-4(a)]를 바탕으로 풀이하라.

2.1 [그림 2-4(a)]에서 볼 수 있듯이 MOSFET은 스위칭 파워-폴로 쓰였다. 이상적인 다이오드라고 가정했을 때 동작 조건은 $V_{in} = 42\,\text{V}$, $I_o = 5\,\text{A}$, 스위칭 주파수 $f_s = 400\,\text{kHz}$, 듀티 비 $d = 0.3$이다. 이러한 동작 조건에서 MOSFET의 스위칭 시간은 각각 $t_{d(on)} = 50\,\text{ns}$, $t_{ri} = 20\,\text{ns}$, $t_{fv} = 15\,\text{ns}$, $t_{d(off)} = 25\,\text{ns}$, $t_{rv} = 20\,\text{ns}$, $t_{fi} = 15\,\text{ns}$ 이다. MOSFET의 on 상태 저항 $R_{DS(on)} = 25\,\text{m}\Omega$이다. V_{GG}를 0V와 12V 사이의 계단 전압이라고 가정한다.

(a) MOSFET의 턴-온과 턴-오프 특성을 그래프로 그리고 설명하라. 또한 MOSFET의 게이트-소스 전압 v_{GS}의 파형을 그려라.

(b) 다이오드 전압과 전류의 파형을 그려라. 단, 다이오드는 이상적이라고 가정한다.

2.2 MOSFET의 턴-온과 턴-오프 스위치 전력 손실을 그리고 MOSFET의 평균 스위칭 전력 손실을 계산하라.

2.3 MOSFET의 평균 전도 손실을 계산하라.

2.4 이상적인 다이오드 대신 실제 다이오드를 고려할 때 순방향 전압 강하 $V_{FM} = 0.7\,\text{V}$이라고 한다. 이때 다이오드의 순방향 전력 손실을 계산하라.

2.5 부록의 [그림 2A-1]과 같이 다이오드의 역회복 특성에서 $t_a = 12\,\text{ns}$, $t_{rr} = 20\,\text{ns}$, $I_{RRM} = 2.5\,\text{A}$ 이다. 다이오드에서의 평균 스위칭 전력 손실을 계산하라.

2.6 MOSFET의 게이트 드라이버 회로에서 [그림 2-9]의 외부 전력 공급 V_{ext}은 12V라고 가정한다. MOSFET을 매번 턴-온시키기 위해서는 12V 전원 공급으로부터 전하 $Q_g = 40\,\text{nC}$이 필요하다. MOSFET를 턴-오프시키기 위해 12V 전원에 돌아오는 에너지가 없다고 가정할 때 평균 게이트 구동 전력 손실을 계산하라.

2.7 2.4.4절에서 살펴본 게이트 드라이버 IC IR2127에 기반한 MOSFET의 턴-온과 턴-오프 지연시간의 새로운 값을 계산해보자. 해당 IC는 MOSFET의 소스를 기준으로 전압 $V_{ext} = 12\,\text{V}$를 공급받고 있으며, 이 전압이 V_{GG}와 같다고 가정한다. 또한 MOSFET 게이트의 내부 직렬 저항은 0이라고 가정한다.

(a) 턴-온 시간 동안 드라이버 IC는 $50\,\Omega$의 직렬 내부 저항을 가지며, V_{GG}의 전압 소스를 가지는 전원으로 간주할 수 있다고 가정한다. MOSFET의 문턱 전압 $V_{GS(th)} = 3.5\,\text{V}$라고 가정할 때 턴-온 지연시간 $t_{d(on)}$을 계산하라. 단, MOSFET의 커패시턴스를 1800 pF 이라고 가정한다.

(b) 턴-오프 시간 동안 드라이버 IC는 내부 저항 $25\,\Omega$을 통해 MOSFET의 게이트와 소스를 단락시킨다고 가정한다. MOSFET의 전압 $V_{GS(I_o)} = 4.25\,\text{V}$라고 할 때 턴-오프 지연시간 $t_{d(off)}$를 계산하라. 단, MOSFET의 커패시턴스를 1800 pF 이라고 가정한다.

2.8 MOSFET 손실은 [연습문제 2.2]와 [연습문제 2.3]에서 계산한 값의 합이다. 반도체의 접합 온도는 100℃를 넘지 못하며, 주변 온도는 40℃라고 가정한다. MOSFET의 데이터 시트에서 $R_{\theta jc} = 1.3$℃/W이고 절연 패드는 $R_{\theta cs} = 1.9$℃/W일 때 히트싱크가 가질 수 있는 $R_{\theta sa}$의 최댓값을 계산하라.

시뮬레이션 문제

2.9 벅 컨버터에서 출력 커패시터를 얻기 위해 전해 커패시터 $C_1 = 680\,\mu\text{F}$이 폴리프로필렌 커패시터 $C_2 = 10\,\mu\text{F}$과 함께 병렬로 연결되어 있다. 각각의 커패시터는 [그림 2-11]과 같이 $ESR_1 = 0.037\,\Omega$, $ESL_1 = 16\,\text{nH}$, $ESR_2 = 0.04\,\Omega$, $ESL_2 = 34\,\text{nH}$이다.

(a) C_1, C_2 및 이들의 병렬 조합에 의한 어드미턴스에 대해 크기와 위상각으로 제시된 주파수 응답을 구하라.

(b) 두 커패시터와 그들의 조합에 의한 공진주파수를 구하라.

부록 2A 다이오드의 역회복과 전력 손실

이 부록에서는 다이오드의 역회복 특성을 살펴보고 이와 관련된 전력 손실을 계산한다.

2A.1 다이오드의 평균 순방향 전력 손실

다이오드를 통해 흐르는 전류에 의해 다이오드에 순방향 전압 강하 V_{FM}이 나타난다. [그림 2-4(a)]의 회로에서 다이오드의 평균 순방향 전력 손실 $P_{diode,\,F}$는 다음과 같다.

$$P_{diode,\,F} = (1-d)\,V_{FM}I_o \tag{2A.1}$$

여기서 d는 파워-폴에서 MOSFET의 듀티 비이며, 이에 따라 다이오드는 각 스위칭 주기의 $(1-d)$ 부분 동안 도통된다.

2A.2 다이오드의 역회복 특성

전력용 다이오드의 순방향 전류는 다수 캐리어 소자인 쇼트키 다이오드와 달리 정공뿐만 아니라 전자의 흐름에 의해 생성된다. 이러한 전류는 p층에 전자를 축적하고 n층에는 정공을 축적한다. 이러한 전하의 출현으로 과잉 전하를 완전히 제거하기 위한 음의 방향 전류가 흐르게 되며, 이러한 음의 방향 전류는 [그림 2A-1]에서 볼 수 있듯이 빠르게 0이 된다.

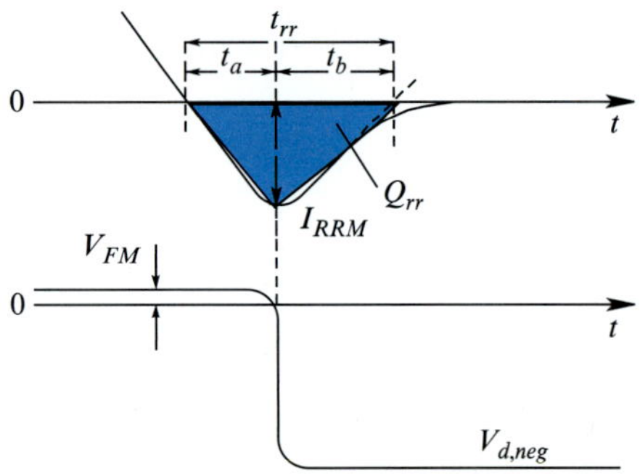

[그림 2A-1] 다이오드의 역회복 특성

[그림 2A-1]에 나타난 것처럼 역회복 전류의 피크치 I_{RRM}과 역회복 전하 Q_{rr}은 순방향 전류의 초기값 I_o와 전류가 감소하는 기울기인 di/dt에 의해 결정된다.

2A.3 다이오드의 스위칭 손실

[그림 2A-1]과 같이 음의 전류가 t_a 이상의 구간에서 흐를 때 역회복 전류는 다이오드 내부에 스위칭 손실을 발생시킨다. 이때 다이오드는 음의 전압 $V_{d,\,neg}$를 차단하는데, 이러한 [그림 2A-1]의 다이오드의 스위칭 전력 손실은 다음과 같이 예측될 수 있다.

$$P_{diode,\,sw} = \left(\frac{1}{2} I_{RRM}\, t_b\right) \cdot V_{d,\,neg} \cdot f_s \tag{2A.2}$$

이때 f_s는 스위칭 주파수이다. 스위치 모드의 전력전자에 있어 다이오드 역회복에 따른 스위칭 손실의 증가는 큰 의미를 가질 수 있다. 이에 의한 과도한 손실을 피하기 위해서는 초고속 역회복 특성을 가지는 다이오드가 필요하다.

다이오드의 역회복 전류 또한 MOSFET의 파워-폴의 턴-온 손실을 증가시킨다. 다음 예제를 통해 이를 살펴보자.

예제 2A-1

[그림 2-4(a)]의 스위칭 파워-폴에서 입력 전압 $V_{in} = 40\,\text{V}$이고 출력 전류 $I_o = 5\,\text{A}$이며, 스위칭 주파수 $f_s = 200\,\text{kHz}$이다. MOSFET의 스위칭 시간은 $t_{ri} = 15\,\text{ns}$, $t_{fv} = 15\,\text{ns}$이다. 다이오드의 역회복 시간 $t_{rr} = t_a = 20\,\text{ns}$ $(t_b = 0)$이며, 역회복 전류 피크치 $I_{RRM} = 2\,\text{A}$이다. MOSFET에서 다이오드 역회복에 의한 추가적인 전력 손실을 계산하라.

풀이

[그림 2A-2]와 같이 드레인 전류는 $t_a = t_{rr} = 20\,\text{ns}$ 동안 $I_o = 5\,\text{A}$ 이상으로 $I_{RRM} = 2\,\text{A}$ 값만큼 추가적으로 증가한다. 이 구간을 넘어서면 드레인-소스 전압은 $t_{fv} = 15\,\text{ns}$ 구간 동안 감소하게 된다.

만약 이상적인 다이오드에 가깝다면 드레인 전류가 I_o에 도달하자마자 MOSFET 전압 v_{DS}는 t_{fv} 구간 동안 선형적으로 감소하기 시작한다. 따라서 해당하는 구간의 MOSFET의 스위칭 손실은 다음과 같은 곱셈 형태로 나타난다.

$$P_{sw,\,ideal} = \frac{1}{2} \times V_{in} \times I_o \times (t_{ri} + t_{fv}) \times f_s = 0.6\,\text{W} \tag{2A.3}$$

만약 다이오드가 역회복 전류를 가진 다이오드라면 MOSFET의 스위칭 손실은 다음과 같다.

$$P_{sw,RR} = \frac{1}{2} \times V_{in} \times (I_o + I_{RRM}) \times (t_{ri} + t_{rr}) \times f_s + \frac{1}{2} \times V_{in} \times I_o \times t_{fv} \times f_s = 1.28\,\mathrm{W} \quad (2A.4)$$

따라서 역회복 전류에 의한 MOSFET의 추가적인 전력 손실은 0.68 W이며, 전체 다이오드는 2배 이상이 된다.

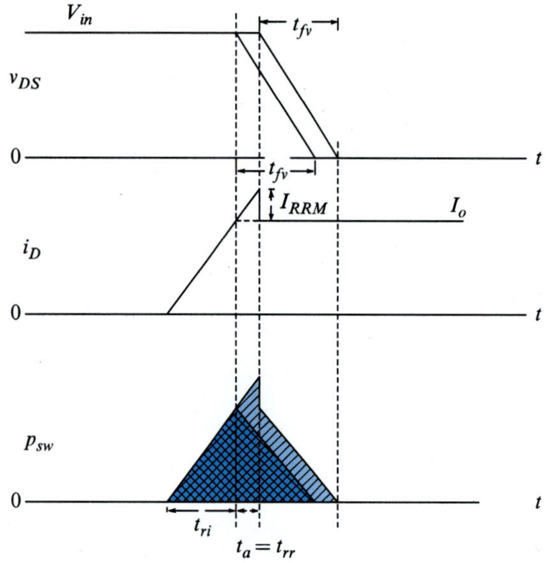

[그림 2A-2] 다이오드의 역회복 전류 파형

CHAPTER

03

스위치 모드 DC-DC 컨버터
: 스위칭 분석, 토폴로지 선택 및 설계

1장에서는 지속 가능한 에너지를 위한 전력전자공학의 다양한 응용에 대해 논의하였다. **태양광발전**photovoltaics을 이용한 태양에너지를 활용하거나 연료전지를 사용하고 배터리에 에너지를 저장하는 등의 몇몇 응용 분야에서는 서로 다른 수준의 DC 전압과 전류의 변환을 최적화하기 위해 DC-DC 컨버터가 필요하다. 이러한 직접적인 응용 외에도 DC-DC 컨버터는 풍력에너지 활용 및 에너지 효율성을 높이기 위해 운송 및 압축 시스템의 속도 조정과 같은 응용 분야에서 요구되는 AC와 DC 전압 간 변환의 기본 블록을 형성한다.

3.1 DC-DC 컨버터 [1]

[그림 3-1(a)]는 블록 다이어그램으로 그려진 **벅**buck, **부스트**boost, **벅-부스트**buck-boost DC-DC 컨버터와 펄스 폭 변조 과정이 컨버터의 출력 전압을 어떻게 조절하는지를 보여준다(피드백 제어기의 설계는 다음 장에서 살펴볼 것이다). 이러한 컨버터들을 통한 전력의 흐름은 한 방향으로만 흐르며, 이에 따라 [그림 3-1(b)]의 컨버터 전압과 전류는 **단극**unipolar과 **단방향**unidirectional이 된다. 이러한 컨버터들을 기반으로 대부분의 전자 장비에서 사용되는 절연형 변압기transformer-isolated의 DC-DC 컨버터 토폴로지들은 8장에서 논하도록 한다.

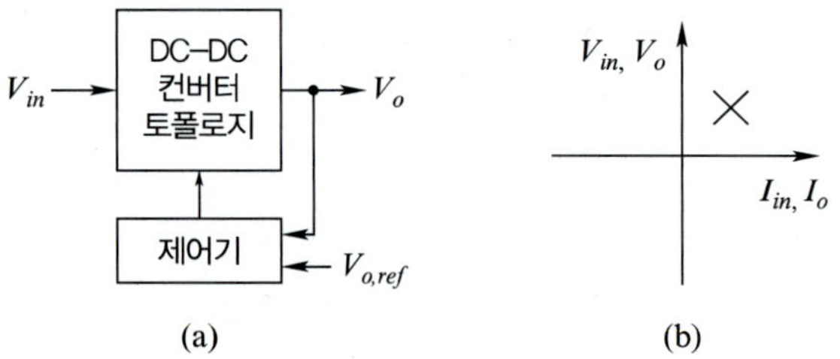

[그림 3-1] 제어된 스위치 모드의 DC 전원 공급 장치

3.2 DC 정상상태에서의 스위칭 파워-폴

앞으로 논의할 모든 컨버터는 1장에서 다룬 스위칭 파워-폴로 구성되어 있으며, [그림 3-2(a)]와 같다. DC 정상상태에서 이러한 컨버터 회로는 입력 전압과 출력 부하가 일정하다고 가정한다. 스위칭 파워-폴은 파형이 주기적으로 반복되며, 하나의 사이클에서 다음 사이클 동안 변화하지 않고 해당하는 스위치 듀티 비가 DC 정상상태 값인 D로 일정한 트랜지스터의 스위칭 함수 $q(t)$에 의해 동작한다.

---

1 N. Mohan, T.M. Undeland, and W.P. Robbins, *Power Electronics: Converters, Applications and Design*, 3rd Edition, New York: John Wiley & Sons, 2003.

따라서 파워-폴과 관계된 모든 파형은 DC 정상상태에서 스위칭 시간 주기 T_s 로 반복된다. 앞으로 설명할 기본 원리들은 분석에 매우 유용하게 적용된다.

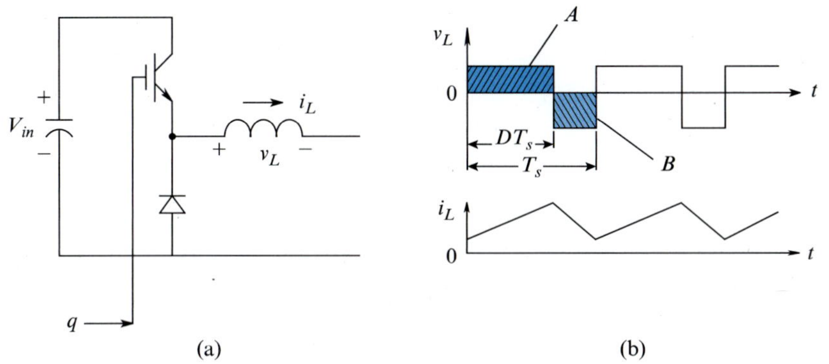

[그림 3-2] DC-DC 컨버터의 스위칭 파워-폴 빌딩 블록

먼저 파워-폴과 관련된 인덕터의 전압과 전류를 생각해보자. 인덕터 전류는 [그림 3-2(b)]에 나타낸 것처럼 맥동하는pulsating 전압 파형에 따라 결정된다. 인덕터 전압과 전류는 기본적인 미분방정식과 관련되어 있고 다음과 같은 적분 형태로 표현할 수 있다.

$$v_L = L\frac{di_L}{dt} \Rightarrow i_L(t) = \frac{1}{L}\int_{\tau} v_L \cdot d\tau \tag{3.1}$$

여기서 시간을 나타내는 τ는 적분변수이다. 간단하게 설명하기 위해 [그림 3-2(b)]에서 첫 번째 시간 주기가 $t=0$에서 시작한다고 생각해보자. 식 (3.1)과 같은 적분식을 이용하면 임의의 시간 t에서 인덕터 전류는 다음과 같이 초기값 $i_L(0)$에 의해 표현될 수 있다.

$$i_L(t) = i_L(0) + \frac{1}{L}\int_0^t v_L \cdot d\tau \tag{3.2}$$

DC 정상상태에서는 모든 회로변수의 파형이 스위칭 주파수의 시간 주기인 T_s에 따라 반복되어야 하므로 식 (3.2)로부터 다음과 같은 결론을 유도할 수 있다.

❶ 인덕터 전류 파형은 T_s 주기로 반복되며, 식 (3.2)로부터 다음과 같이 유도할 수 있다.

$$i_L(T_s) = i_L(0) \tag{3.3}$$

❷ 식 (3.2)에서 한 스위칭 주파수의 시간 주기인 T_s 동안 적분을 한 후 식 (3.3)을 이용하면 T_s 동안 적분된 인덕터 전압은 0이 된다. 이를 통해 'T_s 주기에 대한 평균 인덕터 전압은 0'이라는 결론이 도출된다.

$$\frac{1}{L}\int_0^{T_s} v_L \cdot d\tau = 0 \Rightarrow V_L = \frac{1}{T}\Bigg(\underbrace{\int_0^{DT_s} v_L \cdot d\tau}_{\text{영역 } A} + \underbrace{\int_{DT_s}^{T_s} v_L \cdot d\tau}_{\text{영역 } B}\Bigg) = 0 \tag{3.4}$$

[그림 3–2(a)]에 나타난 것처럼 전류 상승에 의해 발생한 볼트–초volt-second 단위의 영역 A 는 초기값에서 전류 하강에 의해 발생한 음의 영역 B 의 크기와 같다.

예제 3-1

50 μH 인덕터에서의 정상상태 전류 파형이 [그림 3–3(a)]처럼 나타날 때 시간에 따른 인덕터 전압 파형 $v_L(t)$를 계산하라.

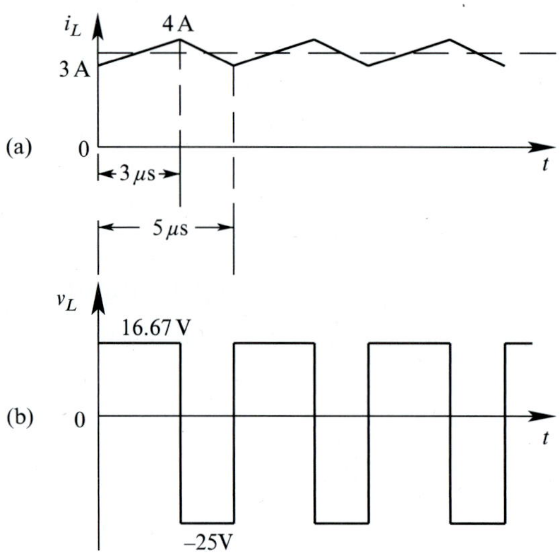

[그림 3–3] [예제 3–1]을 위한 그림

풀이

전류 상승시간 중 $\frac{di}{dt} = \frac{(4-3)}{3\mu} = \left(\frac{1}{3\mu}\right)\frac{A}{s}$ 이다. 그러므로 인덕터 전압은 다음과 같다.

$$v_L = L\frac{di}{dt} = 50\mu \times \frac{1}{3\mu} = 16.67\,\text{V}$$

반대로 전류 하강시간 동안 $\frac{di}{dt} = \frac{(3-4)}{2\mu} = \left(-\frac{1}{2\mu}\right)\frac{A}{s}$ 이므로 인덕터 전압은 다음과 같다.

$$v_L = L\frac{di}{dt} = 50\mu \times \left(-\frac{1}{2\mu}\right) = -25\,\text{V}$$

따라서 인덕터 전압 파형은 [그림 3–3(b)]와 같이 나타난다.

이러한 분석은 DC 정상상태에서 동작하는 스위치 모드 컨버터 회로의 모든 인덕터에 적용될 수 있다. 이와 비슷한 분석 방법은 DC 정상상태에서 동작하는 스위치 모드 회로의 모든 커패시터에도 적용될 수 있다. 즉 커패시터 전압과 전류는 관계식은 기본적인 미분방정식과 관련이 있으며, 다음과 같이 적분 형태로 표현될 수 있다.

$$i_C = C\frac{dv_C}{dt} \Rightarrow v_C(t) = \frac{1}{C}\int_\tau i_C \cdot d\tau \tag{3.5}$$

여기서 시간을 나타내는 τ는 적분변수이다. 식 (3.5)와 같은 적분식을 이용하면 임의의 시간 t에서 커패시터 전압은 초기값 $v_C(0)$에 의해 다음과 같이 표현될 수 있다.

$$v_C(t) = v_C(0) + \frac{1}{C}\int_0^t i_C \cdot d\tau \tag{3.6}$$

DC 정상상태에서는 모든 회로변수의 파형이 스위칭 주파수의 시간 주기인 T_s에 따라 반복되어야 하므로 식 (3.6)으로부터 다음과 같은 결론을 유도할 수 있다.

❶ 커패시터 전압 파형은 T_s 주기로 반복되며, 식 (3.6)으로부터 다음과 같이 유도할 수 있다.

$$v_C(T_s) = v_C(0) \tag{3.7}$$

❷ 식 (3.6)에서 한 스위칭 주파수의 시간 주기인 T_s 동안 적분을 한 후 식 (3.7)을 이용하면 T_s 동안 적분된 커패시터 전류는 0이 된다. 이를 통해 '주기 T_s에 대한 평균 커패시터 전류는 0'이라는 결론이 다음과 같이 도출된다.

$$\frac{1}{C}\int_0^{T_s} i_C \cdot d\tau = 0 \Rightarrow I_C = \frac{1}{T_s}\int_0^{T_s} i_C \cdot d\tau = 0 \tag{3.8}$$

예제 3-2

[그림 3-4(a)]의 커패시터 전류 i_C가 $100\,\mu$F 의 커패시터를 통해 흐르고 있다. 이 리플 전류에 의한 커패시터 전압 파형에서의 피크-피크 리플을 계산하라.

풀이

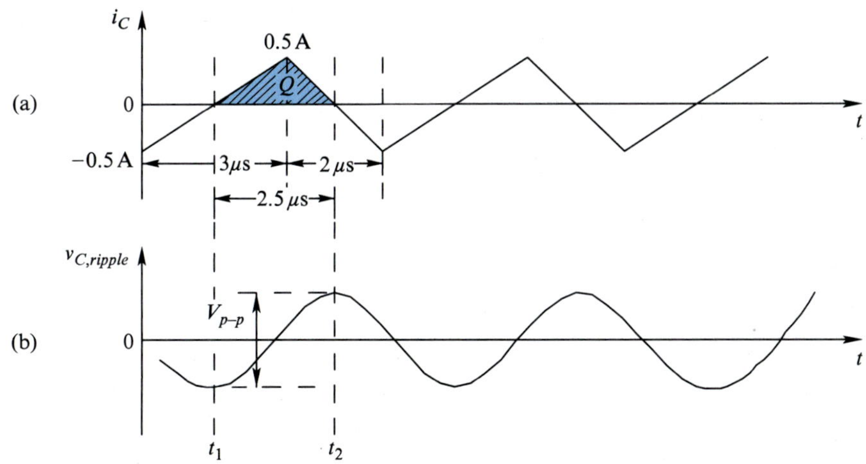

[그림 3-4] [예제 3-2]를 위한 그림

주어진 커패시터 전류 파형을 이용하면 커패시터 전압 파형은 [그림 3-4(b)]와 같이 커패시터 전류가 음(−)에서 양(+)의 값으로 변하는 시점인 시간 t_1에서 최솟값을 갖는다. 이러한 커패시터 전압 파형은 전류가 양(+)에서 음(−)의 값으로 변하는 시간 t_2에서 최댓값에 도달한다.

[그림 3-4(a)]의 빗금 쳐진 영역은 전하량 $Q=\int_{t_1}^{t_2} i_C \cdot dt = \frac{1}{2} \times 0.5 \times 2.5\,\mu\text{C} = 0.625\,\mu\text{C}$과 동일하다. 이때 식 (3.6)을 이용하면 커패시터 전압의 피크-피크 리플은 다음과 같이 구할 수 있다.

$$\Delta V_{p-p} = \frac{Q}{C} = 6.25\,\text{mV}$$

앞에서 살펴본 DC 정상상태에서의 두 가지 결론과 더불어 키르히호프의 전압 법칙과 전류 법칙이 **순시값**instantaneous quantity뿐만 아니라 **평균값**average quantity에도 적용될 수 있음을 인식하는 것은 중요하다. 식 (3.9)와 식 (3.10)과 같이 DC 정상상태에서 회로 루프의 평균 전압의 합은 0이고 노드node에서 평균 전류의 합은 0이다.

$$\sum_k V_k = 0 \tag{3.9}$$

$$\sum_k I_k = 0 \tag{3.10}$$

3.3 단순화 가정

DC 정상상태에 대한 명확한 이해를 위해 먼저 다음의 2차 효과들을 무시하기 위한 단순화 가정을 세워야 한다. 정확성을 위해 무시한 효과들은 나중에 포함할 것이다.

❶ 트랜지스터, 다이오드, 그리고 다른 수동passive 소자들은 특별한 언급이 없다면 모두 이상적이다. 예를 들어, 우리는 인덕터의 등가 직렬 저항을 무시할 것이다.

❷ 입력은 순수한 DC 전압 V_{in}이다.

❸ 일반적인 컨버터의 설계 사양에 있어 출력 전압의 리플은 매우 작아야 한다. 따라서 컨버터의 출력 전압은 리플이 없는 순수한 DC 전압이라고 가정할 것이다. 즉 $v_o(t) \simeq V_o$이며, 이후에 포함된 리플을 별도로 계산한다.

❹ 파워-폴의 전류 단자에서 직렬 인덕터를 통해 흐르는 전류는 연속적이며, **연속 전도 모드**continuous conduction mode, CCM로 동작하는 것으로 한다(불연속 전도 모드discontinuous conduction mode, DCM에 대해서는 추후 분석하도록 한다).

물론 이러한 단순화 가정 없이 LTSpice 기반의 컴퓨터 시뮬레이션을 수행한다면 스위칭 회로를 자세하게 분석할 수 있다. 그러나 이 장에서 제시한 분석과 같이 2차 효과들을 무시한 후 분석을 먼저 실시하고 나중에 무시한 효과들을 추가하는 2단계의 접근 방식을 사용하면 컨버터의 동작 원리와 설계의 상충 관계trade-off에 대해 더 깊은 통찰력을 가질 수 있다.

3.4 공통적인 동작 원리

앞으로 분석할 세 종류의 컨버터에 있어 스위칭 파워-폴과 관련된 인덕터는 입력에서 출력으로 에너지를 전달하는 수단으로 동작한다. 파워-폴의 트랜지스터가 켜지면, 즉 턴-온on되면 입력 전원source을 통해 인덕터의 에너지가 증가하며, 증가한 에너지는 트랜지스터가 커지는, 즉 턴-오프off되는 동안 출력단으로 전달된다. 이러한 유도성 에너지의 전달 방식 외에도 컨버터에 따라 직접적으로 입력에서 출력으로 추가적인 에너지를 전달하는 경우도 있다. 이와 같은 내용은 다음 절에서 살펴볼 것이다.

3.5 DC 정상상태에서의 벅 컨버터 스위칭 분석

[그림 3-5(a)]는 트랜지스터와 다이오드로 구성된 양방향bi-positional 스위치 파워-폴을 가진 벅buck 컨버터이다. 커패시터의 등가 직렬 저항equivalent series resistance, ESR은 무시한다. 트랜지스터가 턴-온되면 [그림 3-5(b)]에 나타난 회로와 같이 인덕터에 흐르는 전류가 증가한다. 반대로 트랜지스터가 턴-오프되면 [그림 3-5(c)]의 회로와 같이 다이오드를 통해 인덕터 전류가 환류된다.

[그림 3-5(d)]는 정상상태에서의 스위치 듀티 비 D에 따른 트랜지스터 스위칭 함수의 파형 $q(t)$와 전류 단자에서의 전압 v_A의 파형을 보여주고 있다. v_A를 T_s 동안 적분한 평균 전압 v_A는 [그림 3-5(d)]와 같이 DV_{in}이다. 식 (3.4)에서 인덕터 평균 전압이 0이고 식 (3.9)에서 출력 루프의 평균 전압의 합이 0이라는 것을 상기하면 다음과 같다.

$$V_o = V_A = DV_{in} \tag{3.11}$$

인덕터 전압 v_L은 [그림 3-5(d)]처럼 $(V_{in} - V_o)$와 $(-V)$의 값으로 진동한다. 인버터의 평균 전압은 0이여야 하므로 두 보조 구간subinterval 동안의 볼트-초volt-second 면적은 크기는 같고 부호는 반대로 나타난다. DC 정상상태에서 인덕터 전류는 평균 성분과 리플 성분의 합으로, 다음과 같이 쓸 수 있다.

$$i_L(t) = I_L + i_{L,ripple}(t) \tag{3.12}$$

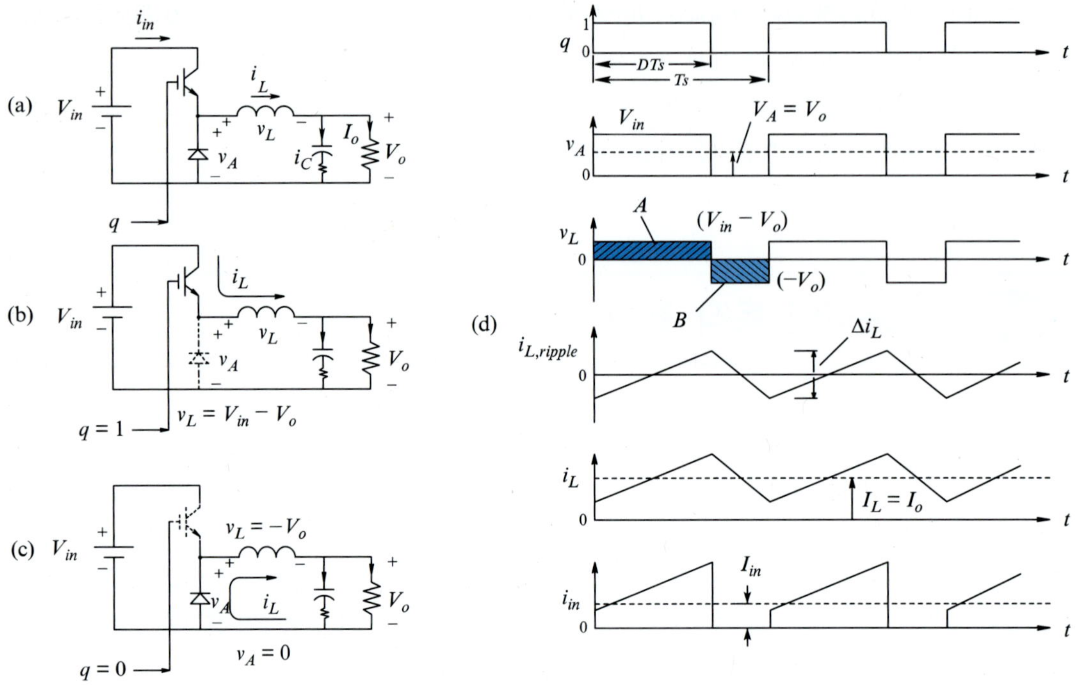

[그림 3-5] 벅 DC-DC 컨버터

여기서 평균 전류는 출력단의 부하에 의해 영향을 받으며, 리플 성분은 [그림 3-5(d)]의 인덕터 전압 v_L의 파형에 의해 나타난다. [그림 3-5(d)]와 같이 리플 성분은 v_L이 양(+)일 때에는 선형적으로 상승하고 v_L이 음(−)일 때에는 선형적으로 하강하는 다수의 선형적인 부분으로 구성된다. 피크-피크 리플은 다음과 같이 면적 A 또는 B를 사용하여 계산할 수 있다.

$$\Delta i_L = \frac{1}{L}\underbrace{(V_{in} - V_o)DT_s}_{\text{영역 } A} = \frac{1}{L}\underbrace{V_o(1-D)T_s}_{\text{영역 } B} \tag{3.13}$$

이러한 리플 성분은 [그림 3-5(d)]에 나타나 있다. DC 정상상태에서 커패시터의 평균 전류는 0이므로 인덕터의 평균 전류에 대해 출력단에 키르히호프의 전류 법칙Kirchhoff's current law을 적용하면 인덕터의 평균 전류는 출력 부하 전류와 같다.

$$I_L = I_o = \frac{V_o}{R} \tag{3.14}$$

최종적인 인덕터의 전류 파형은 그 평균과 리플 성분의 중첩에 의한 것으로, [그림 3-5(d)]에 나타나 있다.

다음으로 출력 커패시터를 통해 리플 전류를 계산할 것이다. 실제 상황에서 필터 커패시터filter capacitor는 출력 전압을 충분히 직류 성분으로 간주할 수 있을 정도로, 즉 $v_o(t) \simeq V_o$가 성립되기 충분할 만큼 크다.

다시 말하면 리플 주파수 전류에 있어 커패시터에 의해 제공되는 경로는 부하 저항을 통한 경로보다 충분히 작은 임피던스를 가지므로 인덕터 전류의 리플 성분이 모두 커패시터를 통해 흐른다는 가정은 타당하다. 따라서 [그림 3-5(a)]에서 다음과 같은 관계를 도출할 수 있다.

$$i_C(t) \simeq i_{L,\,ripple}(t) \tag{3.15}$$

실제로는 커패시터 내부의 등가 직렬 저항equivalent series resistance, ESR과 등가 직렬 인덕턴스equivalent series inductance, ESL의 전압 강하가 식 (3.6)에 주어진 C에 걸리는 전압 강하 $\frac{1}{C}\int i_C\, dt$에 비해 매우 크게 나타난다. 커패시터 전류 i_C는 [그림 3-5(d)]의 $i_{L,\,ripple}$과 동일하며, 이를 통해 출력 전압의 리플을 계산할 수 있다.

[그림 3-5(d)]와 같이 트랜지스터가 on 상태일 때 입력 전류 i_{in}은 i_L과 같고 그렇지 않으면 0이 되는 진동하는 형태로 나타난다. 이때 입력 L-C 필터가 종종 DC 전원으로부터의 전류의 진동을 막기 위해 사용될 수 있다. [그림 3-5(d)]의 입력 전류의 평균값은 식 (3.14)를 사용하여 다음과 같이 계산할 수 있다.

$$I_{in} = DI_L = DI_o \tag{3.16}$$

식 (3.11)과 식 (3.16)을 통해 이상적인 컨버터에서 입력 전력과 출력 전력이 같다는 것을 확인 할 수 있다.

$$V_{in} I_{in} = V_o I_o \tag{3.17}$$

식 (3.11)은 연속 전도 모드continuous conduction mode, CCM에서 동작하는 벅 컨버터의 전압 전달비가 듀티 비 D에 의존적이나 출력 부하에는 독립적임을 나타낸다. 만약 출력 부하가 인덕터 전류가 불연속이 될 때까지 감소한다면, 즉 부하 저항이 증가한다면 연속 전도 모드에서 입력-출력 관계인 식 (3.11)은 더 이상 유효하지 않게 된다. 또한 듀티 비 D가 상수로 변화하지 않는다면 불연속 전도 모드에서 출력 전압은 주어진 식 (3.11)의 출력 전압보다 증가한다.

불연속 전도 모드에 대해서는 3.15절에서 자세히 다루도록 한다.

예제 3-3

[그림 3-5(a)]의 DC-DC 벅 컨버터에서 $L = 24\,\mu\text{H}$이며, DC 정상상태에서 $V_{in} = 20\,\text{V}$, $D = 0.6$, $P_o = 14\,\text{W}$, $f_s = 200\,\text{kHz}$의 조건에서 동작한다. 벅 컨버터의 소자가 이상적이라고 가정할 때 [그림 3-5(d)]에 제시된 파형과 같이 크기를 계산하고 그려라.

풀이

$f_s = 200\,\text{kHz}$ 일 때 $T_s = 5\,\mu\text{s}$ 이고 $T_{on} = DT_s = 3\,\mu\text{s}$, $V_o = DV_{in} = 12\,\text{V}$ 이다. 인덕터 전압 v_L 은 [그림 3-6]과 같이 $(V_{in} - V_o) = 8\,\text{V}$ 와 $(-V_o) = -12\,\text{V}$ 사이에서 진동한다.

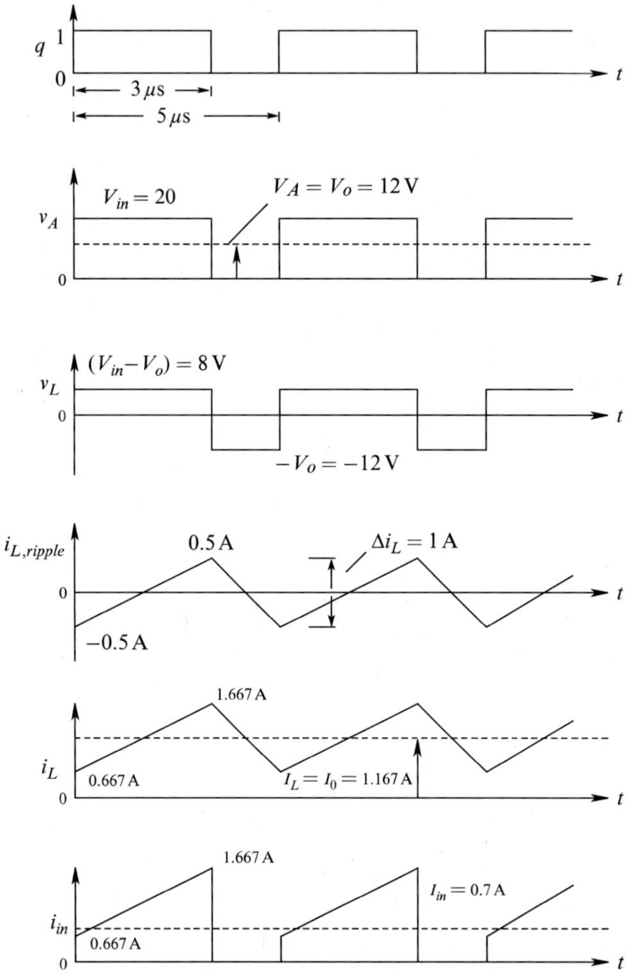

[그림 3-6] [예제 3-3]을 위한 그림

따라서 식 (3.13)으로부터 인덕터 전류의 리플 $\Delta i_L = 1\,\text{A}$ 이며, 인덕터의 평균 전류 $I_L = I_o = P_o / V_o = 1.167\,\text{A}$ 이다. 그러므로 [그림 3-6]과 같이 $i_L = I_L + i_{L,ripple}$ 이다. 트랜지스터가 켜졌을 때 $i_{in} = i_L$ 이고 꺼졌을 때 0이며, 평균 입력 전류 $I_{in} = DI_o = 0.7\,\text{A}$ 가 된다.

3.5.1 시뮬레이션 및 하드웨어 프로토타이핑

비이상적인 벅 컨버터의 시뮬레이션은 [예제 3-4]를 통해 시연된다.

예제 3-4

[그림 3-5(a)]의 DC-DC 벅 컨버터에서 $L = 68\,\mu\text{H}$ 이고 $C = 490\,\mu\text{F}$, $R = 8\,\Omega$ 이다. 이 컨버터는 $V_{in} = 15\,\text{V}$, $D = 0.7$, $f_s = 100\,\text{kHz}$ 일 때 DC 정상상태로 동작한다. 2장 부록에 제공된 스위치와 다이오드의 파라미터 값을 사용하고 LTspice를 사용하여 이 컨버터를 시뮬레이션하라.

풀이

다운로드한 시뮬레이션 파일을 통해 문제를 풀어보자. LTspice 모델은 [그림 3-7]과 같다.

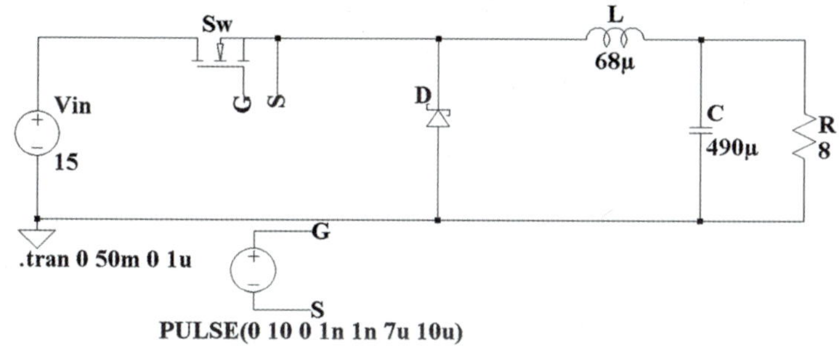

[그림 3-7] LTspice 모델

컨버터의 시뮬레이션에서 얻은 정상상태 파형은 [그림 3-8]과 같다.

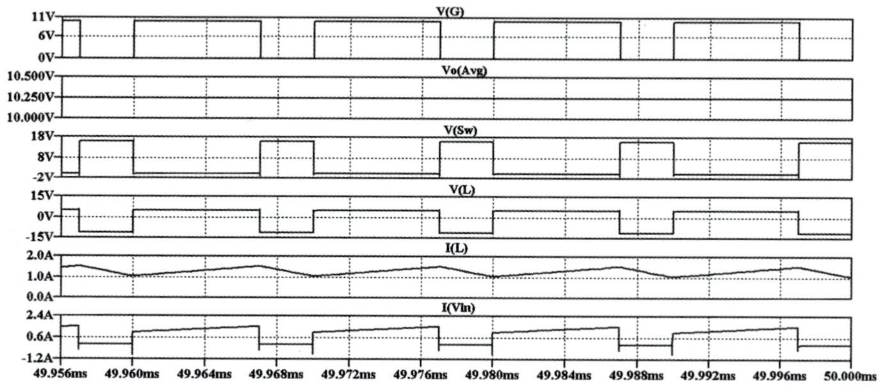

[그림 3-8] LTspice 시뮬레이션 결과

이 예제를 Sciamble 실험 키트를 사용하여 하드웨어로 구현하기 위한 Workbench 모델은 [그림 3-9]와 같다.

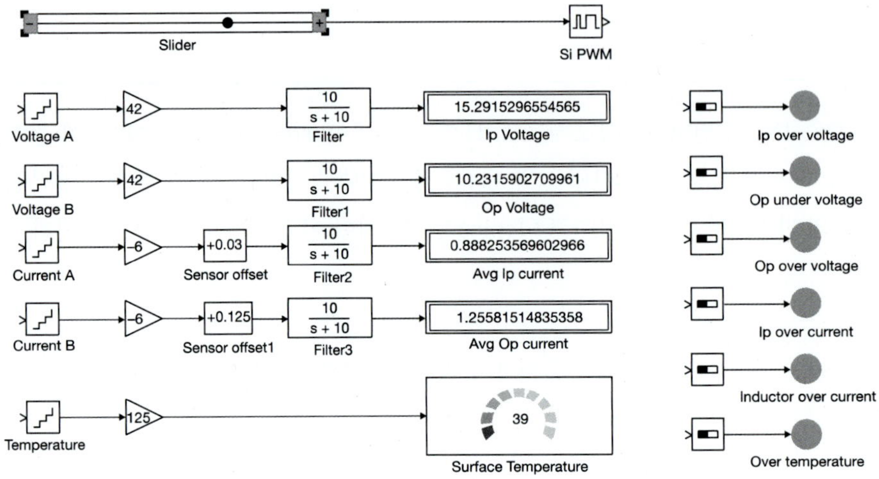

[그림 3-9] Workbench 모델

Sciamble 실험 키트를 사용하여 벅 컨버터를 구동했을 때의 정상상태 파형은 [그림 3-10]에 나와 있다. 하드웨어 구현을 재현하기 위한 단계별 절차는 웹사이트를 통해 확인할 수 있다.[2]

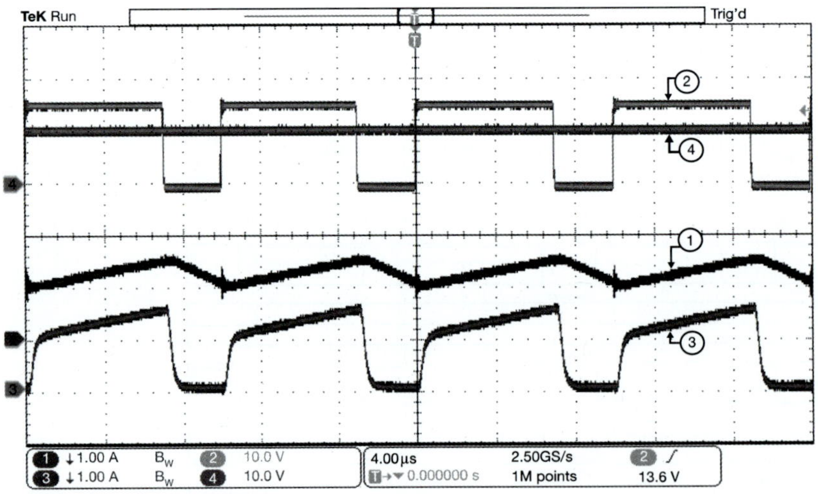

[그림 3-10] Workbench 하드웨어 결과(① 인덕터 전류, ② 스위치-노드 전압, ③ 입력 전류, ④ 출력 전압)

2 Buck Converter Lab Manual. https://sciamble.com/resources/pe-drives-lab/basic-pe/buck-converter

3.6 DC 정상상태에서의 부스트 컨버터 스위칭 분석

[그림 3-11(a)]는 부스트 컨버터로, 관습적으로 전력은 왼쪽에서 오른쪽으로 전달되도록 나타낸다. 이러한 관습에 따라 [그림 3-11(a)]의 회로를 바꾸어 그리면 [그림 3-11(b)]와 같다. 출력단은 출력 부하와 출력 전압의 리플을 최소화하기 위해 사용되는 대용량의 필터 커패시터로 구성되어 있다. 출력에 위치한 이 커패시터는 초기에 다이오드를 통해 V_{in}와 같은 전압이 충전된다.

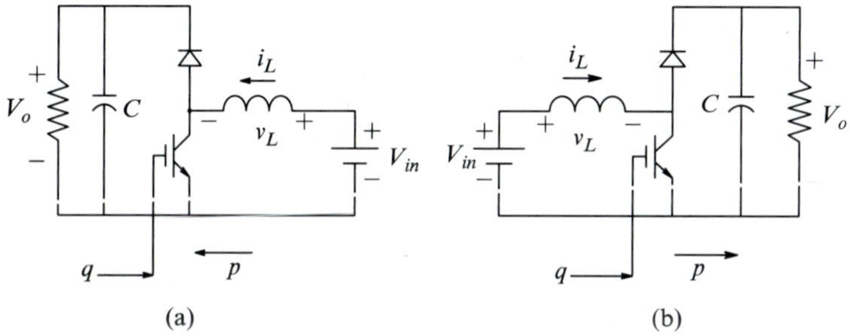

[그림 3-11] 부스트 DC-DC 회로

벅 컨버터와 비교했을 때 부스트 컨버터는 두 가지의 중요한 차이점이 있다.

❶ 전력은 스위칭 파워-폴을 통해 낮은 DC 전압 입력으로부터 높은 부하 전압 방향으로 흐른다. 이는 벅 컨버터와 반대 방향이므로 파워-폴의 직렬 인덕터를 통한 전류 방향은 그림에 나타난 바와 같이 벅 컨버터와 반대로 선택되며, 전류는 연속 전도 모드에서 양(+)의 값을 유지한다.

❷ 스위칭 파워-폴에서 양방향 스위치는 [그림 3-11(a)]와 같이 트랜지스터와 다이오드를 이용하여 구성된다. 필터 커패시터 C는 출력단에 위치하며, 전압 단자를 형성하고 출력 리플 전압을 최소화한다.

[그림 3-12(a)]의 부스트 컨버터에서 아래쪽에 위치한 트랜지스터를 턴-온시키면 입력 전압이 인덕터 양단에 인가되어 전압 v_L이 입력 전압 V_{in}과 같게 되며, i_L이 선형적으로 증가하여 인덕터 내부의 에너지를 증가시킨다. 트랜지스터를 턴-오프하면 인덕터 전류는 [그림 3-12(b)]와 같이 다이오드를 통해 흐르며, 저장된 유도성 에너지의 일부가 필터 커패시터와 출력 부하로 구성된 출력단으로 전달된다.

정상상태 듀티 비 D에 대한 트랜지스터 스위칭 함수는 [그림 3-12(c)]에 나타나 있다. 트랜지스터가 파워-폴의 하단에 위치하므로 v_A 파형의 최종 형태는 [그림 3-12(c)]와 같다. 또한 DC 정상상태에서 인덕터에 걸리는 평균 전압은 0이므로 V_A의 평균 전압은 입력 전압인 V_{in}과 같다. 인덕터 전압 v_L은 [그림 3-12(c)]와 같이 V_{in}과 $-(V_o - V_{in})$ 사이에서 맥동한다. 인덕터의 평균 전압이 0이므로 두 부분 구간의 볼트-초[volt-second] 면적은 크기는 같고 부호는 반대가 된다.

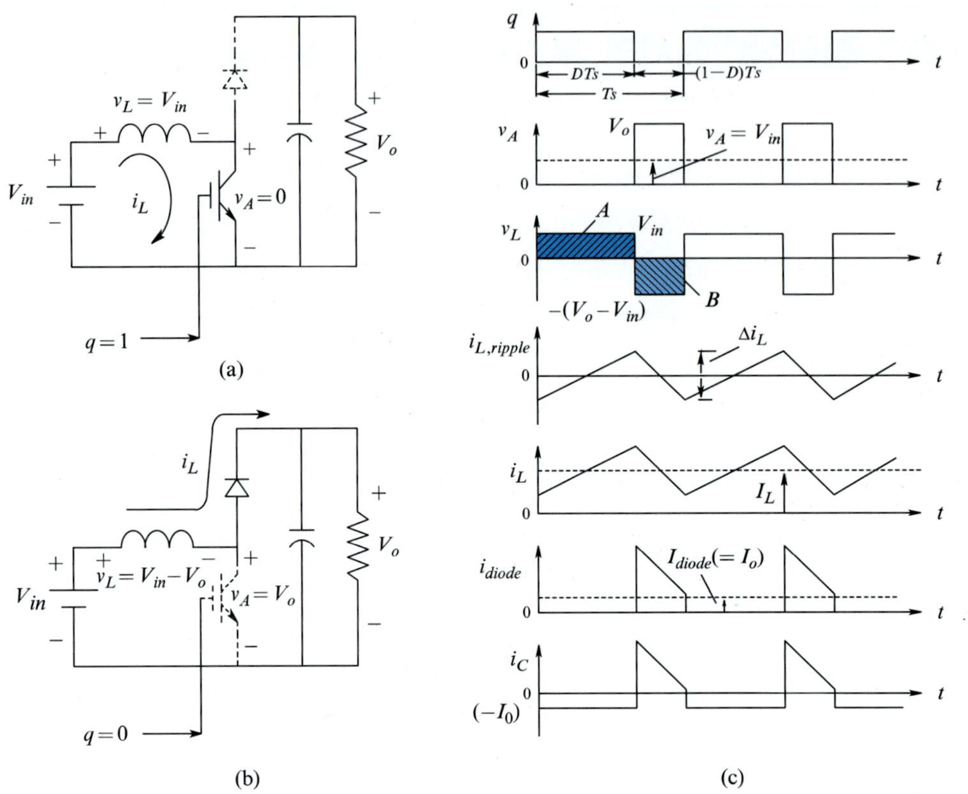

[그림 3-12] 부스트 회로의 동작과 파형

입력과 출력의 전압비는 [그림 3-12(c)]의 v_A 또는 v_L 의 파형으로부터 얻을 수 있다. DC 정상상태에서 평균이 0가 되는 인덕터 전압 파형을 이용하면 다음과 같이 쓸 수 있다.

$$V_{in}(DT_s) = (V_o - V_{in})(1 - D)T_s \tag{3.18}$$

따라서 다음과 같이 정리된다. 이때 $V_o > V_{in}$ 이다.

$$\frac{V_o}{V_{in}} = \frac{1}{1 - D} \tag{3.19}$$

인덕터 전류 파형은 출력 부하에 의해 결정되는 평균값과 v_L 에 의해 결정되는 리플 성분으로 구성된다.

$$i_L(t) = I_L + i_{L,\,ripple}(t) \tag{3.20}$$

[그림 3-12(c)]에서 알 수 있는 바와 같이 평균값이 0인 $i_{L,\,ripple}\left(= \frac{1}{L}\int v_L \cdot d\tau\right)$은 v_L이 양(+)일 때는 증가하고 음(+)일 때는 감소하는 2개의 선형 성분으로 구성된다. 피크-피크 리플은 면적 A 또는 면적 B를 이용하여 다음과 같이 계산할 수 있다.

$$\Delta i_L = \frac{1}{L}\underbrace{V_{in}(DT_s)}_{\text{영역 } A} = \frac{1}{L}\underbrace{(V_o - V_{in})(1 - D)T_s}_{\text{영역 } B} \tag{3.21}$$

부스트 컨버터에서 인덕터 전류는 입력 전류와 같고 그 평균값은 입력과 출력 전력에 대한 관계식의 출력 부하 전류로부터 구할 수 있다.

$$V_{in} I_{in} = V_o I_o \tag{3.22}$$

그러므로 식 (3.19)와 $I_o = V_o / R$를 이용하면 다음과 같이 쓸 수 있다.

$$I_L = I_{in} = \frac{V_o}{V_{in}} I_o = \frac{I_o}{1-D} = \frac{1}{1-D} \frac{V_o}{R} \tag{3.23}$$

인덕터 전류 파형은 [그림 3-12(c)]에 나타나 있으며, 평균값과 리플 성분이 중첩되어 있다. [그림 3-12(c)]와 같이 트랜지스터가 on 상태이면 다이오드에 흐르는 전류는 0이고 그렇지 않으면 i_L과 같다. DC 정상상태에서 커패시터 평균 전류 I_C는 0이므로 다이오드 평균 전류는 출력 전류 I_o와 같게 된다. 실제로 필터 커패시터는 출력 전압을 거의 DC $(v_o(t) \simeq V_o)$로 간주할 수 있을 만큼 충분히 크게 설계된다. 그러므로 다이오드 전류 중 리플 주파수에 해당하는 성분에 있어서 커패시터를 통한 경로는 부하 저항을 통한 경로보다 더 작은 임피던스를 제공하며, 이에 따라 인덕터 전류의 리플 성분은 완전히 커패시터를 통해 흐른다는 가정이 타당하게 된다.

$$i_C(t) \simeq i_{diode,\,ripple}(t) = i_{diode} - I_o \tag{3.24}$$

실제로는 커패시터 내의 등가 직렬 저항과 등가 직렬 인덕턴스에 의한 전압 강하는 C에 걸리는 전압 강하인 $\frac{1}{C}\int i_c dt$에 비해 크게 나타난다. [그림 3-12(c)]에서 i_C의 파형은 출력 전압에서의 리플을 계산하기 위해 사용될 수 있다.

예제 3-5

[그림 3-11(b)]에 나타난 부스트 컨버터에서 인덕터 전류 $\Delta i_L = 2\,\text{A}$이다. 이 컨버터는 DC 정상상태에서 $V_{in} = 5\,\text{V}$, $V_o = 12\,\text{V}$, $P_o = 11\,\text{W}$, $f_s = 200\,\text{kHz}$의 조건에서 동작한다. 모든 소자가 이상적이라고 가정하여 L 값을 계산하고 [그림 3-12(c)]에 나타난 파형을 그려라.

풀이

식 (3.19)로부터 듀티 비 $D = 0.583$이다. 또한 $f_s = 200\,\text{kHz}$일 때 $T_s = 5\,\mu\text{s}$이고 $T_{on} = DT_s = 2.917\,\mu\text{s}$이다. v_L은 $V_{in} = 5\,\text{V}$와 $-(V_o - V_{in}) = -7\,\text{V}$의 값 사이에서 맥동[fluctuate]한다. 식 (3.21)에서 트랜지스터가 켜져 있는 시간 동안, 즉 on 상태일 때의 조건을 사용하면 다음과 같이 쓸 수 있다.

$$L = \frac{V_{in}}{\Delta i_L} DT_s = 7.29\,\mu\text{H}$$

[그림 3-13]과 같이 인덕터의 평균 전류 $I_L = I_{in} = P_{in}(= P_o) / V_{in} = 2.2\,\text{A}$ 이며, $i_L = I_L + i_{L,ripple}$ 이 된다. 트랜지스터가 on 상태일 때 다이오드 전류는 0이고 그 외의 경우에는 $i_{diode} = i_L$ 이 된다. 다이오드 평균 전류는 평균 출력 전류와 같으며, 이를 정리하면 다음과 같다.

$$I_{diode} = I_o = (1 - D)I_{in} = 0.917\,\text{A}$$

커패시터 전류 $i_C = i_{diode} - I_o$ 이다. 트랜지스터가 on 상태일 때 다이오드 전류는 0이고 $i_C = -I_o = -0.917\,\text{A}$ 가 된다. 커패시터 전류는 $2.283\,\text{A}$ 까지 증가했다가 $-0.917\,\text{A}$ 로 감소한다.

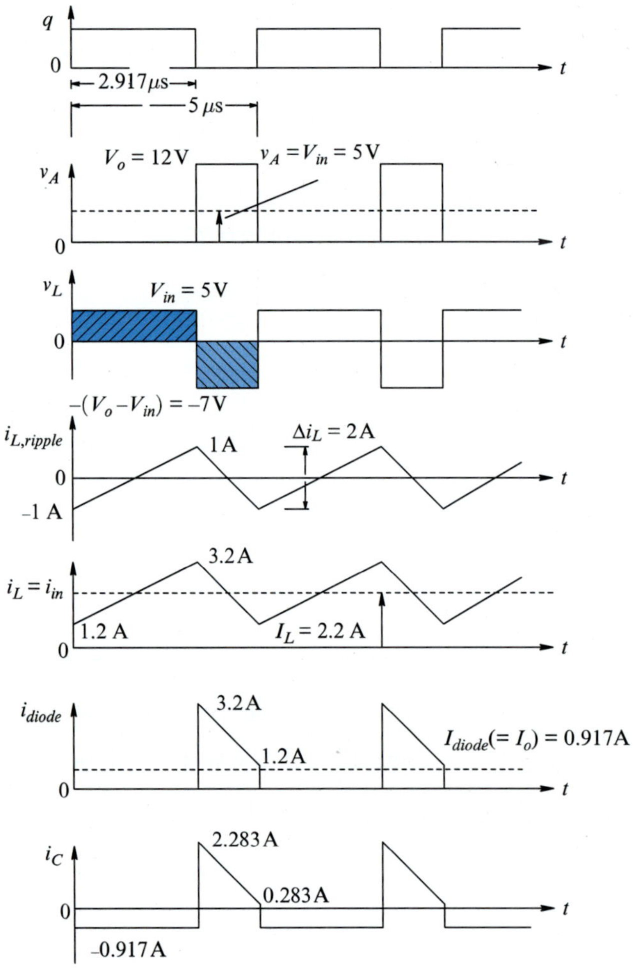

[그림 3-13] [예시 3-5]를 위한 그림

[그림 3-14]와 같이 앞선 분석은 연속 전도 모드 continuous conduction mode, CCM 에서 부스트 컨버터의 전압 변환비 voltage conversion ratio 에 대한 식 (3.19)가 $1/(1 - D)$ 에는 종속적이나 출력 부하에는 독립적임을 나타낸다. 만약 출력 부하가 계속 감소하여 인덕터의 평균 전류가 임계값 $I_{L,crit}$ 값보다 작아지게 되면 인덕터 전류는 불연속이 되는데, 이러한 불연속 전도 모드 discontinuous conduction mode, DCM 에서는 [그림

3-14]에서 알 수 있는 것과 같이 연속 전도 모드에서의 입력-출력 관계가 더 이상 유효하지 않다.

만약 듀티 비 D가 [그림 3-14]와 같이 일정하게 고정된다면 DCM에서 출력 전압은 위험한 상태의 급격히 높은 레벨로 상승할 수 있다. 이는 3.15절에서 자세히 다룰 것이다.

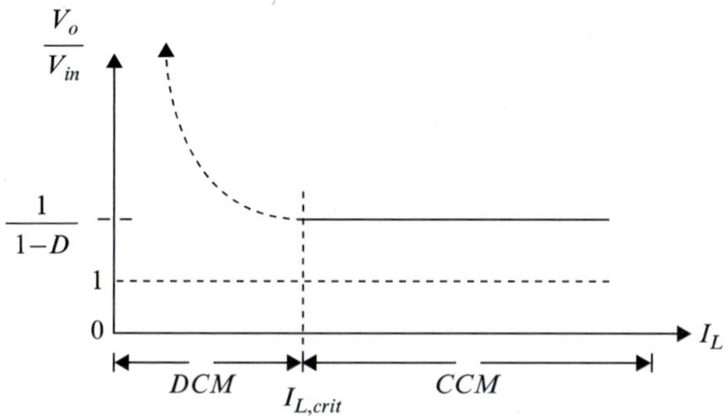

[그림 3-14] 부스터 컨버터의 전압 변환비

3.6.1 시뮬레이션 및 하드웨어 프로토타이핑

비이상적인 부스트 컨버터의 시뮬레이션은 [예제 3-5]를 통해 시연된다.

예제 3-6

[그림 3-11(b)]의 DC-DC 부스트 컨버터에서 $L = 68\,\mu\text{H}$, $C = 490\,\mu\text{F}$, $R = 39\,\Omega$이다. 이 컨버터는 $V_{in} = 15\,\text{V}$, $D = 0.3$, $f_s = 100\,\text{kHz}$일 때 DC 정상상태로 동작한다. 2장 부록에 제공된 스위치와 다이오드의 파라미터 값을 사용하고 LTspice를 사용하여 이 컨버터를 시뮬레이션하라.

풀이

다운로드한 시뮬레이션 파일을 통해 예제를 풀어보자. LTspice 모델은 [그림 3-15]와 같다.

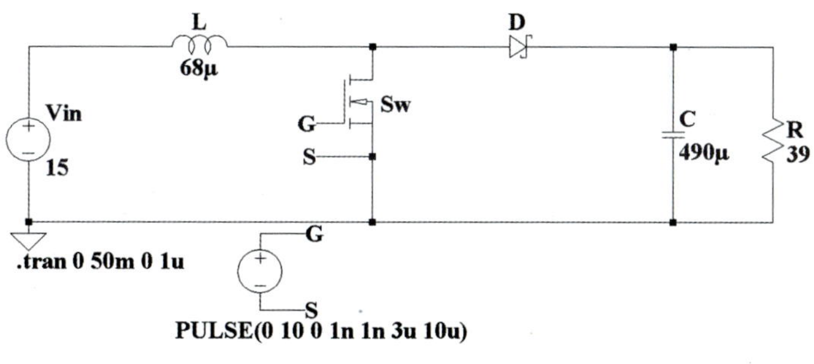

[그림 3-15] LTspice 모델

컨버터의 시뮬레이션에서 얻은 정상상태 파형은 [그림 3-16]과 같다.

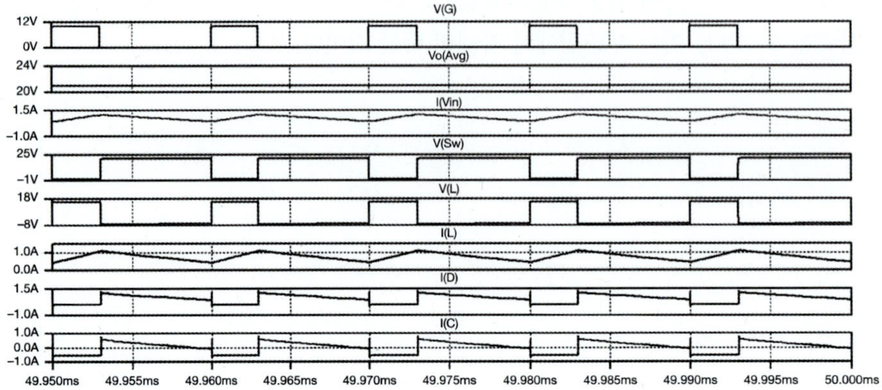

[그림 3-16] LTspice 시뮬레이션 결과

이 예제를 Sciamble 실험 키트를 사용하여 하드웨어로 구현하기 위한 Workbench 모델은 [그림 3-17]과 같다.

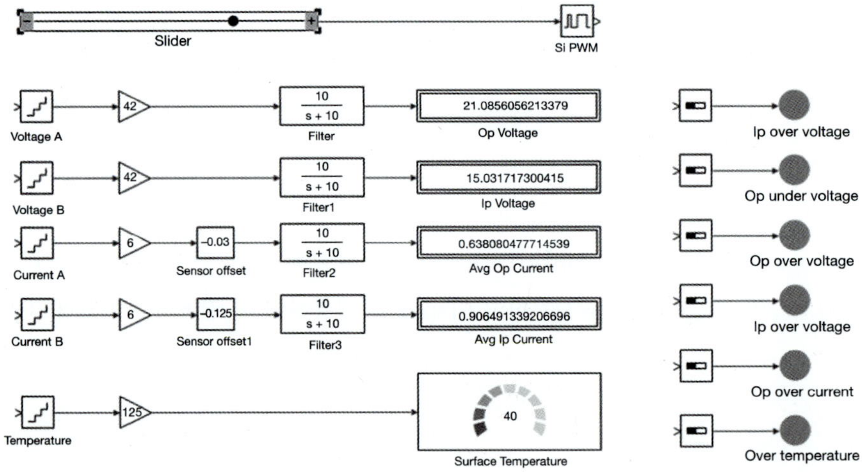

[그림 3-17] Workbench 모델

Sciamble 실험 키트를 사용하여 벅 컨버터를 구동했을 때의 정상상태 파형은 [그림 3-18]과 같다. 하드웨어 구현을 재현하기 위한 단계별 절차는 웹사이트를 통해 확인할 수 있다.[3]

[3] Boost Converter Lab Manual. https://sciamble.com/resources/pe-drives-lab/basic-pe/boost-converter

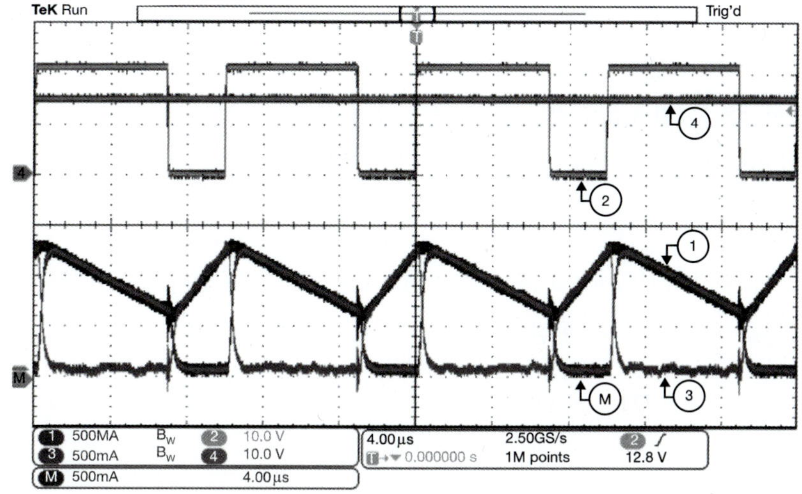

[그림 3-18] Workbench 하드웨어 결과(① 입력 전류, ② 스위치-노드 전압, ③ 다이오드 전류 ③ 출력 전압, Ⓜ 스위치 전류)

3.7 DC 정상상태에서의 벅-부스트 컨버터 분석

벅-부스트 컨버터는 스위치 듀티 비 D에 따라 출력 전압을 입력 전압보다 크거나 작게 할 수 있다. 스위치 파워-폴을 구비한 벅-부스트 컨버터는 [그림 3-19(a)]와 같다. 왼쪽에서 오른쪽으로의 일반적인 전력 흐름을 가진 벅-부스트 컨버터는 [그림 3-19(b)]에 나타내었다.

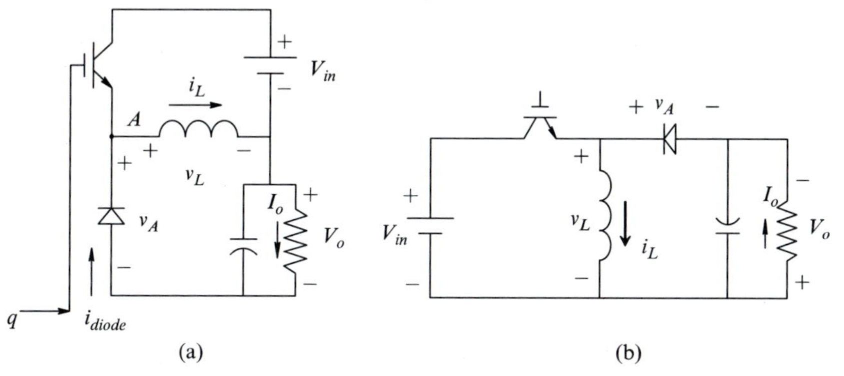

[그림 3-19] 벅-부스트 DC-DC 컨버터

[그림 3-20(a)]와 같이 트랜지스터를 턴-온하면 입력 전압이 인덕터에 인가되어 v_L은 V_{in}과 같게 되고 전류는 선형적으로 증가하며, 인덕터에 저장되는 에너지도 증가한다. 반대로 [그림 3-20(b)]와 같이 트랜지스터를 턴-오프하면 인덕터 전류는 다이오드를 통해 흐르며, 이전 트랜지스터 상태 동안 증가한 인덕터의 에너지가 출력으로 전달된다.

[그림 3-20(c)]는 정상상태의 듀티 비 D에 대한 트랜지스터의 스위칭 함수와 이에 따른 v_A 결과 파형을 나타낸 것이다. DC 정상상태에서 인덕터에 걸린 전압의 평균은 0이므로 평균 전압 V_A는 출력 전압 V_o와 같게 된다. 인덕터 전압은 [그림 3-20(c)]와 같이 2개의 값인 V_{in}과 $-V_o$ 사이에서 맥동한다. 인덕터 평균 전압이 0이 되어야 하므로 두 구간의 볼트-초volt-second 면적은 크기는 같고 부호는 반대가 된다.

입력과 출력의 전압비는 [그림 3-20(c)]의 v_A 또는 v_L의 파형으로부터 얻을 수 있다. DC 정상상태에서 평균이 0이 되는 v_L 파형을 이용하면 다음과 같이 쓸 수 있다.

$$DV_{in} = (1-D)V_o \tag{3.25}$$

따라서 다음과 같다.

$$\frac{V_o}{V_{in}} = \frac{D}{1-D} \tag{3.26}$$

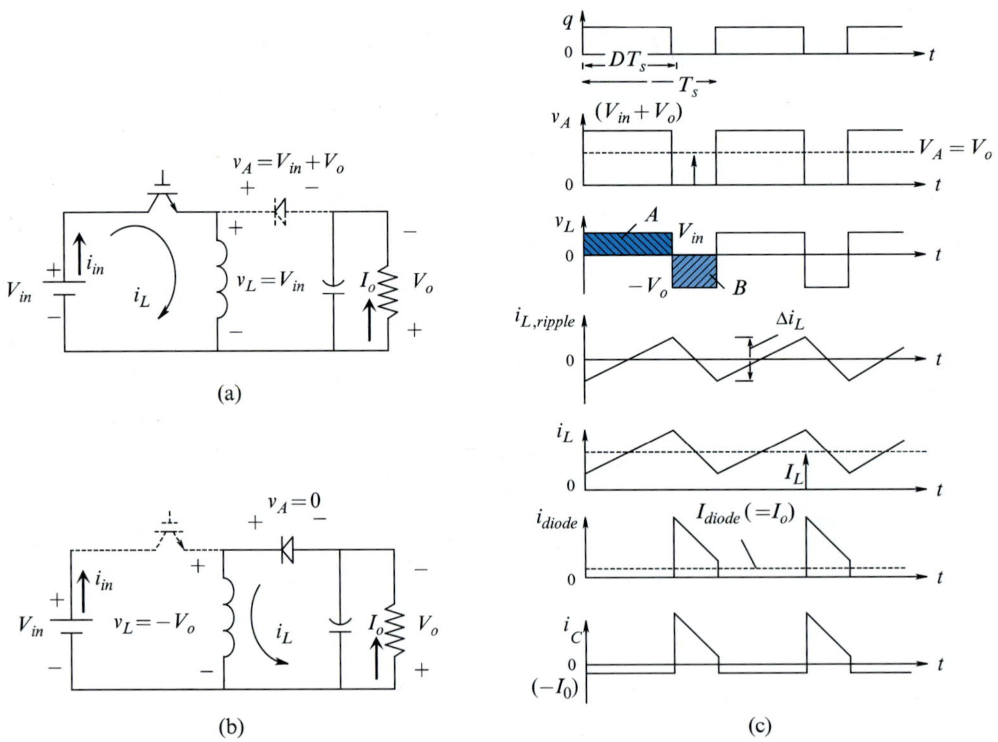

[그림 3-20] 벅-부스트 컨버터의 동작과 파형

인덕터 전류는 출력 부하에 의해 결정되는 평균값과 v_L에 의해 결정되는 리플 성분으로 다음과 같이 구성된다.

$$i_L(t) = I_L + i_{L,ripple}(t) \tag{3.27}$$

[그림 3-20(c)]에서 알 수 있는 바와 같이 평균값이 0인 $i_{L,ripple}\left(=\frac{1}{L}\int v_L\cdot d\tau\right)$은 v_L이 양(+)일 때는 증가하고 음(-)일 때는 감소하는 2개의 선형 성분으로 구성된다. 피크-피크 리플은 면적 A 또는 면적 B를 이용하여 다음과 같이 계산할 수 있다.

$$\Delta i_L = \frac{1}{L}\underbrace{V_{in}(DT_s)}_{\text{영역 } A} = \frac{1}{L}\underbrace{V_o(1-D)T_s}_{\text{영역 } B} \tag{3.28}$$

[그림 3-19(a)] 또는 [그림 3-19(b)]에 키르히호프의 전류 법칙을 적용하면 인덕터 전류의 평균값은 평균 입력 전류와 평균 출력 전류의 합과 같다(정상상태에서 평균 커패시터 전류가 0인 것에 주목하라).

$$I_L = I_{in} + I_o \tag{3.29}$$

입력 전력과 출력 전력을 같다고 하면 다음과 같이 쓸 수 있다.

$$V_{in}I_{in} = V_oI_o \tag{3.30}$$

식 (3.26)을 이용하면 식 (3.30)은 다음과 같이 쓸 수 있다.

$$I_{in} = \frac{V_o}{V_{in}}I_o = \frac{D}{1-D}I_o \tag{3.31}$$

따라서 식 (3.29)와 식 (3.31)을 이용하면 다음과 같다.

$$I_L = I_{in} + I_o = \frac{1}{1-D}I_o = \frac{1}{1-D}\frac{V_o}{R} \tag{3.32}$$

평균 성분과 리플 성분이 중첩된 인덕터 전류 파형이 [그림 3-20(c)]에 나타나 있다. 그림에서 다이오드에 인덕터 전류가 흐를 때를 제외하면 다이오드 전류는 0이다. DC 정상상태에서 커패시터를 통해 흐르는 평균 전류 I_C는 0이므로 다이오드 평균 전류는 키르히호프의 전류 법칙에 의해 출력 전류와 같게 된다. 실제로 필터 커패시터는 출력 전압을 거의 DC ($v_o(t)\simeq V_o$)로 간주할 수 있을 만큼 충분히 크다.

따라서 리플 주파수에 해당하는 성분에 대해 커패시터를 통한 경로는 부하 저항을 통한 경로보다 더 작은 임피던스를 제공하며, 이에 따라 다이오드 전류의 리플 성분이 전적으로 커패시터를 통하여 흐른다는 가정이 타당해진다. 즉 다음과 같은 관계가 성립한다.

$$i_C(t) \simeq i_{diode,ripple}(t) \tag{3.33}$$

실제로는 커패시터 내의 등가 직렬 저항(ESR)과 등가 직렬 인덕턴스(ESL)에 의한 전압 강하가 C에 걸리는 전압 강하인 $\frac{1}{C}\int i_C\,dt$에 비해 크게 나타난다. [그림 3-20(c)]에서 i_C의 파형은 출력 전압에서의 리플을 계산하기 위해 사용될 수 있다.

예제 3-7

[그림 3-19(b)]의 벅-부스트 컨버터는 DC 정상상태에서 $V_{in} = 14\,\mathrm{V}$, $V_o = 42\,\mathrm{V}$, $P_o = 21\,\mathrm{W}$, $\Delta i_L = 1.8\,\mathrm{A}$ $f_s = 200\,\mathrm{kHz}$ 일 때 동작한다. 모든 소자가 이상적이라고 가정하여 L 값을 계산하고 [그림 3-20(c)]의 파형을 그려라.

풀이

식 (3.26)으로부터 $D = 0.75$이다. [그림 3-21]과 같이 $T_s = 1/f_s = 5\,\mu\mathrm{s}$ 이고 $T_{on} = DT_s = 3.75\,\mu\mathrm{s}$ 이다. 인덕터 전압 v_L은 $V_{in} = 14\,\mathrm{V}$와 $-V_o = -42\,\mathrm{V}$ 사이에서 맥동한다. 식 (3.28)을 이용하면 L의 값은 다음과 같다.

$$L = \frac{V_{in}}{\Delta i_L} DT_s = 29.17\,\mu\mathrm{H}$$

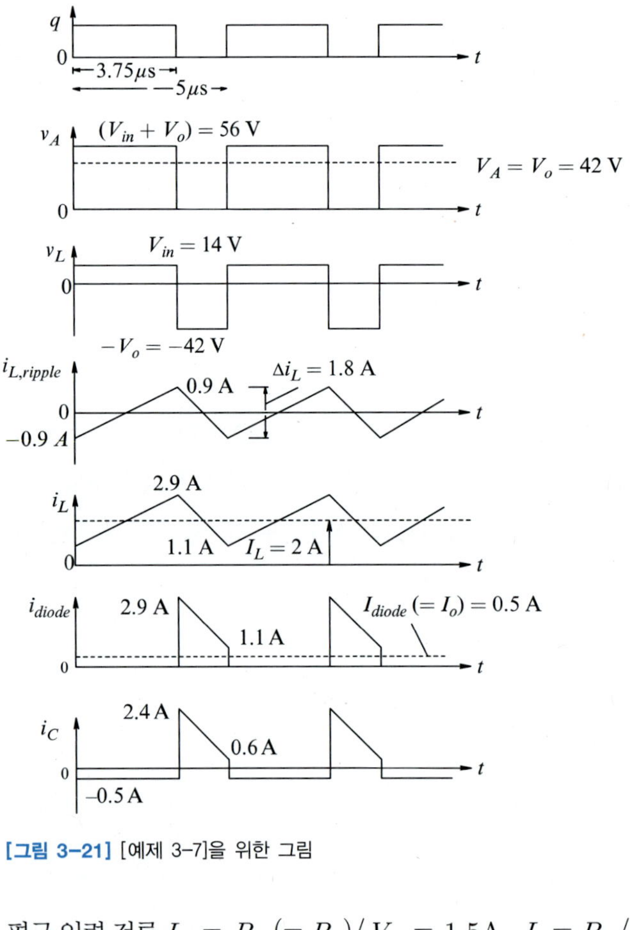

[그림 3-21] [예제 3-7]을 위한 그림

평균 입력 전류 $I_{in} = P_{in}(= P_o)/V_{in} = 1.5\mathrm{A}$, $I_o = P_o/V_o = 0.5\,\mathrm{V}$ 이다. 따라서 $I_L = I_{in} + I_o = 2\,\mathrm{A}$ 이다. 트랜지스터가 on 상태일 때 다이오드 전류는 0이고 그 외의 경우에는 $i_{diode} = i_L$이 된다. 평균 다이오드 전류는 평균 출력 전류와 같다. 즉 $I_{diode} = I_o = 0.5\,\mathrm{A}$ 이고 커패시터의

전류 $i_C = i_{diode} - I_o$이다. 트랜지스터가 on 상태일 때 다이오드 전류는 0이고 $i_C = -I_o = -0.5\,\mathrm{A}$가 된다. 커패시터 전류는 2.4 A 까지 증가했다가 $1.1 - 0.5 = 0.6\,\mathrm{A}$로 감소하게 된다.

[그림 3-22]와 같이 앞선 분석은 연속 전도 모드(CCM)에서 식 (3.26)의 벅-부스트 컨버터의 전압 변환비가 $D/(1-D)$에 의해 결정되지만 출력 부하에는 독립적임을 나타낸다. 만약 출력 부하가 계속 감소하여 인덕터 평균 전류가 임계값 $I_{L,crit}$보다 작아지게 되면 인덕터 전류는 불연속[discontinuous]이 되며, 이러한 불연속 전도 모드(DCM)에서는 [그림 3-22]와 같이 CCM에서의 입력-출력 관계가 더 이상 유효하지 않게 된다. 만약 듀티 비 D가 [그림 3-22]와 같이 일정하게 고정된다면 DCM에서 출력 전압은 위험한 상태의 높은 레벨로 상승할 수 있다. 이는 3.15절에서 자세히 다룰 것이다.

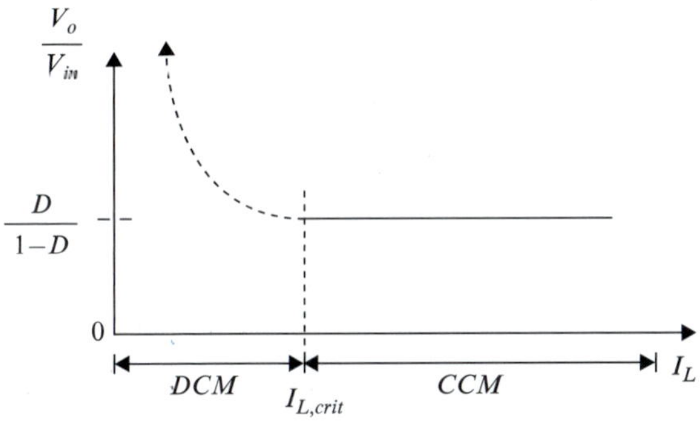

[그림 3-22] 벅-부스트 컨버터의 전압 변환비

3.7.1 시뮬레이션 및 하드웨어 프로토타이핑

비이상적인 벅-부스트 컨버터의 시뮬레이션은 [예제 3-8]을 통해 시연된다.

예제 3-8

[그림 3-19(b)]의 벅-부스트 DC-DC 컨버터에서 $L = 68\,\mu\mathrm{H}$, $C = 490\,\mu\mathrm{F}$, $R = 25\,\Omega$이다. 이 컨버터는 $V_{in} = 15\,\mathrm{V}$, $D = 0.3$, $f_s = 100\,\mathrm{kHz}$일 때 DC 정상상태로 동작한다. 2장 부록에 제공된 스위치와 다이오드의 파라미터 값을 사용하고 LTspice를 사용하여 이 컨버터를 시뮬레이션하라.

풀이

다운로드한 시뮬레이션 파일을 통해 예제를 풀어보자. LTspice 모델은 [그림 3-23]과 같다.

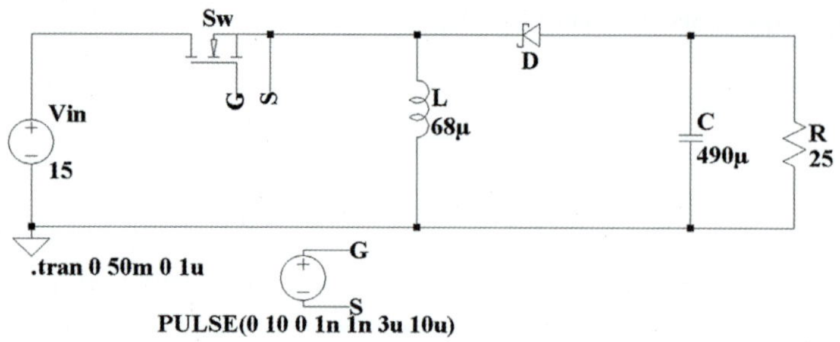

[그림 3-23] LTspice 모델

이 컨버터의 시뮬레이션에서 얻은 정상상태 파형은 [그림 3-24]와 같다.

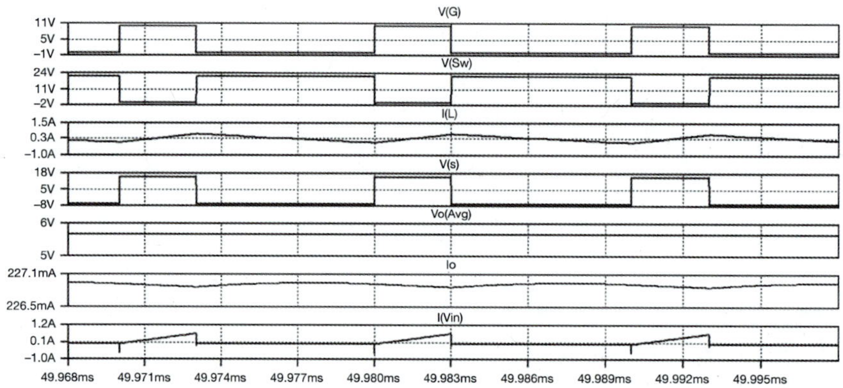

[그림 3-24] LTspice 시뮬레이션 결과

이 예제를 Sciamble 실험 키트를 사용하여 하드웨어로 구현하기 위한 Workbench 모델은 [그림 3-25]와 같다.

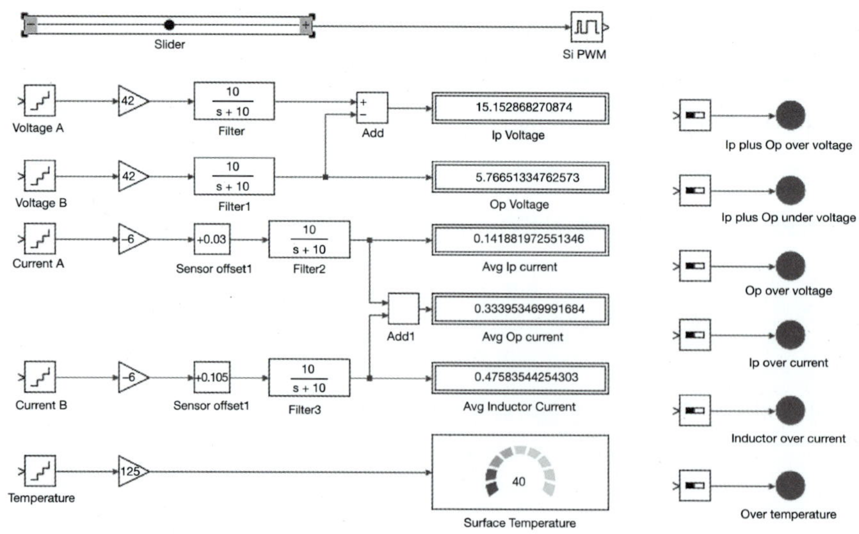

[그림 3-25] Workbench 모델

Sciamble 실험실 키트를 사용하여 벅-부스트 컨버터를 구동했을 때의 정상상태 파형은 [그림 3-26]과 같다. 하드웨어 구현을 재현하기 위한 단계별 절차는 웹사이트를 통해 확인할 수 있다.[4]

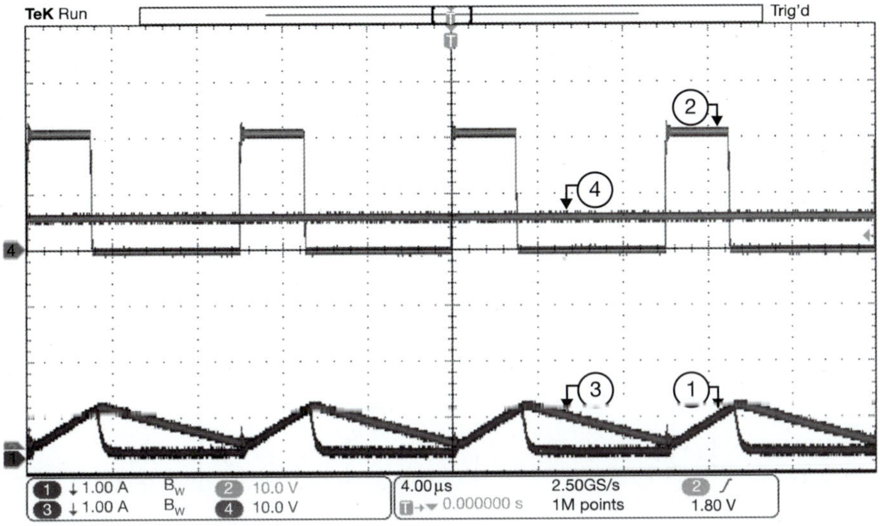

[그림 3-26] Workbench 하드웨어 결과 (① 입력 전류, ② 스위치-노드 전압, ③ 인덕터 전류, ④ 출력 전압)

3.7.2 기타 벅-부스트 토폴로지

이 절에서는 특정 응용 분야에 사용되는 2개의 변형된 벅-부스트 토플로지에 대해 간략하게 살펴보자.

3.7.2.1 SEPIC 컨버터

[그림 3-27(a)]의 **SEPIC 컨버터**Single-Ended Primary Inductor Converter는 입력에서 유입된 전류가 리플이 없는 특정 분야에 사용된다. 키르히호프의 전압 법칙과 정상상태에서 평균 인덕터 전압이 0이라는 사실을 적용하면 이 컨버터의 커패시터는 그림에 나타난 극성의 입력 전압 V_{in}과 같은 평균값으로 충전된다. [그림 3-27(b)]와 같이 트랜지스터의 on 구간인 DT_s 동안 다이오드는 커패시터와 출력 전압의 합에 의해 역방향 바이어스되고 i_{L1}과 i_{L2}는 **트랜지스터**를 통해 흐른다. 반대로 off 구간인 $(1-D)T_s$ 동안에는 [그림 3-27(c)]와 같이 i_{L1}과 i_{L2}는 **다이오드**를 통해 흐른다.

L_2에 걸리는 전압은 on 구간 동안은 v_C와 같고 off 구간 동안에는 $(-V_o)$와 같다. [그림 3-27(a)]에서 식 (3.9)를 적용함으로써 커패시터 전압의 평균값이 V_{in}과 같다는 점과 L_2에 걸리는 평균 전압이 0이라는 관계로부터 다음의 두 식 중 하나를 얻을 수 있다.

$$DV_{in} = (1-D)V_o \tag{3.34}$$

4 Buck-Boost Converter Lab Manual. https://sciamble.com/resources/pe-drives-lab/basic-pe/buck-boost-converter

$$\frac{V_o}{V_{in}} = \frac{D}{1-D} \tag{3.35}$$

벅-부스트 컨버터와 달리 SEPIC 컨버터의 출력 전압 극성은 입력 전압의 극성과 동일하다.

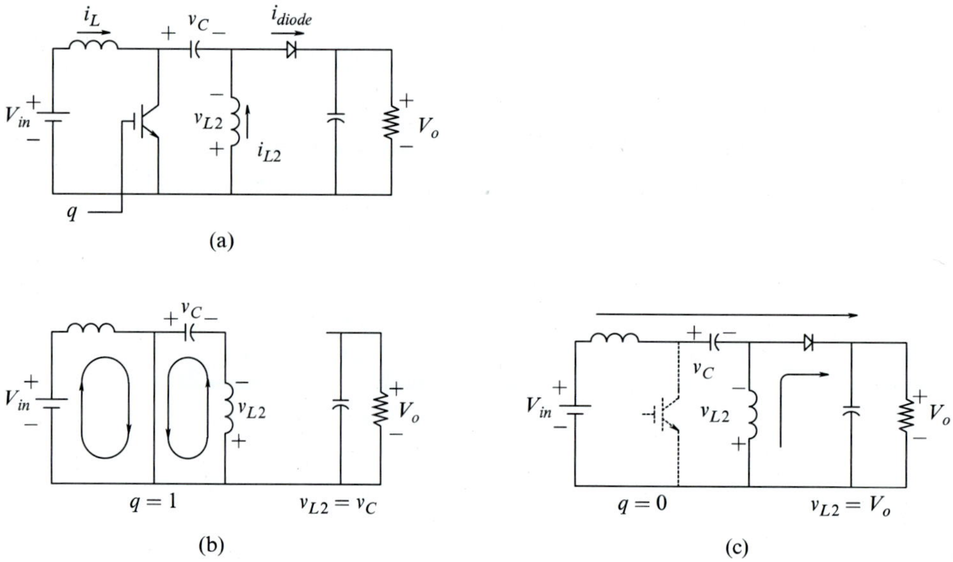

[그림 3-27] SEPIC 컨버터

3.7.2.2 Ćuk 컨버터

발명자의 이름을 따서 지어진 [그림 3-28(a)]의 **Ćuk 컨버터**에서 에너지의 전달은 두 인덕터 사이에서 커패시터 C를 통해 이루어진다. [그림 3-28(a)]에 식 (3.9)를 적용하면 커패시터 전압은 $(V_{in} + V_o)$의 평균값을 가지며, 극성은 그림에 나타난 바와 같다.

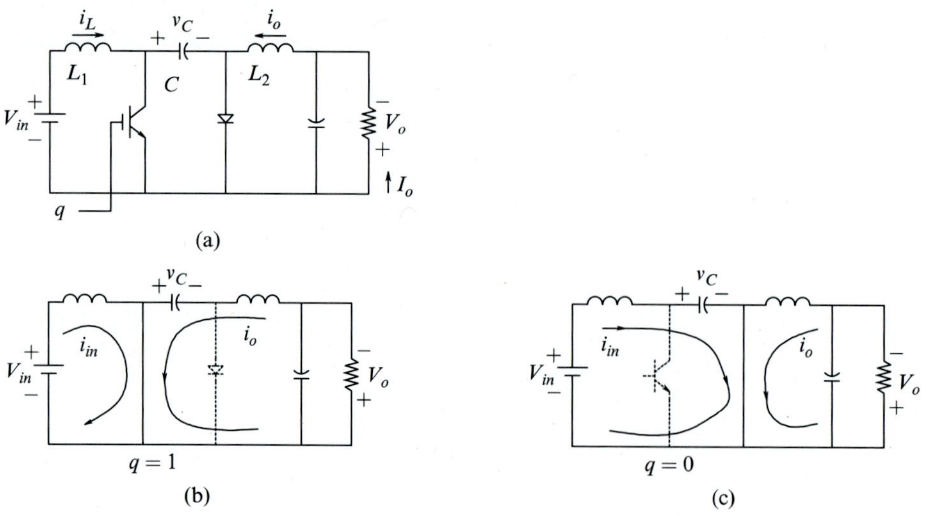

[그림 3-28] Ćuk 컨버터

[그림 3-28(b)]와 같이 트랜지스터의 on 구간인 DT_s 동안 다이오드는 커패시터 전압에 의해 역바이어스되고 입력과 출력 전류는 **트랜지스터**를 통해 흐른다. 반대로 off 구간인 $(1-D)T_s$ 동안에는 입력과 출력 전류는 [그림 3-28(c)]와 같이 **다이오드**를 통해 흐른다.

인덕터 전류의 평균값에 대해 정상상태에서 T_s 동안 커패시터 전하의 총 변화량은 0이 되는 관계로부터 다음의 두 식 중 하나를 얻을 수 있다.

$$DI_o = (1-D)I_{in} \tag{3.36}$$

$$\frac{I_{in}}{I_o} = \frac{D}{1-D} \tag{3.37}$$

이상적인 컨버터에 대해 입력 전력과 출력 전력이 같다고 하면 다음과 같은 관계가 성립한다.

$$\frac{V_o}{V_{in}} = \frac{D}{1-D} \tag{3.38}$$

이는 벅-부스트 컨버터와 동일하다. Ćuk 컨버터는 입력과 출력에서 비맥동[non-pulsating]하는 전류를 가진다는 장점이 있으나 벅-부스트 컨버터와 같은 소자 스트레스[stress]를 가지며, 입력과 출력의 극성이 반대가 된다는 단점도 있다.

3.8 토폴로지 선택[5]

지금까지 논의한 세 가지 토폴로지에 대한 적절한 선택을 위해 인덕터의 리플 전류는 무시한다는 가정하에서 [표 3-1]과 같이 스트레스를 비교할 수 있다. 이를 통해 벅-부스트 컨버터가 다수의 추가적인 스트레스를 받게 됨을 알 수 있다. 그러므로 벅과 부스트의 두 가지 기능이 모두 필요한 경우에만 벅-부스트 컨버터를 사용해야 하며, 그렇지 않다면 벅 또는 부스트 컨버터를 사용하는 것이 좋다. 자세한 분석은 관련 웹사이트를 통해 확인할 수 있다.[6]

5 B. Carsten, "Converter Component Load Factors: A Performance Limitation of Various Topologies", *PCI Proceedings*, June 1988, pp. 31-49.

6 Buck Converter Lab Manual. https://sciamble.com/resources/pe-drives-lab/basic-pe/buck-converter

[표 3-1] 토폴로지 선정 기준

구분	벅	부스트	벅-부스트
트랜지스터 $\hat{V}$	V_{in}	V_o	$(V_{in}+V_o)$
트랜지스터 $\hat{I}$	I_o	I_{in}	$I_{in}+I_o$
트랜지스터 I_{rms}	$\sqrt{D}I_o$	$\sqrt{D}I_{in}$	$\sqrt{D}(I_{in}+I_o)$
트랜지스터 I_{avg}	DI_o	DI_{in}	$D(I_{in}+I_o)$
다이오드 I_{avg}	$(1-D)I_o$	$(1-D)I_{in}$	$(1-D)(I_{in}+I_o)$
인덕터 I_L	I_o	I_{in}	$I_{in}+I_o$
C에 미치는 L의 영향	큼	적음	적음
맥동 전류	입력	출력	입·출력

3.9 최악의 경우를 고려한 설계 기법

최악의 경우[worst-case]를 고려한 설계 기법에서는 입력 전압과 출력 부하가 변화하는 범위를 고려해야 한다. 앞서 언급했듯 보통 수십 와트(W) 이상의 컨버터는 CCM에서 동작하도록 설계된다. 매우 낮은 수준의 경부하에서 CCM에서의 동작을 보장하려면 엄청나게 큰 인덕턴스가 필요하다. 따라서 인덕턴스는 주로 임계 인덕턴스의 3배보다 크지 않은 값을 선정해야 한다($L<3L_c$). 여기서 임계 인덕턴스 L_c는 컨버터가 전[full]부하에서 CCM과 DCM의 경계에서 동작하도록 하는 값이다.

3.10 매우 낮은 출력 전압을 위한 동기식 정류 벅 컨버터[7]

연산 및 통신을 위한 장비에서 동작 전압은 이미 1 V 정도로 낮아졌으며, 가까운 미래에는 0.5 V 같이 더 낮은 전압이 될 것으로 예상된다. 이와 같은 낮은 전압에서는 (쇼트키 다이오드라고 해도) 벅 컨버터의 파워-폴에 있는 다이오드가 허용할 수 없을 정도의 높은 전압 강하를 가지게 되며, 매우 나쁜 컨버터 효율을 갖게 된다.

이와 같은 문제를 해결하려면 벅 컨버터의 스위칭 파워-폴을 [그림 3-29(a)]와 같이 낮은 정격 전압에서 매우 낮은 $R_{DS(on)}$을 가진 2개의 MOSFET을 사용하여 구현해야 한다.

7 M. Walters, "An Integrated Synchronous-Rectifier Power IC with Complementary-Switching (HIP5010, HIP5011)", Technical Brief, July 1995, TB332, Intersil Corp.

2개의 MOSFET은 [그림 3-29(b)]와 같이 거의 상보적인complementary 게이트 신호, 즉 두 트랜지스터를 통해 흐르는 전류의 단락 현상을 피하기 위해 2개의 신호가 모두 low 상태인, 약간의 지연시간이 포함된 신호에 의해 동작한다.

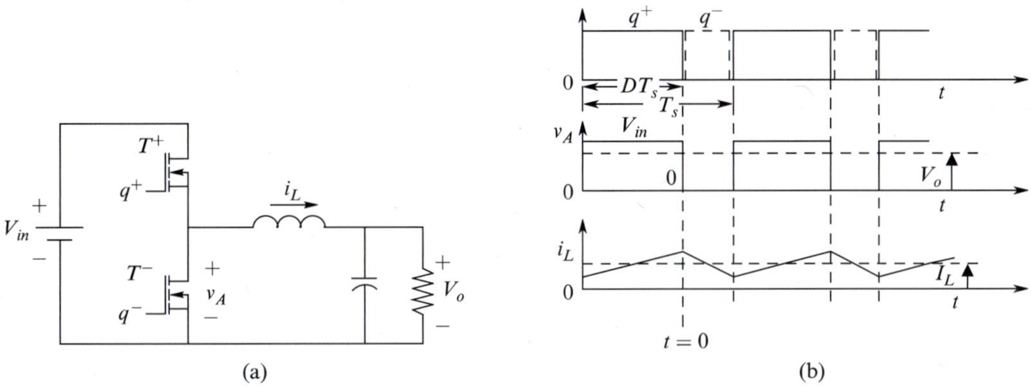

[그림 3-29] 벅 컨버터의 동기식 정류

상단의 MOSFET이 off일 때 인덕터 전류는 게이트 전압이 인가된 하단의 MOSFET 채널을 통해 소스에서 드레인 쪽으로 흐른다. 이로 인해 하단의 MOSFET에는 매우 낮은 전압 강하가 일어난다. 이 경우 경부하 조건에서 인덕터 전류는 불연속적이 되지 않고 음(−)의 값이 될 수 있는데, 이때 인덕터 전류는 하단 MOSFET의 드레인에서 소스 쪽으로 흐르게 된다.[8]

10장에서 논의하겠지만 이러한 컨버터 구조에서는 소프트 스위칭soft switching을 이루는 것이 가능하며, 이때 총 출력과 입력 전류의 리플은 다음 절에서 다룰 인터리브interleaving 방식을 이용하여 최소화할 수 있다.

3.10.1 시뮬레이션 및 하드웨어 프로토타이핑

비이상적인 동기식 벅 컨버터의 시뮬레이션은 [예제 3-9]를 통해 시연된다.

예제 3-9

[그림 3-29(a)]의 동기식 정류된 벅 DC-DC 컨버터에서 $L = 68\,\mu\text{H}$, $C = 490\,\mu\text{F}$, $R = 25\,\Omega$이다. 이 컨버터는 $V_{in} = 15\,\text{V}$, $D = 0.5$, $f_s = 100\,\text{kHz}$일 때 DC 정상상태로 동작한다. 2장 부록에 제공된 스위치의 파라미터 값을 사용하고 LTspice를 사용하여 이 컨버터를 시뮬레이션하라.

8 Boost Converter Lab Manual. https://sciamble.com/resources/pe-drives-lab/basic-pe/boost-converter

풀이

다운로드한 시뮬레이션 파일을 통해 예제를 풀어보자. LTspice 모델은 [그림 3-30]과 같다.

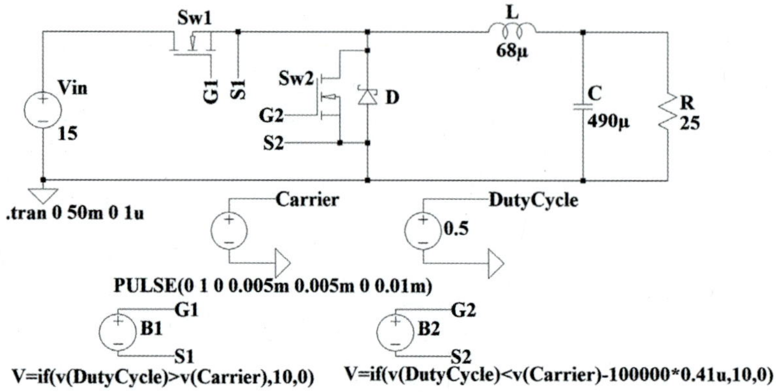

[그림 3-30] LTspice 모델

컨버터의 시뮬레이션에서 얻은 정상상태 파형은 [그림 3-31]과 같다.

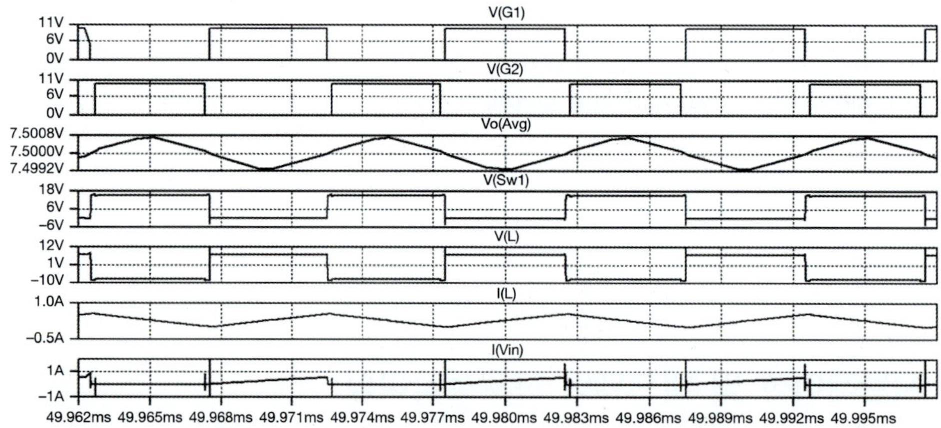

[그림 3-31] LTspice 시뮬레이션 결과

이 예제를 Sciamble 실험 키트를 사용하여 하드웨어로 구현하기 위한 Workbench 모델은 [그림 3-32]와 같다.

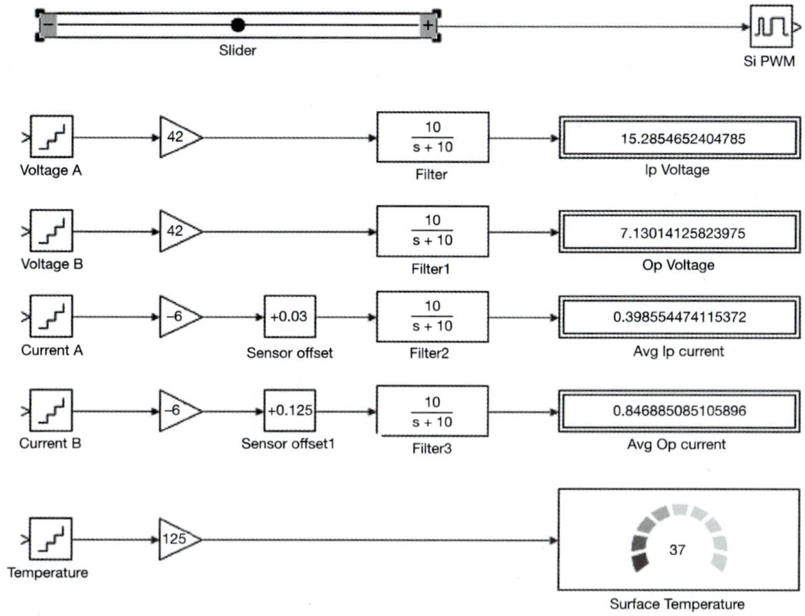

[그림 3-32] Workbench 모델

Sciamble 실험 키트를 사용하여 동기식 정류 벅 컨버터를 실행한 결과의 정상상태 파형은 [그림 3-33]과 같다. 하드웨어 구현을 재현하기 위한 단계별 절차는 웹사이트를 통해 확인할 수 있다.[9]

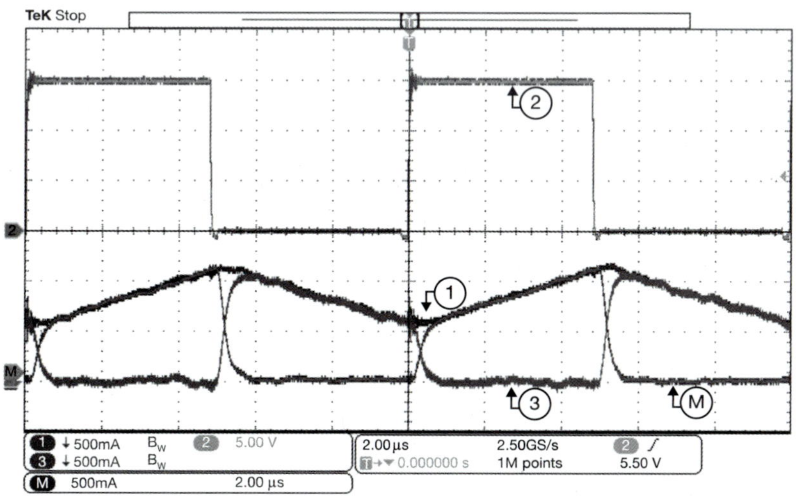

[그림 3-33] 동기식 정류 벅 컨버터에서 Si 스위치를 사용한 Workbench 하드웨어 결과(① 인덕터 전류, ② 스위치-노드 전압, ③ 하이사이드 스위치 전류/입력 전류, Ⓜ 로우사이드 스위치 전류)

9 "Synchronous-Rectified Buck Converter Lab Manual", Sciamble, last modified n.d., accessed October 2, 2024, https://sciamble.com/resources/pe-drives-lab/basic-pe/synchronous-buck-converter

3.5절에서 논의된 벅 컨버터의 경우 [그림 3-34(a)]와 같이 환류freewheeling 다이오드에서 0.3 V 에서 1.1 V 의 전압 강하로 인해 효율이 크게 감소한다. 이 전압 강하는 [그림 3-34(b)]에서 볼 수 있듯이 다이오드 대신 Si-MOSFET을 사용하여 동기식 정류된 벅 컨버터에서 크게 줄일 수 있다.

게이트의 on 신호가 한 MOSFET에서 다른 MOSFET로 전환되는 동안 단락 현상shoot-through을 방지하기 위해 두 MOSFET의 게이트는 데드 타임dead time이라 불리는 약 200 ns 의 짧은 시간 동안 off 상태로 유지된다. 이때 전류는 MOSFET의 바디 다이오드를 통해 흐르며, [그림 3-34(b)]와 같이 약 − 0.7 V 의 강하가 발생한다.

[그림 3-34(c)]는 GaN-FET을 사용하는 동기식 정류 벅 컨버터의 스위치-노드 전압을 보여준다. Si-MOSFET과 유사한 등급의 GaN-FET에 필요한 데드 타임은 일반적으로 한 자릿수 낮으며, 이 경우 30 ns 이다. 이러한 빠른 스위칭 특성은 스위칭 손실을 줄이는 데 기여한다. 이때 데드 타임은 가능한 한 낮게 유지해야 한다.[10] 게이트가 꺼져 있을 때 GaN-FET의 역방향 전류 전도 시 발생하는 전압 강하는 일반적으로 약 3.5V로, [그림 3-34(c)]와 같이 Si-MOSFET의 바디 다이오드보다 상당히 높기 때문이다.

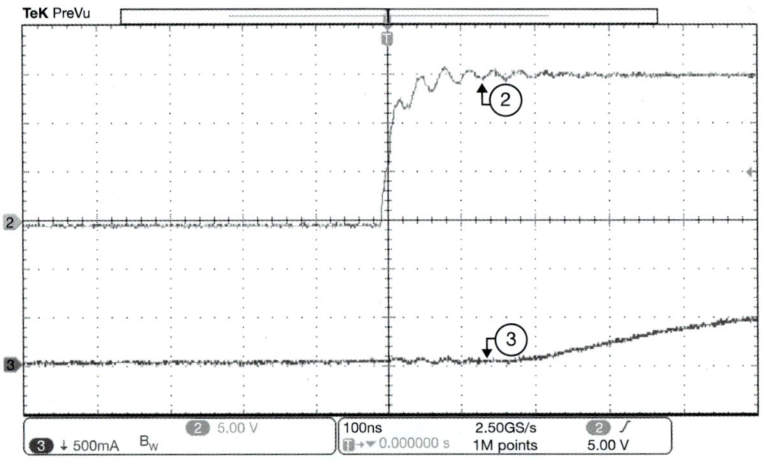

(a) 벅 컨버터

[그림 3-34] 스위치-노드 전압(계속)

10 "Does GaN Have a Body Diode? — Understanding the Third Quadrant Operation of GaN", Texas Instruments Application Report SNOAA36-February 2019. https://www.ti.com/lit/an/snoaa36/snoaa36.pdf?ts=1654535176366.

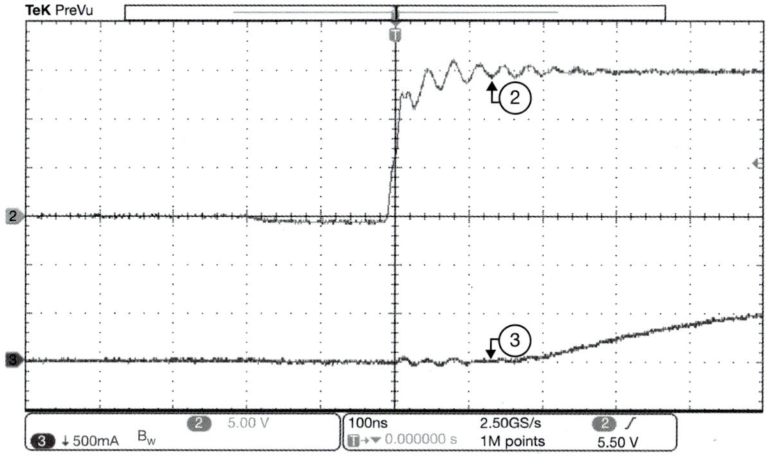

(b) Si-MOSFET을 사용하는 동기식 정류 벅 컨버터

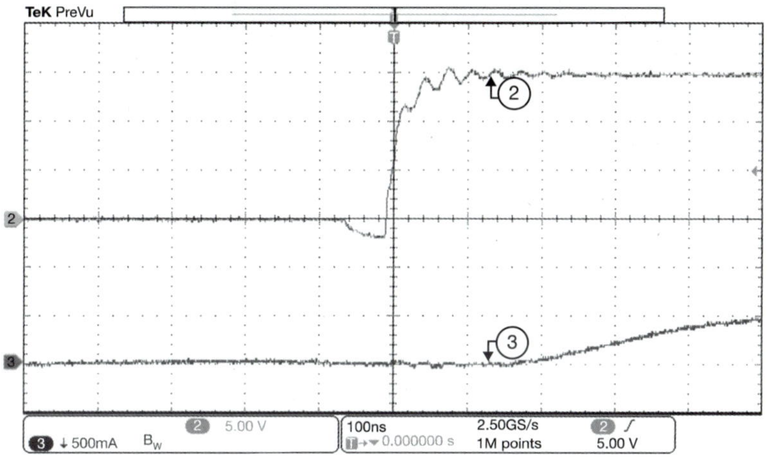

(c) GaN-FET을 사용하는 동기식 정류 벅 컨버터

[그림 3-34] 스위치-노드 전압

3.11 컨버터의 인터리브

[그림 3-35(a)]는 스위칭 파형이 [그림 3-35(b)]와 같이 $T_s/2$만큼 위상 변이된 2상 **인터리브**interleave 방식의 컨버터이다. 일반적으로는 컨버터의 동작 위상이 T_s/n만큼 변이된 n상 컨버터가 사용될 수 있다. 이러한 인터리브 방식의 다상 컨버터의 장점은 입력과 출력 전류에 있어서 리플이 상당 부분 상쇄cancellation된다는 것이다.[11] 이는 높은 제어 대역폭bandwidth을 달성하기 위한 좋은 방법이기도 하다.

11 Buck-Boost Converter Lab Manual. https://sciamble.com/resources/pe-drives-lab/basic-pe/buck-boost-converter.

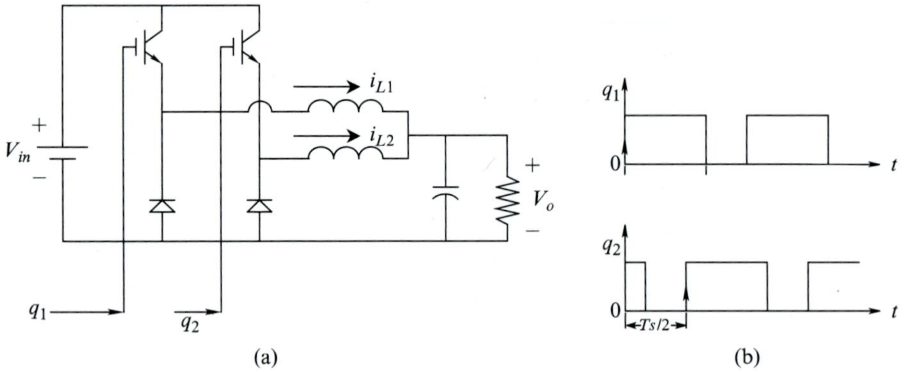

[그림 3-35] 컨버터의 인터리빙

3.12 펄스 폭 변조를 이용한 DC-DC 컨버터 조절

거의 모든 DC-DC 컨버터들의 출력 전압은 입력 전압과 출력 부하에 생기는 외란 disturbance 에 대해 응답이 규정된 허용 범위 내의 기준값과 같아지도록 조절된다(예 공칭 값 ±1% 내외). DC-DC 컨버터의 스위칭 파워-폴 평균 출력은 이러한 파워-폴의 **펄스 폭 변조** Pulse-width modulation, PWM 된 듀티 비에 의해 조절할 수 있다.

[그림 3-36(a)]는 출력 전압이 조절되는 DC-DC 컨버터의 블록 다이어그램이다. 2장에서 간단하게 설명한 바와 같이 컨버터의 출력 전압이 측정되며, PWM 제어 IC 내에서 기준값과 비교된다. 두 전압의 오차는 증폭기에 의해 증폭 amplify 되며, 그 출력은 제어 전압 $v_c(t)$이다. PWM 제어 IC에서 제어 전압은 [그림 3-36(b)]에 나타난 램프 신호 ramp signal $v_r(t)$와 비교되는데, 이때 비교기의 출력은 스위칭 함수 $q(t)$를 나타내며, 스위칭 함수의 펄스 폭 $d(t)$는 컨버터의 출력을 조절하기 위해 변조될 수 있다.

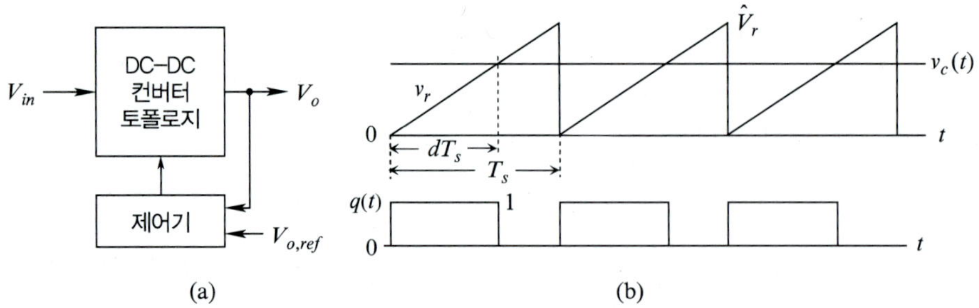

[그림 3-36] 펄스 폭 변조에 의한 출력 조절

램프 신호 v_r은 $\hat{V}_r$의 크기를 가지며 스위칭 주파수 f_s는 일정하다. 비교기 comparator 의 출력 전압은 트랜지스터의 스위칭 함수 $q(t)$를 나타내는데, 이는 $v_c(t) \geq v_r$ 일 때 1과 같고 이외에는 0이 된다. [그림 3-36(b)]에서 듀티 비는 다음과 같이 주어진다.

$$d(t)=\frac{v_c(t)}{\hat{V}_r} \tag{3.39}$$

식 (3.39)와 같이 0과 $\hat{V}_r$ 범위에 한정된 제어 전압은 펄스 폭 $d(t)$를 선형적이고 동적으로 제어하며, 이는 [그림 3-36(b)]와 같다. 출력 전압을 조절하기 위한 피드백feedback 제어기 설계에 대한 내용은 4장에서 자세하게 다루도록 한다.

3.13 연속 전도 모드에서의 컨버터의 동적 평균 표현

CCM에서 동작하는 세 가지의 모든 DC-DC 컨버터에서 스위칭 파워-폴은 스위칭 함수 $q(t)$에 따라 2개의 부분회로sub-circuit 상태로 스위칭한다. DDM에서는 스위칭 파워-폴이 세 가지 부분회로 상태로 스위칭되는데, 이때 스위치는 인덕터 전류가 0이 되는 구간 동안 on-off 사이에 "갇힌stuck"것으로 볼 수 있다(이와 관련된 자세한 내용은 3.15절에서 다룰 것이다).

이러한 스위치 모드 컨버터의 비-스위칭 평균화 모델을 구하는 것은 입력 전압이나 출력 부하의 변동에 의한 동적 동작 조건에서 컨버터 성능을 시뮬레이션하는 데 매우 유용하다. 동적 동작 조건에서 컨버터의 듀티 비와 전압 및 전류 평균값은 시간에 따라 변화하지만 스위칭 주파수보다 상대적으로 작은 크기의 주파수로 훨씬 느리게 변화한다.

스위칭 파워-폴은 [그림 3-37(a)]와 같다. 여기서 전압과 전류는 전압 단자에서는 아래 첨자 vp를 이용하여 나타내고 전류 단자에서는 아래 첨자 cp로 나타낸다. DC 정상상태에서 세 가지 컨버터에 대한 앞선 해석을 통해 파워-폴의 양방향 스위치에서의 평균 전압과 전류의 관계를 다음과 같이 쓸 수 있다.

$$V_{cp}=DC_{vp} \tag{3.40a}$$

$$I_{cp}=DI_{vp} \tag{3.40b}$$

식 (3.40)의 관계는 [그림 3-20(b)]와 같이 이상적인 변압기로 표현될 수 있다. 여기서 이상적인 변압기는 단지 수학적 표현을 편하게 나타내기 위한 가상적인hypothetical 것으로, AC뿐만 아니라 DC 전압과 전류에 의해서도 동작할 수 있는 것으로 한다. 그러나 이는 실제 변압기에서는 불가능하며, 그림에서 곡선을 가진 직선으로 이루어진 기호는 이러한 사실을 상기시키기 위해 사용된다. 스위칭 파워-폴의 전압 단자와 전류 단자 사이에는 전기적인 절연이 존재하지 않으므로 [그림 3-37(b)]에 그려진 이상적인 변압기의 두 권선은 아래쪽이 서로 연결되어 있다. 또한 [그림 3-37(b)]의 전압 단자에서 전압은 음(-)이 될 수 없고 d는 0부터 1까지의 범위로 제한된다.

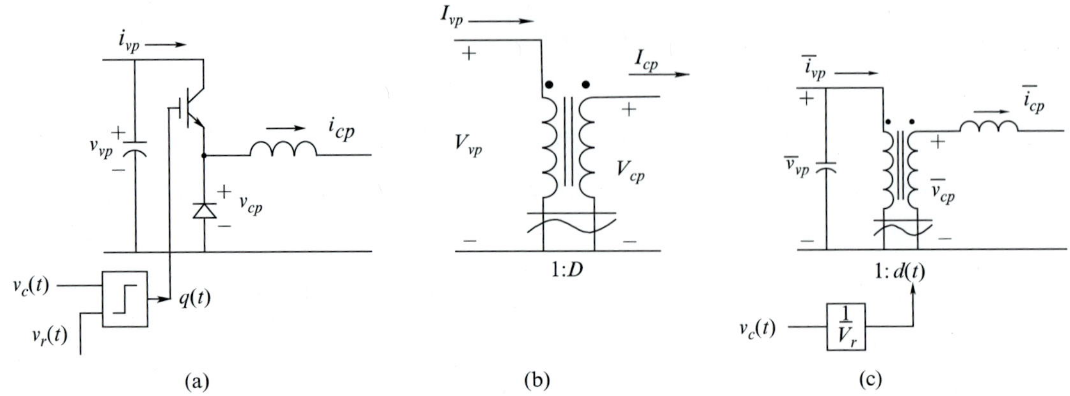

[그림 3-37] 스위칭 파워-폴의 평균 동적 모델

동적 동작 조건에서 [그림 3-37(b)]의 양방향 스위치의 평균 모델은 [그림 3-37(a)]의 파워-폴로 대체할 수 있으며, 이에 따라 동적 평균 모델은 $d(t)$에 대한 식 (3.39)를 이용하여 [그림 3-37(c)]와 같이 나타난다. 여기서 직류 정상상태 관계를 나타내기 위해 사용되었던 대문자는 시간에 따라 매우 동적으로 변화할 수 있는 평균 전압과 전류를 표현하기 위해 윗부분에 "–"를 사용한 소문자로 대체된다. 즉 D는 $d(t)$, V_{cp}는 $\bar{v}_{cp}(t)$, I_{cp}는 $\bar{i}_{cp}(t)$, 그리고 I_{vp}는 $\bar{i}_{vp}(t)$로 대체된다. 따라서 식 (3.40a) 및 식 (3.40b)로부터 다음과 같은 식이 성립한다.

$$\bar{v}_{cp}(t) = d(t)\,\bar{v}_{vp}(t) \tag{3.41a}$$

$$\bar{i}_{vp}(t) = d(t)\,\bar{i}_{cp}(t) \tag{3.41b}$$

이러한 논의는 CCM에 있는 스위칭 파워-폴 switching power-pole의 동적 평균 모델이 $1 : d(t)$의 권선비를 갖는 이상적인 변압기라는 것을 보여준다. 스위칭 파워-폴에 이러한 모델을 적용하면 [그림 3-38(a)]의 세 가지 컨버터의 동적 평균 모델들은 CCM에서 [그림 3-38(b)]와 같이 나타난다. 트랜지스터가 폴의 하단에 위치한 부스트 컨버터는 변압기의 권선비가 $1 : (1-d)$가 되는 것에 주의해야 한다. 벅, 그리고 벅-부스트 컨버터와는 달리 부스트 컨버터에서는 트랜지스터가 하단에 위치하기 때문이다. 따라서 트랜지스터가 듀티 비 d에서 on 상태가 되면 실제적인 양방향 스위치는 하단에 위치하고 폴의 듀티 비는 $(1-d)$가 된다. DCM에서 이러한 컨버터에 대한 평균 표현은 3.15.5절에서 논하도록 한다.

스위칭 컨버터의 평균 표현에서 모든 스위칭 정보들은 제거되며, 이에 따라 원하는 목적을 달성하기 위한 명확한 이해를 제공한다. 특히 컨버터의 동적 응답을 모의함에 있어 평균 모델은 스위칭 모델에 비해 더 빠른 정도의 연산 속도를 보여준다. 이때 정확한 해상도를 달성하기 위해서는 시뮬레이션의 타임-텝이 적어도 스위칭 주기 T_s의 1/100보다 더 작아야 한다.

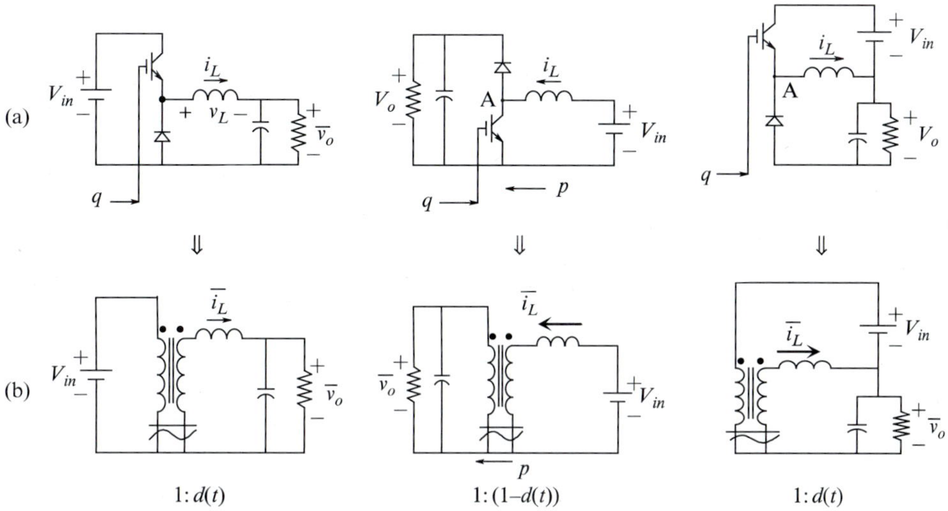

[그림 3-38] 평균 동적 모델 : 벅 컨버터(왼쪽), 부스트 컨버터(중간), 벅-부스트 컨버터(오른쪽)

3.14 양방향 스위칭 파워-폴

벅, 부스트, 그리고 벅-부스트 DC-DC 컨버터에서 하나의 트랜지스터와 하나의 다이오드에 의한 스위칭 파워-폴의 구현은 순시instantaneous 전류가 단방향으로 흐르게 되는 것을 의미한다. [그림 3-39(a)]와 같이 2개의 트랜지스터가 상보적인 신호에 의해 스위칭되는 벅과 부스트 컨버터의 스위칭 파워-폴 구현을 통해 연속적인 양방향 전력과 전류의 구동이 가능하다.

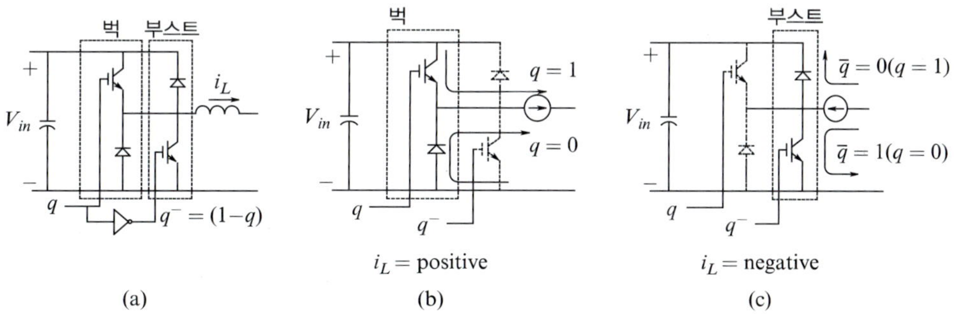

[그림 3-39] 스위칭 파워-폴을 통해 흐르는 양방향 전력

이와 같은 양방향 스위칭 파워-폴에서 [그림 3-39(b)]와 같이 양(+)의 인덕터 전류는 벅 모드를 나타내며, 이때는 벅 컨버터와 관련된 트랜지스터와 다이오드만 동작에 관여한다. 이와 유사하게 [그림 3-39(c)]와 같이 음(-)의 인덕터 전류는 부스트 모드를 나타내며, 마찬가지로 부스트 컨버터와 관련된 트랜지스터와 다이오드만 동작에 관여한다. 이러한 양방향 스위칭 파워-폴은 DC 및 AC 전동기의 구동, 무정전uninterruptible 전력 공급 장치, 그리고 11장과 12장에서 다룰 전력 시스템 응용에 이용된다.

상보적인 신호에 의해 게이팅gate 되는 트랜지스터로 이루어진 양방향 스위칭 파워-폴에서 전류는 어떠한 방향으로도 흐를 수 있으므로 이상적으로는 (실질적인 고려에 의해 필요해지는, 아주 짧은 시간 동안 2개의 트랜지스터가 동시에 꺼지는 데드 타임을 무시하면) 불연속 전도 모드가 존재하지 않는다.

[그림 3-39(b)]와 [그림 3-39(c)]를 통해 설명한 바와 같이 [그림 3-40(a)]의 양방향 스위칭 파워-폴은 $q=1$ 일 때 i_L의 방향과 상관없이 [그림 3-40(b)]처럼 "상단"에 위치하며, $q=0$ 일 때는 i_L의 방향과 상관없이 "하단"에 위치한다. 그러므로 [그림 3-40(a)]의 양방향 스위칭 파워-폴의 평균 표현은 [그림 3-40(b)]와 같이 [그림 3-40(c)]의 권선비가 $1:d(t)$ 인 이상적인 변압기가 되고 $d(t)$는 폴 듀티 비duty-ratio를 나타낸다. 이는 벅 모드와 관련된 트랜지스터의 듀티 비라고도 할 수 있다.

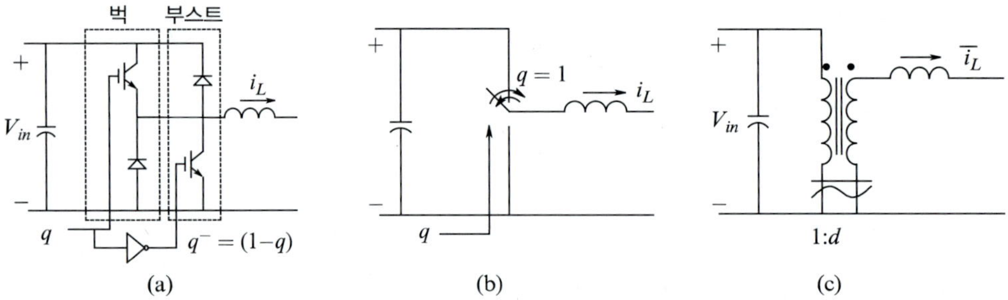

[그림 3-40] 양방향으로 전력이 흐르는 스위칭 파워-폴의 평균 동적 모델

3.15 불연속 전도 모드

단방향unidirectional 전력과 전류 전달을 위한 모든 DC-DC 컨버터들은 하나의 트랜지스터와 하나의 다이오드로 구성된 스위칭 파워-폴을 가지며, 이에 따라 어떠한 출력 부하에서는 불연속 전도 모드(DCM)로 들어가게 된다. [그림 3-41]과 같이 듀티 비를 일정하게 유지하고 출력 부하를 계속적으로 감소시키면 인덕터의 평균 전류는 트랜지스터의 턴-오프 구간 끝에서 인덕터 전류의 파형이 0이 되는 임계 부하값에 도달하게 된다.

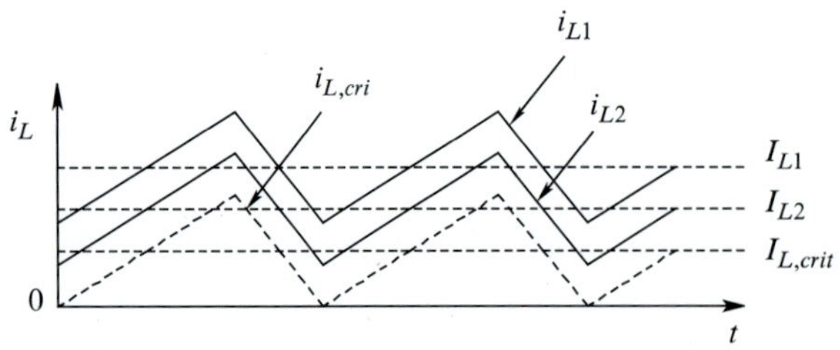

[그림 3-41] 다양한 부하에서의 인덕터 전류(듀티 비는 일정하게 유지)

이러한 조건에서의 평균 인덕터 전류를 **임계 인덕터 전류**critical inductor current $I_{L,\,crit}$ 라고 한다. 임계값보다 작은 부하에서 벅, 부스트, 벅-부스트 중 어떠한 컨버터에서도 인덕터 전류는 다이오드를 통해 역방향으로 흐를 수 없으므로 다음 스위칭 사이클의 시작에 의해 트랜지스터가 턴-온될 때까지 인덕터 전류가 유한한 구간 동안 0으로 유지되는 DCM에서 동작하게 된다.

인덕터 전류가 0으로 유지되는 구간인 DCM에서는 입력단에서 유입되는 전력이 없으며, 출력단으로 전달되는 인덕터 에너지 또한 없다. 이러한 비활성된 구간에 의해 일반적으로 소자 스트레스와 수동 소자의 정격이 증가한다. 또한 DCM은 다이오드 역회복에 따른 문제점을 줄일 수 있으나 노이즈와 EMI 문제를 유발한다. 비록 하나의 트랜지스터와 하나의 다이오드로 구성된 모든 컨버터에서는 매우 작은 경부하에서 DCM으로 동작할 수밖에 없지만 이러한 고려를 통해 수십 와트 이상의 동작 용량을 가지는 컨버터는 CCM에서 동작하도록 설계하는 것이 일반적이다. 또한 피드백 제어기는 두 가지 모드에서 모두 적절하게 동작하도록 설계되어야 한다.

주의해야 할 점은 벅-부스트 컨버터와 같은 일부 컨버터에서는 CCM에서 제어기를 설계하는 것이 더욱 복잡하기 때문에 설계자에 따라 모든 가능한 동작 조건에서 DCM에서 동작하는 컨버터를 설계할 수도 있다는 것이다. 이는 다음 장의 피드백 제어기 설계에서 자세히 다루도록 하겠다.

3.15.1 연속-불연속 경계의 임계 조건

[그림 3-41]에 나타난 $i_{L,\,crit}$의 임계 부하 조건에서 평균 인덕터 전류는 최댓값의 1/2이다.

$$I_{L,\,crit} = \frac{\hat{i}_{L,\,crit}}{2} \tag{3.42}$$

임계 조건하에서 [그림 3-41]의 최대peak 인덕터 전류는 트랜지스터가 on이 되는 DT_s 구간 동안 인덕터에 인가되는 전압 v_L 에 의해 전류가 0에서 최댓값까지 상승하는 것을 고려하여 계산될 수 있다. 벅 컨버터의 경우 이러한 인덕터 전압은 $(V_{in} - V_o)$가 된다. 식 (3.42)와 $f_s = 1/T_s$, $V_o = DV_{in}$의 사실을 이용하면 다음과 같이 쓸 수 있다(임계 조건에서도 CCM에서의 전압 관계식은 동일하게 유효하다).

$$I_{L,\,crit,\,Buck} = \frac{V_{in}}{2Lf_s} D(1-D) \tag{3.43}$$

부스트 및 벅-부스트 컨버터에서 DT_s 구간 동안의 인덕터 전압은 V_{in}과 같다. 따라서 식 (3.42)를 이용하면 다음과 같다.

$$I_{L,\,crit,\,Boost} = I_{L,\,crit,\,Buck-Boost} = \frac{V_{in}}{2Lf_s} D \tag{3.44}$$

식 (3.43)과 식 (3.44)에 주어진 평균 인덕터 전류의 임계값을 입력과 출력 전류의 관계식에 적용하고 출력 전압 V_o와 입력 전압 V_{in}과의 관계, 그리고 출력 저항 $R = V_o / I_o$를 이용하면 이와 같은 컨버터에서 부하 저항의 임계값을 다음과 같이 유도할 수 있다.

$$R_{crit,\,Buck} = \frac{2Lf_s}{(1-D)}$$

$$R_{crit,\,Boost} = \frac{2Lf_s}{D(1-D)^2} \tag{3.45}$$

$$R_{crit,\,Buck-Boost} = \frac{2Lf_s}{(1-D)^2}$$

이러한 임계값보다 큰 부하 저항은 임계 부하 이하의 결과로 이어져 해당하는 컨버터를 DCM으로 동작하게 한다.

3.15.2 정상상태 DCM에서의 벅 컨버터

DCM에서 벅 컨버터의 파형은 [그림 3-42(a)]와 같다. DCM에서 인덕터 전류는 유한한 구간 동안 0으로 유지되고 그 결과 (I_o와 같은) 평균값은 임계값보다 작아진다. 인덕터 전류가 0이 되는 $D_{off,2}T_s$ 구간 동안 인덕터에 걸리는 전압은 0이고 $v_A = V_o$이다.

벅 컨버터에서 스위치의 on 구간 동안 i_{in}은 i_L과 같고 그렇지 않으면 0이 된다. [그림 3-42(a)]의 DCM에서 $\hat{I}_{in}$은 다음과 같이 정의된다.

$$\hat{I}_{in} = \hat{I}_L = \frac{(V_{in} - V_o)}{L} DT_s \tag{3.46}$$

그러므로 $f_s = 1/T_s$을 상기하여 입력 전류의 평균값을 구하면 다음과 같다.

$$I_{in} = \frac{(V_{in} - V_o)}{2Lf_s} D^2 \tag{3.47}$$

평균 입력 전력 $P_{in}(= V_{in}I_{in})$과 출력 전력 $P_o\left(= V_o^2/R\right)$이 같음을 이용하면 DCM에서 다음과 같은 식을 유도할 수 있다([연습문제 3.32]를 참조하라).

$$V_o = \frac{V_{in}}{2}\left(\sqrt{M(M+4)} - M\right) \tag{3.48a}$$

여기서 M은 다음과 같이 정의된다.

$$M = \left(\frac{R}{2Lf_s}\right)D^2 \tag{3.48b}$$

식 (3.48)은 [그림 3-42(b)]와 같이 $R > R_{crit,\,Buck}$이 되는 경부하에서 출력 전압이 입력 전압을 향해 증가한다는 것을 나타낸다. 물론 조절된 DC-DC 컨버터에서는 피드백 제어기가 출력 전압을 조절하기 위해 듀티 비를 조정하게 될 것이다.

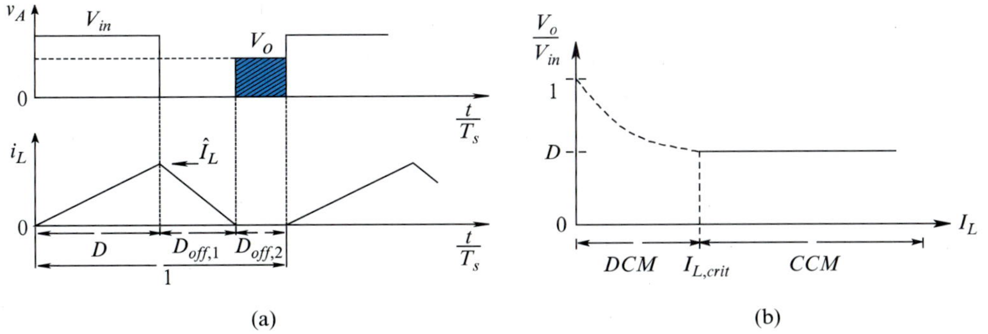

[그림 3-42] DCM에서의 벅 컨버터 파형

3.15.2.1 시뮬레이션 및 하드웨어 프로토타이핑

불연속 전도 모드(DCM)에서 동작하는 비이상적인 벅 컨버터는 [예제 3-10]을 통해 시연된다.

예제 3-10

[그림 3-5(a)]의 벅 DC-DC 컨버터에서 $L = 68\,\mu\text{H}$, $C = 490\,\mu\text{F}$, $R = 25\,\Omega$이다. 이 컨버터는 $V_{in} = 15\,\text{V}$, $D = 0.2$, $f_s = 40\,\text{kHz}$에서 DC 정상상태로 동작한다. 2장 부록에 제공된 스위치와 다이오드의 파라미터 값을 사용하고 LTspice를 사용하여 컨버터를 시뮬레이션하라.

풀이

다운로드한 시뮬레이션 파일을 통해 예제를 풀어보자. LTspice 모델은 [그림 3-7]과 같으며, 정상상태 파형은 [그림 3-43]과 같다.

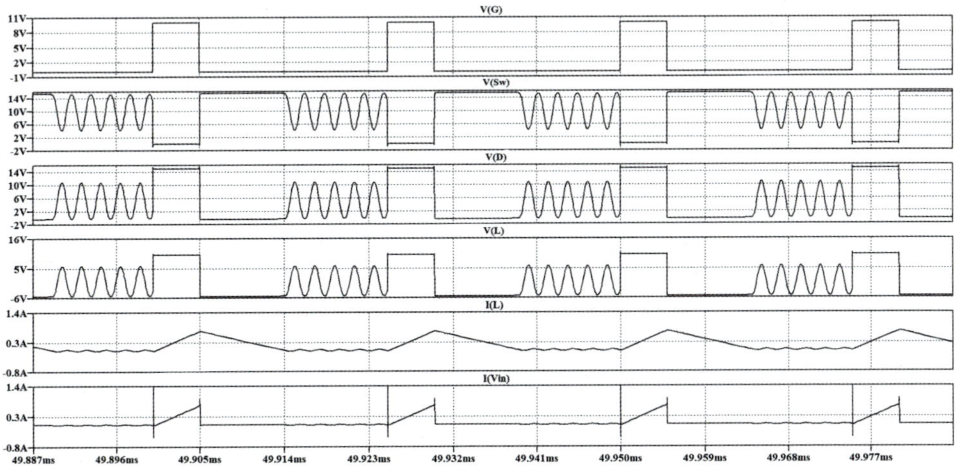

[그림 3-43] LTspice 시뮬레이션 결과

Sciamble 실험 키트를 실행하여 얻은 불연속 전도 모드에서의 벅 컨버터 정상상태 파형 결과는 [그림 3-44]와 같다. Workbench 모델은 [그림 3-9]와 동일하다. 하드웨어 구현을 재현하기 위한 단계별 절차는 웹사이트를 통해 확인할 수 있다.[12]

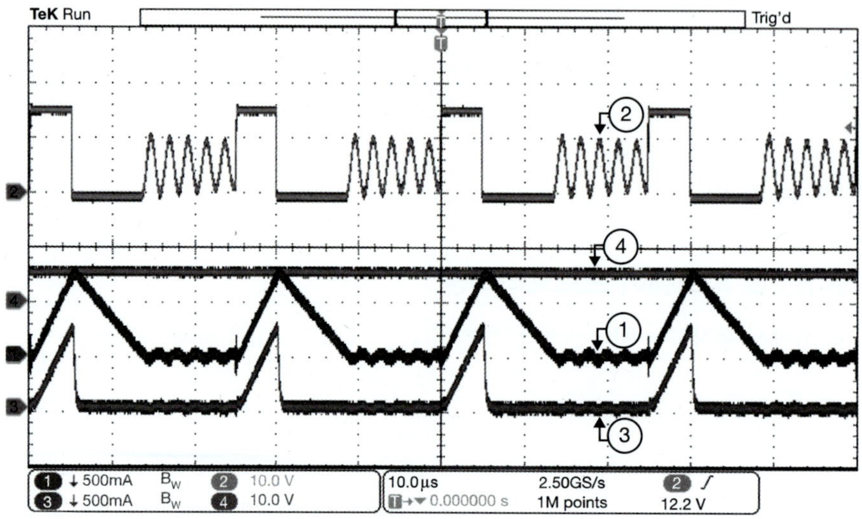

[그림 3-44] Workbench 하드웨어 결과(① 인덕터 전류, ② 스위치-노드 전압, ③ 입력 전류, ④ 출력 전압)

3.15.2.2 스위칭 노드에서의 전압 링잉

[그림 3-5(a)]의 이상적인 벅 컨버터의 동작과 비교했을 때 $D_{off,2}$ 동안 실제 벅 컨버터의 스위치-노드의 전압에는 링잉이 발생하며, 피크-피크 크기가 출력 전압의 2배이고 0과 V_{in} 사이에서 제한된다 ($0 < V_A < V_{in}$). 이는 [그림 3-45]와 같이 필터 인덕터 및 스위치와 다이오드의 기생[parasitic] 커패시턴스의 병렬에 의해 형성된 LC 탱크[tank] 회로 때문이다.

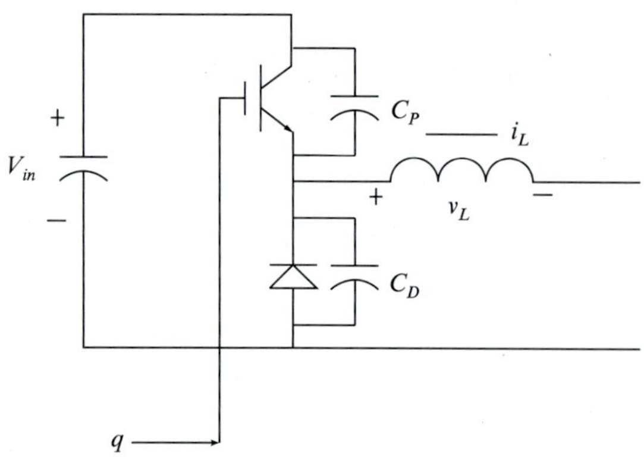

[그림 3-45] 스위치와 다이오드의 기생 커패시턴스를 포함한 비이상적인 벅 컨버터

12 Buck Converter Discontinuous Conduction Mode Lab Manual. https://sciamble.com/resources/pe-drives-lab/basic-pe/buck-converter-dcm.

링잉ringing은 전자기 간섭electromagnetic interference, EMI을 증가시키고 손실을 높인다. 이 성분을 억제하는 EMI 필터를 설계하는 데 링잉 주파수가 필요하다. [예제 3-11]을 통해 이 주파수를 구하는 방법을 알아보자.

예제 3-11

[그림 3-45]의 벅 컨버터에서 스위치는 $C_T = 1{,}550\,\text{pF}$를, 다이오드는 $C_D = 450\,\text{pF}$의 기생 커패시턴스를 가진다. 나머지 파라미터는 [예제 3-10]과 동일하다고 가정한다. 스위칭-노드 전압의 링잉 주파수를 계산하라.

풀이

스위칭-노드 전압의 링잉 주파수는 다음과 같다.

$$f_0 = \frac{1}{2\pi\sqrt{L(C_T + C_D)}} = \frac{1}{2\pi\sqrt{68\text{e}-6(1550\text{e}-12+450\text{e}-12)}} = 0.432\,\text{MHz}$$

이는 [그림 3-45]의 결과와 일치한다. 링잉의 크기와 전체 시간 주기time period는 8장에서 논의할 스너버snubber 회로를 통해 크게 줄일 수 있다.

3.15.3 정상상태 DCM에서의 부스트 컨버터

DCM에서 부스트 컨버터의 파형은 [그림 3-46(a)]와 같다. DCM에서 인덕터 전류가 0이 되는 $D_{off,2}T_s$ 구간 동안 인덕터에 걸리는 전압은 0이고 v_A는 V_{in}과 같다. 부스트 컨버터에서 평균 전압 $V_A = V_{in}$이며, 전체 구간 동안 I_{in}은 I_L과 같다. 이는 [그림 3-46(a)]의 DCM에서 다음과 같이 정의할 수 있다.

$$\hat{I}_{in} = \hat{I}_L = \frac{V_{in}}{L}DT_s \tag{3.49}$$

그러므로 $f_s = 1/T_s$을 상기하여 입력 전류의 평균값을 구하면 다음과 같다.

$$I_{in} = \frac{V_{in}}{2Lf_s}D(D + D_{off,1}) \tag{3.50}$$

평균 입력 전력 $P_{in}(= V_{in}I_{in})$과 출력 전력 $P_o\left(= V_o^2/R\right)$가 같음을 이용하면 다음과 같다.

$$\frac{V_{in}^2}{2Lf_s}D(D + D_{off,1}) = \frac{V_o^2}{R} \tag{3.51}$$

V_o/R와 같은 평균 출력 전류는 [그림 3-46(a)]를 통해 다음과 같이 주어진다.

$$\frac{V_{in}}{2Lf_s} DD_{off,1} = \frac{V_o}{R} \tag{3.52}$$

식 (3.52)에서 $D_{off,1}$에 대한 정리를 해결한 뒤 이를 식 (3.51)에 대입하면 DCM에서 다음과 같은 식을 유도할 수 있다.

$$V_o = \frac{V_{in}}{2}\left(1 + \sqrt{1 + 4M}\right) \tag{3.53a}$$

여기서 M은 다음과 같이 정의된다.

$$M = \left(\frac{R}{2Lf_s}\right) D^2 \tag{3.53b}$$

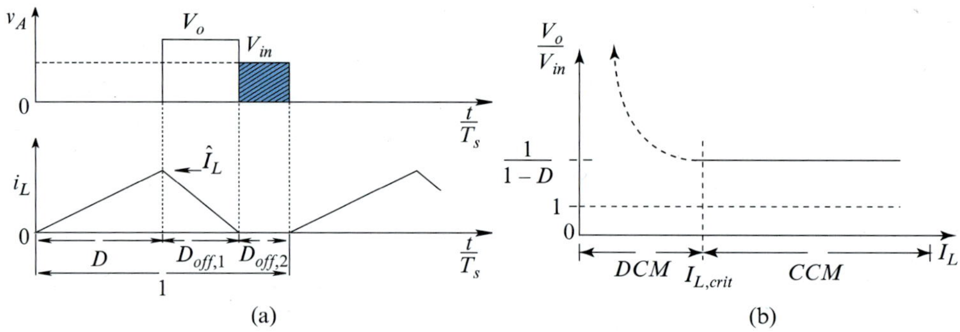

[그림 3-46] DCM에서의 부스트 컨버터 파형

식 (3.53)은 [그림 3-46(b)]와 같이 $R > R_{crit,\,Boost}$가 되는 경부하에서 출력 전압이 무한대로 위험할 정도로 크게 증가하는 것을 보여준다. 물론 조절된 DC-DC 컨버터에서는 피드백 제어기가 출력 전압을 조절하기 위해 듀티 비를 조정해야 한다.

3.15.3.1 시뮬레이션 및 하드웨어 프로토타이핑

불연속 전도 모드(DCM)에서 동작하는 비이상적인 부스트 컨버터는 [예제 3-12]를 통해 시연된다.

예제 3-12

[그림 3-11(a)]의 부스트 DC-DC 컨버터에서 $L = 68\,\mu\text{H}$, $C = 490\,\mu\text{F}$, $R = 39\,\Omega$이다. 이 컨버터는 $V_{in} = 15\,\text{V}$, $D = 0.3$, $f_s = 20\,\text{kHz}$에서 DC 정상상태로 동작한다. 스위치와 다이오드의 파라미터는 2장 부록에 주어진 것을 사용하고 LTspice를 사용하여 컨버터를 시뮬레이션하라.

풀이

다운로드한 시뮬레이션 파일을 통해 예제를 풀어보자. LTspice 모델은 [그림 3-15]와 같으며, 이 컨버터의 시뮬레이션에서 얻은 정상상태 파형은 [그림 3-47]과 같다.

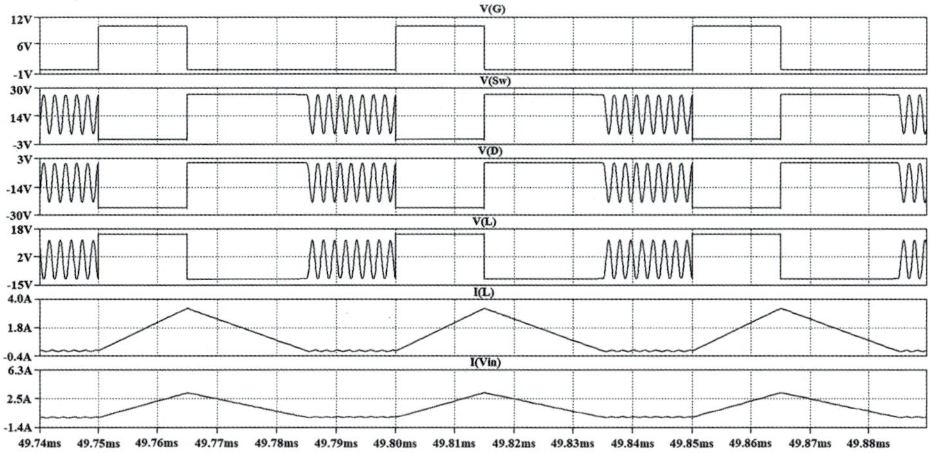

[그림 3-47] LTspice 시뮬레이션 결과

Sciamble 실험 키트를 사용하여 나타낸, 불연속 전도 모드에서 동작하는 부스트 컨버터의 정상상태 파형은 [그림 3-48]과 같다. Workbench 모델은 [그림 3-17]과 동일하며, 하드웨어를 재현하기 위한 단계별 절차는 웹사이트를 통해 확인할 수 있다.[13]

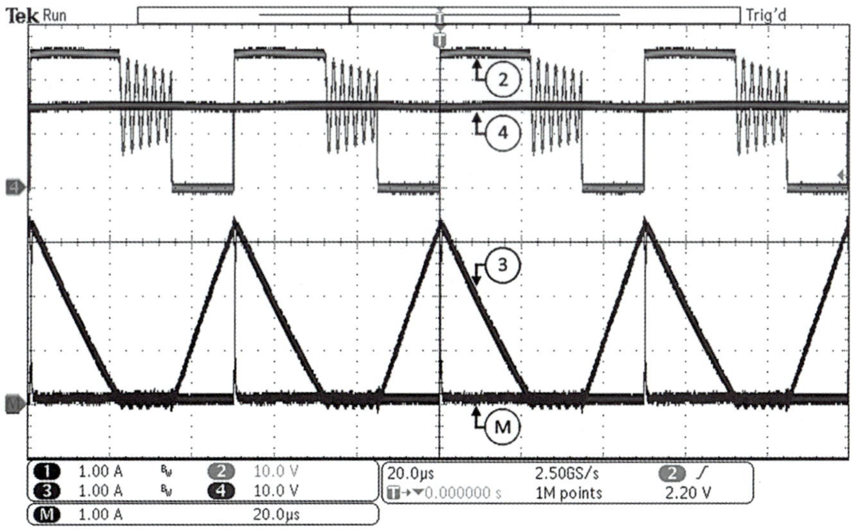

[그림 3-48] Workbench 하드웨어 결과(② 스위치-노드 전압, ③ 다이오드 전류, ④ 출력 전압, Ⓜ 스위치 전류)

실제 벅 컨버터와 유사하게 실제 부스트 컨버터의 스위치-노드 전압도 $D_{off,2}$ 동안 링잉이 발생한다. 피크-피크 크기는 출력 전압과 입력 전압의 차이 크기인 2배이고 0과 V_{in} 사이에서 제한된다 $(0 < V_A < V_o)$.

13 Boost Converter Discontinuous Conduction Mode Lab Manual.
https://sciamble.com/resources/pe-drives-lab/basic-pe/boost-converter-dcm

3.15.4 정상상태 DCM에서의 벅-부스트 컨버터

DCM에서의 벅-부스트 컨버터의 파형은 [그림 3-49(a)]와 같다. DCM에서 인덕터 전류가 0이 되는 $D_{off,2}T_s$ 구간 동안 인덕터에 걸리는 전압은 0이고 v_A는 V_o과 같다. 벅-부스트 컨버터에서 평균 전압 $V_A = V_o$이다. 또한 on 구간 동안 i_{in}은 i_L과 같고 그렇지 않은 경우 0이 된다. 이는 [그림 3-49(a)]의 DCM에서 다음과 같이 정의할 수 있다.

$$\hat{I}_{in} = \hat{I}_L = \frac{V_{in}}{L} DT_s \tag{3.54}$$

그러므로 $f_s = 1/T_s$을 상기하여 입력 전류의 평균값을 구하면 다음과 같다.

$$I_{in} = \frac{V_{in}}{2Lf_s} D^2 \tag{3.55}$$

평균 입력 전력 $P_{in}(= V_{in}I_{in})$과 출력 전력 $P_o\left(= V_o^2/R\right)$가 같음을 이용하면 다음과 같다.

$$\frac{V_{in}^2}{2Lf_s} D^2 = \frac{V_o^2}{R} \tag{3.56}$$

그러므로 DCM에서의 출력 전압은 다음과 같다.

$$V_o = DV_{in}\sqrt{\frac{R}{2Lf_s}} \tag{3.57}$$

식 (3.57)은 [그림 3-49(b)]와 같이 $R > R_{crit,\,Buck-Boost}$가 되는 경부하에서 출력 전압이 무한대로 위험할 정도로 크게 증가하는 것을 보여준다. 물론 조절되고 있는 컨버터에서는 피드백 제어기가 출력 전압을 조절하기 위해 듀티 비를 조정해야 한다.

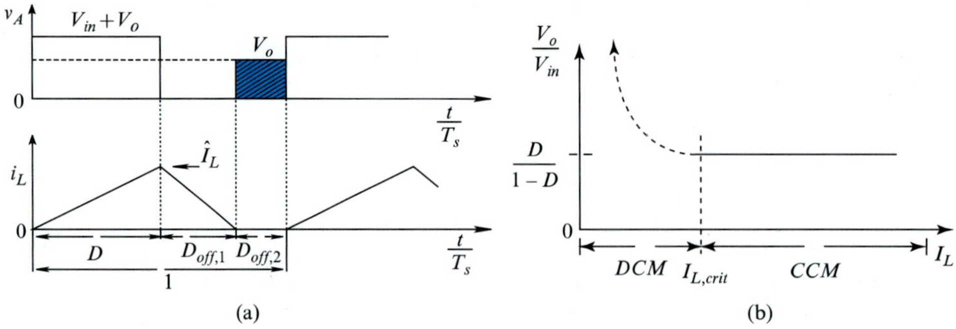

[그림 3-49] DCM에서의 벅-부스트 컨버터 파형

3.15.4.1 시뮬레이션 및 하드웨어 프로토타이핑

불연속 전도 모드에서 동작하는 비이상적인 벅-부스트 컨버터는 [예제 3-13]을 통해 시연된다.

예제 3-13

[그림 3-19(b)]의 벅-부스트 DC-DC 컨버터에서 $L = 68\,\mu\text{H}$, $C = 490\,\mu\text{F}$, $R = 39\,\Omega$이다. 이 컨버터는 $V_{in} = 15\,\text{V}$, $D = 0.3$, $f_s = 20\,\text{kHz}$에서 DC 정상상태로 동작한다. 스위치와 다이오드의 파라미터는 2장 부록에 주어진 것을 사용하고 LTspice를 사용하여 컨버터를 시뮬레이션하라.

풀이

다운로드한 시뮬레이션 파일을 통해 예제를 풀어보자. LTspice 모델은 [그림 3-23]과 같고 이 컨버터의 시뮬레이션에서 얻은 정상상태 파형은 [그림 3-50]과 같다.

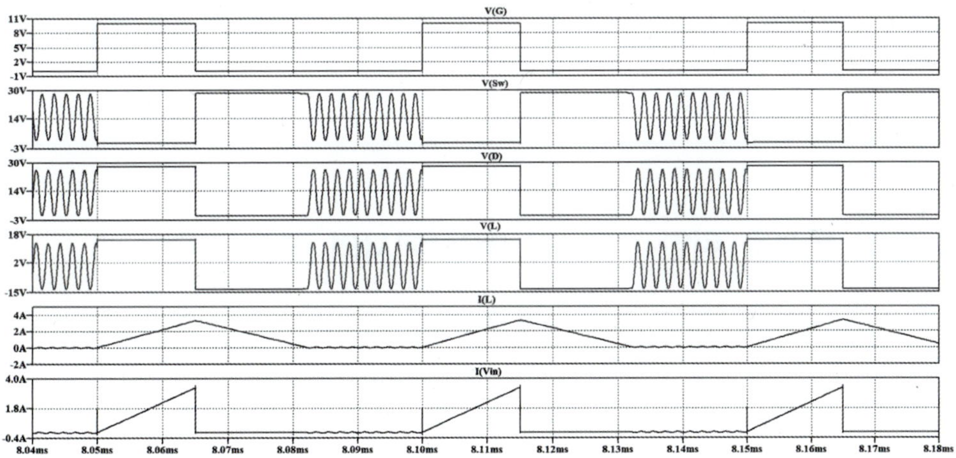

[그림 3-50] LTspice 시뮬레이션 결과

Sciamble 실험 키트를 사용하여 불연속 전도 모드에서 동작하는 부스트 컨버터의 정상상태 파형을 나타내면 [그림 3-51]과 같다. Workbench 모델은 [그림 3-25]와 동일하며, 하드웨어를 재현하기 위한 단계별 절차는 웹사이트를 통해 확인할 수 있다.[14]

14 Buck-Boost Converter Discontinuous Conduction Mode Lab Manual. https://sciamble.com/resources/pe-drives-lab/basic-pe/buck-boost-converter-dcm.

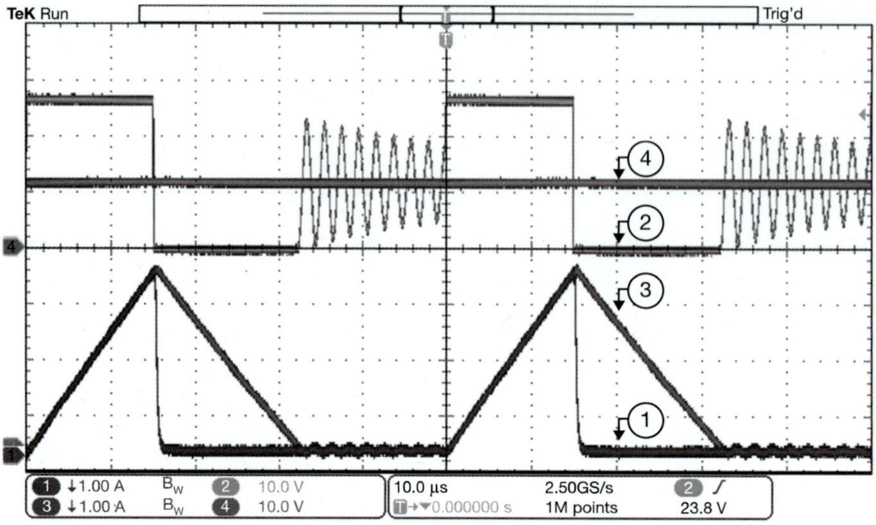

[그림 3-51] Workbench 하드웨어 결과(① 입력 전류, ② 스위치-노드 전압, ③ 인덕터 전류, ④ 출력 전압)

실제 벅 컨버터와 유사하게 실제 벅-부스트 컨버터의 스위치 노드 전압도 $D_{off,2}$ 동안 링잉이 발생하며, 피크-피크 크기는 출력 전압과 입력 전압의 차이 크기인 2배이고 0과 $V_{in}+V_0$ 사이에서 제한된다($0 < V_A < V_{in}+V_0$).

3.15.5 동적 분석을 위한 CCM과 DCM에서의 평균 표현

앞 절에서 세 가지 종류의 모든 직류-직류 컨버터에 대하여 정상상태 DCM을 분석하였다. 출력 전압이 입력 전압과 트랜지스터 듀티 비에 의해서만 표현되는 CCM에서와는 달리 DCM에서의 출력 전압은 컨버터의 파라미터뿐만 아니라 동작 조건에도 영향을 받는다. 스위칭 파워-폴의 전압 단자에서의 출력 전압 역시 CCM에 비해 높다.

만약 듀티 비가 스위칭 주파수보다 작은 정도의 주파수로 매우 느리게 변화한다면 DC 정상상태를 통해 유도된 평균 표현은 CCM과 DCM에서의 동적 모델링을 위해 사용될 수 있다. 이때 평균적인 양을 나타내기 위해 대문자를 소문자로 바꾸고 이 소문자 위에 "-"를 붙여 시간의 함수임을 명시적으로 나타낸다.

$$D \rightarrow d(t), \quad V_o \rightarrow \bar{v}_o(t), \quad I_L \rightarrow \bar{i}_L(t), \quad I_{in} \rightarrow \bar{i}_{in} \tag{3.58}$$

따라서 DCM에서는 이상적인 변압기로 CCM에서 스위칭 파워-폴의 평균 모델이 종속 전압원 v_k를 전류 단자에, 종속 전류원 i_k를 전압 단자에 추가하여 보강된다. 벅 및 벅-부스트 컨버터의 경우는 [그림 3-52(a)]에, 부스트 컨버터의 경우는 [그림 3-52(b)]에 나타나 있다. 이 세 컨버터의 의존 소스 값은 이 장의 부록에 계산되어 있으며, 결과는 [표 3-2]에 제시되어 있다.

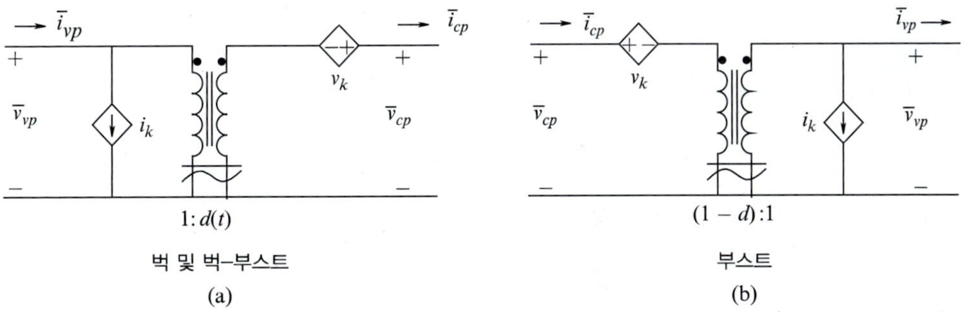

[그림 3-52] CCM과 DCM에서 유효한 스위치 파워-폴의 평균 표현

v_k와 i_k가 CCM에서 모두 0이 되는 조건으로 나타나거나 [표 3-2]와 같이 평균 인덕터 전류가 임계값보다 작은 DCM에서 표현된다면 [그림 3-52]에 표현된 모델은 CCM과 DCM에서 모두 유효하다. LTspice에서는 이상적인 변압기가 종속 전류원과 종속 전압원으로 표현되어 있다. 따라서 [그림 3-52]에 표시된 조건부 종속 전원 v_k와 i_k는 이상적인 변압기를 표현하는 모델에 추가되어야 한다.

[표 3-2] v_k와 i_k

구분	v_k	i_k
벅 컨버터	$\left(1-\dfrac{2Lf_s\bar{i}_L}{(V_{in}-\bar{v}_o)d}\right)\bar{v}_o$	$\dfrac{d^2}{2Lf_s}(V_{in}-\bar{v}_o)-d\bar{i}_L$
부스트 컨버터	$\left(1-\dfrac{2Lf_s\bar{i}_L}{V_{in}d}\right)(V_{in}-\bar{v}_o)$	$\dfrac{d^2}{2Lf_s}V_{in}-d\bar{i}_L$
벅-부스트 컨버터	$\left(1-\dfrac{2Lf_s\bar{i}_L}{V_{in}d}\right)\bar{v}_o$	$\dfrac{d^2}{2Lf_s}V_{in}-d\bar{i}_L$

연습문제

벅 DC-DC 컨버터

[연습문제 3.1] ~ [연습문제 3.6]의 벅 DC-DC 컨버터에서 $L = 25\mu\text{H}$ 이다. 벅 컨버터는 $V_{in} = 42\text{V}$, $D = 0.3$, $P_o = 24\text{W}$, $f_s = 400\text{kHz}$ 에서 DC 정상상태로 동작하며, 이상적인 소자라고 가정한다.

3.1 [그림 3-5(d)]와 같이 파형을 계산하고 그려라.

3.2 $P_o = 12\text{W}$를 제외한 다른 모든 조건이 동일할 때 인덕터 전압과 전류 파형을 그리고 인덕터 전류에서의 리플을 [연습문제 3.1]에서의 리플과 비교하라.

3.3 벅 컨버터에서 출력 부하가 변동 중이다. 컨버터가 불연속 전도 모드로 들어가는 출력 부하 P_o의 임계값을 계산하라.

3.4 모든 입력 전압 V_{in}의 값이 $24\text{V} \sim 50\text{V}$ 범위이며, $P_o = 5\text{W}$ 이상일 때 벅 컨버터가 연속 전도 모드를 유지하도록 하는 인덕턴스 L의 임계값을 계산하라.

3.5 벅 컨버터가 연속 전도 모드와 불연속 전도 모드의 경계에서 동작하게 하는 출력 부하에서 [그림 3-5(d)]의 변수들에 대한 파형을 그려라.

3.6 벅 컨버터에서 입력 전압이 $24\text{V} \sim 50\text{V}$ 범위에서 변동하고 있다. 각 입력값에 대해 듀티 비는 출력 전압을 $V_{in} = 40\text{V}$, $D = 0.3$일 때의 공칭 값으로 일정하게 유지하기 위해 조정된다. 컨버터가 $P_o = 5\text{W}$에서 연속 전도 모드에 머무르게 하는 인덕턴스 L 의 최솟값을 계산하라.

3.7 벅 DC-DC 컨버터가 $V_{in} = 20\text{V}$, $V_o = 12\text{V}$, 그리고 최대 출력 전력 $P_o = 72\text{W}$로 설계되어 있고 스위칭 주파수 $f_s = 400\text{kHz}$ 이다. 이상적인 소자라고 가정하고 컨버터가 최대 출력 전력의 $\frac{1}{3}$에서 연속 전도 모드로 동작하게 하는 필터 인덕턴스 값을 추정하라.

부스트 DC-DC 컨버터

[연습문제 3.8] ~ [연습문제 3.13]의 부스트 DC-DC 컨버터에서 $L = 25\mu\text{H}$이다. 부스트 컨버터는 $V_{in} = 12\text{V}$, $D = 0.4$, $P_o = 25\text{W}$, 그리고 $f_s = 400\text{kHz}$에서 DC 정상상태로 동작하며, 이상적인 소자라고 가정한다.

3.8 [그림 3-12(c)]와 같이 파형을 계산하고 그려라.

3.9 $P_o = 15\text{W}$를 제외한 다른 모든 조건이 동일할 때 인덕터 전압과 전류 파형을 그리고 인덕터 전류에서의 리플을 [연습문제 3.8]에서의 리플과 비교하라.

3.10 부스트 컨버터에서 출력 부하가 변동 중이다. 컨버터가 불연속 전도 모드로 동작하게 하는 출력 부하 P_o의 임계값을 계산하라.

3.11 부스트 컨버터가 $P_o = 5\text{W}$에서 불연속 전도 모드로 동작하게 하는 인덕턴스 L의 임계값을 계산하라.

3.12 부스트 컨버터가 연속 전도 모드와 불연속 전도 모드의 경계에서 동작하게 하는 출력 부하에서 [그림 3-12(c)]의 변수들에 대한 파형을 그려라.

3.13 부스트 컨버터에서 입력 전압이 $9\text{V} \sim 15\text{V}$ 범위에서 변동하고 있다. 각 입력값에 대해 듀티 비는 출력 전압을 $V_{in} = 12\text{V}$, $D = 0.4$일 때의 공칭값으로 일정하게 유지하기 위해 조정된다. 컨버터가 $P_o = 5\text{W}$에서 연속 전도 모드에 머무르게 하는 인덕턴스 L의 최솟값을 계산하라.

3.14 부스트 컨버터가 $V_{in} = 5\text{V}$, $V_o = 12\text{V}$, 그리고 최대 출력 전력 $P_o = 40\text{W}$로 설계되어 있고 스위칭 주파수 $f_s = 400\text{kHz}$이다. 이상적인 소자라고 가정하고 컨버터가 최대 출력 전력의 $\frac{1}{3}$에서 컨버터가 연속 전도 모드로 동작하게 하는 L의 값을 추정하라.

벅-부스트 DC-DC 컨버터

[연습문제 3.15] ~ [연습문제 3.20]의 벅-부스트 DC-DC 컨버터에서 $L = 25\mu H$이다. 벅-부스트 컨버터는 $V_{in} = 12V$, $D = 0.6$, $P_o = 36W$, 그리고 $f_s = 400kHz$에서 DC 정상상태로 동작하며, 이상적인 소자라고 가정한다.

3.15 [그림 3-20(c)]와 같이 파형을 계산하고 그려라.

3.16 $P_o = 18W$를 제외한 다른 모든 조건이 동일할 때 인덕터의 전압과 전류 파형을 그리고 인덕터 전류에서의 리플을 [연습문제 3.15]에서의 리플과 비교하라.

3.17 벅-부스트 컨버터에서 출력 부하가 변동 중이다. 컨버터가 불연속 전도 모드로 동작하게 하는 출력 부하 P_o의 임계값을 계산하라.

3.18 벅-부스트 컨버터가 $P_o = 5W$에서 불연속 전도 모드로 동작하게 하는 인덕턴스 L의 임계값을 계산하라.

3.19 벅-부스트 컨버터가 연속 전도 모드와 불연속 전도 모드의 경계에서 동작하게 하는 출력 부하에서 [그림 3-20(c)]의 변수들에 대한 파형을 그려라.

3.20 벅-부스트 컨버터에서 입력 전압이 $9V \sim 15V$ 범위에서 변동하고 있다. 각 입력 전압에 대해 듀티 비는 출력 전압을 $V_{in} = 12V$, $D = 0.6$일 때의 공칭 값으로 일정하게 유지하기 위해 조정된다. 모든 입력 전압 V_{in}에 대해 컨버터가 $P_o = 5W$ 이상에서 연속 전도 모드에 머무르게 하는 인덕턴스 L의 임계값을 계산하라.

3.21 벅-부스트 컨버터가 $V_{in} = 12V$, $V_o = 42V$, 그리고 최대 출력 전력 $P_o = 96W$로 설계되어 있으며, 스위칭 주파수 $f_s = 300kHz$이다. 이상적인 소자라고 가정하고 최대 출력 전력의 $\frac{1}{3}$에서 컨버터가 CCM에서 동작하기 위한 L의 값을 추정하라.

SEPIC DC-DC 컨버터

3.22 SEPIC 컨버터에서 인덕터 전류와 커패시터 전압의 리플이 0이라고 가정한다. 이 컨버터는 $V_{in} = 10\,\text{V}$, $D = 0.333$, $P_o = 50\,\text{W}$, 그리고 $f_s = 200\,\text{kHz}$ 에서 DC 정상상태로 동작하며, 이상적인 소자라고 가정한다. 이러한 DC 정상상태 조건에서 컨버터 변수에 대한 모든 파형을 그려라.

3.23 SEPIC 컨버터가 스위칭 파워-폴을 빌딩 블록(기본 구성)으로 하고 있음을 증명하라.

Ćuk DC-DC 컨버터

3.24 Ćuk 컨버터에서 인덕터 전류와 커패시터 전압에서의 리플이 0이라고 가정한다. 이 컨버터는 $V_{in} = 10\,\text{V}$, $D = 0.333$, $P_o = 50\,\text{W}$, 그리고 $f_s = 200\,\text{kHz}$ 에서 DC 정상상태로 동작하며, 이상적인 소자라고 가정한다. 이러한 DC 정상상태 조건에서 컨버터 변수에 대한 모든 파형을 그려라.

3.25 Ćuk 컨버터가 스위칭 파워-폴을 빌딩 블록(기본 구성)으로 하고 있음을 증명하라.

DC-DC 컨버터의 인터리빙

3.26 [연습문제 3.1]과 유사한 벅 컨버터로 구성된 2개의 인터리브 벅 컨버터가 총 48 W를 공급하고 있다. 총 입력 전류와 출력단에서의 총 전류 $(i_{L1} + i_{L2})$를 계산하고 파형을 그려라. 단, 각 컨버터의 게이트 신호는 180°만큼 위상 천이되어 있다.

PWM에 의한 조절

3.27 벅 컨버터에서 2개의 듀티 비 0.3과 0.4를 고려하라. 스위칭 주파수 $f_s = 200\,\text{kHz}$ 이고 $\hat{V}_r = 1.2\,\text{V}$ 일 때 [그림 3-36(b)]에 나타난 파형을 그려라.

CCM에서의 동적 평균 모델

3.28 연속 전도 모드에서 벅, 부스트, 벅-부스트, SEPIC, 그리고 Ćuk 컨버터의 동적 평균 표현을 LTspice에서 사용할 수 있도록 그려라.

3.29 [연습문제 3.28]의 평균 표현에 따른 컨버터를 바탕으로 평균 출력 전류와 듀티 비 $d(t)$에 대한 각 컨버터의 평균 입력 전류를 계산하라.

양방향 스위칭 파워-폴

3.30 [그림 3-40(a)]에 나타난 DC-DC 양방향 컨버터는 12/14 V 배터리와 36/42 V 배터리 뱅크를 연결한다. 각각의 내부 전압은 $E_1 = 40\,V(DC)$, $E_2 = 13\,V(DC)$이다. 두 배터리 소스의 내부 저항은 각각 0.1Ω이다.

(a) DC 정상상태에서 저전압 배터리 단자로 입력되는 전력이 140 W인 경우의 파워-폴 듀티 비 D_A를 구하라.

(b) DC 정상상태에서 저전압 배터리 단자로부터 출력되는 전력이 140 W인 경우의 파워 폴 듀티 비 D_A를 구하라.

DCM에서의 DC-DC 컨버터

3.31 식 (3.45)에 의해 주어진 세 가지 컨버터의 임계 저항에 대한 표현을 유도하라.

3.32 식 (3.48)에 의해 주어진 벅 컨버터에 대한 DCM에서의 DCM 전압비를 유도하라.

3.33 식 (3.53)에 의해 주어진 부스트 컨버터에 대한 DCM에서의 DCM 전압비를 유도하라.

3.34 식 (3.57)에 의해 주어진 벅-부스트 컨버터에 대한 DCM에서의 DCM 전압비를 유도하라.

3.35 벅 컨버터에 대한 [연습문제 3.1]에서 P_o가 지정되지 않고 부하 저항이 임계값의 2배일 때 [연습문제 3.1]을 반복하라.

3.36 부스트 컨버터에 대한 [연습문제 3.8]에서 P_o가 지정되지 않고 부하 저항이 임계값의 2일 때 [연습문제 3.8]을 반복하라.

3.37 벅-부스트 컨버터 [연습문제 3.15]에서 P_o가 지정되지 않고 부하 저항이 임계값의 2배일 때 [연습문제 3.15]를 반복하라.

지속성 관련 문제

3.38 어떤 1.2 kW의 PV 시스템이 4개로 직렬 연결된 어레이로 구성되어 있다. 이때 각 어레이는 기대되는 최대 일사량의 최대 전력점에서 55 V의 정격 전압과 6 A의 정격 전류를 갖는다. 직렬 연결된 어레이의 출력은 부스트 컨버터에 의해 400 V(DC)로 승압되어 단상 전력 계통에 전력을 공급하는 인버터에 입력된다. 부스트 컨버터의 스위칭 주파수는 200 kHz로 선택되고 이 컨버터의 입력 전류에 대한 피크-피크 리플은 최대 전력의 정격 전류에 대해 10%보다 작다고 가정할 때 이 컨버터에서의 인덕턴스 값을 계산하라(단, 이상적인 소자라고 가정한다).

3.39 대용량 배터리 저장 시스템에서 배터리 스트링의 정격 출력 전압은 650 V(DC), 정격 전류는 1,200 A이다. 전압은 500 V에서 800 V의 범위에서 변동될 수 있다. 이 전압은 900 V(DC)로 승압되어 3상 전력 계통에 연계된 인버터에 입력으로 사용되며, 양방향 전력 기능이 있는 스위칭 파워-폴이 사용되었다. 스위칭 주파수는 50 kHz이고 인덕터 전류의 피크-피크 리플이 배터리 정격 전압일 때 인덕터 값은 정격 배터리 전류의 10% 이내가 되도록 선정되었다.

(a) 인덕턴스 값을 계산하라.

(b) 배터리 전류는 정격이고 전압은 최소일 때 인덕터 전류에서의 피크-피크 리플을 계산하라.

(c) 만약 배터리 전압이 최대일 경우 (b)를 반복하라.

시뮬레이션 문제

3.40 [그림 3-5(a)]의 벅 컨버터에서 $L = 100\,\mu\text{H}$, $R_L = 10\,\text{m}\Omega$, $C = 100\,\mu\text{F}$, $R_{Load} = 9.0\,\Omega$이다. 또한 입력 전압 $V_{in} = 24\,\text{V}$이고 스위칭 주파수 $f_s = 100\,\text{kHz}$, 스위치 듀티 비 $d = 0.75$이다.

(a) 정상상태에 도달한 이후 마지막 10회의 스위칭 주기 동안의 i_L, v_L, v_o 파형을 그려라.

(b) v_L의 평균값을 그려라.

(c) i_L을 그리고 피크-피크 리플 $\triangle i_L$을 측정한 다음 식 (3.13)과 비교하라.

(d) i_C 파형을 그리고 i_C의 평균값을 계산한 후 i_C 파형과 i_L에서의 리플을 비교하라.

(e) 입력 전류 파형을 그리고 그 평균값을 계산한 다음 식 (3.16)으로부터 계산된 값과 비교하라.

3.41 [연습문제 3.40]의 조건에서 $\triangle i_L$이 부하 전류의 $\frac{1}{3}$이 될 때의 L의 인덕턴스 값을 계산하고 시뮬레이션을 통해 이 결과를 검증하라.

3.42 [연습문제 3.40]에서 출력 전력을 원래 값의 $\frac{1}{2}$로 변경하라. 또한 피크-피크 리플 $\triangle i_L$을 측정하고 이를 [연습문제 3.40(c)]의 리플과 비교한 다음 이러한 비교 결과에 대하여 논하라.

3.43 [연습문제 3.40]의 회로에서 식 (3.45)를 통해 R_{crit}를 계산하고 컨버터가 연속 전도 모드와 불연속 전도 모드의 경계에서 동작하는지에 대한 여부를 시뮬레이션을 통해 검증하라.

3.44 [그림 3-11]의 부스트 컨버터에서 $L = 100\,\mu\text{H}$, $R_L = 10\,\text{m}\Omega$, $C = 100\,\mu\text{F}$, $R_{Load} = 9.0\,\Omega$이다. 또한 입력 전압 $V_{in} = 10\,\text{V}$이고 스위칭 주파수 $f_s = 100\,\text{kHz}$, 스위치 듀티 비 $d = 0.6$이다.

(a) 정상상태에 도달한 이후 마지막 10회의 스위칭 주기 동안의 i_L, v_L, v_o 파형을 그려라.

(b) v_L의 평균값을 그려라.

(c) i_L을 그리고 피크-피크 리플 $\triangle i_L$을 측정한 다음 식 (3.21)과 비교하라.

(d) i_C와 i_{diode} 파형을 그리고 i_C의 평균값을 계산한 다음 i_C 파형과 i_{diode}에서의 리플을 비교하라.

(e) 입력 전류 파형을 그리고 그 평균값을 계산한 다음 식 (3.23)으로부터 계산된 값과 비교하라.

3.45 [연습문제 3.44]의 조건에서 $\triangle i_L$이 부하 전류의 $\frac{1}{3}$이 될 때의 L의 인덕턴스 값을 계산하고 시뮬레이션을 통해 이 결과를 검증하라.

3.46 [연습문제 3.44]에서 출력 전력을 원래 값의 $\frac{1}{2}$로 변경하라. 피크-피크 리플 $\triangle i_L$을 측정하고 이를 [연습문제 3.44(c)]의 리플과 비교한 다음 이러한 비교 결과에 대하여 논하라.

3.47 [연습문제 3.44]에서 식 (3.45)를 통해 R_{crit}를 계산하고 컨버터가 연속 전도 모드와 불연속 전도 모드의 경계에서 동작하는지를 시뮬레이션을 통해 검증하라.

3.48 [그림 3-19]의 벅-부스트 컨버터에서 $L = 100\,\mu\text{H}$, $R_L = 10\,\text{m}\Omega$, $C = 100\,\mu\text{F}$, 그리고 $R_{Load} = 15\,\Omega$이다. 또한 입력 전압 $V_{in} = 10\,\text{V}$이고 스위칭 주파수 $f_s = 100\,\text{kHz}$, 스위치 듀티 비 $d = 0.75$이다.

(a) 정상상태에 도달한 이후 마지막 10회의 스위칭 주기 동안의 i_L, v_L, v_o 파형을 그려라.

(b) v_L의 평균값을 그려라.

(c) i_L을 그리고 피크-피크 리플 $\triangle i_L$을 측정한 다음 식 (3.28)과 비교하라.

(d) i_C와 i_{diode} 파형을 그리고 i_C의 평균값을 계산한 다음 i_C 파형과 i_{diode}에서의 리플을 비교하라.

(e) 입력 전류 파형을 그리고 그 평균값을 계산한 다음 식 (3.31)으로부터 계산된 값과 비교하라.

3.49 [연습문제 3.48]의 조건에서 $\triangle i_L$이 부하 전류의 $\frac{1}{3}$이 될 때의 L의 인덕턴스 값을 계산하고 시뮬레이션을 통해 검증하라.

3.50 [연습문제 3.48]에서 출력 전력을 원래 값의 $\frac{1}{2}$로 변경하라. 피크-피크 리플 $\triangle i_L$을 측정하고 이를 [연습문제 3.48(c)]의 리플과 비교한 다음 이러한 비교 결과에 대하여 논하라.

3.51 [연습문제 3.48]에서 식 (3.45)를 통해 R_{crit}를 계산하고 컨버터가 연속 전도 모드와 불연속 전도 모드의 경계에서 동작하는지를 시뮬레이션을 통해 검증하라.

3.52 [연습문제 3.48]의 벅-부스트 컨버터가 초기 출력 부하 저항 $R_{Load} = 30\,\Omega$에서 동작하고 있다. 정상상태에 도달한 뒤에는 $30\,\Omega$의 추가적인 저항이 삽입된다. 스위칭 파워-폴을 평균 모델을 이용하여 표현한 컨버터에 대해 시뮬레이션하고 평균 표현에서의 인덕터 전류 파형과 스위칭 표현에서의 인덕터 전류 파형을 비교하라.

3.53 [연습문제 3.48]의 벅-부스트 컨버터가 초기에 DCM에서 $R_{Load} = 1\,\text{k}\Omega$에서 동작하고 있다.

(a) 마지막 5회의 스위칭 주기 동안의 i_L, v_L, v_o 파형을 그려라.

(b) v_L의 평균값을 그려라.

(c) 식 (3.57)을 이용하여 V_o를 계산하고 측정된 값과 비교하라.

(d) v_A의 파형을 그리고 V_{in}과 V_o를 표시한 다음 [그림 3-49(a)]와 비교하라.

(e) 연속 전도 모드의 값과 비교했을 때 스위칭 시간 주기 동안 평균화된 [그림 3-49(a)]의 빗금으로 표시된 영역이 V_o의 증가로 나타남을 증명하라.

부록 3A DCM에서의 평균 표현

3A.1 서론

벅, 부스트, 벅-부스트 DC 변환기와 같은 단일 스위치 컨버터는 경부하light load 조건에서 불연속 전도 모드(DCM)에 진입한다. DCM에서는 인덕터 전류가 스위칭 사이클 동안 유한한 간격에 대해 0이 된다. 연속 전도 모드(CCM)에서는 빌딩 블록(기본 구성) 스위치가 위쪽과 아래쪽에 위치한다면 DCM에서는 스위치가 중간middle이라는 다른 곳에 위치하여 스위칭 사이클 동안 세 가지 회로 하위 상태가 생성된다.

이 분석에서는 DCM에서 단일 스위치 컨버터의 평균 표현이 CCM과 유사하게 이상적인 변압기와 종속 전압 및 전류원으로 구성된다는 것을 보여준다. 이러한 표현 방식은 연속 전도 모드와 불연속 전도 모드 간의 매끄러운 전환을 가능하게 한다.

3A.2 불연속 전도 모드에서의 평균 표현

3A.2.1 벅 및 벅-부스트 컨버터

[그림 3A-1(a)]는 스위치와 다이오드가 벅 및 벅-부스트 컨버터의 적절한 위치에 배치된 기본 빌딩 블록이다. 전류 i_{cp}와 i_{vp}, 그리고 전압 v_{cp}는 [그림 3A-1(b)]에 표시되어 있으며, v_{L2}는 [그림 3A-1(a)]에서 정의된 인덕터의 두 번째 단자의 전압이다. 스위치 듀티 비는 PWM IC에 의해 제어되고 d로 정의된다. 인덕터 전류는 $d_{off,1}$ 동안 다이오드를 통해 흐르고 $d_{off,2}$ 동안 0의 상태를 유지한다.

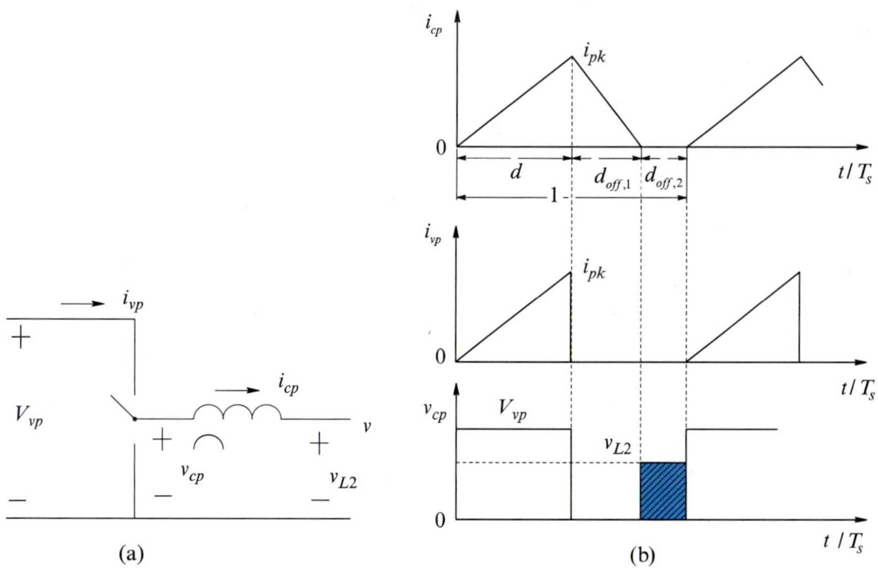

[그림 3A-1] 벅 및 벅-부스트 컨버터의 빌딩 블록과 파형

[그림 3A-1(a)]의 회로에서의 전압과 [그림 3A-1(b)]의 파형을 바탕으로 다음과 같이 정의할 수 있다.

$$i_{pk} = \frac{V_{vp} - v_{L2}}{L} dT_s = \frac{v_{L2}}{L} d_{off,1} T_s \tag{3A.1}$$

$$\bar{i}_{cp} = \frac{d + d_{off,1}}{2} i_{pk} \tag{3A.2}$$

식 (3A.1)과 식 (3A.2)로부터 다음과 같은 식을 도출할 수 있다.

$$d + d_{off,1} = \frac{2\bar{i}_{cp} L}{(V_{vp} - v_{L2}) d T_s} = \frac{k \bar{i}_{cp}}{(V_{vp} - v_{L2}) d} \tag{3A.3}$$

이때 k는 인덕턴스와 스위칭 주파수 $f_s = 1/T_s$에 대한 상수로 다음과 같다.

$$k = 2Lf_s \tag{3A.4}$$

평균 등가회로는 [그림 3-52(a)]에 나타나 있으며, 턴 비율이 1 : d인 이상적인 변압기가 2개의 종속 전류원 및 전압원 i_k와 v_k로 보강되어 있다. 이러한 종속 소스들의 표현식은 쉽게 계산할 수 있다.

먼저 [그림 3-52(a)]의 모델에서 i_k는 다음과 같다.

$$i_k = \bar{i}_{vp} - d\bar{i}_{cp} \tag{3A.5}$$

[그림 3A-1(b)]의 파형에서 $\bar{i}_{vp}$는 다음과 같다.

$$\bar{i}_{vp} = \frac{d}{d + d_{off,1}} \bar{i}_{cp} \tag{3A.6}$$

식 (3A.6)에서 $\bar{i}_{vp}$를, 식 (3A.3)에서 $(d + d_{off,1})$을 각각 식 (3A.5)에 대입하면 다음과 같다.

$$i_k = \frac{d^2}{k}(V_{vp} - v_{L2}) - d\bar{i}_{cp} \tag{3A.7}$$

[그림 3-52(a)]에서 v_k를 계산하기 위해 현재 단자에서 전압의 평균을 다음과 같이 정의한다.

$$\begin{aligned} \bar{v}_{cp} &= V_{vp} d + 0 \cdot d_{off,1} + d_{off,2} v_{L2} \\ &= V_{vp} d + [1 - (d + d_{off,1})] v_{L2} \end{aligned} \tag{3A.8}$$

v_k는 다음과 같다.

$$v_k = \bar{v}_{cp} - dV_{vp} \tag{3A.9}$$

식 (3A.8)과 식 (3A.3)을 식 (3A.9)에 대입하면 다음과 같다.

$$v_k = \left[1 - \frac{k\bar{i}_{cp}}{(V_{vp} - v_{L2})d}\right] v_{L2} \tag{3A.10}$$

DCM에서 CCM으로 전환될 때 [그림 3-52(a)]의 모델에서 i_k와 v_k는 동시에 0이 되어야 한다. DCM과 CCM의 경계에서의 임계 전류값은 i_k에 대한 식 (3A.7) 또는 v_k에 대한 식 (3A.10)에서 다음과 같다.

$$\bar{i}_{cp,\,crit} = \frac{d}{k}(V_{vp} - v_{L2}) \tag{3A.11}$$

3A.2.1.1 벅 컨버터에 대한 표현

이러한 분석은 벅 컨버터뿐만 아니라 벅-부스트 컨버터에도 적용되는 일반적인 분석이다. 특히 벅 컨버터에서 $V_{vp} = V_{in}$, $v_{L2} = \bar{v}_0$, $\bar{i}_{cp} = \bar{i}_L$이므로 다음과 같다.

$$i_{k,\,buck} = \frac{d^2}{2Lf_s}(V_{in} - \bar{v}_0) - d\bar{i}_L \tag{3A.12a}$$

$$v_{k,\,buck} = \left[1 - \frac{2Lf_s\bar{i}_L}{(V_{in} - \bar{v}_0)d}\right]\bar{v}_0 \tag{3A.12b}$$

$$\bar{i}_{L,\,crit,\,buck} = \frac{d}{2Lf_s}(V_{in} - \bar{v}_0) \tag{3A.12c}$$

3A.2.1.2 벅-부스트 컨버터에 대한 표현

벅-부스트 컨버터에서 $V_{vp} = V_{in} + \bar{v}_0$, $v_{L2} = \bar{v}_0$, 그리고 $\bar{i}_{cp} = \bar{i}_L$이므로 다음과 같다.

$$i_{k,\,buck-boost} = \frac{d^2}{2Lf_s}V_{in} - d\bar{i}_L \tag{3A.13a}$$

$$v_{k,\,buck-boost} = \left[1 - \frac{2Lf_s\bar{i}_L}{V_{in}d}\right]V_0 \tag{3A.13b}$$

$$\bar{i}_{L,\,crit,\,buck-boost} = \frac{d}{2Lf_s}V_{in} \tag{3A.13c}$$

3A.2.2 부스트 변환기

DCM에서 동작하는 부스트 변환기의 평균 표현은 [그림 3-52(b)]와 같다. 벅 및 벅-부스트 변환기와 유사한 분석을 통해 다음과 같은 식들을 도출할 수 있다.

$$i_{k,\,boost} = \frac{d^2}{2Lf_s} V_{in} - d\bar{i}_L \tag{3A.14a}$$

$$v_{k,\,boost} = \left[1 - \frac{2Lf_s\bar{i}_L}{V_{in}d}\right](V_{in} - \bar{v}_0) \tag{3A.14b}$$

$$\bar{i}_{L,\,crit,\,boost} = \frac{d}{2Lf_s} V_{in} \tag{3A.14b}$$

3A.3 PSpice에서의 대형 신호 교란에 대한 평균 모델링

PSpice에서 모델이 CCM과 DCM 모두에서 유효하려면 [그림 3-52(a)]와 [그림 3-52(b)]의 종속 소스는 조건 표현식으로 나타내야 하며, CCM에서는 0이 되도록 해야 한다.

CHAPTER

04

스위치 모드 DC 전원 장치의 피드백 제어기 설계

1장에서 논의한 대부분의 응용 분야에서 전력전자 컨버터는 제어하는 방식으로 동작한다. 운송 체계에서는 속도와 위치 제어를 위해 전기적 구동 장치가 필요하다. 이는 태양광 시스템에서도 마찬가지로, 최대 전력을 끌어내기 위한 최대 전력점Maximum-power-point의 동작을 위해서도 필요하다. 풍력발전기에서 발전기의 속도는 터빈 블레이드가 터빈 성능 계수coefficient of performance가 최대인 지점에서 동작하도록 제어해야 한다. DC–DC 컨버터에서의 출력 전압은 전기적 절연과 상관없이 낮은 허용치tolerance를 갖는 특정 값으로 조절할 필요가 있다. 이번 장에서는 정류된 DC–DC 컨버터를 통해 피드백 제어feedback control의 기본 개념을 설명한다.

4.1 피드백 제어의 소개와 목적

[그림 4–1]과 같이 대부분의 DC–DC 컨버터는 입력 전압 및 출력 부하의 외란disturbance에 반응하여 특정한 허용 밴드(예 정격의 ±1% 정도) 내의 지령값reference value과 같도록 출력 전압을 정류한다. 이러한 정류는 스위칭 파워–폴switching power-pole의 듀티 비duty ratio $d(t)$를 펄스 폭 변조pulsed-width-modulating 함으로써 얻어진다. 이번 장에서는 DC–DC 컨버터의 출력 전압을 조절하는 피드백 제어기를 설계할 것이다.

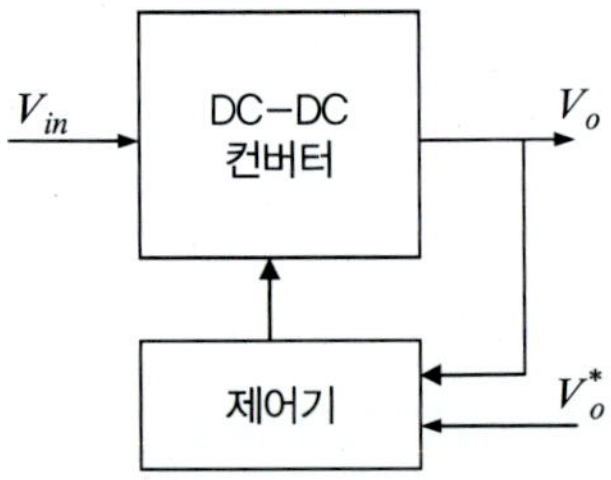

[그림 4–1] 정류된 DC 전원 공급 장치

출력 전압을 조절하는 피드백 제어기는 0의 정상상태 오차, 입력 전압과 출력 부하의 변화에 대한 빠른 응답, 낮은 오버슈트overshoot, 그리고 낮은 노이즈 민감도susceptibility를 고려하여 설계해야 한다. 피드백 제어기 설계에 있어 8장에서 논의할 절연형 변압기transformer-isolated 토폴로지가 일반적인 단일 스위치single-switch 토폴로지로 대체될 수 있다는 것을 유의해야 한다. 추후 전류 모드에서의 제어를 포함하는 전압 모드에서의 제어를 통해 피드백 제어를 설명할 것이다.

피드백 제어기는 다음과 같은 단계로 설계한다.

- DC 정상상태 동작점bias point 부근에서 작은 변동을 갖는 시스템을 선형화한다. 이러한 선형화 과정은 이전 장에서 논의한 동적 평균화dynamic averaging를 필요로 한다.
- 선형 제어 이론linear control theory을 적용한 피드백 제어기를 설계한다.
- 시뮬레이션을 통해 큰 외란에 대한 시스템 응답을 확인 및 평가한다.

4.2 선형 제어 이론의 복습

[그림 4-2]는 피드백 제어 시스템이다. 측정된 출력 전압은 지령값 V_o^*와 비교되며, 제어기는 비교되는 두 신호 사이의 오차 v_{err}를 통해 제어 신호 $v_c(t)$를 생성한다. 이 제어 신호는 펄스 폭 변조기에 입력되어 DC-DC 컨버터의 파워-폴power-pole에 대한 스위칭 신호 $q(t)$를 출력한다. [그림 4-2]에서 확인할 수 있듯이 스위칭 신호의 평균값은 $d(t)$이다.

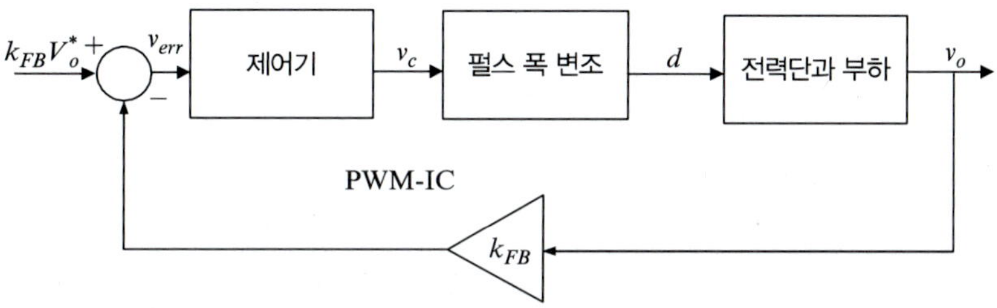

[그림 4-2] 피드백 제어 시스템

선형 제어 이론을 적용하기 위해 [그림 4-2]의 전원 공급 시스템 블록들은 소신호 변동small-signal perturbation을 가정하여 정상상태 DC 동작점으로 선형화된다. 컨버터 토폴로지의 파워-폴에 해당하는 각각의 평균값(상단에 "−" 표시)은 정상상태 DC 값(대문자로 표시)과 소신호 변동(상단에 "~" 표시)의 합으로 다음과 같이 표현될 수 있다.

$$\begin{aligned} \bar{v}_o(t) &= V_o + \tilde{v}_o(t) \\ d(t) &= D + \tilde{d}(t) \\ v_c(t) &= V_c + \tilde{v}_c(t) \end{aligned} \tag{4.1}$$

여기서 $d(t)$는 평균값이고 $v_c(t)$는 어떠한 스위칭 주파수 성분도 포함하지 않는다.

라플라스 영역에서 소신호 변동량을 고려하여 선형화한 시스템 블록 다이어그램은 [그림 4-3]과 같다. 여기에서 출력 전압은 지령값reference value으로 제한되므로 피드백 제어 시스템으로 입력되는 지령값의 변동 $\tilde{v}_o^*$는 0이다. [그림 4-3]에서 $G_{PWM}(s)$는 펄스 폭 변조기의 전달함수이고 $G_{PS}(s)$는 전력단의 전달함수이다. 피드백 경로에서 이득 k_{FB}를 갖는 전압 센싱sensing 네트워크의 전달함수는 보통 1보다 작다. $G_C(s)$는 제어 충족을 결정짓는 피드백 제어기의 전달함수이다.

극점과 영점을 갖는 전달함수의 보드선도Bode plot에 대한 내용은 <부록 4A>에 설명되어 있다.

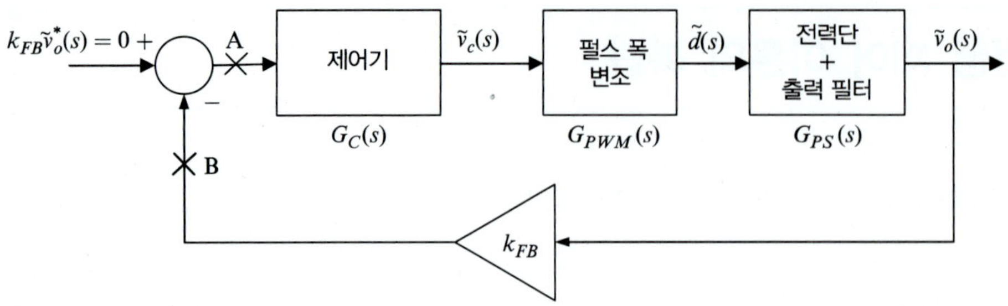

[그림 4-3] 소신호 제어 시스템 표현

4.2.1 루프 전달함수 $G_L(s)$

우리가 최적화해야 하는 것은 피드백을 갖는 폐루프closed-loop의 응답으로, 이는 선형 제어 이론을 이용하여 **루프 전달함수** $G_L(s)$의 특성을 파악하여 얻어낼 수 있다. [그림 4-3]의 제어 블록 다이어그램에서 (점 A에서 점 B까지의) 루프 전달함수는 다음과 같다.

$$G_L(s) = G_C(s)G_{PWM}(s)G_{PS}(s)k_{FB} \tag{4.2}$$

4.2.2 $G_L(s)$의 교차주파수 f_c

주파수의 함수인 [그림 4-4]와 같이 루프 전달함수 $G_L(s)$의 크기와 위상각에 대한 일반적인 보드선도를 고려하여 몇 가지 필요한 제어 용어를 정의해보자. 단위 이득($|G_L(s)| = 0\,\text{dB}$)일 때의 주파수는 **교차주파수**crossover frequency f_c (또는 ω_c)로 정의한다. 이 교차주파수는 여러 외란에 대한 제어 응답 속도를 결정하는 폐루프 피드백 시스템의 대역폭에 관한 좋은 지표가 된다.

4.2.3 위상 여유와 이득 여유

폐루프의 안정된 피드백 시스템을 위해서는 교차주파수 f_c에서 루프 전달함수에 의한 위상 지연이 180°보다 작아야 한다. [그림 4-4]와 같이 f_c일 때 −180°까지 측정된 루프 전달함수 $G_L(s)$의 위상각 $\angle G_L(s)|_{f_c}$는 **위상 여유**phase margin(ϕ_{PM})라고 정의한다.

$$\phi_{PM} = \angle G_L(s)|_{f_c} - (-180°) = \angle G_L(s)|_{f_c} + 180° \tag{4.3}$$

위상각 $\angle G_L(s)|_{f_c}$는 음수이지만 식 (4.3)의 위상 여유는 양수여야 한다. 일반적으로 피드백 제어기는 높은 오버슈트를 낮추고 긴 정착시간(진동 응답oscillatory response)을 줄이며, 느린 응답성을 키우기 위해 약 60°의 위상 여유를 갖도록 설계한다.

이득 여유 또한 [그림 4-4]와 같이 정의할 수 있다. 이득 여유란 주로 루프 전달함수의 위상각이 −180°에서 교차하는 주파수에서 루프 전달함수의 크기가 0 dB 아래까지 측정된 값을 말한다. 위상각이 −180°에서 교차할 때 파라미터 변화 및 다른 변동에 의한 진동으로부터 시스템 응답을 유지하기 위해 이득 여유는 일반적으로 10 dB 을 초과해야 한다.

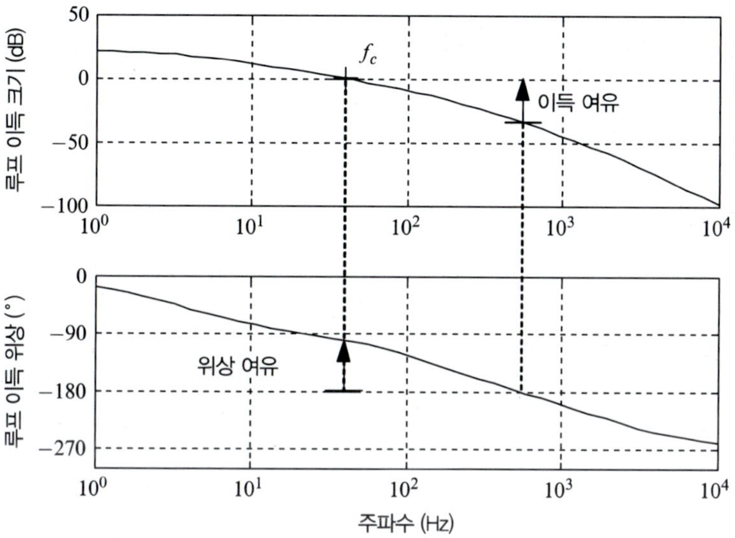

제어기

[그림 4-4] 교차주파수, 이득 여유와 위상 여유의 정의

4.3 다양한 전달함수 블록의 선형화

시스템에 대한 피드백 제어기 설계 시 선형 제어 이론을 적용하기 위해 [그림 4-3]의 전달함수처럼 [그림 4-2]의 모든 블록들을 DC 정상상태의 동작점에서 선형화할 필요가 있다.

4.3.1 펄스 폭 변조기의 선형화

피드백 제어에서 유니트로드/텍사스 인스트루먼트사Unitrode/Texas Instruments의 UC3824와 같은 고속의 펄스 폭 변조기 집적회로PWM-IC가 사용된다.[1] PWM IC 내부를 나타낸 [그림 4-5(a)]에서 오차 증폭기로부터 생성된 제어 전압 $v_c(t)$는 [그림 4-5(b)]에서 보이듯이 일정한 주차수 f_s를 갖고 일정 크기 $\widehat{V}_r$을 갖는 v_r과 비교된다. 출력 스위칭 신호는 스위칭 함수 $q(t)$로 표현되며, $v_c(t) \geq v_r$일 때 1의 값을, 그 외의 경우 0의 값을 갖는다. [그림 4-5(b)]에서 스위치 듀티 비는 다음과 같이 정의한다.

1 https://www.ti.com/product/UC3824?keyMatch=UC3824&tisearch=universal_search&usecase=GPN-ALT

$$d(t) = \frac{v_c(t)}{\widehat{V}_r} \tag{4.4}$$

DC 동작점 주변에서 소신호 변동을 고려하였을 때 제어 신호는 다음과 같이 나타낼 수 있다.

$$v_c(t) = V_c + \tilde{v}_c(t) \tag{4.5}$$

식 (4.5)를 식 (4.4)에 대입하면 다음과 같다.

$$d(t) = \underbrace{\frac{V_c}{\widehat{V}_r}}_{D} + \underbrace{\frac{\tilde{v}_c(t)}{\widehat{V}_r}}_{\tilde{d}(t)} \tag{4.6}$$

식 (4.6)에서 $\tilde{d}(t)$와 같은 우변 두 번째 항으로부터 PWM IC의 전달함수는 다음과 같다.

$$G_{PWM}(s) = \frac{\tilde{d}(s)}{\tilde{v}_c(s)} = \frac{1}{\widehat{V}_r} \tag{4.7}$$

이를 통해 라플라스 영역에서 펄스 폭 변조기의 전달함수는 [그림 4-5(c)]에서처럼 일정한 이득을 갖는다.

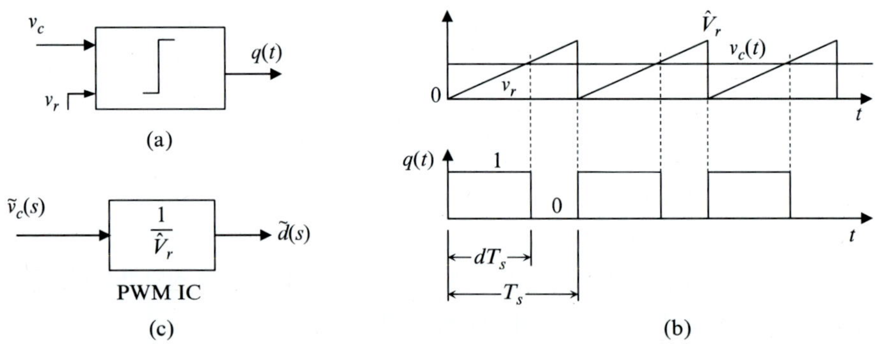

[그림 4-5] 펄스 폭 변조기의 파형

예제 4-1

일반적으로 PWM IC 회로에서 램프 신호에는 DC 오프셋offset 전압이 존재하며, [그림 4-5(b)]에서 정의된 램프 신호 $\widehat{V}_r$ 대신 일반적으로 램프 신호의 고저 간valley-to-peak 값을 정의한다. PWM IC UC3824에서 고저 간의 값이 1.8 V 일 때 PWM IC의 선형화된 전달함수를 구하라.

풀이

램프 신호의 DC 오프셋 값은 소신호 전달함수에서 변하지 않으므로 고저 간의 값을 $\hat{V}_r$ 라고 생각할 수 있다. 식 (4.7)를 이용하면 선형화된 전달함수를 다음과 같이 구할 수 있다.

$$G_{PWM}(s) = \frac{1}{\hat{V}_r} = \frac{1}{1.8} = 0.556 \tag{4.8}$$

4.3.2 CCM에서의 DC-DC 컨버터 전력단 선형화

피드백 제어기를 설계하기 위해서는 컨버터의 전력단을 DC 동작점에서 소신호 외란을 가정하여 선형화해야 한다. [그림 4-6(a)]는 스위칭 파워-폴의 평균화 모델이며, "vp"는 전압 단자, "cp"는 전류 단자를 나타낸다. [그림 4-6(a)]에서 각 평균값은 정상상태에서의 DC 값의 합(대문자)과 소신호 변동(문자 위에 "~"표시)으로 표현할 수 있다.

$$\begin{aligned} d(t) &= D + \tilde{d}(t) \\ \bar{v}_{vp}(t) &= V_{vp} + \tilde{v}_{vp}(t) \\ \bar{v}_{cp}(t) &= V_{cp} + \tilde{v}_{cp}(t) \\ \bar{i}_{vp}(t) &= I_{vp} + \tilde{i}_{vp}(t) \\ \bar{i}_{cp}(t) &= I_{cp} + \tilde{i}_{cp}(t) \end{aligned} \tag{4.9}$$

[그림 4-6(a)]에서 두 단자 사이의 전압 및 전류 사이의 관계를 적용함으로써 식 (4.9)의 각 변수들은 각각 다음과 같이 표현된다.

$$V_{cp} + \tilde{v}_{cp} = (D + \tilde{d})(V_{vp} + \tilde{v}_{vp}) \tag{4.10a}$$

$$I_{vp} + \tilde{i}_{vp} = (D + \tilde{d})(I_{cp} + \tilde{i}_{cp}) \tag{4.10b}$$

이 두 식에서 변동에 대한 항만 표현하면 다음과 같다.

$$\tilde{v}_{cp}(t) = D\tilde{v}_{vp} + V_{vp}\tilde{d} + \tilde{d}\tilde{v}_{vp} \tag{4.11a}$$

$$\tilde{i}_{vp}(t) = D\tilde{i}_{cp} + I_{cp}\tilde{d} + \tilde{d}\tilde{i}_{cp} \tag{4.11b}$$

이 두 식들은 소신호 변동항들의 곱으로 표현된 항을 무시하여 선형화할 수 있다. 선형화된 식들은 다음과 같다.

$$\tilde{v}_{cp}(t) = D\tilde{v}_{vp} + V_{vp}\tilde{d} \tag{4.12}$$

$$\tilde{i}_{vp} = D\tilde{i}_{cp} + I_{cp}\tilde{d} \tag{4.13}$$

식 (4.12)와 식 (4.13)은 각각 주어진 D, V_{vp}, I_{vp}의 정상상태 동작점에서 소신호 선형화 모델을 표현하고 있다. 이는 [그림 4-6(b)]와 같이 이상적인 변압기로 생각할 수 있다.

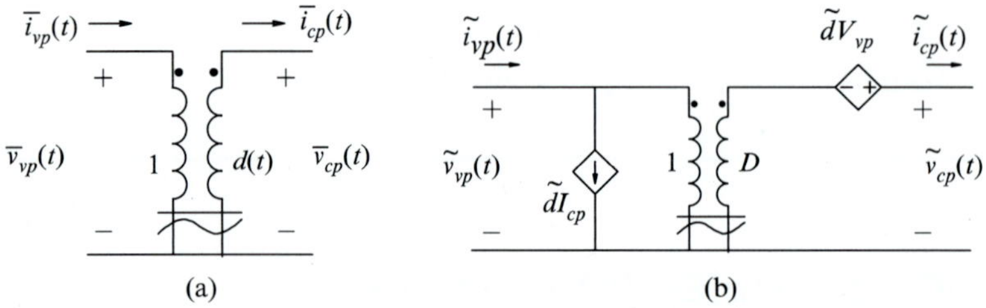

[그림 4-6] 스위칭 파워-폴의 선형화

[그림 4-7(a)]는 벅buck, 부스트boost, 그리고 벅-부스트buck-boost 컨버터의 평균화 모델이다. 각각의 변환기에서 파워-폴을 소신호 선형화된 표현으로 대체하면 회로는 [그림 4-7(b)]와 같이 나타난다. 여기에서 섭동perturbation 입력 $\tilde{v}_{in}$은 V_{in}이 일정한 DC 입력 전압이라고 가정하여 0이 되고, 출력 커패시터의 등가 직렬 저항(ESR) 성분은 r이 된다.

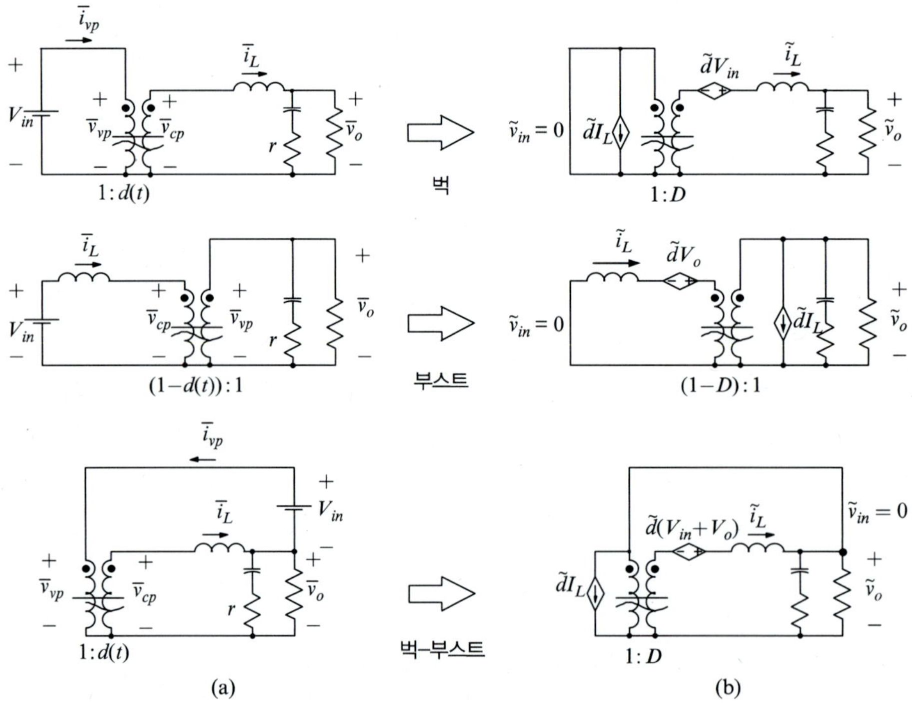

[그림 4-7] 연속 전도 모드에서 단일 스위치를 갖는 컨버터의 선형화

부스트 컨버터에서 트랜지스터가 스위칭 파워-폴의 아래에 위치하므로 [그림 4-6(a)]에서 d는 $(1-d)$로 대체해야 하며, d를 $(D+\tilde{d})$로 대체하면 $(1-d)=(1-D)-\tilde{d}$로 표현된다. 그러므로 식 (4.12)와 식 (4.13)에서 D는 $(1-D)$, $\tilde{d}$는 $(-\tilde{d})$로 표현해야 한다.

별도로 제공될 <부록 4B>에 설명된 것처럼 [그림 4-7(b)]에서 세 회로의 소신호 변동은 [그림 4-8]과 같은 형태를 갖는다. 벅 컨버터의 연속 전도 모드에서 스위치 상태에 관계없이 인덕터 L과 커패시터 C가 항상 서로 연결되어 있으므로 벅 컨버터의 등가회로 표현에서 인덕턴스 L_e는 실제 인덕턴스 L과 같다. 그러나 부스트와 벅-부스트 컨버터의 경우 인덕터와 커패시터가 스위치 상태에 따라 항상 연결되는 것은 아니므로 L_e는 $L/(1-D)^2$로 표현된다.

$$L_e = L \tag{4.14a}$$

$$L_e = \frac{L}{(1-D)^2} \tag{4.14b}$$

별도로 제공될 <부록 4B>의 연속 전도 모드에서 벅, 부스트, 벅-부스트의 컨버터의 전달함수는 각각 다음과 같이 표현할 수 있다.

$$\frac{\tilde{v}_o}{\tilde{d}} = \frac{V_{in}}{LC} \frac{1 + srC}{s^2 + s\left(\dfrac{1}{RC} + \dfrac{r}{L}\right) + \dfrac{1}{LC}} \tag{4.15}$$

$$\frac{\tilde{v}_o}{\tilde{d}} = \frac{V_{in}}{(1-D)^2}\left(1 - s\frac{L_e}{R}\right) \frac{1 + srC}{L_e C\left(s^2 + s\left(\dfrac{1}{RC} + \dfrac{r}{L_e}\right) + \dfrac{1}{L_e C}\right)} \tag{4.16}$$

$$\frac{\tilde{v}_o}{\tilde{d}} = \frac{V_{in}}{(1-D)^2}\left(1 - s\frac{DL_e}{R}\right) \frac{1 + srC}{L_e C\left(s^2 + s\left(\dfrac{1}{RC} + \dfrac{r}{L_e}\right) + \dfrac{1}{L_e C}\right)} \tag{4.17}$$

연속 전도 모드에서 컨버터 전력단의 전달함수에는 몇 가지 중요한 특성이 있다. 먼저 [그림 4-8]에서 저역통과[low-pass] LC 필터에 의해 2개의 극점이 형성되며, 커패시터의 등가 직렬 저항(ESR) r에 의해 하나의 영점이 형성된다. 또한 부스트와 벅-부스트 컨버터에서 전달함수는 정상상태의 동작점 D의 값에 따라 결정되며, 우반면[right half-plane, RHP] 영점을 갖는다. 입력단과 출력단을 긴 시간 동안 절연시킨 상황에서 출력을 증가시키기 위해 듀티 비를 증가시켜야 하는 컨버터가 초기에 반대의 결과를 갖는 것을 통해 우반면 영점의 존재를 설명할 수 있다.

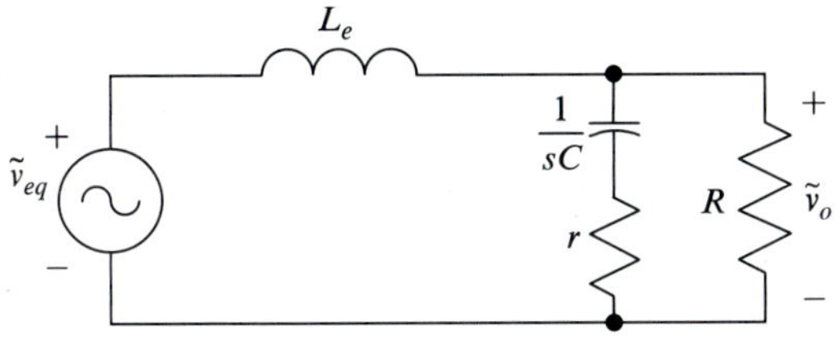

[그림 4-8] 벅, 부스트, 벅-부스트 컨버터에 대한 소신호 등가회로

4.3.2.1 $\tilde{v}_o/\tilde{d}$ 를 얻기 위한 컴퓨터 시뮬레이션 사용

주어진 식 (4.15)부터 식 (4.17)까지의 전달함수는 컨버터 동작에 대한 이론적인 통찰력을 제공한다. 또한 LTspice와 같은 컴퓨터 프로그램을 사용한 선형화와 AC 분석을 통해 유사한 정확도로 컨버터 전달함수의 보드선도를 얻을 수 있다.

[예제 4-2]의 [그림 4-9]와 같이 컨버터 회로를 시뮬레이션하여 주파수 영역의 AC 분석을 할 수 있으며, 이를 위해 3장의 내용과 [그림 4-6(a)]에서 논의한 스위칭 파워-폴의 평균화 모델을 사용한다. 듀티 비의 변동값인 $\tilde{d}$는 주파수가 여러 주파수 대역에 걸쳐 스윕되며 진폭이 일정하게 유지되는 AC 전압원으로 표현한다(예 1 V). 이러한 시뮬레이션에서 LTspice는 먼저 DC 정상상태 동작점에서 전압, 전류값을 계산하고 DC 동작점 부근에서 회로를 선형화한 후 AC 분석을 수행한다.

예제 4-2

벅 컨버터가 연속 전도 모드로 동작하고 $L = 100\,\mu\text{H}$, $C = 697\,\mu\text{F}$, $r = 0.1\,\Omega$, $\tilde{d}$, $V_{in} = 30\,\text{V}$, 그리고 $P_o = 36\,\text{W}$와 같은 파라미터를 갖는다. 출력 전압 V_o를 12 V로 조정하기 위해 듀티 비 D를 조절할 때 1 Hz ~ 100 kHz의 주파수 범위에서 $G_{PS}(s)$의 크기와 위상을 구하라.

풀이

[그림 4-9]는 LTspice 회로 모델로, 듀티 비 D를 나타내는 DC 전압원 {D}는 DC 동작점을 나타낸다. 듀티 비의 섭동 $\tilde{d}$는 진폭을 일정하게 유지한 채 관심 있는 여러 주파수 대역에 걸쳐 주파수를 변화시키는 교류(AC) 전원으로 표현된다(AC 분석에 앞서 회로를 선형화해야 하므로 AC 전압원의 크기를 1 V로 하는 것이 가장 좋은 선택이다). 스위칭 파워-폴은 2개의 종속 공급원(종속 전류원, 종속 전압원)으로 구성되는 이상적인 변압기로 표현할 수 있다. 회로의 파라미터 값은 LTspice의 파라미터 블록을 통해 지정된다.

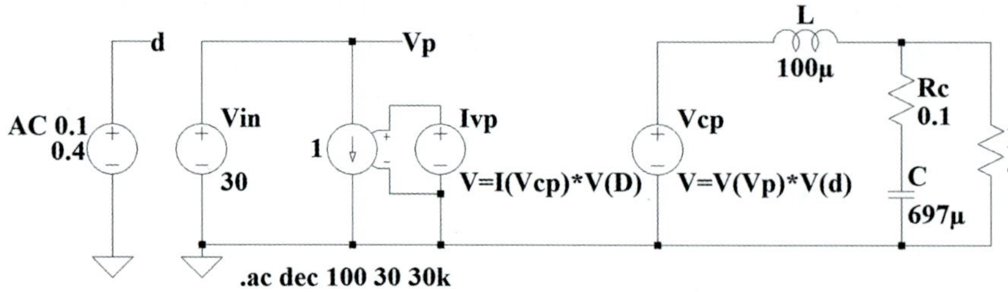

[그림 4-9] 벅 컨버터를 위한 LTspice 회로 모델

주파수 응답의 보드선도는 [그림 4-10]과 같다. 교차주파수 f_c는 1 kHz로 선택하고 전달함수의 크기와 위상은 각각 $|G_{PS}(s)|_{f_c} = 24.66\,\text{dB}$ 이고 $\angle G_{PS}(s)|_{f_c} = -138°$ 임을 알 수 있다. 이 예제에서 찾은 크기와 위상은 추후 [예제 4-3]에서 사용할 것이다.

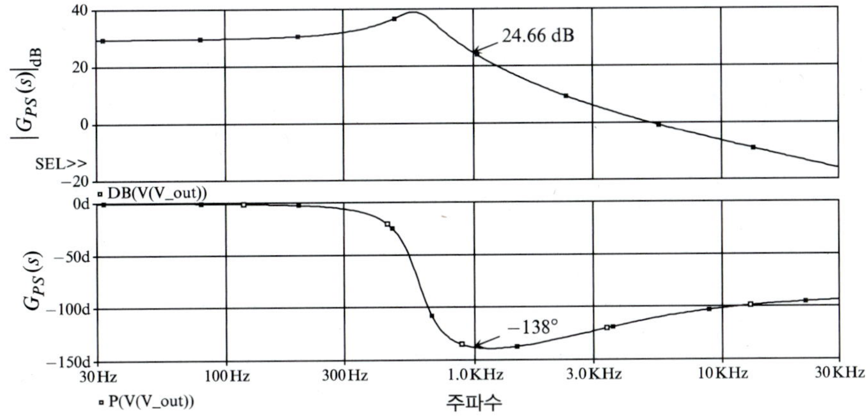

[그림 4-10] 전력단 $G_{PS}(s)$의 크기와 위상

4.4 전압 모드 제어에서의 피드백 제어기 설계

피드백 제어기는 [예제 4-2]의 벅 컨버터 제어의 수치적인 방법과 같이 설계할 수 있다. 제어기는 전full 부하에서 연속 전도 모드(CCM)를 위해 설계되며, 최적은 아니어도 불연속 전도 모드(DCM)에서 안정적이다.

예제 4-3

[예제 4-2]의 벅 컨버터를 위한 피드백 제어기를 설계하라. PWM IC는 [예제 4-1]에 제시되어 있으며, 피드백 경로에서 출력 전압을 감지하는 네트워크는 $k_{FB} = 0.2$의 이득을 가진다. 정상상태 오차는 0이어야 하고 루프 전달함수의 위상 여유는 가능한 한 교차주파수보다 높은 60°이어야 한다.

풀이

제어 목표와 루프 전달함수 G_L과의 관계로부터 다음과 같이 제어기 전달함수 $G_C(s)$를 설계할 수 있다.

❶ 루프 이득의 교차주파수 f_c는 폐루프 시스템의 빠른 응답 속도를 위해 가능한 한 높아야 한다.

❷ 루프 전달함수의 위상각은 폐루프 시스템의 응답을 진동 없이 빠르게 안정화하기 위해 일반적으로 교차주파수에서 60°의 위상 여유를 갖는다.

❸ 루프 전달함수의 위상각은 교차주파수에서 -180° 미만으로 떨어져서는 안 된다.

전력단의 보드선도는 [예제 4-2]의 [그림 4-10]과 같이 미리 구하였다. 이 보드선도에서 위상각은 LC 필터의 2개의 극점으로 인해 -180°로 떨어지며, [그림 4-8]의 등가회로에 나타난 LC 필터의 2개의 극은 식 (4.15)의 전달함수를 통해 확인할 수 있다. 전력단의 출력 커패시터의 등가 직렬 저항(ESR)으로 인해 생긴 전달함수 내의 영점은 LC 필터의 공진주파수를 넘는 범위의 위상각을 -90°로 증가시킨다. 단, 커패시터의 등가 직렬 저항(ESR)은 정확하게 알 수 없고 큰 가변성을 가질 수 있음을 고려해야 한다.

K-factor 접근법에 의거한 간단한 단계적 설계 절차를 살펴보자.[2] 제어기의 전달함수인 $G_C(s)$는 식 (4.18)의 형태가 되도록 선택한다(관련된 보드선도는 [그림 4-11]에 표현하였다).

$$G_C(s) = \frac{k_c}{s}\frac{(1+s/\omega_z)^2}{(1+s/\omega_p)^2} \tag{4.18}$$

정상상태의 오차를 0으로 하기 위해 $G_C(s)$는 원점의 극점을 가지며, 루프 전달함수의 -90° 위상 천이^phase shift^를 갖는다. 전달함수의 위상은 [그림 4-11]에 나타나 있듯이 영점 및 극점주파수의 기하평균인 $\sqrt{f_z f_p}$ 에서 최고값을 가지는데, 이때 f_z와 f_p 값은 $\sqrt{f_z f_p}$와 루프의 교차주파수 f_c와 동일한 값으로 선정한다.

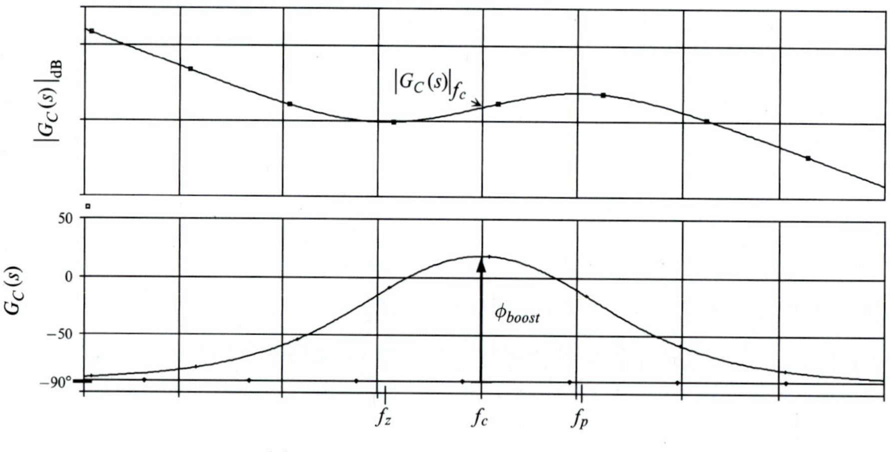

[그림 4-11] 식 (4.18)에서 $G_C(s)$의 보드선도

루프의 교차주파수 f_c는 전력단의 LC 공진주파수 이상의 값으로 선택했지만 이에 따라 $\angle G_{PS}|_{f_c}$ 값이 원치 않는 큰 음의 값을 가지게 된다. ($G_C(s)$에서 원점의 극점에 의한) -90°와 $\angle G_{PS}|_{f_c}$의 합은 -180°보다 더 큰 음의 값을 가진다. 따라서 60°인 위상 여유를 가지려면 f_c에서의 위상을 90° 이상으로 증가시켜야 한다. 이는 전력단의 전달함수인 $G_{PS}(s)$의 두 극점의 영향을 무효화하기 위해 f_z에 2개의 동일한 영점을 놓음으로써 증가시킬 수 있다. 여기서 2개의 동일한 극점들은 스위칭

2 H. Dean Venable, "The K-Factor: A New Mathematical Tool for Stability Analysis and Synthesis", Proceedings of Powercon 10.

주파수 이전의 이득을 급격히 줄이기 위해 $f_p(> f_z)$에 위치시킨다. 교차주파수에서의 루프 이득이 1이 되도록 제어기의 이득 $|G_C(s)|_{f_c}$을 선정한다.

식 (4.18)의 제어기 전달함수의 파라미터를 결정할 때의 입력 사양들은 [그림 4-11]에 제시된 대로 f_c, ϕ_{boost}, 그리고 제어기 이득 $|G_C(s)|_{f_c}$이다. $G_C(s)$를 설계하기 위한 단계적인 절차는 다음과 같다.

❶ **교차주파수 선택** : LC 공진주파수인 $1/2\pi\sqrt{LC}$를 약간[slightly] 넘는 값으로 f_c를 선정하라(이 예제에서는 근사적으로 600 Hz이다). 따라서 $f_c = 1\,\text{kHz}$이다. 이 값은 f_c 이하인 모든 주파수 범위에서 루프 위상각이 −180° 이상이 되도록 한다.

❷ **필요한 위상 증가[phase boost] 값 계산** : 필요한 위상 여유는 $\phi_{PM} = 60°$로 명시되어 있다. 교차주파수에서 필요한 위상 증가 값 ϕ_{boost}는 식 (4.2)와 식 (4.3), 그리고 [그림 4-11]로부터 각각 다음과 같이 구할 수 있다(G_{PWM}과 k_{FB}의 위상 이동은 0이다).

$$\angle G_L(s)|_{f_c} = \angle G_{PS}(s)|_{f_c} + \angle G_C(s)|_{f_c} \tag{4.19}$$

$$\angle G_L(s)|_{f_c} = -180° + \phi_{PM} \tag{4.20}$$

$$\angle G_C(s)|_{f_c} = -90° + \phi_{boost} \tag{4.21}$$

식 (4.19)에 식 (4.20)과 식 (4.21)을 대입해서 정리하면 다음과 같다.

$$\phi_{boost} = -90° + \phi_{PM} - \angle G_{PS}(s)|_{f_c} \tag{4.22}$$

[그림 4-10]에서 $\angle G_C(s)|_{f_c} \simeq -138°$이며, 이를 $\phi_{PM} = 60°$인 식 (4.22)에 대입하면 필요로 하는 위상 증가[phase boost] 값인 $\phi_{boost} = 108°$이다.

❸ **교차주파수에서의 제어기 이득 계산** : 식 (4.2)에서 교차주파수 f_c일 때 다음과 같다.

$$|G_L(s)|_{f_c} = |G_C(s)|_{f_c} \times |G_{PWM}(s)|_{f_c} \times |G_{PS}(s)|_{f_c} \times k_{FB} = 1 \tag{4.23}$$

$f_c = 1\,\text{kHz}$일 때 [그림 4-10]으로부터 $|G_{PS}(s)|_{f_c} = 1\,\text{kHz} = 24.66\,\text{dB} = 17.1$이다. 그러므로 식 (4.23)에서 [예제 4-1]에서 계산된 PWM 블록의 이득 값을 이용하면 다음의 두 식 중 하나로 구할 수 있다.

$$|G_C(s)|_{f_c} \times \underbrace{0.556}_{|G_{PWM}(s)|_{f_c}} \times \underbrace{17.1}_{|G_{PS}(s)|_{f_c}} \times \underbrace{0.2}_{k_{FB}} = 1 \tag{4.24}$$

$$|G_C(s)|_{f_c} = 0.5263 \tag{4.25}$$

식 (4.18)에서 2개의 영점-극점 쌍을 가진 제어기에 대해서는 <부록 4C>를 참고하라. 이 분석에 따라 식 (4.18)에서 $G_C(s)$의 위상각은 기하평균 주파수인 $\sqrt{f_z f_p}$ 에서 최대치에 도달하는데, 이 때 [그림 4-11]에 나타낸 위상 증가 ϕ_{boost}는 $-90°$가 된다. 제어기의 파라미터를 정확하게 선택하면 기하평균 주파수는 교차주파수 f_c와 같아진다. 여기서 필요한 위상 증가 값을 얻기 위해 극점과 영점 사이의 기하학적 분리를 가리키는 K_{boost}는 다음과 같다.

$$K_{boost} = \sqrt{\frac{f_p}{f_z}} \tag{4.26}$$

<부록 4C>에서와 같이 K_{boost}는 다음과 같이 ϕ_{boost} 항으로 유도될 수 있다.

$$K_{boost} = \tan\left(45° + \frac{\phi_{boost}}{4}\right) \tag{4.27}$$

구해진 K_{boost} 값을 식 (4.26)에 대입하고 $\sqrt{f_z f_p}$ 값과 교차주파수 f_c 값이 같다는 점을 이용하면 제어기의 극점과 영점의 주파수는 다음과 같이 계산된다.

$$f_z = \frac{f_c}{K_{boost}} \tag{4.28}$$

$$f_p = K_{boost} f_c \tag{4.29}$$

식 (4.26), 식 (4.28), 식 (4.29)를 이용하면 식 (4.18)의 제어기 이득 k_c는 f_c에서 다음과 같이 계산할 수 있다.

$$k_c = |G_C(s)|_{f_c} \frac{\omega_z}{K_{boost}} \tag{4.30}$$

식 (4.18)의 매개변수들이 결정되면 제어기의 전달함수는 [그림 4-12]와 같이 하나의 연산증폭기 회로로 종합하여 표현할 수 있다. [그림 4-12]에서 R_1은 얼마나 많은 전류를 센서 출력으로부터 끌어올 수 있는지를 기준으로 하며, 다른 저항들과 커패시턴스들은 <부록 4C>에서 도출되고 다음과 같이 주어진 수식을 통해 결정된다.

$$\begin{gathered} C_2 = \frac{\omega_z}{(k_c \omega_p R_1)}, \quad C_1 = C_2(\omega_p/\omega_z - 1), \quad R_2 = \frac{1}{(\omega_z C_1)} \\ R_3 = \frac{R_1}{(\omega_p/\omega_z - 1)}, \quad C_3 = \frac{1}{(\omega_p R_3)} \end{gathered} \tag{4.31}$$

이번 예제는 $f_c = 1\,\text{kHz}$, $\phi_{boost} = 108°$, $|G_C(s)|_{f_c} = 0.5263$인 상황에서 식 (4.27)을 통해 $K_{boost} = 3.078$로 계산할 수 있다. 또한 식 (4.28)부터 식 (4.30)을 활용하여 $f_z = 324.9\,\text{Hz}$, $f_p = 3078\,\text{Hz}$, $k_c = 349.1$을 구할 수 있다. 연산증폭기의 소자 값을 선정하기 위해 $R_1 = 100\,\text{k}\Omega$으로 선정하면 식 (4.31)에 의해 피드백 제어기의 값들은 각각 $C_2 = 3.0\,\text{nF}$, $C_1 = 25.6\,\text{nF}$, $R_2 = 19.1\,\text{k}\Omega$, $R_3 = 11.8\,\text{k}\Omega$, $C_3 = 4.4\,\text{nF}$으로 구할 수 있다.

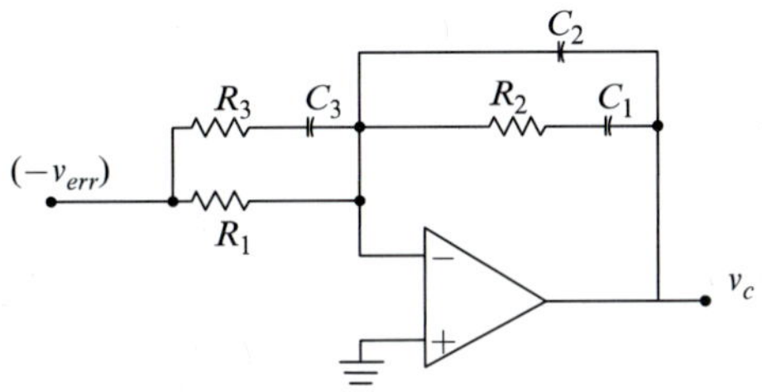

[그림 4-12] 연산증폭기(op-amp)를 이용한 $-G_c(s)$의 제어기 구현(식 (4.18) 이용)

4.4.1 시뮬레이션 및 하드웨어 프로토타이핑

벅 컨버터의 전압 모드 제어는 LTspice와 Workbench를 사용하여 [예제 4-4]와 같이 시뮬레이션할 수 있다.

예제 4-4

벅 컨버터가 연속 전도 모드에서 $L = 68\,\mu\text{H}$, $C = 490\,\mu\text{F}$, 등가 직렬 저항 $r = 0.28\,\Omega$, 그리고 부하 저항 $R = 8\Omega$의 파라미터를 가지며, $V_{in} = 15\,\text{V}$, $D = 0.5$, 그리고 $f_s = 100\,\text{kHz}$의 조건에서 DC 정상상태로 동작한다. 스위치와 다이오드는 2장 부록에 주어진 파라미터를 사용한다. 입력 전압과 부하가 변동하고 있을 때 전압을 안정적으로 유지하기 위한 전압 모드 제어기를 설계하라. 전압 피드백 네트워크에서 $k_{FB} = 1$이라고 가정하고 LTspice를 사용하여 이 컨버터를 시뮬레이션하라.

풀이

다운로드한 시뮬레이션 파일을 통해 예제를 풀어보자. 제어기의 파라미터는 식 (4.19)부터 식 (4.30)까지 구현된 Workbench 스크립트를 사용하여 계산된다. [그림 4-13]과 같이 스크립트 파일을 사용하여 파라미터를 자동으로 생성하면 여러 설계 선택을 빠르게 반복할 수 있다.

```
Public Module Param ! Buck converter parameters
    ! Hardware components
    Public C as Native Double = 491µ ! output capacitance
    Public ESR as Native Double = 0.28 ! output capacitor ESR
    Public L as Native Double = 68µ ! inductance

    ! Operating condition
    Public Vin as Native Double = 15 ! input voltage
    Public Rl as Native Double = 8 ! load resistance
    Public Fs as Native Double = 100k ! switching frequency (Hz)
    Public D as Native Double = 0.5 ! duty cycle

    ! Controller parameters
    Private ϕm as Native Double = π / 3 ! phase margin (radians)
    ! cross-over frequency (Hz) choosen at 2x LC resonance frequency
    Private fc as Native Double = 2 * 1 / (2 * π * √(L * C))
    Private ωc as Native Double = 2 * π * fc ! cross-over frequency (rad/s)

    ! Controller design
    ! converter magnitude and phase at fc
    Private GpsAtFc as Native Complex = Vin / L / C * (jωc * ESR * C + 1) /
    |                   ((jωc)² + jωc * (1 / Rl / C + ESR / L) + 1 / L / C)
    Private ϕboost as Native Double = -π / 2 + ϕm - ∠GpsAtFc
    Private Kboost as Native Double = Math:Tan(π / 4 + ϕboost / 4)

    ! Controller parameters
    Public ωz as Native Double = ωc / Kboost ! controller zero
    Public ωp as Native Double = Kboost * ωc ! controller pole
    Public kc as Native Double = 1 / ℳ(GpsAtFc) * ωz / Kboost
End Module
```

[그림 4-13] Workbench 스크립트를 통한 제어기 파라미터 계산

교차주파수는 LC 공진주파수의 2배로 선택되며, 즉 $f_c = 1.75\,\text{kHz}$ 가 되고 위상 여유는 $\phi_m = 60°$ 로 선택된다. 스크립트 파일에 의해 계산된 제어기 파라미터는 $f_z = 950.1\,\text{Hz}$, $f_p = 3.19\,\text{kHz}$, 그리고 $k_c = 408.4$ 이다.

주어진 파라미터를 사용하여 LTspice에서 [그림 4-14]와 같이 연산증폭기를 통해 제어기를 구현할 수 있다.

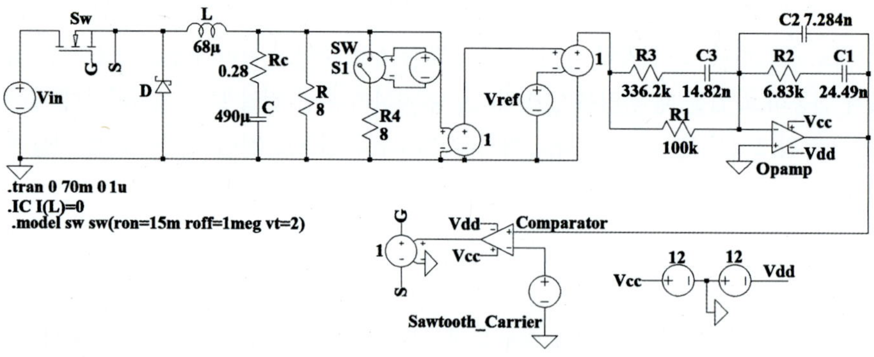

[그림 4-14] LTspice 모델

25 ms 에서 부하가 단계적으로 변화할 때 이 모델을 시뮬레이션한 파형은 [그림 4-15]와 같다.

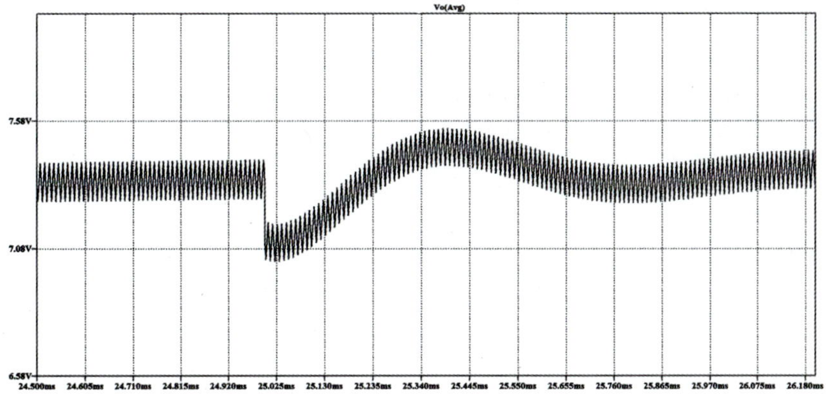

[그림 4-15] LTspice 시뮬레이션 결과

동일한 모델을 [그림 4-16]처럼 Workbench를 사용하여 구현할 수 있다. Workbench의 장점은 컨트롤러를 식 (4.18)에서 제공된 전달함수 형태로 구현할 수 있어 연산증폭기 기반의 회로로 변환할 필요가 없다는 것이다.

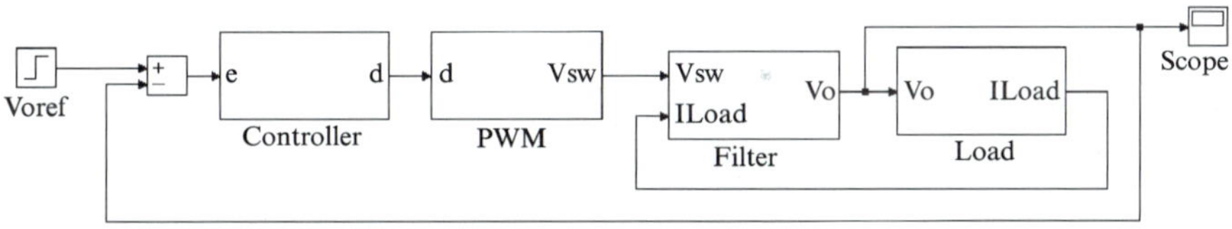

[그림 4-16] Workbench 모델

[그림 4-16]의 컨트롤러 서브 시스템 내에서의 구현은 [그림 4-17]과 같다.

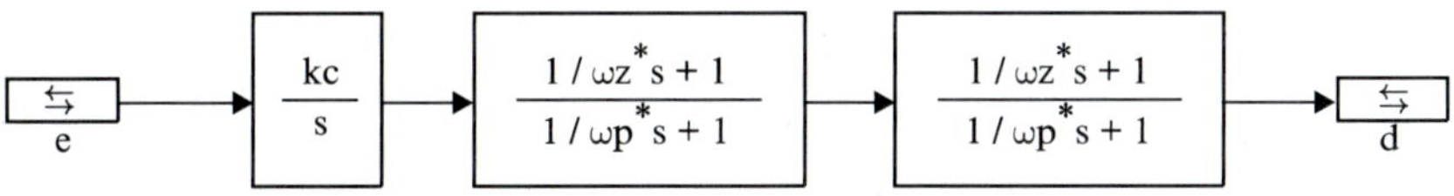

[그림 4-17] 컨트롤러 서브 시스템

모델에서는 출력 기준 전압이 $t = 1\,\mathrm{ms}$ 일 때 초기값인 $0\,\mathrm{V}$ 에서 $7.5\,\mathrm{V}$ 로 단계적으로 변경된다. 부하는 2배로 증가하며, 부하 저항은 $t = 5\,\mathrm{ms}$ 일 때 $8\,\Omega$에서 $4\,\Omega$으로 감소한다. 마지막으로 $t = 8\,\mathrm{ms}$ 일 때 입력 전압은 이전 값인 $V_{in} = 15\,\mathrm{V}$ 에서 $V_{in} = 22.5\,\mathrm{V}$ 로 단계적으로 증가한다. 이를 통해 컨트롤러는 [그림 4-18]과 같이 출력 전압을 $V_o = 7.5\,\mathrm{V}$ 로 유지한다.

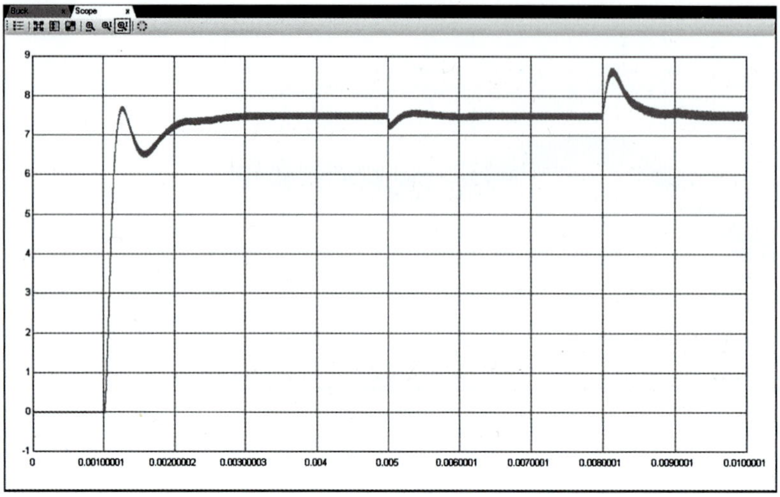

[그림 4-18] 출력 전압 파형

이 예제를 Sciamble 실험 키트를 사용하여 하드웨어에서 구현하기 위한 Workbench 모델은 [그림 4-19]와 같다. 앞서 언급한 바와 같이 컨트롤러는 [그림 4-19]와 같이 전달함수 형태로 직접 구현할 수 있다. 연산증폭기 기반 컨트롤러를 구현할 때는 파라미터를 변경할 때 물리적인 부품을 변경해야 하지만 여기서는 소프트웨어에서 수치 값을 변경하는 것만으로 디지털 구현이 가능하다. 이를 통해 동일한 하드웨어를 사용하여 다양한 컨트롤러를 신속하게 프로토타이핑할 수 있다.

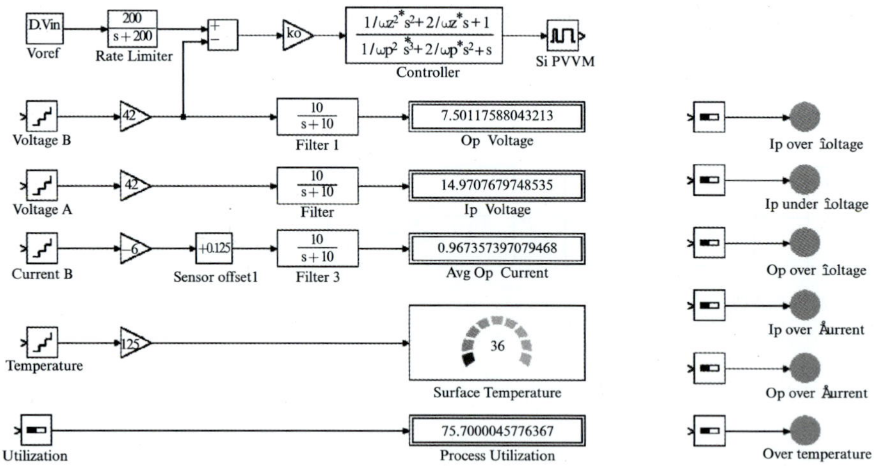

[그림 4-19] Workbench 모델

Sciamble 실험 키트를 사용하여 벅 컨버터를 실행했을 때의 정상상태 파형은 [그림 4-20]과 같다. [그림 4-20(a)]와 같이 컨버터 출력 전압은 원하는 기준 전압에 안정적으로 도달하며, [그림 4-20(b)]와 같이 부하 저항이 변해도 기준 전압을 유지한다. [그림 4-20(c)]는 몇몇 스위칭 사이클 동안의 파형을 확대하여 보여준다.

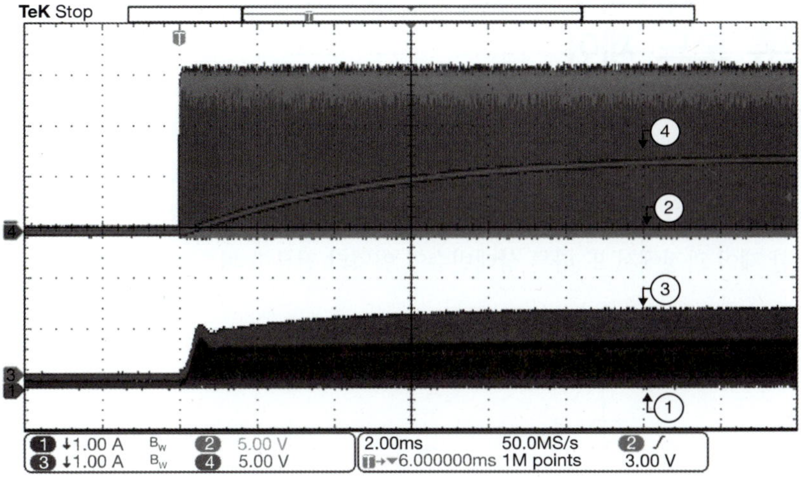

(a)

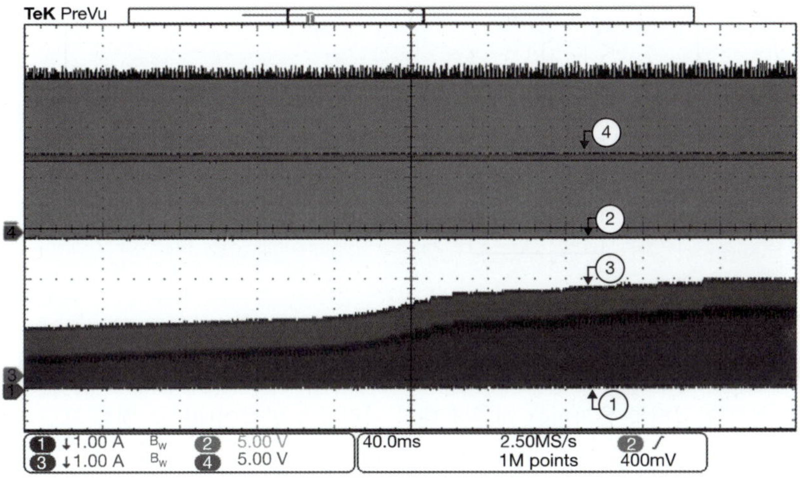

(b)

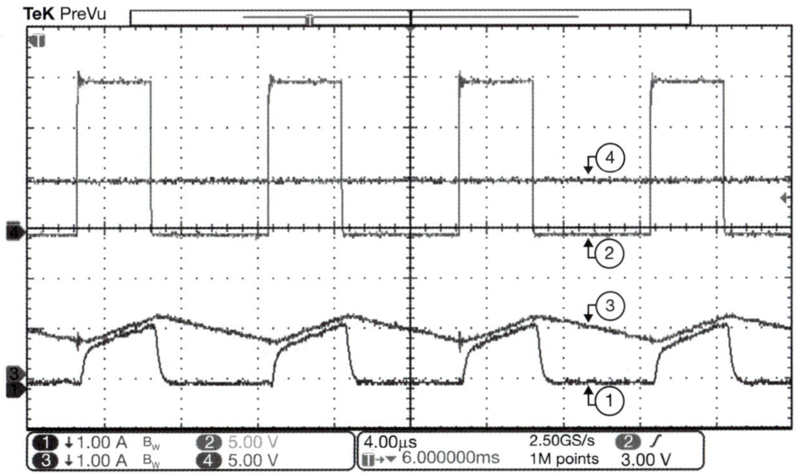

(c)

[그림 4-20] Workbench 하드웨어 결과 (① 입력 전류, ② 스위치-노드 전압, ③ 인덕터 전류, ⑤ 출력 전압)

4.5 피크 전류 모드 제어

전류 모드 제어는 제어기 설계가 간단하고 전류 제한 기능을 내재하는 등 장점이 많아 실제로 자주 사용된다. 제어기 설계에서 외부 전압루프의 내부에 있는 제어루프는 [그림 4-21]과 같이 피크 전류 모드 제어 시스템을 구성한다. 이러한 제어 과정에서 또 다른 상태변수인 인덕터 전류가 피드백 신호로 사용된다.

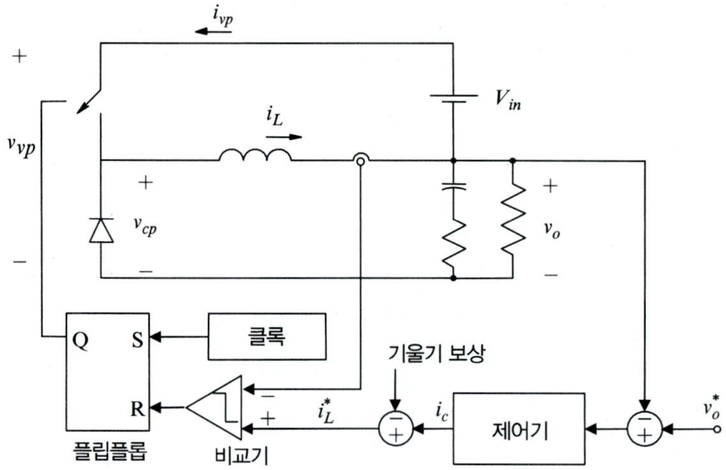

[그림 4-21] 최대 전류 모드 제어

전류 모드 제어에서 전체적인 전압루프의 목표는 앞서 논의한 전압 모드 제어의 목표와 같다. 그러나 여기서 말하는 전압루프 제어기는 인덕터를 통과하는 전류에 대한 지령값을 만들어내므로 전류 모드 제어라고 불린다. 전류 모드 제어에는 두 가지 형태의 방식이 존재한다.

- 피크 전류 모드 제어
- 평균 전류 모드 제어

이 절에서는 스위치 모드의 DC 전원 공급 장치에서 피크 전류 모드 제어가 널리 사용되므로 이에 대해 자세히 알아보도록 한다(다음 단원에서는 역률 보정power-factor-correction, PFC 회로와 관련된 평균 전류 모드 제어에 대하여 알아본다).

전류 루프에서 [그림 4-21]의 외부 전압루프는 인덕터 전류의 지령값인 i_L^*을 만든다. 이 지령 전류 신호는 측정된 인덕터 전류 i_L 값과 비교하여 i_L 값이 i_L^*에 도달했을 때 플립플롭flip-flop을 리셋한다. [그림 4-21]과 [그림 4-22(a)]와 같이 지령 전류 i_L^*을 발생시키는 전압 제어기 출력 i_c는 기울기 보상slope compensation이라고 불리는 신호에 의해 조절된다. 이 기울기 보상은 주로 듀티 비가 0.5 이상($d > 0.5$)인 상황에서 발생하는 스위칭 주파수 f_s의 저조파 주파수sub-harmonic frequency 성분에 대한 진동을 피하기 위해 필요하다. 일반적으로 보상 신호의 기울기는 컨버터의 트랜지스터가 꺼질 때 인덕터 전류가 떨어지는 각도, 즉 기울기의 절반보다 작다.

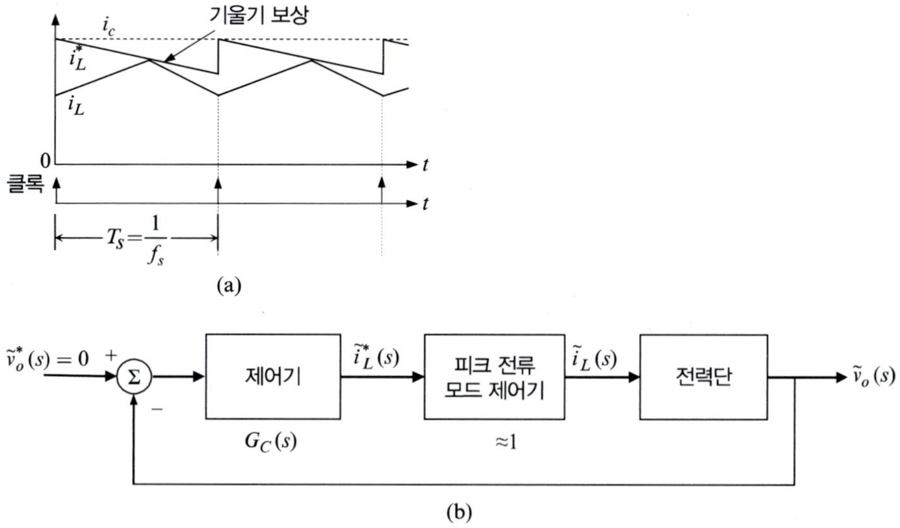

[그림 4-22] 기울기 비교기를 포함한 최대 전류 모드 제어

[그림 4-22(a)]에서 트랜지스터는 인덕터 전류가 지령값에 도달했을 때 꺼지고 클록clock에 의해 설정된 주기 $T_s(=1/f_s)$마다 켜진다. 피크 전류 모드 제어기는 [그림 4-22(b)]의 소신호 블록 다이어그램small-signal block diagram과 같이 1의 이득을 가지는 이상적인 루프라고 가정할 수 있으며, 작은 변동에서 이 전류 루프는 매우 빠르게 동작한다. 외부 전압루프의 설계는 연속 전도 모드(CCM)에서 동작하는 벅-부스트 컨버터에 대한 [예제 4-5]에서 확인할 수 있다.

예제 4-5

벅-부스트 컨버터를 위한 피크 전류 모드 제어기를 설계하라.[3] 제어기는 $L = 100\,\mu\text{H}$, $C = 697\,\mu\text{F}$, $r = 0.01\,\Omega$, $f_s = 100\,\text{kHz}$, $V_{in} = 30\,\text{V}$의 동작 조건을 갖는다. 또한 연속 전도 모드(CCM)에서 출력 전력 $P_o = 18\,\text{W}$이고 듀티 비 D는 출력 전압 $V_o = 12\,\text{V}$로 정류하기 위해 조절된다. 전압루프에서 필요로 하는 위상 여유는 60°이고 전압 피드백 네트워크에서 $k_{FB} = 1$이라고 가정한다.

풀이

[그림 4-22(b)]의 외부 전압루프를 설계할 때 전력단에서 필요한 전달함수는 $\tilde{v}_o / \tilde{i}_L$이다. 이 전달함수는 이론적으로 연속 전도 모드(CCM)에서 구할 수 있지만 컴퓨터 시뮬레이션을 통해 전달함수의 보드선도를 얻는 것이 훨씬 쉽다([예제 4-3]의 전달함수 $\tilde{v}_o / \tilde{d}$에 대한 보드선도를 얻는 데 사용된 방법과 유사하다).

3 Buck-Boost Converter Current-mode Control Lab Manual. https://sciamble.com/resources/pe-drives-lab/basic-pe

벅-부스트 컨버터를 위한 LTspice 시뮬레이션 다이어그램은 [그림 4-23]과 같다. 앞서 논의된 바와 같이 이상적인 변압기는 연속 전도 모드(CCM)의 스위칭 파워-폴의 평균 모델을 표현하기 위해 사용된다.

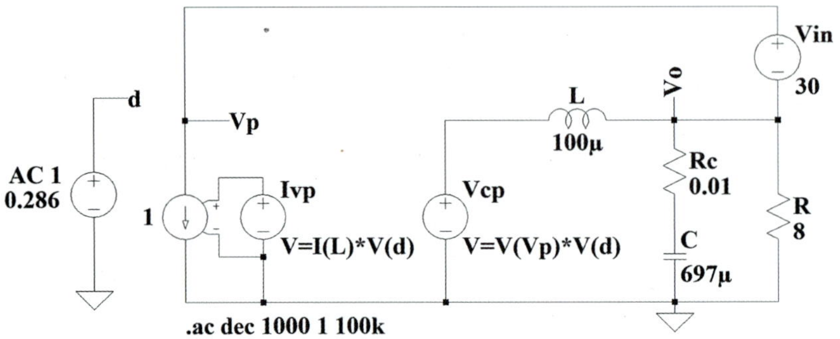

[그림 4-23] 벅-부스트 컨버터의 LTspice 회로도

[그림 4-23]에서 직류 전압원은 스위치 듀티 비 D로 표현하고 회로를 선형화된 DC 정상상태로 설정한다. AC 분석에서는 듀티 비 변동 $\tilde{d}$를 표현하며, AC 전원의 주파수는 정해진 범위에서 스윕 sweep 된다. $\tilde{v}_o(s)$와 $\tilde{i}_L(s)$의 비는 [그림 4-24]와 같이 전력단 $G_{PS}(s)$의 보드선도로 표현된다.

[그림 4-24]와 같이 전력단 전달함수의 위상각은 1 kHz 주파수 이상의 범위에서 약 −90°로 유지된다. 교차주파수는 $\angle G_{PS}(s)|_{f_c} \simeq -90°$가 되는 $f_c = 5\,\text{kHz}$이다. 벅-부스트 컨버터의 전력단 전달함수 $\tilde{v}_o(s)/\tilde{i}_L(s)$는 CCM에서 우반면 right-half-plane, RHP 영점을 포함하며, 교차주파수는 우반면 영점의 주파수보다 낮은 범위에서 선택된다. 원하는 위상 여유인 60°를 얻기 위해 제어기 전달함수는 다음의 식을 사용한다.

$$G_C(s) = \frac{k_c}{s}\frac{(1+s/\omega_z)}{(1+s/\omega_p)} \tag{4.32}$$

정상상태의 값을 0으로 가져가기 위해 전달함수는 −90°의 위상각을 갖는 원점의 극점을 포함한다. 위상 증가를 위해 식 (4.32)의 극점-영점 조합을 사용하며, 식 (4.22)와 $\angle G_{PS}(s)|_{f_c} \simeq -90°$를 이용하면 위상 증가 $\phi_{boost} \simeq 60°$이다. 따라서 전압 모드 제어를 위한 식 (4.18)의 제어기 전달함수와 달리 식 (4.32)의 제어기는 위상 증가를 위해 오직 하나의 극점-영점 쌍을 필요로 한다. 식 (4.32)에서 영점과 극점의 주파수들은 <부록 4C>에서 설명할 바와 같이 유도할 수 있다. 여기서 K_{boost}는 $\sqrt{f_p/f_z}$로 식 (4.26)에 나타낸 것과 같으며, 다음과 같이 정의할 수 있다.

$$K_{boost} = \tan\left(45° + \frac{\phi_{boost}}{2}\right) \tag{4.33}$$

$$f_z = \frac{f_c}{K_{boost}} \tag{4.34}$$

$$f_p = K_{boost} f_c \tag{4.35}$$

$$k_c = \frac{\omega_z}{|G_{PS}(s)|_{f_c}} \tag{4.36}$$

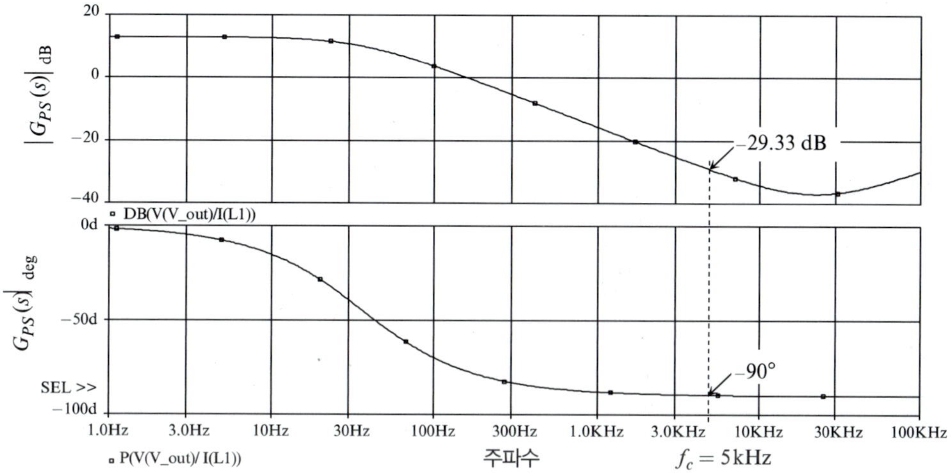

[그림 4-24] $\tilde{v}_o(s)/\tilde{i}_L(s)$에 대한 보드선도

[그림 4-24]와 같이 교차주파수에서 전력단 전달함수는 $|G_{PS}(s)|_{f_c} = -29.33\,\text{dB}$의 이득을 가진다. 따라서 [그림 4-22(b)]의 정의에 의해 교차주파수는 다음의 관계를 만족한다.

$$|G_C(s)|_{f_c} \times |G_{PS}(s)|_{f_c} = 1 \tag{4.37}$$

그러므로 식 (4.37)은 다음과 같이 쓸 수 있다.

$$|G_C(s)|_{f_c} = 29.33\,\text{dB} = 29.27 \tag{4.38}$$

식 (4.38)과 $f_c = 5\,\text{kHz}$, $\phi_{boost} \simeq 60°$, $|G_C(s)|_{f_c} = 29.27$을 이용하면 식 (4.33)을 통해 $K_{boost} = 3.732$를 구할 수 있다. 따라서 식 (4.32)의 제어기 전달함수의 파라미터는 각각 $f_z = 1340\,\text{Hz}$, $f_p = 18660\,\text{Hz}$, $k_c = 246.4 \times 10^3$이다.

식 (4.32)의 전달함수는 [그림 4-25]와 같은 연산증폭기 회로로 구현될 수 있다. 별도로 제공될 부록 4C에서 유도된 표현식에서 $R_1 = 10\,\text{k}\Omega$으로 설정하고 계산된 파라미터 값을 이용하면 [그림 4-25]의 회로 소자들의 값을 다음과 같이 구할 수 있다.

$$\begin{aligned} C_2 &= \frac{\omega_z}{\omega_p R_1 k_c} = 30\,\text{pF} \\ C_1 &= C_2(\omega_p/\omega_z - 1) = 380\,\text{pF} \\ R_2 &= 1/(\omega_z C_1) = 315\,\text{k}\Omega \end{aligned} \tag{4.39}$$

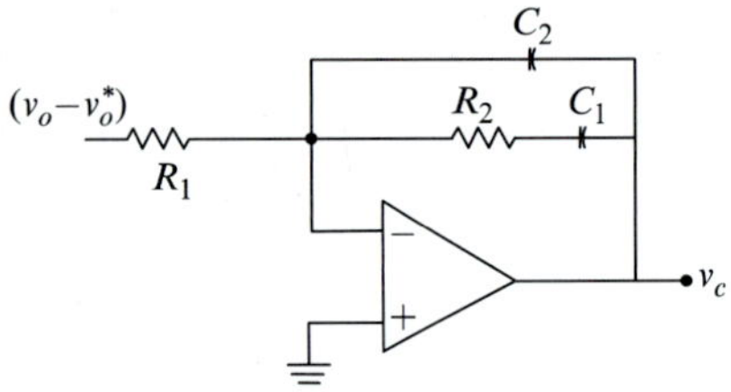

[그림 4-25] 연산증폭기(op-amp)를 이용한 $-G_c(s)$의 제어기 구현(식 (4.32) 이용)

4.5.1 시뮬레이션 및 하드웨어 프로토타이핑

벅-부스트 컨버터의 피크 전류 모드 제어는 LTspice 및 Workbench를 사용하여 [예제 4-6]과 같이 시뮬레이션할 수 있다.

예제 4-6

제어기는 연속 전도 모드(CCM)에서 $L = 68\,\mu\text{H}$, $C = 490\,\mu\text{F}$, 등가 직렬 저항 $r = 0.28\,\Omega$, 그리고 부하 저항 $R = 8\,\Omega$의 파라미터를 가지고 동작하며, DC 정상상태에서는 $V_{in} = 15\,\text{V}$, $V_o = 8\,\text{V}$, $f_s = 100\,\text{kHz}$의 조건에서 동작한다. 스위치와 다이오드는 2장 부록에 주어진 파라미터를 사용한다. 입력 전압과 부하가 변동하는 상황에서도 이러한 동작 조건 주변의 전압을 유지하기 위한 피크 전류 모드 제어기를 설계하라. 전압 피드백 네트워크에서 $k_{FB} = 1$이라고 가정하고 LTspice를 사용하여 이 컨버터를 시뮬레이션하라.

풀이

다운로드한 시뮬레이션 파일을 통해 예제를 풀어보자. 제어기 매개변수는 식 (4.32)부터 식 (4.38)까지를 구현한 Workbench 스크립트를 사용하여 계산된다.

교차주파수는 $f_{z,esr} = r \times C = 1/(0.28 \times 490\mu \times 2\pi) = 1.16\,\text{kHz}$에서 발생하는 등가 직렬 저항의 영점의 주파수보다 낮은 범위에서 $f_c = 1\,\text{kHz}$이며, 더 높은 주파수에서는 이득이 지속적으로 감소하도록 설정된다. 위상 여유는 $\phi_m = 60°$로 설정된다. 스크립트 파일에 의해 계산된 제어기의 매개변수는 각각 $f_z = 718.5\,\text{Hz}$, $f_p = 1.39\,\text{kHz}$, $k_c = 11604.2$이다.

제어기는 앞선 매개변수를 사용하여 LTspice에서 [그림 4-26]에 표시된 것처럼 연산증폭기를 통해 구현된다.

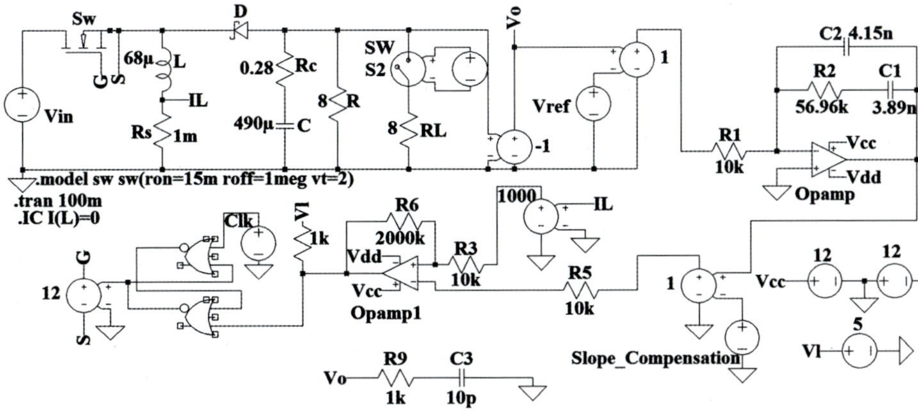

[그림 4-26] LTspice 모델

15 ms 에서 부하가 갑작스럽게 변화했을 때 이 모델의 시뮬레이션 파형은 [그림 4-27]과 같다.

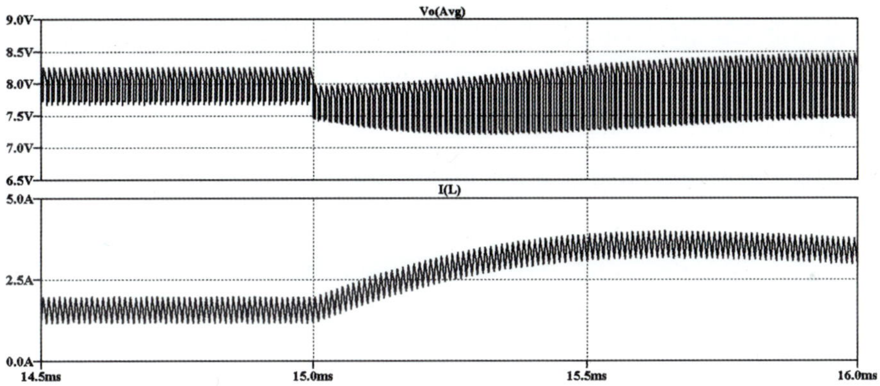

[그림 4-27] LTspice 시뮬레이션 결과

Workbench를 사용하여 동일한 모델을 [그림 4-28]과 같이 구현할 수 있다. 전압 제어기는 [그림 4-29(a)]에 표시된 것처럼 식 (4.32)의 전달함수 형식으로, 전류 제어기는 [그림 4-29(b)]에 표시된 대로 구현될 수 있다.

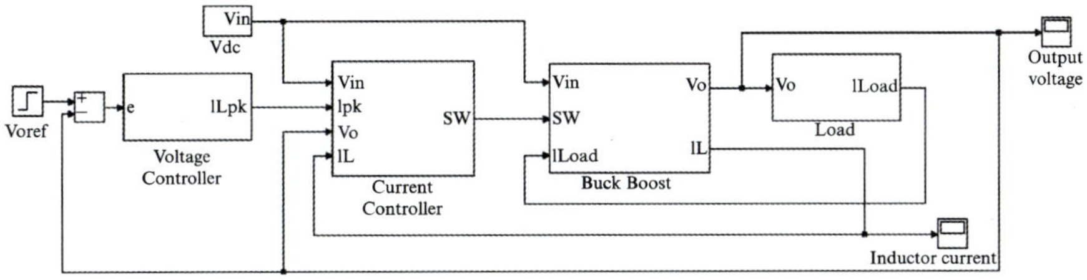

[그림 4-28] Workbench 모델

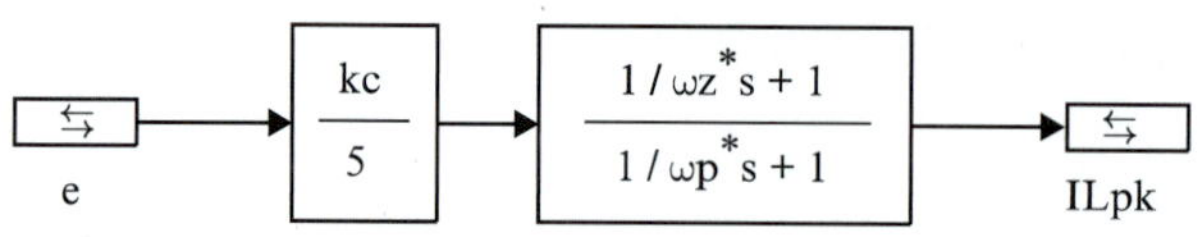

(a)

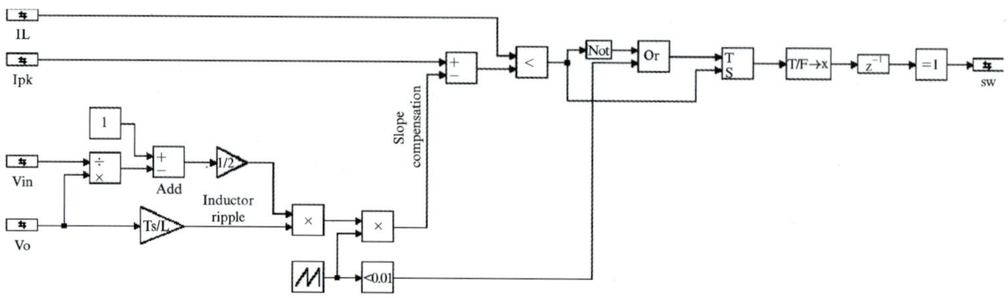

(b)

[그림 4-29] 제어기의 하위 시스템

이 모델에서는 출력 기준 전압이 $t = 1\,\text{ms}$ 일 때 초기값인 $0\,\text{V}$ 에서 $8\,\text{V}$ 로 단계적으로 변경된다. 부하는 2배로 증가하며, 부하 저항은 $t = 5\,\text{ms}$ 일 때 $8\,\Omega$에서 $4\,\Omega$으로 감소한다. 마지막으로 $t = 8\,\text{ms}$ 일 때 입력 전압 V_{in}은 이전 값인 $15\,\text{V}$ 에서 $22.5\,\text{V}$ 로 단계적으로 증가한다. 이를 통해 제어기는 [그림 4-30]에 표시된 것처럼 출력 전압을 $V_o = 7.5\,\text{V}$ 로 유지한다.

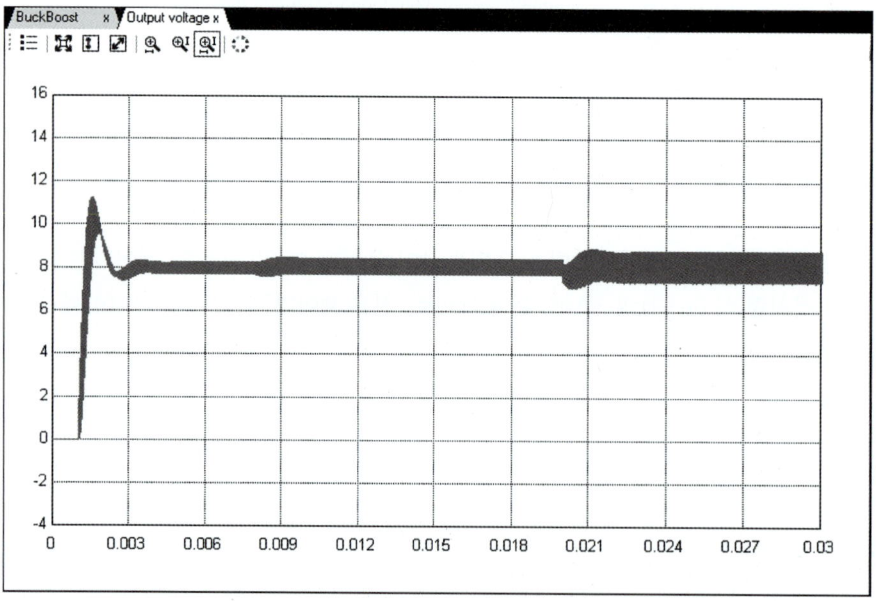

[그림 4-30] 출력 전압 파형

이 예제를 Sciamble 실험 키트를 사용하여 하드웨어에서 구현하기 위한 Workbench 모델은 [그림 4-31]과 같다. 앞서 언급했듯 제어기는 [그림 4-31]에 표시된 것처럼 전달함수 형식으로 직접 구현할 수 있다.

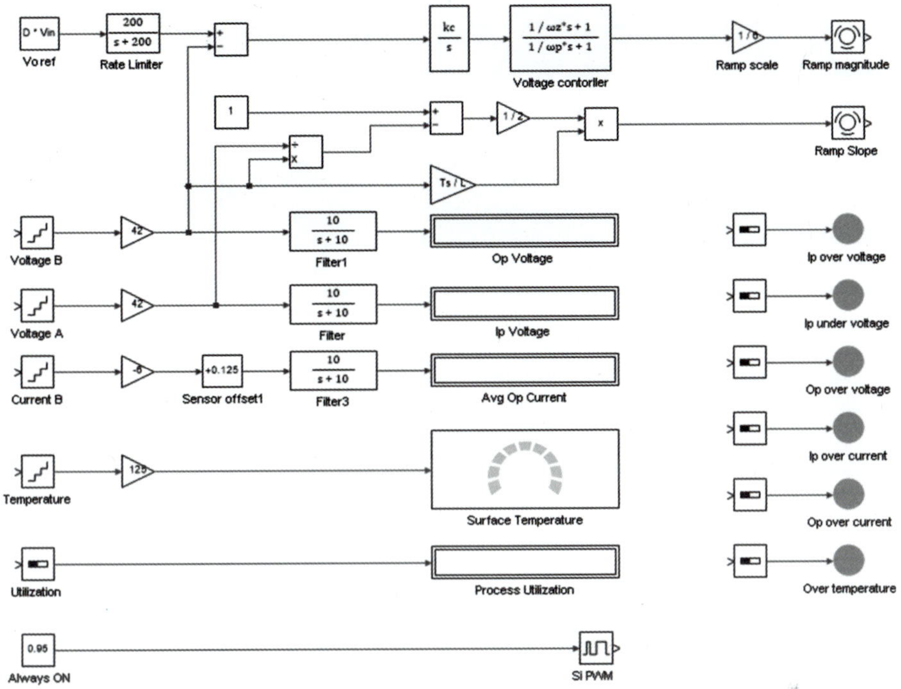

[그림 4-31] Workbench 모델

Sciamble 실험 키트를 사용하여 벅 컨버터를 실행했을 때의 정상상태 파형은 [그림 4-32]와 같다. 컨버터의 출력 전압은 [그림 4-32(a)]에서 볼 수 있듯이 원하는 기준 전압에 안정적으로 도달한다. [그림 4-32(b)]는 스위칭 주기 동안의 몇 가지 파형을 확대하여 보여준다. 하드웨어 구현을 재현하기 위한 단계별 절차는 웹사이트를 통해 확인할 수 있다.[4]

4 Buck-Boost Converter Current-mode Control Lab Manual. https://sciamble.com/resources/pe-drives-lab/basic-pe

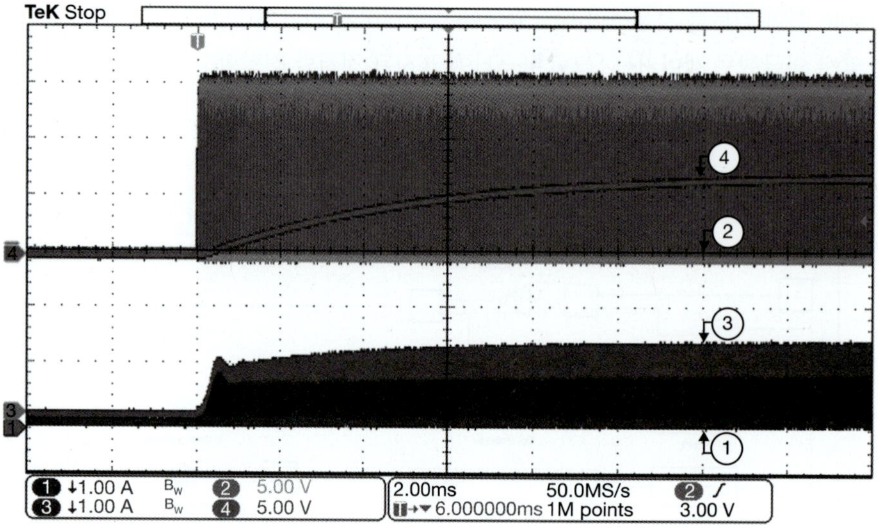

(a) 기준 전압의 단계적 변화에 대한 Workbench 하드웨어 결과

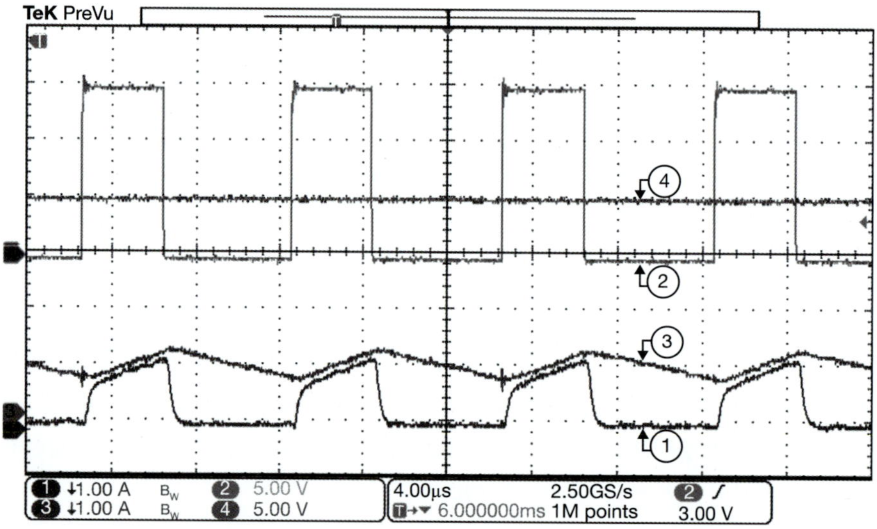

(b) 스위칭 주기 파형

[그림 4-32] Workbench 하드웨어 결과(① 입력 전류, ② 스위치-노드 전압, ③ 인덕터 전류, ④ 출력 전압)

4.6 DCM에서의 피드백 제어기 설계

4.4절과 4.5절에서 피드백 제어기를 컨버터의 연속 전도 모드(CCM)에서 동작하는 것으로 설계하였다. 불연속 전도 모드(DCM)에서 제어기를 설계하는 과정은 LTspice 시뮬레이션에서 전력단$^{\text{power stage}}$의 평균 모델을 3장에서 설명한 불연속 전도 모드(DCM)에서 유효한 모델로 교체하는 것을 제외하면 모두 동일하다. 이는 [그림 4-33]의 LTspice 회로도에서 벅-부스트 컨버터로 표현되는데, 여기서 스위칭 극점의 평균 모델은 연속 전도 모드(CCM)와 불연속 전도 모드(DCM)에서 모두 유효하다.

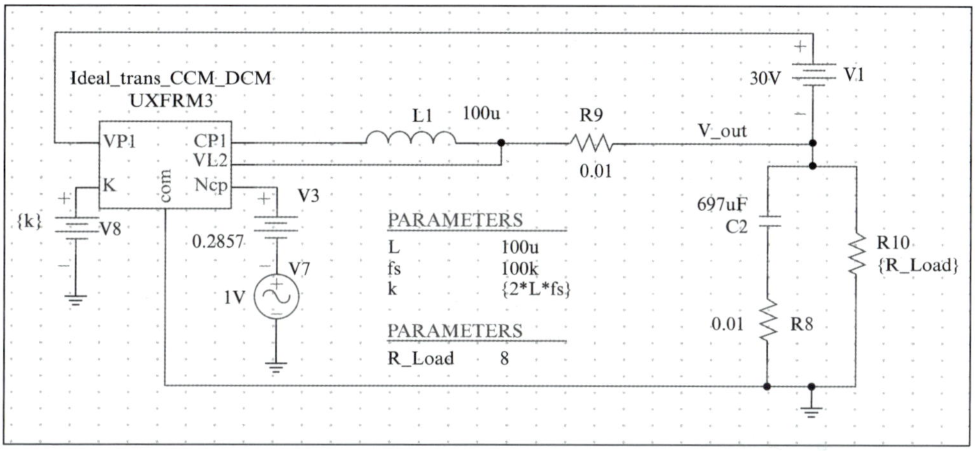

[그림 4-33] 연속 전도 모드(CCM)와 불연속 전도 모드(DCM)에서의 LTspice 벅-부스트 컨버터 회로

[그림 4-34]와 같이 DCM에서의 전력단 $G_{PS}(s)$의 보드선도를 CCM과 비교해보면 전달함수의 위상도$^{\text{phase plot}}$에서 극점 중 하나가 상쇄$^{\text{cancel out}}$되는 것처럼 보인다. 이는 DCM에서의 피드백 제어기 설계를 용이하게 한다.

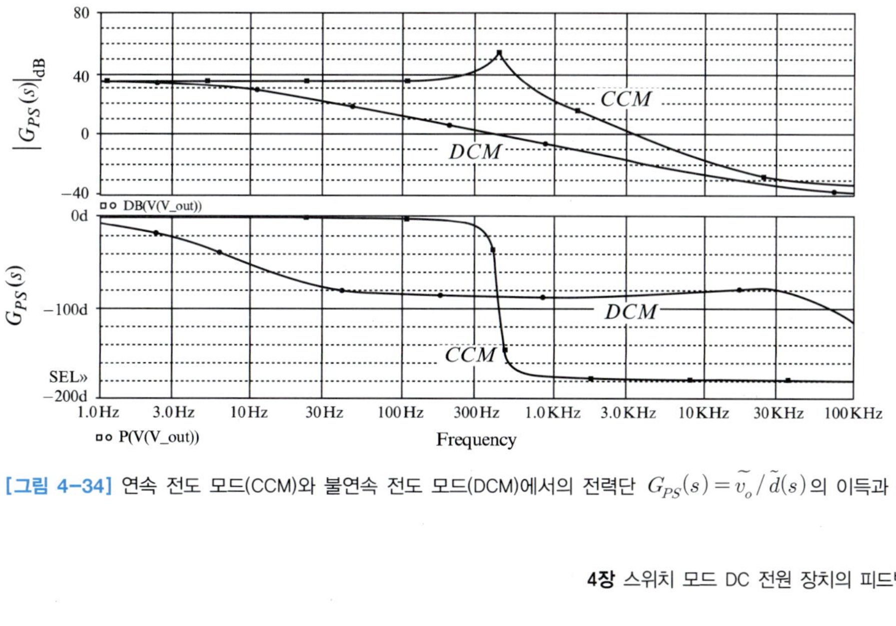

[그림 4-34] 연속 전도 모드(CCM)와 불연속 전도 모드(DCM)에서의 전력단 $G_{PS}(s)=\tilde{v}_o/\tilde{d}(s)$의 이득과 위상

연습문제

4.1 [예제 4-3]에서 개루프open-loop 전달함수 $G_L(s)$의 이득과 위상을 그려라.

4.2 전압 제어 모드 DC-DC 컨버터에서 루프 전달함수는 교차주파수 $f_c = 2\,\text{kHz}$를 가지며, 전력단 전달함수는 교차주파수에서 위상각 −160°를 가진다. 식 (4.18)의 전압 제어 전달함수에서 위상 여유 60°가 요구될 때 ω_z와 ω_p를 계산하라.

4.3 [연습문제 4.2]에서 전력단은 교차주파수와 $k_{FB} = 0.2$, $G_{PWM} = 0.6$에서 20의 이득을 가진다. 식 (4.18)의 전압 제어 전달함수에서 k_c를 계산하라.

4.4 [예제 4-4]에서 개루프 전달함수 $G_L(s)$의 이득과 위상을 그려라.

4.5 피크 전류 모드 제어의 DC-DC 컨버터에서 외부 전압루프에서의 루프 교차주파수는 10 kHz이다. 이 주파수에서 [그림 4-22(b)]의 전력단은 0.1의 이득과 −80°의 위상각을 가진다. 원하는 위상 여유가 60°일 때 식 (4.32)의 제어 전달함수에서 f_z와 f_p, k_c를 계산하라.

4.6 연속 전도 모드에서 벅 컨버터의 전달함수 $\tilde{v}_o(s)/\tilde{i}_L(s)$를 유도하라.

4.7 연속 전도 모드에서 부스트 컨버터의 전달함수 $\tilde{v}_o(s)/\tilde{i}_L(s)$를 유도하라.

4.8 연속 전도 모드에서 벅-부스트 컨버터의 전달함수 $\tilde{v}_o(s)/\tilde{i}_L(s)$를 유도하라.

시뮬레이션 문제

4.9 벅 컨버터에서 $L = 100\,\mu\text{H}$, $C = 697\,\mu\text{F}$, 그리고 $R_{Load} = 9.0\,\Omega$이다. 커패시터의 등가 직렬 저항(ESR)은 0.1이고 입력 전압 $V_{in} = 24\,\text{V}$, 스위칭 주파수 $f_s = 100\,\text{kHz}$이며, 출력 전압 $V_o = 18\,\text{V}$이다.

(a) 주어진 값을 이용하여 [그림 4-10]의 전달함수 $\dfrac{\tilde{v}_o}{\tilde{d}}(s)$의 보드선도를 구하라.

(b) [연습문제 4.10]에서 개루프 전달함수 $G_L(s)$의 교차주파수가 1 kHz일 때 전달함수 $\dfrac{\tilde{v}_o}{\tilde{d}}(s)$의 이득과 위상을 구하라.

4.10 [연습문제 4.9]의 벅 컨버터에서 $k_{fb}=0.2$, $G_{PWM}(s)=0.556$인 [그림 4-14]에서의 전압 모드를 사용한 피드백 제어기를 설계하라. 개루프 교차주파수를 1kHz 혹은 이와 근사하게 선택하고 60°의 위상 여유를 가지도록 한다.

(a) [그림 4-14]와 같은 연산증폭기를 사용하여 피드백 제어기를 시뮬레이션했을 때 부하에서 계단 변화step-change의 출력 전압 응답을 구하라.

(b) 45°의 위상 여유를 가지도록 (a)의 과정을 반복하고 60°의 위상 여유일 때 출력 전압 응답과 비교하라.

(c) 2kHz 교차주파수로 (a)의 과정을 반복하고 (a)에서의 응답과 비교하라.

4.11 벅-부스트 컨버터에서 $L=100\mu\text{H}$, $C=697\mu\text{F}$, $R_{Load}=200.0\Omega$이다. 커패시터의 등가 직렬 저항(ESR)은 0.01Ω이고 입력 전압 $V_{in}=24\text{V}$, 스위칭 주파수 $f_s=100\text{kHz}$이며, 스위치 듀티 비 $D=0.375$이다.

(a) 주어진 값을 이용하여 [그림 4-24]의 전달함수 $\frac{\tilde{v}_o}{\tilde{i}_L}(s)$의 보드선도를 구하라.

(b) [연습문제 4.12]에서 개루프 전달함수 $G_L(s)$의 교차주파수가 5kHz일 때 전달함수 $\frac{\tilde{v}_o}{\tilde{i}_L}(s)$의 이득과 위상을 구하라.

4.12 [연습문제 4.11]의 벅-부스트 컨버터에서 [그림 4-26]의 피크 전류 모드를 이용한 피드백 제어기를 설계하라. 개루프 교차주파수를 5kHz 혹은 이와 근사하게 선택하고 60°의 위상 여유를 가지도록 한다.

(a) [그림 4-26]와 같이 연산증폭기를 사용하여 피드백 제어기를 시뮬레이션했을 때의 파라미터 값을 구하라.

(b) 부하에서 계단 변화의 출력 전압과 인덕터 전류 응답을 구하라.

4.13 [연습문제 4.11]의 벅-부스트 컨버터에서 연속 전도 모드와 불연속 전도 모드로 동작할 때의 $\frac{\tilde{v}_o}{\tilde{d}}(s)$를 구하고 두 결과를 비교하라.

부록 4A 극점과 영점을 가진 전달함수의 보드선도

부록에서는 복습을 위한 다양한 전달함수의 보드선도를 살펴본다.

4A.1 전달함수에서의 극점

ω_p에서 극점을 가진 전달함수는 다음과 같이 표현된다.

$$T(s) = \frac{1}{1 + s/\omega_p} \tag{4A.1}$$

이득gain과 위상도plot는 [그림 4A-1]에 제시되어 있다. 극점주파수pole frequency가 ω_p 이상이 되면 이득은 $-20\,\text{dB/decade}$의 비율로 떨어지기 시작하며, 최종적으로 위상각은 대략 $-90°$로 떨어진다.

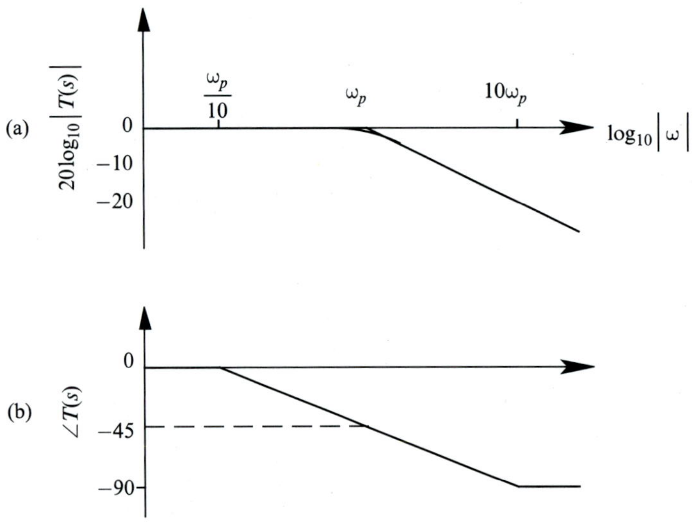

[그림 4A-1] 극점의 이득과 위상도

4A.2 전달함수에서의 영점

ω_z에서 영점을 가진 전달함수는 다음과 같이 표현된다.

$$T(s) = \frac{1 + s}{\omega_z} \tag{4A.2}$$

[그림 4A-2]에서 영점주파수가 ω_z 이상이 되면 이득은 $20\,\text{dB/decade}$의 비율로 증가하기 시작하며, 최종적으로 위상각은 대략 $+90°$로 증가한다.

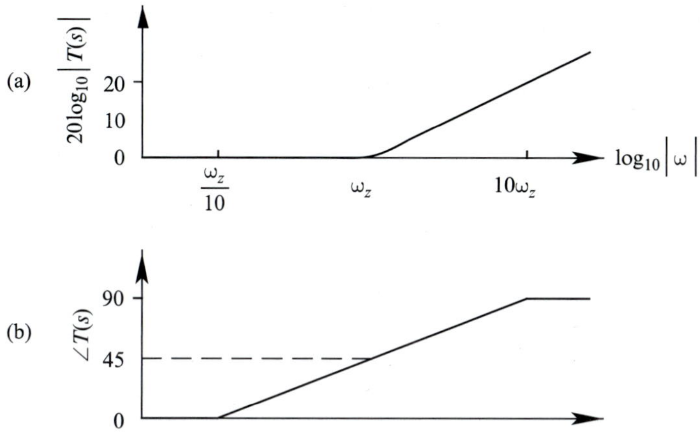

[그림 4A-2] 영점의 이득과 위상도

4A.3 전달함수에서의 우반면 영점

부스트와 벅-부스트 DC-DC 컨버터에서 전달함수는 소위 "우반면right-hand plane, RHP"에 영점을 가지며, 전달함수는 다음과 같이 표현된다.

$$T(s) = 1 - \frac{s}{\omega_z} \tag{4A.3}$$

[그림 4A-3]에서 영점주파수가 ω_z 이상이 되면 이득은 20 dB/decade의 비율로 증가하기 시작하며, 최종적으로 위상각은 −90°로 떨어진다. 이 우반면 영점은 부스트와 벅-부스트 컨버터에서의 피드백 제어기 설계에 있어 4장에서 다뤘던 것처럼 특히 어려운 문제이다.

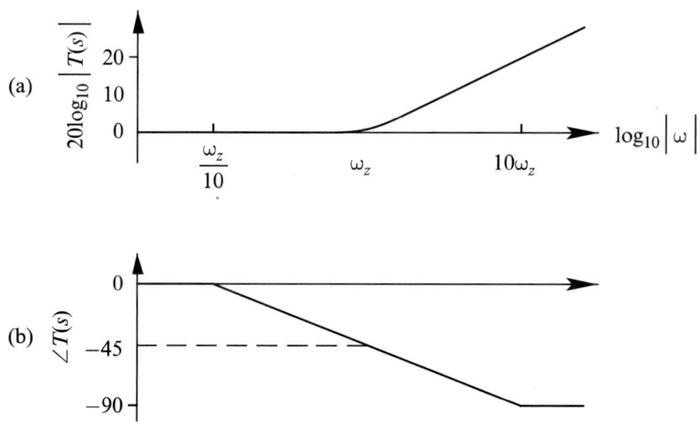

[그림 4A-3] 우반면 영점의 이득과 위상도

4A.4 전달함수에서의 이중 극점

DC-DC 컨버터 전달함수에서 LC 필터는 이중극점double pole을 가지며, 다음과 같이 표현할 수 있다.

$$T(s) = \frac{1}{1 + \alpha s + \left(\frac{s}{\omega_o}\right)^2} \tag{4A.4}$$

[그림 4A-3]에서 주파수가 ω_o 이상일 때 이득은 $-40\,\mathrm{dB/decade}$ 의 비율로 떨어지기 시작하며, 최종적으로 위상각은 $-180°$로 떨어진다. 이 이득과 위상도는 감쇠 계수damping coefficient $\xi = (\alpha/2)\omega_o$ 에 따라 도식화하였다.

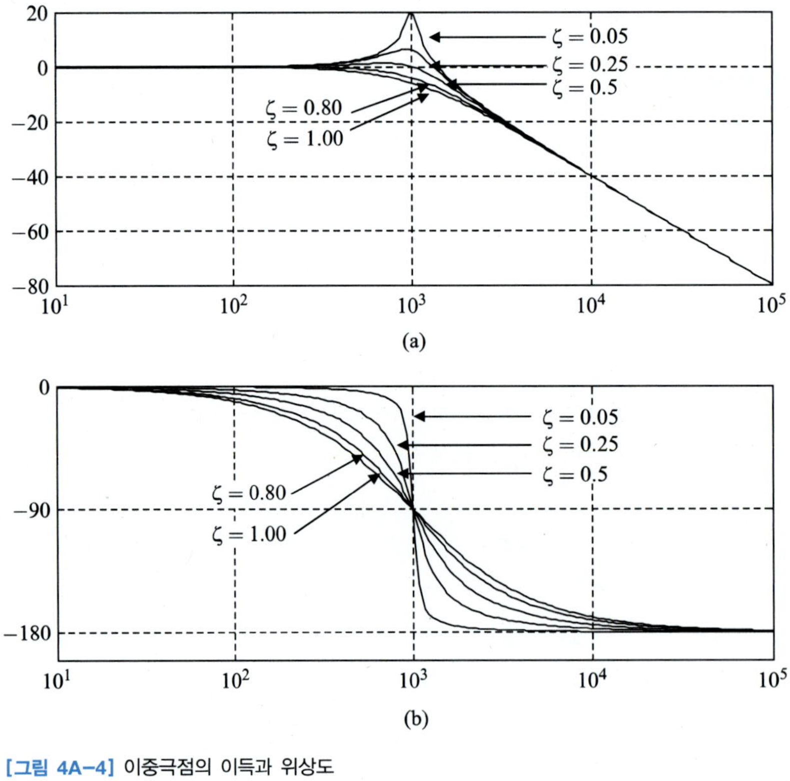

[그림 4A-4] 이중극점의 이득과 위상도

부록 4B CCM에서의 전달함수

이 절에서는 연속 전도 모드에서 동작하는 3개의 컨버터의 전달함수 v_o / d를 유도한다.

4B.1 벅 컨버터

[그림 4-7]에서 벅 컨버터의 소신호 다이어그램은 [그림 4B-1]과 같다. 출력단 임피던스 Z_{OS}는 필터 커패시터와 부하 저항의 병렬 조합으로 다음과 같이 정의된다.

$$z_{os} = \frac{R\left(r + \frac{1}{sC}\right)}{R + \left(r + \frac{1}{sC}\right)} = R\frac{1 + srC}{1 + s(R + r)C} \tag{4B.1}$$

어떠한 컨버터에서도 $r \ll R$이므로 $R + r \approx R$이다. 식 (4B.1)의 가정을 이용하면 다음과 같이 쓸 수 있다.

$$Z_{OS} \simeq R\frac{1 + srC}{1 + sRC} \tag{4B.2}$$

Z_{eff}를 필터 인덕터 임피던스 sL과 출력단 임피던스 Z_{os}의 합으로 정의하면 다음과 같다.

$$\frac{Z_{OS}}{Z_{eff}} = \frac{1 + srC}{LC\left[s^2 + s\left(\frac{1}{RC} + \frac{r}{L}\right) + \frac{1}{LC}\right]} \tag{4B.3}$$

따라서 [그림 4B-1]에서는 전압 분배를 통해 다음과 같은 관계가 성립한다.

$$\frac{\tilde{v}_o}{\tilde{d}} = V_{in}\frac{z_{os}}{z_{eff}} = V_{in}\frac{1 + srC}{LC\left[s^2 + s\left(\frac{1}{RC} + \frac{r}{L}\right) + \frac{1}{LC}\right]} \tag{4B.4}$$

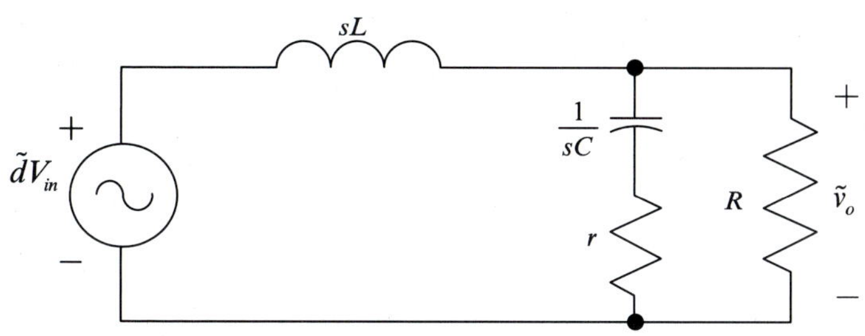

[그림 4B-1] 평균적인 벅 컨버터 등가회로

4B.2 부스트 컨버터

[그림 4-7]에서 부스트 컨버터의 소신호 다이어그램은 [그림 4B-2(a)]와 같다. 이 회로에서 DC 정상 상태 동작점의 값은 다음과 같이 계산할 수 있다.

$$I_o = \frac{V_o}{R} \tag{4B.5}$$

입력 전력과 출력 전력이 동일하다고 하면 다음과 같다.

$$V_o I_o = V_{in} I_{in} \tag{4B.6}$$

식 (4B.5)를 식 (4B.6)에 대입하면 다음과 같이 쓸 수 있다.

$$I_L = I_{in} = \frac{V_o I_o}{V_{in}} = \frac{V_o^2}{RV_{in}} \tag{4B.7}$$

[그림 4B-2(a)]의 단자 왼쪽의 서브회로는 [그림 4B-2(b)]와 같이 노튼 등가[Norton equivalent] 회로로 대체할 수 있다. [그림 4B-2(b)]의 변압기 왼쪽의 서브회로는 [그림 4B-2(c)]와 같이 오른쪽으로 변환할 수 있다. 여기서 다음과 같은 관계식이 성립한다.

$$L_e = \frac{L}{(1-D)^2} \tag{4B.8}$$

[그림 4B-2(c)]의 두 전류원은 조합 가능하다. 테브난의 등가회로를 사용하면 [그림 4B-2(d)]의 등가 전압은 다음과 같다.

$$v_{eq} = \tilde{d}\frac{V_{in}}{(1-D)^2}\left(1-\frac{sL_e}{R}\right) \tag{4B.9}$$

(식 4B.9)의 등가 전압을 사용하고 [그림 4B-2(d)]의 회로에 전압 분배를 적용하면 다음과 같다.

$$\frac{\tilde{v}_o}{\tilde{d}} = \frac{V_{in}}{(1-D)^2}\left(1-\frac{sL_e}{R}\right)\frac{1+srC}{L_eC\left[s^2+s\left(\frac{1}{RC}+\frac{r}{L_e}\right)+\frac{1}{L_eC}\right]} \tag{4B.10}$$

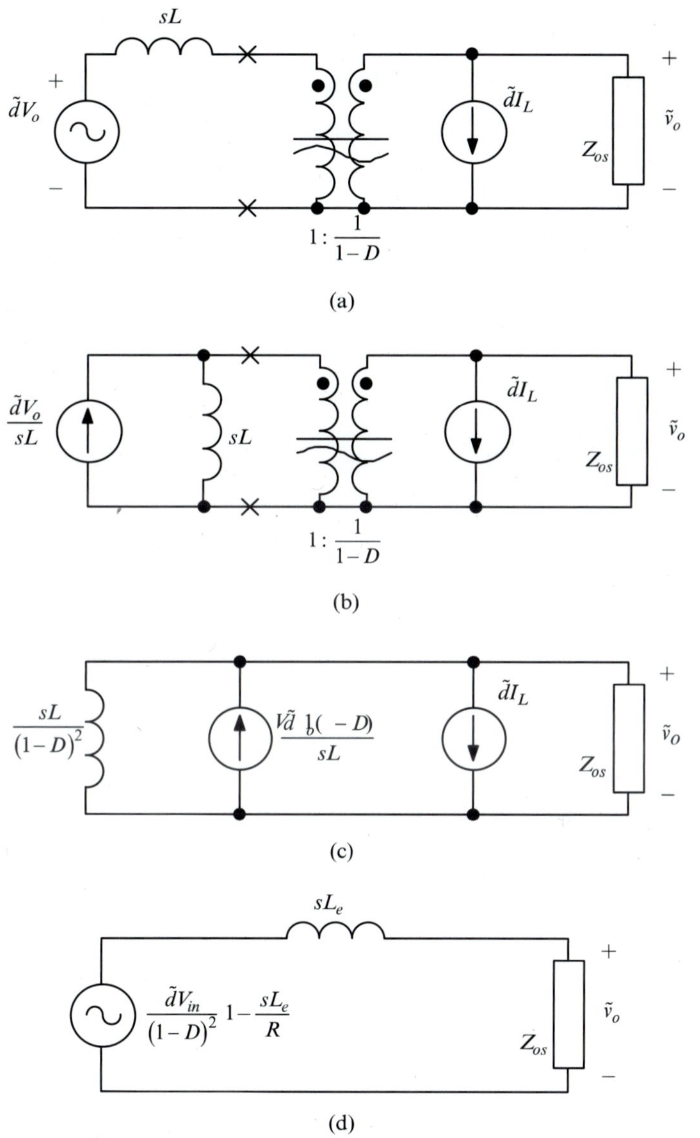

[그림 4B-2] 평균적인 부스트 컨버터 등가회로

4B.3 벅-부스트 컨버터

[그림 4-7]에서 벅-부스트 컨버터의 소신호 다이어그램은 [그림 4B-3(a)]와 같다. 먼저 DC 정상상태 동작점에서 필요한 양의 값을 계산해보자. 벅-부스트 컨버터에서는 다음의 두 관계식이 성립한다.

$$I_o = \frac{V_o}{R} \tag{4B.11}$$

$$v_o = \frac{D}{(1-D)} V_{in} \tag{4B.12}$$

입력 전력과 출력 전력이 동일하다고 하면 다음과 같다.

$$I_{in} V_{in} = V_o I_o \tag{4B.13}$$

따라서 다음과 같은 식이 성립한다.

$$I_{in} = \frac{V_o^2}{R V_{in}} \tag{4B.14}$$

$$I_L = \frac{V_{in}}{R} \frac{D}{(1-D)^2} \tag{4B.15}$$

[그림 4B-3(a)]와 [그림 4B-3(b)]의 표시된 단자 왼쪽의 서브회로를 고려하면 다음과 같이 쓸 수 있다.

$$i_1 = i_2 \tag{4B.16}$$

여기서 i_1은 다음과 같다.

$$i_1 = D i_2 \tag{4B.17}$$

식 (4B.16)과 식 (4B.17)은 일반적으로 $i_1 = i_2 = 0$인 경우에만 유효하다. 따라서 [그림 4B-3(b)]에서 다음과 같다.

$$v_{oc} = \tilde{d} \frac{V_{in}}{(1-D)^2} \tag{4B.18}$$

[그림 4B-3(c)]와 같이 단자 단락은 다음과 같이 정의한다.

$$i_{sc} = i_1 = D i_1 = (1-D) i_1 \tag{4B.19}$$

[그림 4B-3(c)]에서 i_1은 다음과 같다.

$$i_1 = \tilde{d}\frac{V_{in}}{(1-D)sL} \tag{4B.20}$$

식 (4B.20)을 식 (4B.19)에 대입하면 다음과 같이 쓸 수 있다.

$$i_{sc} = \tilde{d}\frac{V_{in}}{sL} \tag{4B.21}$$

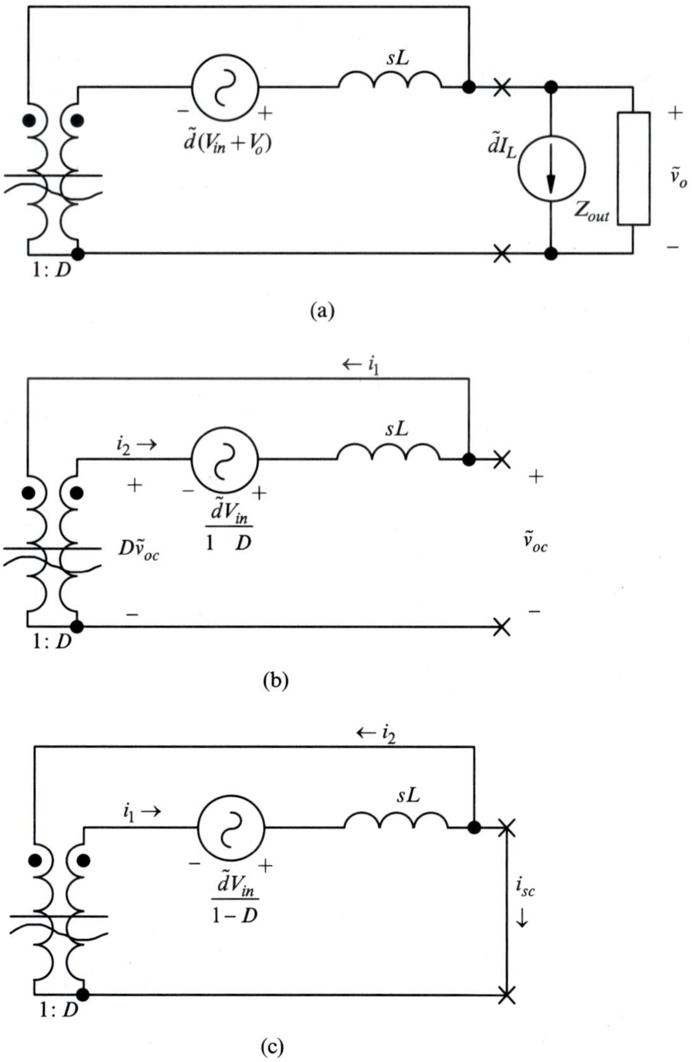

[그림 4B-3] 평균적인 벅-부스트 컨버터 등가회로

[그림 4B-3(b)]와 [그림 4B-3(c)], 식 (4B.18)과 식 (4B.21)에서 [그림 4B-3(a)]의 표시된 단자 왼쪽에 있는 테브난 임피던스는 다음과 같다.

$$Z_{Th} = \frac{v_{oc}}{i_{sc}} = sL_e \tag{4B.22}$$

여기서 L_e와 v_{Th}는 각각 다음과 같다.

$$L_e = \frac{L}{(1-D)^2} \tag{4B.23}$$

$$v_{Th} = \tilde{d}\frac{V_{in}}{(1-D)^2} \tag{4B.24}$$

이 테브난 등가회로를 사용하면 [그림 4B-3(a)]의 회로를 [그림 4B-4(a)]와 같이 그릴 수 있다. 표시된 단자 중 왼쪽의 서브회로는 [그림 4B-4(b)]의 노튼 등가회로로 나타낼 수 있다. 전류원과 [그림 4B-4(b)]의 서브회로를 [그림 4B-4(c)]의 테브난 등가회로로 나타내면 다음과 같다.

$$v_{eq} = \tilde{d}\frac{V_{in}}{(1-D)^2}\left(1 - sD\frac{L_e}{R}\right) \tag{4B.25}$$

최종적으로 정리하면 다음과 같다.

$$\frac{\hat{v}_o}{d} = \frac{V_{in}}{(1-D)^2}\left(1 - sD\frac{L_e}{R}\right)\frac{1 + srC}{L_e C\left[s^2 + s\left(\frac{1}{RC} + \frac{r}{L_e}\right) + \frac{1}{L_e C}\right]} \tag{4B.26}$$

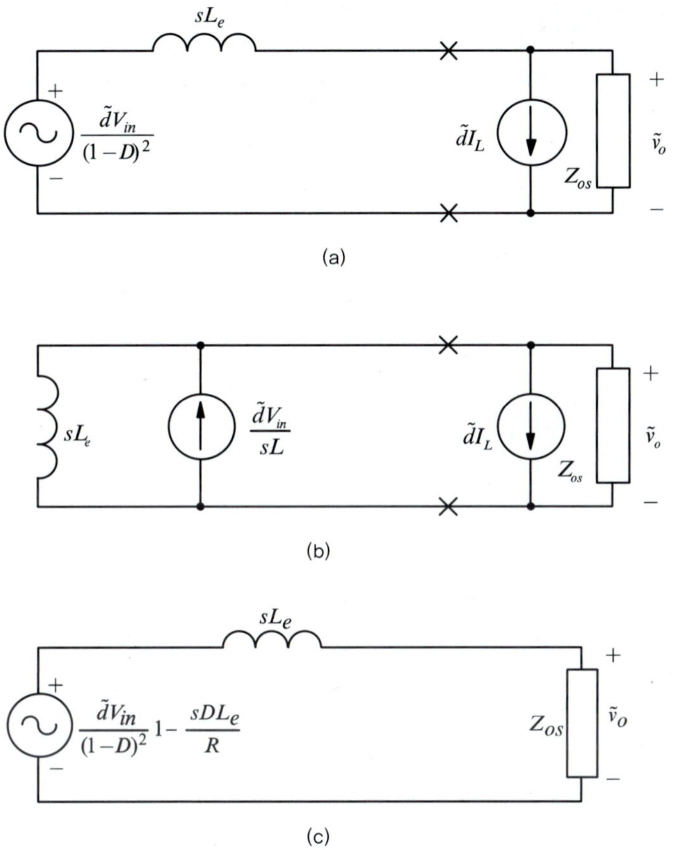

[그림 4B-4] 평균 벅-부스트 컨버터 등가회로

부록 4C 제어기 전달함수의 파라미터 값 유도

4C.1 극점-영점 쌍을 갖는 제어기 전달함수

식 (4C.1a)의 제어기 전달함수는 원점에 있는 극점과 위상 부스트를 제공하기 위한 극점-영점pole-zero 쌍으로 구성된다.

$$G_C(s) = \frac{k_c}{s}\frac{1+s/\omega_z}{1+s/\omega_p} \tag{4C.1a}$$

원점에서의 극점이 −90°의 위상을 발생시킴을 알고 있으므로 이를 고려하면 주어진 전달함수를 분석하기 위한 다른 전달함수를 식 (4C.1b)와 같이 정의할 수 있다.

$$G_C'(s) = k_c\frac{1+s/\omega_z}{1+s/\omega_p} \tag{4C.1b}$$

여기서 ϕ의 값은 다음과 같다.

$$\phi = \angle G_C'(s) = \tan^{-1}\frac{\omega}{\omega_p} \tag{4C.2}$$

4C.1.1 f_{boosl}이 생성하는 주파수

제어기에서 제공하는 최대 각도 f_{boosl}은 다음과 같이 0과 극점주파수의 기하평균에서 발생한다(이 기하평균 주파수는 $w = w_c$와 일치하도록 만들어졌으며, w_c는 교차주파수이다). f_{boosl}이 발생하는 주파수를 찾으려면 위상각의 도함수derivative를 0으로 설정하면 된다.

$$\frac{d}{d\omega}\phi = \frac{1}{\omega_z}\frac{1}{\left(1+\dfrac{\omega^2}{\omega_z^2}\right)} - \frac{1}{\omega_p}\frac{1}{\left(1+\dfrac{\omega^2}{\omega_p^2}\right)} = 0 \tag{4C.3}$$

혹은 다음과 같이 쓸 수 있다.

$$\frac{\omega_z}{\left(\omega^2+\omega_z^2\right)} - \frac{\omega_p}{\left(\omega^2+\omega_p^2\right)} = 0 \tag{4C.4}$$

$$\left(\omega^2 - \omega_z\omega_p\right)\left(\omega_z - \omega_p\right) = 0 \tag{4C.5}$$

식 (4C.5)로부터 다음과 같은 식을 정의할 수 있다. 이는 제어기 전달함수의 위상 각도가 기하평균 주파수에서 최대에 도달한다는 것을 보여준다.

$$\omega = \sqrt{\omega_z\omega_p} \tag{4C.6}$$

4C.1.2 영점 및 극 주파수 도출

식 (4C.6)을 식 (4C.2)에 대입하면 다음과 같은 관계식을 도출할 수 있다.

$$\phi_{boost} = \tan^{-1}\frac{\sqrt{\omega_z\omega_p}}{\omega_z} - \tan^{-1}\frac{\sqrt{\omega_z\omega_p}}{\omega_p} \qquad (4C.7)$$

혹은 다음과 같이 쓸 수 있다.

$$\phi_{boost} = \tan^{-1}\sqrt{\frac{\omega_p}{\omega_z}} - \tan^{-1}\sqrt{\frac{\omega_z}{\omega_p}} \qquad (4C.8)$$

$\tan^{-1}x = \cot^{-1}\left(\frac{1}{x}\right)$이고 $\tan^{-1}y + \cot^{-1}y = \frac{\pi}{2}$인 것에 주목하자. 따라서 식 (4C.8)은 다음과 같다.

$$\phi_{boost} = \tan^{-1}\sqrt{\frac{\omega_p}{\omega_z}} - \left(\frac{\pi}{2} - \tan^{-1}\sqrt{\frac{\omega_p}{\omega_z}}\right) = 2\tan^{-1}\sqrt{\frac{\omega_p}{\omega_z}} - \frac{\pi}{2} \qquad (4C.9)$$

K-factor라고 하는 중간 변수를 다음과 같이 정의할 수 있다.

$$k_{boost} = \sqrt{\frac{\omega_p}{\omega_z}} \qquad (4C.10)$$

식 (4C.9) 및 식 (4C.10)을 풀면 다음과 같다.

$$k_{boost} = \tan\left(\frac{\phi_{boost}}{2} + \frac{\pi}{4}\right) \qquad (4C.11)$$

혹은 다음과 같이 쓸 수 있다.

$$k_{boost} = \tan\left(\frac{\phi_{boost}}{2} + 45°\right) \qquad (4C.12)$$

4C.1.3 단일 연산증폭기를 통한 컨트롤러 전송 기능 구현

식 (4C.1)의 제어기 전달함수는 단일 연산증폭기 회로로 구현할 수 있다. [그림 4C-1]에서 입출력 관계를 구하고 식 (4C.1)의 전달함수와 비교하면 다음과 같다.

$$k_c = \frac{1}{R_1(C_1 + C_2)}\ \omega_z = \frac{1}{C_1R_2}\ \omega_p = \frac{C_1 + C_2}{R_2C_1C_2} \qquad (4C.13)$$

식 (4C.13)으로부터 R_j에 대한 식은 다음과 같다.

$$C_2 = \frac{\omega_Z}{\omega_P R_1 k_c} C_1 = C_2(\omega_P/\omega_z - 1)R_2 = 1/(\omega_Z C_1) \tag{4C.14}$$

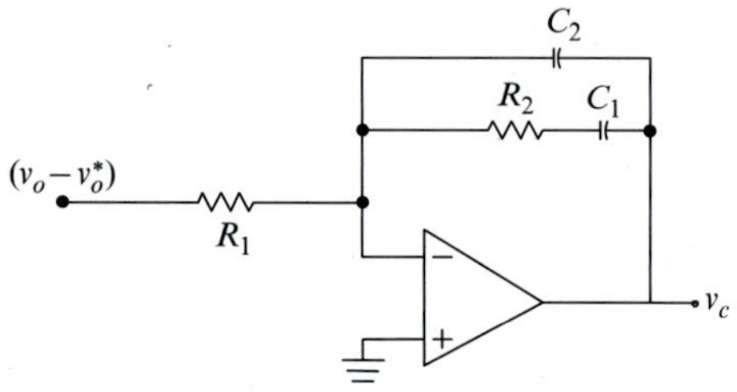

[그림 4C-1] 연산증폭기를 이용한 $-G_c(s)$의 제어기 구현(식 (4C.1a) 이용)

4C.2 2개의 극점-영점 쌍을 갖는 제어기 전달함수

식 (4C.15)의 제어기 전달함수는 원점에 있는 극점과 위상 부스트를 제공하기 위한 2개의 극점-영점 쌍으로 구성된다.

$$G_C^{'}(s) = \frac{k_c}{s}\frac{(1+s/\omega_z)^2}{(1+s/\omega_p)^2} \tag{4C.15}$$

원점에서의 극점이 −90°의 위상을 발생시킴을 알고 있으므로 이를 고려하여 주어진 전달함수를 분석하기 위한 다른 전달함수를 식 (4C.16)와 같이 정의할 수 있다.

$$G_C^{'}(s) = k_c\frac{(1+s/\omega_z)^2}{(1+s/\omega_p)^2} \tag{4C.16}$$

여기서 ϕ의 값은 다음과 같다.

$$\phi = \angle G_c^{'}(s) = 2\tan^{-1}\frac{\omega}{\omega_z} - 2\tan^{-1}\frac{\omega}{\omega_p} \tag{4C.17}$$

4C.1절과 유사한 유도 과정derivation을 통해 극점과 영점주파수의 기하평균인 주파수 f_c에서 위상은 최댓값을 갖는다. 이는 4C.1절의 결과인 식 (4C.18)과 유사하다.

$$\omega = \sqrt{\omega_z\omega_p} \tag{4C.18}$$

다음으로 삼각함수 항등식trigonometric identity을 사용한다.

$$\tan^{-1}x - \tan^{-1}y = \tan^{-1}\left(\frac{x-y}{1+xy}\right) \tag{4C.19}$$

주파수가 w_c일 때 식 (4C.17)과 식 (4C.18)의 위상 증가는 다음과 같다.

$$\phi_{boost} = \angle G_c'(s) = 2\tan^{-1}\left(\frac{\dfrac{\omega_c}{\omega_z} - \dfrac{\omega_c}{\omega_p}}{1 + \dfrac{\omega_c^2}{\omega_z \omega_p}}\right) \tag{4C.20}$$

$$\tan\left(\frac{\phi_{boost}}{2}\right) = \frac{\omega_c(\omega_p - \omega_z)}{\omega_c\omega_p + \omega_c^2} \tag{4C.21}$$

$$\tan\left(\frac{\phi_{boost}}{2}\right) = \frac{\omega_c(\omega_p - \omega_z)}{\omega_z\omega_p + \omega_c^2} \tag{4C.22}$$

식 (4C.20)과 식 (4C.21)을 사용하면 다음과 같은 식을 얻을 수 있다.

$$k_{boost} = \tan\left(45° + \frac{\phi_{boost}}{4}\right) \tag{4C.23}$$

식 (4C.15)의 제어기 전달함수는 단일 연산증폭기 회로로 구현할 수 있다. [그림 4C-2]에서 입출력 관계를 구하고 R_j 측면에서 식 (4C.15)의 전달함수와 비교하면 다음과 같다.

$$\begin{aligned} c_2 &= \omega_z / (k_c \omega_p R_1) \\ c_1 &= c_2(\omega_p / \omega_z - 1) \\ R_2 &= 1/(\omega_z c_1) \\ R_3 &= R_1 / (\omega_p / \omega_z - 1) \\ C_3 &= 1/(\omega_p R_3) \end{aligned} \tag{4C.24}$$

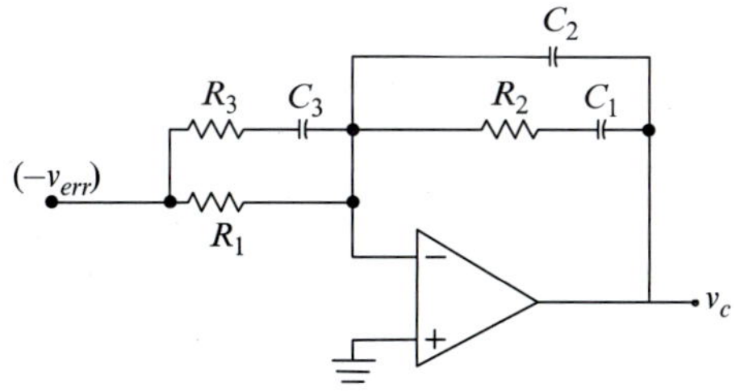

[그림 4C-2] 연산증폭기를 이용한 $-G_c(s)$의 제어기 구현(식 (4C.15) 이용)

CHAPTER

05

다이오드 정류기를 사용한 계통 입력의 정류

1장에서 논의한 바와 같이 전력전자의 역할은 [그림 5-1]과 같이 두 시스템, 즉 한쪽은 전원^source^, 다른 한쪽은 부하^load^ 사이의 전력 흐름을 만들고 필요한 경우 이 전력 흐름을 제어하는 것이다.

단상 또는 3상 계통 전원으로부터 전력을 공급받는 가변속 모터 드라이브가 전력전자 시스템의 일반적인 예이다. 풍력 터빈 시스템의 경우 풍력 터빈 발전기가 전력의 "전원"으로 동작하고 전원 계통이 "부하"로 동작하는 예외도 존재한다.

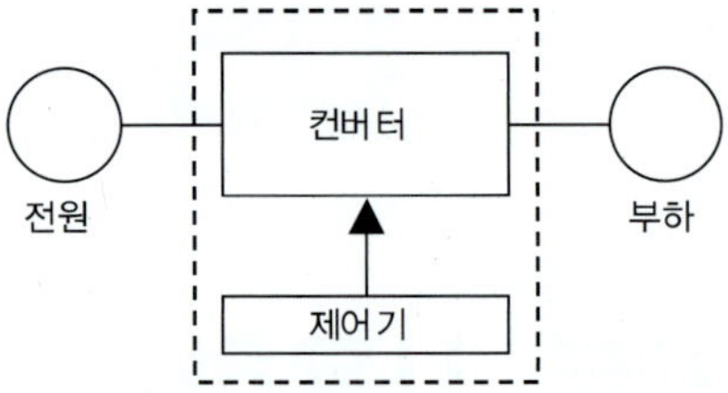

[그림 5-1] 전력전자 시스템의 블록 다이어그램

1.5.1절에서는 전압-링크^voltage-link^ 구조로 구성된 전력전자 인터페이스에 대해 다뤘다. 입력 AC 전원은 먼저 DC 전압으로 정류되어 큰 커패시터에 저장된다. 만약 전력 흐름을 반전할 필요가 없다면 이 장에서 다루게 되는 다이오드 정류기가 단상 또는 3상 AC 입력을 정류하기 위해 사용될 수 있다. 이러한 정류 시스템에 대한 개념은 13장에서 다루게 될 고압 DC 송전^high-voltage DC transmission, HVDC^ 시스템과 같은 중요한 응용 분야에서 사용되는 사이리스터^thyristor^ 컨버터를 이해하기 위해 필수적이다.

5.1 전력전자 시스템의 개요

다음 장에서 설명할, 역률 보정 방법을 적용하지 않는 다이오드 정류기의 경우 심하게 왜곡된 형태의 입력 전류가 정류기를 통해 흐르게 되고 계통의 전력 품질을 저하시킨다. 이 장에서는 이와 같은 문제점 및 다이오드 정류기의 기본 동작 원리에 대해 살펴본다.

5.2 왜곡과 역률

전력전자 시스템으로부터 유입되는 전류의 **왜곡**distortion을 정량화하기 위해 확실한 지표 정의가 필요하다. 먼저 [그림 5-2(a)]와 같이 정현파sinusoidal 전원이 정상상태에서 선형 $R-L$ 부하에 공급되는 경우를 살펴보자. [그림 5-2(b)]과 같이 주어진 전압과 전류의 페이저도phasor에서 ϕ는 전압 대비 전류가 뒤지는lag 각도이다. 전원으로부터 공급되는 평균 전력은 전압 및 전류 크기의 실효값RMS value을 이용하면 다음과 같다.

$$P = V_s I_s \cos\phi \tag{5.1}$$

공급되는 전력의 **역률**power factor, PF은 식 (5.1)을 이용하여 전압 및 전류의 실효값 곱과 평균 전력 P의 비율로 다음과 같이 정의된다.

$$PF = \frac{P}{V_s I_s} = \cos\phi \tag{5.2}$$

여기서 $V_s I_s$는 피상 전력apparent power이며, 식 (5.2)로부터 전류 실효값은 다음과 같다.

$$I_s = \frac{P}{V_s \cdot PF} \tag{5.3}$$

식 (5.3)에서 역률 PF와 전류 I_s는 반비례한다. 전류는 계통 배전선과 변압기 등을 통해 흐르면서 저항 성분에서 손실loss을 발생시킨다. 따라서 계통 전원과 연결된 부하가 단위역률($PF = 1$)이 된다면 계통 전원으로부터 공급되는 전류의 실효값을 최소화할 수 있고 이에 따라 손실이 최소화된다.

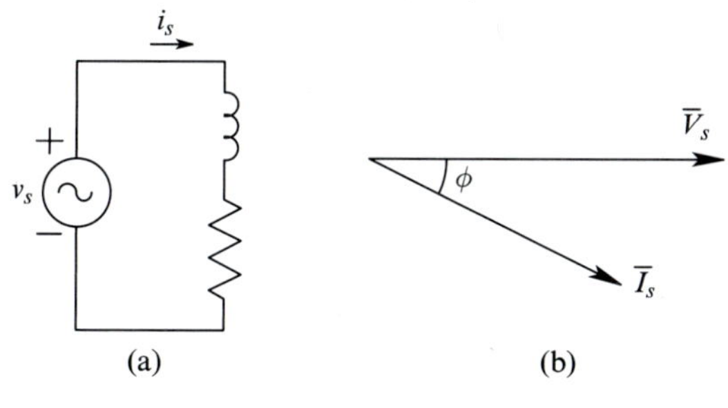

[그림 5-2] 기본적인 $R-L$ 회로의 전압과 전류 페이저도

5.2.1 왜곡된 전류의 실효값과 전고조파 왜곡(THD)[1]

[그림 5-2]의 선형 부하에는 왜곡이 없는 정현파 전류가 흐르지만 다이오드 정류기를 사용하는 전력전자 시스템은 [그림 5-3(a)]의 $i_s(t)$와 같은 왜곡된 파형의 전류를 만든다. 이 절에서 배울 내용은 계통 전압 $v_s(t)$를 정현파로 가정할 때 단상 및 3상 계통 전원에 모두 적용되는 일반적인 분석이다. 이러한 분석은 상별로 적용된다.

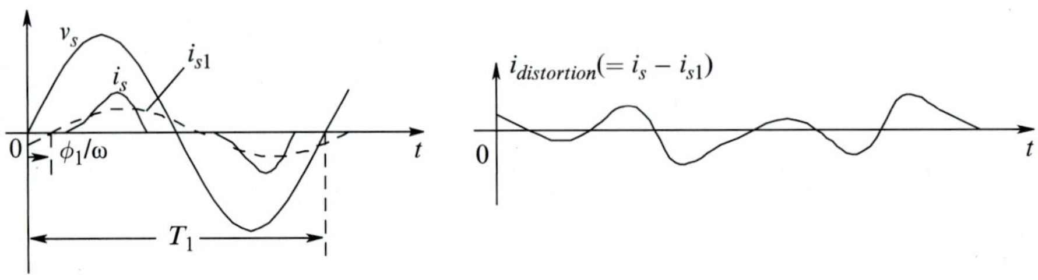

(a) (b)

[그림 5-3] 다이오드-브릿지 정류기의 입력 전류

[그림 5-3(a)]에서 전류 파형 $i_s(t)$는 T_1의 주기로 반복된다. 이렇게 반복되는 파형에 푸리에 분석 Fourier analysis을 적용하면 [그림 5-3(a)]에서 점선으로 표시된 기본주파수($= 1/T_1$)의 전류 성분 $i_{s1}(t)$를 구할 수 있다. 이때 입력 전류의 **왜곡 성분** $i_{distortion}(t)$는 입력 전류 $i_s(t)$와 기본주파수 성분 $i_{s1}(t)$의 차로 표현된다.

$$i_{distortion}(t) = i_s(t) - i_{s1}(t) \tag{5.4}$$

식 (5.4)를 사용하여 구한 $i_{distortion}(t)$는 [그림 5-3(b)]에 나타내었다. 이러한 왜곡 성분에는 기본주파수의 정수배에 해당하는 주파수 성분이 포함된다.

[그림 5-3(a)]의 $i_s(t)$의 실효값 I_s는 실효값 정의로부터 다음과 같이 구할 수 있다.

$$I_s = \sqrt{\frac{1}{T_1}\int_{T_1} i_s^2(t) \cdot dt} \tag{5.5}$$

식 (5.4)를 이용하면 다음과 같은 식을 도출할 수 있다.

$$i_s^2(t) = i_{s1}^2(t) + i_{distortion}^2(t) + 2i_{s1}(t) \times i_{distortion}(t) \tag{5.6}$$

---

1 N. Mohan, T.M. Undeland, and W.P. Robbins, *Power Electronics: Converters, Applications and Design*, 3rd Edition, New York: John Wiley & Sons, 2003.

반복되는 주기 파형에서 서로 다른 주파수를 가지는 2개의 고조파 harmonic 성분(기본주파수 성분을 포함한)의 곱을 한 주기 적분하면 다음과 같이 0이 된다.

$$\int_{T_1} g_{h_1}(t) \cdot g_{h_2}(t) \cdot dt = 0 \tag{5.7}$$

이때 $h_1 \neq h_2$ 이다. 식 (5.6)을 식 (5.5)에 대입하고 식 (5.7)을 이용하면 식 (5.6)의 우변 세 번째 항의 적분 결과가 0이 됨을 알 수 있다. 이때 평균 성분은 0으로 가정한다.

$$I_s = \sqrt{\underbrace{\frac{1}{T_1}\int_{T_1} i_{s1}^2(t) \cdot dt}_{I_{s1}^2} + \underbrace{\frac{1}{T_1}\int_{T_1} i_{distortion}^2(t) \cdot dt}_{I_{distortion}^2} + 0} \tag{5.8}$$

또는 다음과 같이 쓸 수 있다.

$$I_s = \sqrt{I_{s1}^2 + I_{distortion}^2} \tag{5.9}$$

이때 기본주파수 성분과 왜곡 성분의 실효값은 다음과 같다.

$$I_{s1} = \sqrt{\frac{1}{T_1}\int_{T_1} i_{s1}^2(t) \cdot dt} \tag{5.10}$$

$$I_{distortion} = \sqrt{\frac{1}{T_1}\int_{T_1} i_{distortion}^2(t) \cdot dt} \tag{5.11}$$

입력 전류 $i_s(t)$의 기본주파수 성분과 왜곡 성분의 실효값을 사용하여 **전고조파 왜곡** total harmonic distortion, THD 이라고 하는 왜곡 지수를 백분위로 정의하면 다음과 같다.

$$\% THD = 100 \times \frac{I_{distortion}}{I_{s1}} \tag{5.12}$$

식 (5.9)를 이용하면 식 (5.12)는 다음과 같다.

$$\% THD = 100 \times \frac{\sqrt{I_s^2 - I_{s1}^2}}{I_{s1}} \tag{5.13}$$

왜곡 성분에 대한 실효값은 다음과 같이 식 (5.7)으로부터 고조파 성분(기본주파수 성분은 제외)을 통해 얻을 수 있다.

$$I_{distortion} = \sqrt{\sum_{h=2}^{\infty} I_{sh}^2} \tag{5.14}$$

여기서 I_{sh} 는 고조파 "h" 성분의 실효값이다.

5.2.1.1 푸리에 분석에 의한 고조파 성분 구하기

[그림 5-3(a)]의 i_s 처럼 기본주파수 f_1을 가지고 반복되는 왜곡된(비정현파 non-sinusoidal) 파형 $g(t)$는 푸리에 분석에 의해 기본주파수와 기본주파수의 정수배(고조파)를 가지는 정현파 성분들의 합으로 표현할 수 있다.

$$g(t) = G_0 + \sum_{h=1}^{\infty} g_h(t) = G_0 + \sum_{h=1}^{\infty} \{a_h \cos(h\omega t) + b_h \sin(h\omega t)\} \tag{5.15}$$

여기서 평균값 G_0는 DC이며, 다음과 같다.

$$G_0 = \frac{1}{2\pi} \int_{2\pi}^{0} g(t) \cdot d(\omega t) \tag{5.16}$$

식 (5.15)에서 기본주파수 $f_1(h=1)$과 기본주파수의 h배 주파수를 가지는 정현파 파형들은 코사인과 사인 성분의 합으로 다음과 같이 표현할 수 있다.

$$a_h = \frac{1}{\pi} \int_0^{2\pi} g(t) \cos(h\omega t) d(h\omega t) h = 1,\ 2,\ \cdots,\ \infty \tag{5.17}$$

$$b_h = \frac{1}{\pi} \int_0^{2\pi} g(t) \sin(h\omega t) d(h\omega t) h = 1,\ 2,\ \cdots,\ \infty \tag{5.18}$$

식 (5.17)과 식 (5.18)에 의해 얻어진 코사인과 사인 성분들은 실효값의 페이저 형태로 다음과 같이 나타낼 수 있다.

$$\overline{G_h} = G_h \angle \phi_h \tag{5.19}$$

피크값 a_h와 b_h로 표현된 실효값의 크기는 다음과 같다.

$$G_h = \frac{\sqrt{a_h^2 + b_h^2}}{\sqrt{2}} \tag{5.20}$$

위상 ϕ_h는 다음과 같이 표현될 수 있다.

$$\tan\phi_h = \frac{-b_h}{a_h} \tag{5.21}$$

왜곡된 함수 $g(t)$의 실효값은 $g(t)$의 평균과 정현파 성분을 이용하여 다음과 같이 나타낼 수 있다.

$$G = \sqrt{G_0^2 + \sum_{h=1}^{\infty} G_h^2} \tag{5.22}$$

시간 축의 원점을 적절하게 선택하여 푸리에 분석을 적용하면 식 (5.15)의 사인 또는 코사인 성분 중 하나를 소거할 수 있으며, 이를 통해 푸리에 분석을 상당히 간소화할 수 있다. 관련된 예제를 살펴보자.

예제 5-1

[그림 5-4(a)]와 같은 구형파 square waveform 전류 i_s의 기본주파수 성분과 왜곡 성분을 계산하고 그래프를 그려라. 또한 이 파형의 백분위 전고조파 왜곡은 얼마인지 구하라.

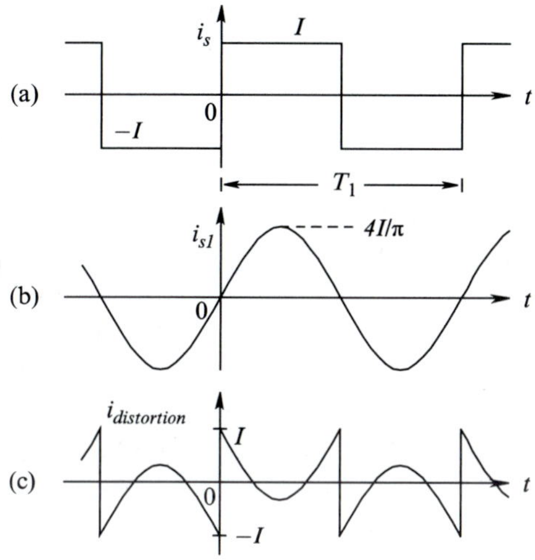

[그림 5-4] [예제 5-1]을 위한 그림

풀이

[그림 5-4(a)]와 같이 시간 축의 원점을 선택하면 푸리에 분석에 따라 [그림 5-4(a)]의 $i_s(t)$를 다음과 같이 표현할 수 있다.

$$i_s = \frac{4}{\pi} I \left(\sin\omega_1 t + \frac{1}{3}\sin 3\omega_1 t + \frac{1}{5}\sin 5\omega_1 t + \frac{1}{7}\sin 7\omega_1 t + \cdots \right) \quad (5.23)$$

기본주파수 성분과 왜곡 성분의 그래프는 [그림 5-4(b)], [그림 5-4(c)]와 같다. [그림 5-4(a)]에서 구형파의 실효값 I_s는 I가 되며, 식 (5.23)의 푸리에 분석에서 기본주파수 성분의 실효값은 다음과 같다.

$$I_{s1} = \frac{(4/\pi)}{\sqrt{2}} I = 0.9I$$

그러므로 식 (5.9)를 이용하면 왜곡 성분의 실효값은 다음과 같이 계산될 수 있다.

$$I_{distortion} = \sqrt{I_s^2 - I_{s1}^2} = \sqrt{I^2 - (0.9I)^2} = 0.436I$$

따라서 백분위 전고조파 왜곡은 다음과 같다.

$$\% THD = 100 \times \frac{I_{distortion}}{I_{s1}} = 100 \times \frac{0.436I}{0.9I} = 48.4\%$$

5.2.2 변위역률(DPF)과 역률(PF)

[그림 5-3(a)]과 같이 부하에 의해 왜곡된 전류가 계통 전원에 흐를 때 **역률**power factor에 대해 알아보자. 계통 전원의 입력 전압 $v_s(t)$는 실효값 V_s와 주파수 $f_1(= \omega_1/2\pi)$을 갖는 정현파 형태라고 가정한다. 교차주파수 성분들을 곱한 것의 평균은 0임을 나타내는 식 (5.7)을 이용하면 [그림 5-3(a)]의 전류에 의해 부하에 공급된 평균 전력 P는 기본주파수의 전류 성분에 의해서만 공급된다는 것을 알 수 있다.

$$P = \frac{1}{T_1}\int_{T_1} v_s(t)\cdot i_s(t)\cdot dt = \frac{1}{T_1}\int_{T_1} v_s(t)\cdot i_{s1}(t)\cdot dt \tag{5.24}$$

그러므로 선형 부하를 고려한 식 (5.1)과는 달리 전류를 왜곡시키는 부하에서의 평균 전력은 다음과 같다.

$$P = V_s I_{s1}\cos\phi_1 \tag{5.25}$$

여기서 ϕ_1은 [그림 5-3(a)]에서 전압 대비 기본주파수의 전류 성분 $i_{s1}(t)$가 뒤지는lag 각도이다. 이때 **변위역률**displacement power factor, DPF은 다음과 같이 정의한다.

$$DPF = \cos\phi_1 \tag{5.26}$$

따라서 변위역률을 이용하여 식 (5.25)를 표현하면 다음과 같다.

$$P = V_s I_{s1}(DPF) \tag{5.27}$$

전류를 왜곡시키는 부하의 경우에도 역률의 정의는 선형 $R-L$ 부하의 식 (5.2)와 동일하게 전압 및 전류 실효값의 곱과 평균 전력 P의 비율로 표현된다.

$$PF = \frac{P}{V_s I_s} \tag{5.28}$$

식 (5.28)에 식 (5.27)을 대입하면 다음과 같다.

$$PF = \left(\frac{I_{s1}}{I_s}\right)(DPF) \tag{5.29}$$

선형 부하에 의해 발생하는 정현파 전류는 식 (5.29)의 전류비(I_{s1}/I_s)가 1이므로 $PF = DPF$이다. 식 (5.29)는 비록 변위역률이 1에 가까운 경우에도 심하게 왜곡된 전류 파형은 역률을 저하시킨다는 것을 의미한다. 식 (5.13)을 사용하여 식 (5.29)의 전류비(I_{s1}/I_s)를 전고조파 왜곡으로 표현하면 다음과 같다.

$$\frac{I_{s1}}{I_s} = \frac{1}{\sqrt{1+\left(\frac{\% THD}{100}\right)^2}} \tag{5.30}$$

그러므로 식 (5.29)는 다음과 같다.

$$PF = \frac{1}{\sqrt{1+\left(\frac{\% THD}{100}\right)^2}} \cdot DPF \tag{5.31}$$

전고조파 왜곡이 역률에 주는 영향을 알아보기 위해 전고조파 왜곡에 따른 (PF/DPF) 그래프를 [그림 5-5]에 나타내었다. 그림을 통해 변위역률이 1일지라도 100%의 전고조파 왜곡률을 가지는 전류의 파형은 (전류 왜곡을 보정하지 않는 전력전자 시스템 사용 시) 역률을 대략 0.7(정확히 표현하면 $\frac{1}{\sqrt{2}} = 0.707$)로 감소시키는 것을 알 수 있다. 이는 허용 불가능할 정도의 낮은 수치이다.

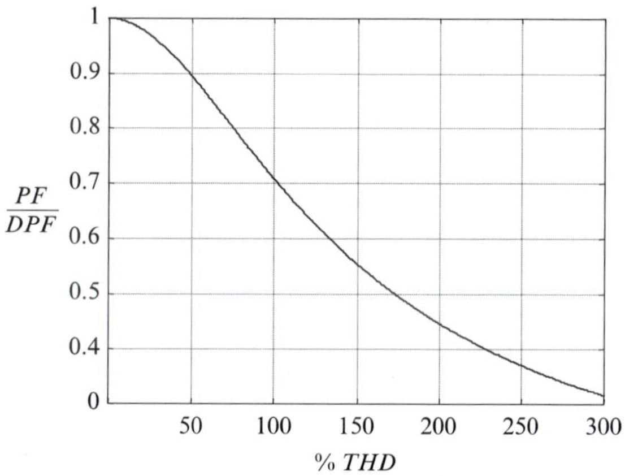

[그림 5-5] 전고조파 왜곡(THD)과 역률/변위역률의 관계

5.2.3 고조파 왜곡과 낮은 역률의 부정적인 영향

전류 파형의 심한 왜곡과 낮은 역률은 다음과 같은 부정적인 영향들을 발생시킨다.

- 송배전선, 변압기 및 발전기와 같은 계통 장치의 전력 손실을 증가시켜 과부하를 발생시킬 수 있다.
- 고조파 전류는 계통 전압의 보조장치로 사용되는 병렬 커패시터에 과부하를 발생시키며, 병렬 커패시터의 용량성 리액턴스capacitive reactance와 송배전선의 유도성 리액턴스inductive reactance 사이의 공진resonance을 발생시킬 수도 있다.
- 만약 계통 전력의 대부분이 왜곡된 전류를 발생시키는 부하에 공급된다면 왜곡된 전류로 인해 계통 전압 파형의 왜곡을 발생시킨다. 이는 다른 선형 부하에 악영향을 준다.

5.2.3.1 고조파 가이드라인

전기전자공학자협회Institute of Electrical and Electronics Engineers, IEEE에서는 (IEEE-519의 형태로) 전력 품질의 저하를 막기 위한 가이드라인을 권장하고 있으며, 소비자와 전력 회사는 이 가이드라인에 따라 전력 품질을 일정 수준 이상으로 유지해야 한다.

- 전력전자 시스템의 사용자와 같은 전력 소비자는 입력 전류에 있어서 일정 수준 이하로 왜곡을 제한해야 한다.
- 전력 회사와 같은 전력 공급 시스템은 일정 수준 이하의 왜곡을 갖는 정현파 전압을 공급해야 한다.

전류 왜곡의 허용값은 [표 5-1]에 나타낸 IEEE-519에 명시되어 있다. 여기에는 각 주파수 성분별로 고조파 전류의 최대 허용값이 기본주파수 전류 성분의 비로 명시되어 있으며, 전고조파 왜곡 허용값도 명시되어 있다. 이러한 최대 허용값은 계통 전압 파형에서의 왜곡이 발생하는 것을 방지하기 위한 수준에서 결정된다. 따라서 [표 5-1]에 나타난 왜곡 정도의 최대 허용값은 전압원 $\overline{V}_S$와 직렬 내부 임피던스 Z_s로 구성된 [그림 5-6(a)]의 계통 전원의 "강인성stiffness"에 따라 달라질 수 있다. 이상적인 전압원의 내부 임피던스는 0이다. 그러나 긴 배전선을 따라 공급되는 실제 전압원은 큰 내부 직렬 임피던스와 함께 표현된다.

[표 5-1] 고조파 전류 왜곡 (I_h / I_l)

I_{sc} / I_1	홀수 고조파 차수 h (%)					전고조파 왜곡(%)
	$h < 11$	$11 \le h < 17$	$17 \le h < 23$	$23 \le h < 35$	$35 \le h$	
< 20	4.0	2.0	1.5	0.6	0.3	5.0
20–50	7.0	3.5	2.5	1.0	0.5	8.0
50–100	10.0	4.5	4.0	1.5	0.7	12.0
100–1000	12.0	5.5	5.0	2.0	1.0	15.0
> 1000	15.0	7.0	6.0	2.5	1.4	20.0

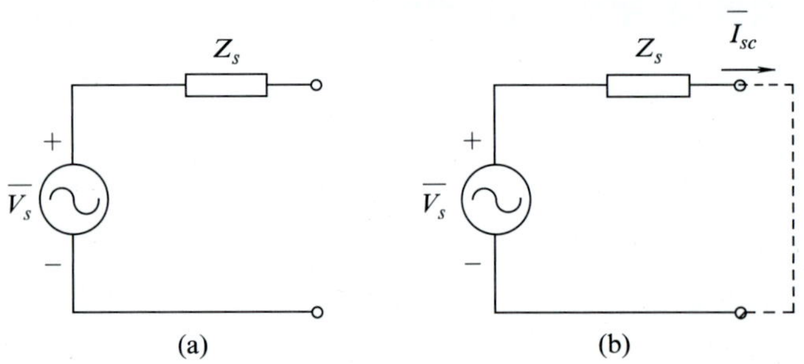

[그림 5-6] 계통 전원과 단락 전류

계통 전원의 "강인성stiffness"을 정의하기 위한 [그림 5-6(b)]의 단락 전류 I_{sc}는 전압원 단자를 단락short-circuit시켰다는 가정하에서 계산될 수 있다. 계통 전원의 "강인성"은 부하 전류와 관련되어 계산되어야 하므로 단락회로 비[Short-Circuit-Ratio, SCR]라고 불리는 다음의 비율에 의해 정의된다.

$$SCR = \frac{I_{sc}}{I_{s1}} \tag{5.32}$$

여기서 I_{s1}은 부하 전류의 기본주파수 전류 성분이다. [표 5-1]과 같이 낮은 단락회로 비는 전류 왜곡의 최대 허용값이 낮다는 것을 의미한다. 단락회로 비가 20 미만인 경우에는 전류의 전고조파 왜곡이 5% 미만이어야 한다. 전력전자 시스템이 전고조파 왜곡의 제한치를 만족한다면 계통 전원의 "강인성" 제한치 또한 만족하게 된다.

IEEE-519는 개별 장치나 장비에서가 아니라 공통접속점[point-of-common-coupling, PCC] 또는 집합 부하(예 산업공장 등)에서 권장된 고조파 가이드라인이다. 그러나 모터 드라이브 같은 개별 장비에서 권장된 고조파 가이드라인으로 IEEE-519가 종종 사용되기도 한다. 개별 장치에 적용되는 또 다른 고조파 기준으로는 IEC-1000이 있다.

5.3 전력전자 시스템의 프론트 엔드 분류

컨버터 선주파수[line frequency]의 AC 전압을 DC 전압으로 변환하는 전력처리 장치 내부의 "**프론트 엔드**[front-end]" 형태에 따라 계통 전원과 전력전자 시스템 사이의 상호 작용이 달라진다. 프론트 엔드는 크게 다음과 같이 분류할 수 있다.

- [그림 5-7(a)]와 같이 전력이 한 방향으로만 흐르는 다이오드-브릿지 정류기
- [그림 5-7(b)]와 같이 전력이 역방향으로 흐를 수 있고, 단위역률과 정현파 입력 전류를 갖는 스위치 모드 컨버터
- [그림 5-7(c)]와 같이 전력이 양방향으로 흐를 수 있는 사이리스터 컨버터

이와 같은 모든 프론트 엔드는 단상 또는 3상 시스템으로 설계될 수 있다. 다음 절에서는 [그림 5-7(a)]의 다이오드-브릿지 정류기에 대한 간단한 설명과 함께 컴퓨터 시뮬레이션을 통한 해석 결과를 소개한다. [그림 5-7(b)]의 스위치 모드 컨버터를 이용한 인터페이스와 [그림 5-7(c)]의 사이리스터 컨버터는 이 책의 뒷부분에서 소개한다.

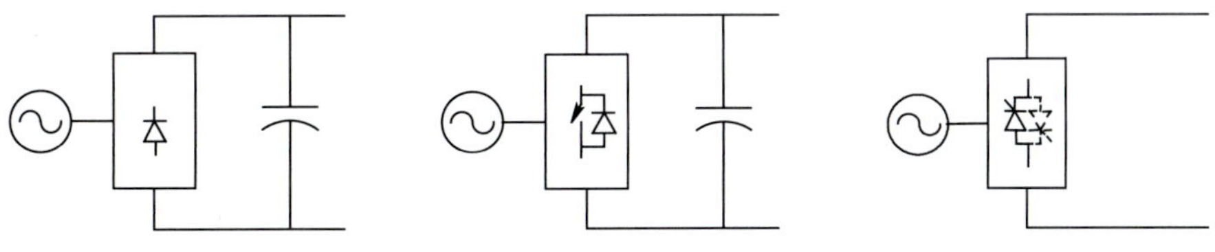

(a) (b) (c)

[그림 5-7] 전력전자 시스템의 프론트 엔드

5.4 다이오드-브릿지 정류기의 프론트 엔드

많은 전력전자 시스템에서는 [그림 5-7(a)]와 같이 **다이오드-브릿지 정류기**diode-bridge rectifier를 사용한다. 그러나 다이오드-브릿지 정류기는 심하게 왜곡된 입력 전류 파형을 가지고 전력 흐름을 한 방향으로만 전달할 수 있다는 단점이 있다. 스위치 모드의 DC 전원 공급 장치의 경우 이러한 다이오드-브릿지 정류기는 전류 고조파의 제한치를 만족시키기 위한 역률 보정회로를 통해 보완된다. 역률 보정회로에 대해서는 다음 장에서 논의하도록 한다.

다이오드 정류기는 선주파수 AC 전압을 DC 전압으로 정류하여 DC 버스 커패시터에 저장하며, 이때 DC 버스 전압 제어는 불가능하다. 계통 전원과 전력전자 시스템 사이의 상호 작용을 분석하기 위해 스위치 모드 컨버터와 부하는 DC 버스 커패시터와 병렬 연결된 등가 저항 R_{eq}로 간단하게 표현하도록 한다. 다이오드는 이상적인 소자라고 가정한다.

다음 절에서는 선주파수 주기 $T_1(=1/f_1)$을 가지는 단상 및 3상 다이오드 정류기의 정상상태 동작을 해석한다.

5.4.1 단상 다이오드-브릿지 정류기

수 kW 급 이하의 가정용 전력전자 시스템은 단상 계통 전원에 의해 공급될 수 있다. [그림 5-8(a)]는 흔히 사용되는 풀-브릿지full-bridge 정류기 회로이다. 여기서 L_s는 계통 전원의 내부 인덕턴스 및 이와 직렬 연결된 외부 인덕턴스의 합을 나타내며, 직렬 저항 R_s는 AC 측의 손실을 표현하기 위해 사용되었다.

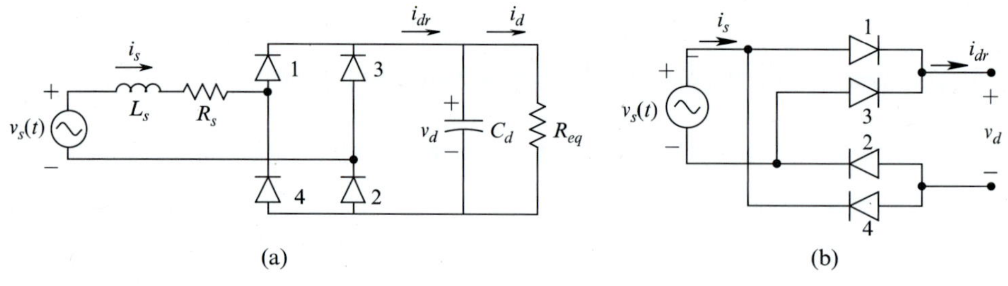

[그림 5-8] 풀-브릿지 다이오드 정류기

회로 동작의 이해를 돕기 위해 AC단의 인덕턴스와 저항을 무시한 정류기 회로를 [그림 5-8(b)]에 나타내었다. 이 회로는 각각 상단과 하단에 같은 방향의 전류 흐름을 허용하는 다이오드들로 구성된다. 만약 DC단에 전류 i_{dr}이 흐르면 각 단에서 하나의 다이오드가 이 전류 흐름을 위해 도통되어야 한다.

상단의 두 다이오드들은 캐소드[cathode]가 서로 연결되어 있으므로 애노드[anode]에 더 높은 양(+)의 전압을 가지는 다이오드가 도통되며, 다른 다이오드는 역방향 바이어스된다. 하단의 두 다이오드는 애노드가 서로 연결되어 있으므로 캐소드에 더 낮은 음(−)의 전압이 걸린 다이오드가 도통되며, 다른 다이오드는 역방향 바이어스된다.

[그림 5−9(a)]는 저항 R_d가 DC단에 연결된 예로, 이 회로의 파형은 [그림 5−9(b)]와 같다. 입력 전압 v_s의 양의 반주기[half-cycle] 동안에는 다이오드 1과 2를 통해 DC단에 v_s / R_d에 해당하는 전류 i_{dr}이 흐르며, DC단 전압 v_d는 v_s가 된다. 반대로 입력 전압 v_s의 음의 반주기 동안에는 다이오드 3과 4에 $|v_s| / R_d$와 같은 전류 i_{dr}이 DC단에 흐르며, DC단의 전압 v_d는 $|v_s|$가 된다.

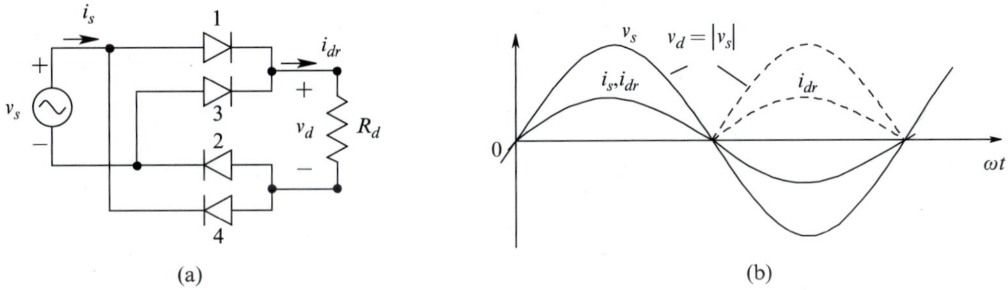

[그림 5−9] 저항성 부하를 가지는 풀-브릿지 다이오드 정류기

컨버터의 DC 양단에 걸리는 전압의 평균값 V_d는 (대칭성을 이용하여) [그림 5−9(b)]에서 $v_d(t)$의 반주기 파형을 평균하면 다음의 두 식을 구할 수 있다.

$$V_d = \frac{1}{\pi}\int_0^{\pi} \hat{V}_s \sin\omega t \cdot d(\omega t) = \frac{2}{\pi}\hat{V}_s = 0.9\,V_s(\mathrm{rms}) \tag{5.33}$$

$$I_{dr} = \frac{V_d}{R_d} = \frac{0.9\,V_s(\mathrm{rms})}{R_d} \tag{5.34}$$

DC단에 큰 인덕턴스가 포함된 부하를 가지는 정류기를 [그림 5−10(a)]에 나타내었다. 이때 인덕턴스는 충분히 커서 [그림 5−10(b)]와 같이 DC단 전류 $i_{dr}(t)$를 거의 완전한 DC 전류 I_{dr}로 가정할 수 있다($i_{dr}(t) \simeq I_{dr}$). [그림 5−10(b)]의 $v_d(t)$ 파형은 [그림 5−9(b)]의 저항 부하의 경우와 같다. 그러므로 [그림 5−10(a)]의 컨버터 DC 양단에 걸리는 전압의 평균값 V_d는 식 (5.33)과 같이 $0.9\,V_s(\mathrm{rms})$가 된다. DC단 전류의 평균값 I_{dr}은 V_d / R_d가 된다.

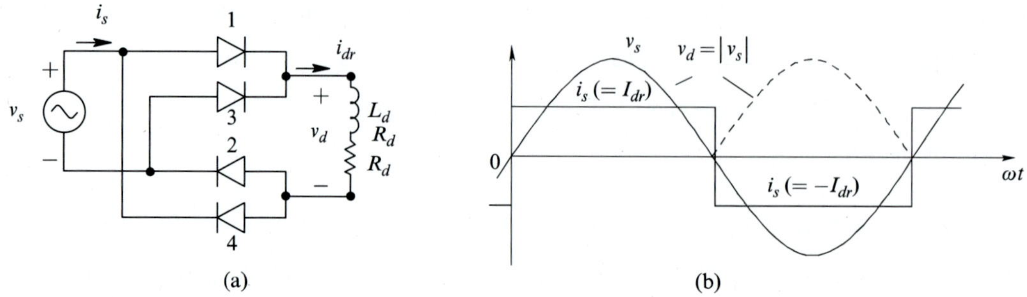

[그림 5-10] 유도성 부하($i_{dr}(t) \simeq I_{dr}$(DC))를 가지는 풀-브릿지 다이오드 정류기

5.4.1.1 DC단 전압에서 작은 리플을 얻기 위한 DC 버스 커패시터

[그림 5-9(b)]와 [그림 5-10(b)]의 DC단 전압은 큰 **리플**ripple을 가진다. 큰 리플을 없애고 최대한 DC와 가까운 전압 파형을 얻으려면 [그림 5-8(a)]와 같이 큰 필터 커패시터를 DC단에 연결한다. [그림 5-11]에 보이는 것처럼 입력 전압 v_s의 양의 반주기가 시작되는 시점에서 커패시터는 이미 DC 전압 v_d로 충전되어 있다. v_d가 입력 전압 크기보다 크면 모든 다이오드는 역방향 바이어스가 되고 입력 전류는 0이 된다. t_1 시점까지는 커패시터에 저장되어 있던 에너지는 등가 저항 R_{eq}에 전력을 공급한다.

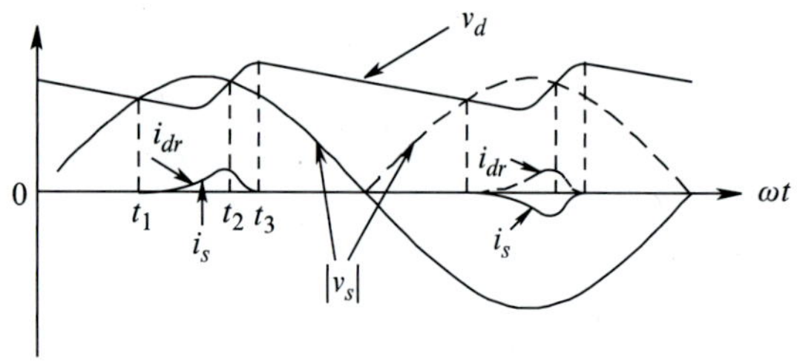

[그림 5-11] DC 버스 커패시터를 가지는 풀-브릿지 다이오드 정류기 파형

t_1 시점 이후에 다이오드 D_1과 D_2를 통해 흐르는 입력 전류 $i_s(= i_{dr})$는 증가한다. t_2 시점 이후 입력 전압은 커패시터 전압보다 낮아지게 되고 입력 전류는 감소하여 t_3 시점에는 0이 된다. t_3 시점부터 다음 반주기 t_1 시점까지 입력 전류는 0을 유지하고 커패시터에 저장되었던 에너지가 R_{eq}에 전력을 공급한다. 입력 전압의 음의 반주기 구간 동안 $(t_1 + T_1/2)$ 시점에서 입력 전류는 다이오드 D_3와 D_4를 통해 흐르기 시작하고 정류기의 DC단 전류 i_{dr}은 양의 반주기 구간에서와 같은 방향으로 계속 흐른다.

그러나 입력 전류 i_s는 [그림 5-11]에 보이는 것처럼 $-i_{dr}$이 된다. [그림 5-12]는 2개의 AC단 인덕턴스를 가지는 정류기의 LTspice 시뮬레이션 결과를 나타내며, 이때 입력 전류의 전고조파 왜곡률은 각각 86%와 62%가 된다(인덕턴스가 클수록 전고조파 왜곡률은 감소하는데, 이에 대해서는 다음 절에서 설명할 것이다).

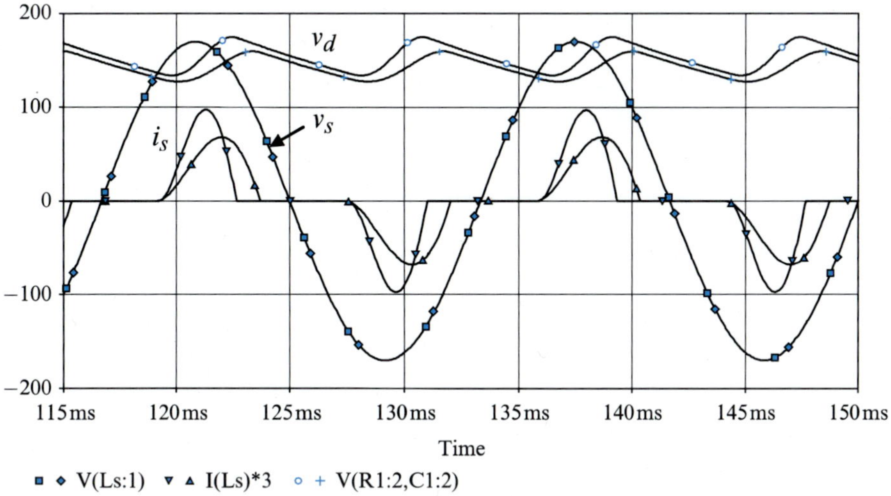

[그림 5-12] 2개의 L_s 값에 대한 단상 다이오드-브릿지 정류기 파형

양의 반주기와 음의 반주기 모두에서 DC단 전류 i_{dr}은 같은 방향으로 흐르므로 정류작용이 일어난다. [그림 5-8(a)]의 회로가 정상상태에 도달하게 되면 모든 파형은 주기적으로 반복된다. 이를 통해 한 주기 동안의 커패시터 전류의 평균값은 0이 되고 DC 버스 전압은 정상상태 값으로 유지된다. 따라서 부하 등가 저항 R_{eq}에 흐르는 전류의 평균값은 정류기의 DC단 전류의 평균값과 같다. 즉 $I_d = I_{dr}$이다.

5.4.1.2 L_s와 C_d의 변화에 따른 파형 및 전고조파 왜곡의 영향

[그림 5-11]과 [그림 5-12]와 같이 반주기마다 펄스 형태의 전류 파형에 의해 계통 전원으로부터 부하에 전력이 공급된다. AC단의 인덕턴스 L_s가 클수록 이 펄스 형태의 전류가 흐르는 구간은 넓어지며, 펄스 형태의 전류가 흐르는 구간이 넓어질수록 전류의 피크값과 전고조파 왜곡은 낮아진다.

L_s와 더불어 회로 설계자가 선택할 수 있는 설계변수는 DC 버스 커패시터 C_d 값으로, 최소한 i_{dr}과 i_d의 리플 전류 성분을 전달할 수 있어야 한다(실제로 i_d는 스위치 모드 컨버터의 펄스 형태를 가지는 입력 DC 전류가 된다). 또한 DC 버스 전압의 피크-피크 리플이 허용치 이내, 예를 들어 DC 버스 평균값의 5% 이내가 되도록 커패시턴스를 선정해야 한다. 이러한 제약 조건이 만족되는 범위 내에서 C_d의 값이 작아질수록 전류의 전고조파 왜곡값은 낮아지지만 반대로 DC 버스 전압의 리플은 증가한다.

실제로는 앞서 살펴본 것처럼 L_s와 C_d를 변화시켜서 IEEE-519에 명시된 고조파 제한 조건을 만족시키는 것은 거의 불가능하다. 따라서 고조파 제한 조건을 만족하기 위해 다음 장에서 다룰 역률 보정회로가 필요하다.

5.4.1.3 LTspice를 사용한 시뮬레이션

단상 다이오드-브릿지 정류기는 [예제 5-2]를 통해 시연된다.

예제 5-2

[그림 5-8(a)]의 단상 다이오드-브릿지 정류기에서 $L_s = 1\,\text{mH}$, $R_s = 0.2\,\Omega$, $C_d = 1200\,\mu\text{F}$, 그리고 $R_{eq} = 15\,\Omega$이다. 공급 전압은 60 Hz에서 120 V RMS이다. LTspice를 사용하여 이 정류기를 시뮬레이션하라.

풀이

다운로드한 시뮬레이션 파일을 통해 예제를 풀어보자. LTspice 모델은 [그림 5-13]과 같다.

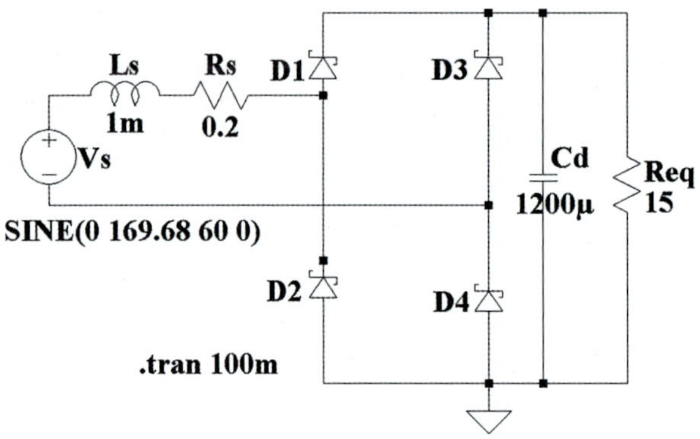

[그림 5-13] LTspice 모델

이 시뮬레이션의 정상상태 파형은 [그림 5-14]와 같다.

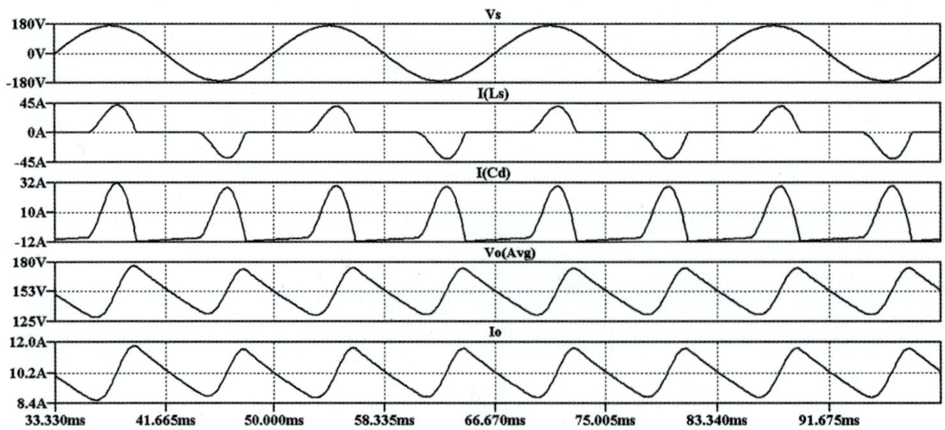

[그림 5-14] LTspice 시뮬레이션 결과

5.4.2 3상 다이오드-브릿지 정류기

1 kW 미만의 작은 수준을 제외하면 3상 공급이 가능할 때는 3상 계통 전원을 사용하는 것이 좋다. [그림 5-15(a)]는 흔하게 사용되는 풀-브릿지 정류기 회로이다.

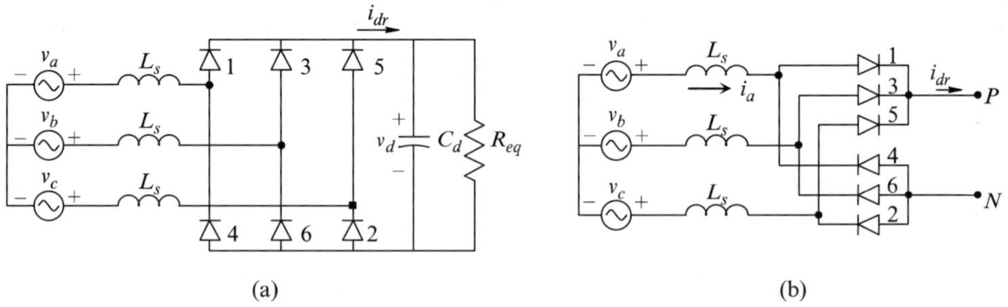

[그림 5-15] 3상 다이오드-브릿지 정류기

이 회로 동작의 이해를 돕기 위해 [그림 5-15(b)]처럼 정류기 회로를 표현할 수 있으며, 이 회로는 각각 상단과 하단에 동일한 방향의 전류 흐름을 허용하는 다이오드로 구성된다. 먼저 L_s를 무시하고 DC단에는 전류가 연속적으로 흐른다고 가정한다. DC단에 전류 i_{dr}이 흐르기 위해서는 각 단에서 최소한 하나의 다이오드가 도통되어야 한다. 상단의 모든 다이오드는 캐소드[cathode]가 서로 연결되어 있으므로 애노드[anode]에 가장 높은 양의 전압을 가지는 다이오드가 도통되며, 나머지 다른 2개의 다이오드는 역방향 바이어스된다. 하단의 모든 다이오드들은 애노드가 서로 연결되어 있으므로 캐소드에 가장 낮은 음의 전압이 걸린 다이오드가 도통되며, 나머지 다른 2개의 다이오드는 역방향 바이어스된다.

L_s를 무시하고 DC단의 전류 i_{dr}을 완전한 DC로 가정한 파형을 [그림 5-16]에 나타내었다. [그림 5-16(a)]는 각각의 다이오드들이 120° 동안 도통한 경우의 파형(파형의 진하게 표시된 부분)을 보여준다. 이때 다이오드들은 1번, 2번, 3번 순으로 순차적으로 도통되도록 번호가 부여되어 있다.

3상 전원의 중성점을 기준으로 한 전압 v_P와 v_N의 파형은 [그림 5-16(a)]와 같으며, 이 전압들은 각 상전압의 120°씩을 차지한다. [그림 5-16(b)]는 DC 양단 전압 $v_d(= v_P - v_N)$를 나타내며, 계통 전원의 선간 전압의 60°씩을 차지한다. 마지막으로 [그림 5-16(c)]는 AC 측 선전류를 나타낸다. 예를 들어 a상의 전류는 a상 입력 전압의 반주기 구간 내에서 120° 동안 흐르는데, v_a의 양의 반주기 구간에서는 다이오드 D_1을 통해 흐르고 음의 반주기 구간에서는 다이오드 D_4를 통해 흐른다.

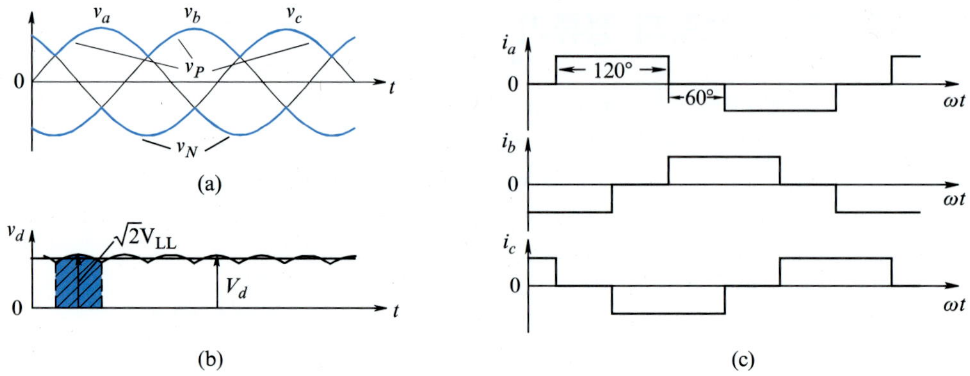

[그림 5-16] 3상 정류기의 파형 (i_{dr}은 일정한 값)

[그림 5-16(b)]와 같이 6개의 펄스로 이루어진 전체 구간(선주파수 주기)에서 60° 구간만 고려하면 DC 단 전압의 평균값을 얻을 수 있다. 60° 구간에서 피크값(선간 전압 피크값 $\hat{V}_{LL}$)을 가지는 시점을 원점으로 할 때 평균값 V_d는 $\omega t = -\pi/6$부터 $\omega t = \pi/6$ ([그림 5-16(b)]의 빗금친 부분)까지의 적분값을 구간 $\pi/3$로 나누면 된다.

$$V_d = \frac{1}{\pi/3}\int_{-\pi/6}^{\pi/6} \hat{V}_{LL}\cos\omega t \cdot d(\omega t) = \frac{3}{\pi}\hat{V}_{LL} \tag{5.35}$$

이 평균값은 [그림 5-16(b)]에서처럼 직선으로 표현된다.

5.4.2.1 DC 버스 커패시터의 영향

[그림 5-15(a)]의 DC 버스 필터 커패시터를 갖는 3상 정류기의 입력 전류 파형은 컴퓨터 시뮬레이션을 통해 [그림 5-17]과 같이 얻을 수 있다.

[그림 5-17(a)]에 나타난 것처럼 L_s가 작을 때는 반주기 구간마다 2개의 입력 전류 펄스가 나온다. 예를 들어 양의 반주기 구간 동안 i_a 파형의 첫 번째 펄스는 다이오드 쌍 (D_1, D_6)를 통해 흐르고 두 번째 펄스는 다이오드 쌍 (D_1, D_2)를 통해 흐른다. 만약 [그림 5-17(b)]와 같이 L_s의 값이 커지면 반주기 구간 내에서 입력 전류는 하나의 펄스 형태가 된다.

단상 정류기와 유사하게 매개변수를 분석하면 파형에서의 L_s와 C_d의 영향을 알 수 있다. [그림 5-17(b)]에서 전류 파형의 전고조파 왜곡은 23%로, [그림 5-17(a)]인 82% 보다 훨씬 더 작다. 일반적으로 **선주파수 리액턴스**line-frequency reactance $X_{L_s}(=2\pi f_1 L_s)$가 **베이스 임피던스**base impedance Z_{base}의 2% 이상이 되도록 AC 측 인덕턴스 L_s를 선정해야 한다. 이때 베이스 임피던스는 다음처럼 정의된다.

$$Z_{base} = 3\frac{V_s^2}{P} \tag{5.36}$$

여기서 P는 전력전자 시스템의 3상 정격 전력이고 V_s는 상전압의 실효값이다. 그러므로 일반적으로

AC 측의 최소 인덕턴스는 다음과 같다.

$$X_{L_s} \geq (0.02 \times Z_{base}) \tag{5.37}$$

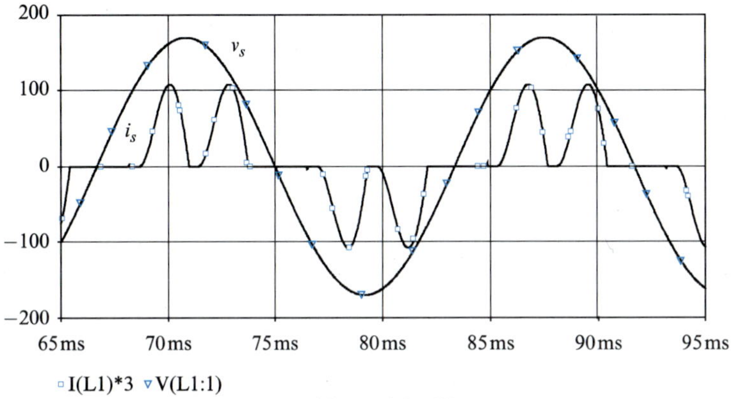

(a) $L_s = 0.1$ mH

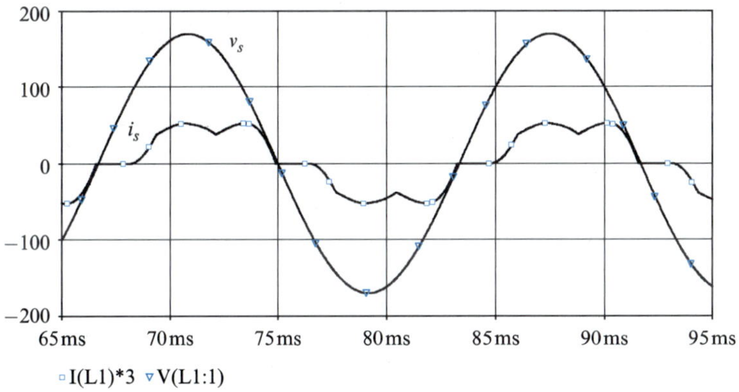

(b) $L_s = 3$ mH

[그림 5-17] L_s 값의 변화에 따른 영향

5.4.2.2 LTspice를 사용한 시뮬레이션

3상 다이오드-브릿지 정류기는 [예제 5-3]을 통해 시연된다.

예제 5-3

[그림 5-15(a)]의 3상 다이오드 브릿지 정류기에서 $L_s = 0.1\,\text{mH}$, $C_d = 470\,\mu\text{F}$, 그리고 $R_{eq} = 15\,\Omega$이다. 공급 전압은 60 Hz에서 208 V 선간 실효값을 갖는다. LTspice를 사용하여 이 정류기를 시뮬레이션하라.

풀이

다운로드한 시뮬레이션 파일을 통해 예제를 풀어보자. LTspice 모델은 [그림 5-18]과 같다.

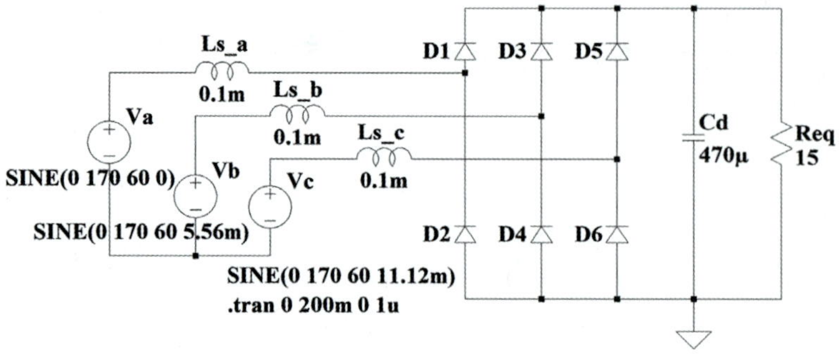

[그림 5-18] LTspice 모델

이 시뮬레이션의 정상상태 파형은 [그림 5-19]와 같다.

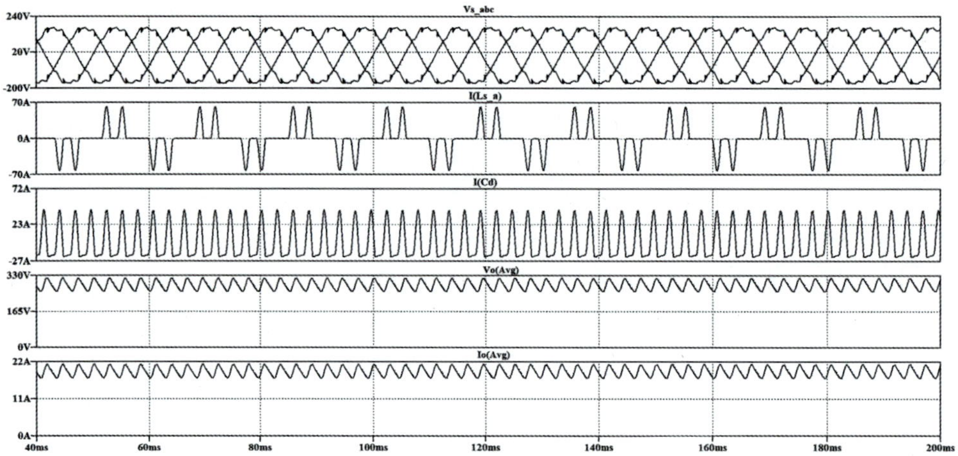

[그림 5-19] LTspice 시뮬레이션 결과

5.4.3 단상 정류기와 3상 정류기 비교

단상 및 3상 정류기의 파형 분석은 각각의 특성 차이를 보여준다. 한 입력 주기마다 3상 정류기는 동일한 6개의 전압 펄스를 가지는 DC 측 정류 전압을 만드는 반면 단상 정류기는 2개의 펄스를 가지는 DC 측 정류 전압을 만든다. 따라서 3상 정류기는 선전류의 왜곡을 감소시키고 DC 버스 양단 전압의 리플을 최소화하는 측면에서 단상 정류기보다 더 우수하다.

결과적으로 3상 전원 공급 환경이 가능하다면 3상 정류기를 사용해야 한다. 그러나 3상 정류기 역시 단상 정류기와 마찬가지로 12장에서 다룰 보정 기법corrective action 없이는 IEEE-519에 의한 고조파 제한을 만족시킬 수 없다.

5.5 초기 구동 시 과도 돌입 전류를 방지하는 방법

정류기가 포함된 전력전자 시스템을 계통 전원 장치에 연결하는 순간 큰 돌입[inrush] 전류가 흐를 수 있어 이를 방지하기 위한 조치가 필요하다. 전력전자 시스템에서 DC 버스 커패시터는 매우 크고 초기에는 어떤 전압도 충전되어 있지 않다. 따라서 [그림 5-20(a)]의 전력전자 시스템을 계통 전원에 연결하기 위해서 스위치를 닫는 순간 큰 돌입 전류가 다이오드-브릿지 정류기를 통해 흐르면서 DC 버스 커패시터를 충전한다.

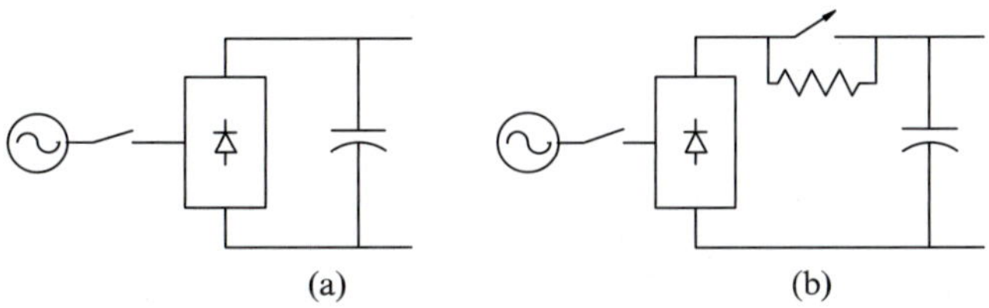

[그림 5-20] 돌입 전류를 막기 위한 방법

이러한 과도 돌입 전류는 문제가 될 수 있지만 이를 피할 수 있는 몇 가지 방법이 존재한다. 14장에서 다룰, 사이리스터로 구성된 프론트 엔드를 사용하거나 [그림 5-20(b)]와 같이 직렬 반도체 스위치를 사용하면 된다. 초기 구동 시점에서 스위치와 병렬 연결된 저항은 DC 버스 커패시터가 큰 돌입 전류 없이 충전될 수 있게 한다. 이러한 초기 구동 이후 반도체 스위치를 켜서 저항을 우회[bypass]시킨다. 다른 기법들도 활용 가능하다.

5.6 양방향 전력 흐름이 가능한 프론트 엔드

엘리베이터와 같이 정지-동작을 반복하는 응용 분야의 경우 모터 드라이브의 회생 에너지를 계통 전원으로 다시 되돌릴 수 있으므로 이러한 응용에 알맞은 프론트 엔드를 사용하면 경제적이다. 이러한 응용을 위한 컨버터 구조들은 12장에서 다룰 것이다.

연습문제

5.1 단상 다이오드-브릿지 정류기에서 $I_s = 10\,\mathrm{A\,(rms)}$, $DPF = 0.85$일 때 $I_{distortion}$, $\%THD$, PF를 구하라.

5.2 단상 다이오드-브릿지 정류기 회로가 $V_s = 120\,\mathrm{V\,(rms)}$, $P = 0.95\,\mathrm{kW}$, $I_{s1} = 10\,\mathrm{A}$, 그리고 $THD = 75\%$에서 동작할 때 DPF, $I_{distortion}$, I_s, PF를 구하라.

5.3 단상 정류기의 입력 전류를 반주기마다 60° 구간 동안 10 A의 피크값을 갖는 삼각파로 근사화할 수 있다. 이때 각 다이오드를 통해 흐르는 전류의 실효값을 계산하라.

5.4 [연습문제 5.3]에서 DC 측 커패시터를 통해 흐르는 DC 전류의 리플 성분을 계산하라.

5.5 3상 정류기에서 [그림 5-16(c)]에 나타낸 사각파의 입력 전류의 크기가 12 A일 때 I_s, I_{s1}, $I_{distortion}$, $\%THD$, 그리고 역률을 구하라. 단, 전류 파형의 $DPF = 1.0$이다.

5.6 [연습문제 5.5]에서 $V_{LL}(\mathrm{rms}) = 208\,\mathrm{V}$일 때 브릿지 정류기의 3상 전력을 계산하라.

시뮬레이션 문제

5.7 [그림 5-8(a)]의 단상 정류기에서 $L_s = 1\,\mathrm{mH}$, $R_s = 0.25\,\Omega$, $C_d = 1000\,\mu\mathrm{F}$, 그리고 $R_{eq} = 200\,\Omega$이다.

(a) 입력 인덕턴스가 각각 1 mH, 3 mH, 5 mH일 때 입력 전류의 $\%THD$를 구하라. 또한 AC측 인덕턴스가 입력 전류 파형에 주는 영향에 대해 설명하라.

(b) (a)의 입력단 인덕턴스의 세 가지 값의 경우에 대해 출력 전압의 평균값과 피크-피크 리플값을 구하라. 그리고 AC단 인덕턴스가 출력 전압 파형에 주는 영향에 대해 설명하라.

(c) 입력 인덕턴스를 1 mH로 유지하고 DC단 커패시터 값을 $220\,\mu\mathrm{F}$, $470\,\mu\mathrm{F}$, $1000\,\mu\mathrm{F}$으로 변화시킬 때 세 가지의 출력 커패시턴스 값에 따라 출력 커패시터 전압의 피크-피크 리플값을 구하라.

5.8 [그림 5-15(a)]의 3상 정류기에서 $L_s = 0.1\,\mathrm{mH}$, $C_d = 500\,\mu\mathrm{F}$, $R_{eq} = 16.5\,\Omega$이다.

(a) 입력 인덕턴스가 각각 0.1 mH, 0.5 mH, 1.0 mH일 때 입력 전류의 $\%THD$를 구하라.

(b) AC측 인덕턴스가 입력 전류 파형에 주는 영향에 대해 설명하라.

(c) AC측 인덕턴스가 출력 전압 파형에 주는 영향에 대해 설명하고 입력 인덕턴스의 세 가지 값에 대해 출력 전압의 피크-피크 리플값을 측정하라.

(d) 입력단 인덕턴스의 세 가지 값에 대한 출력 커패시터 전류의 피크-피크 리플값을 구하고 이 전류의 기본주파수를 구하라.

CHAPTER

06

역률 보정회로 및 피드백 제어기 설계

5장에서 다루었던 다이오드 정류기는 왜곡된 입력 전류를 생성하며, 이는 계통 전원의 전력 품질을 심각하게 저하시킨다. 이 장에서는 이와 같은 정류 과정의 전력 품질 저하의 문제를 해결하기 위해 단상 다이오드 정류기 시스템에 자주 사용되는 역률 보정 방법을 다룬다. 3장에서 다룬 DC-DC 컨버터와 4장에서 다룬 컨버터를 제어하는 방법의 보다 실제적인 응용 역시 살펴본다.

6.1 서론

입력 전류의 왜곡 문제를 해결하기 위한 기술들은 오랜 시간에 걸쳐 연구되어 왔다. 최근 고조파의 유해한 영향에 대한 우려가 점차 증가하면서 전류의 왜곡 정도를 제한하는 방법에 초점을 맞춘 여러 가이드라인 및 규격들이 정해지고 있다.

다음 절에서는 DC 전원 공급 장치와 같이 단일 방향의 전력 흐름을 갖는 단상 정류 과정에서의 역률 보정power-factor-correction, PFC회로에 대해 간략히 분석한다. 3상 모터 드라이브의 응용 분야에서 단위역률 $(PF = 1)$과 양방향 전력 흐름을 만들 수 있는 프론트 엔드는 12장에서 다룰 것이다.

6.2 단상 역률 보정회로의 동작 원리

[그림 6-1(a)]는 계통 전원과 DC 버스 커패시터 사이에 DC-DC 부스트boost 컨버터를 이용한 단상 역률 보정회로이다. 이때 부스트 컨버터는 MOSFET, 다이오드, 그리고 작은 값의 인덕터 L_d로 구성된다. 펄스 폭 변조pulse-width-modulation 제어 방법을 통해 일정한 스위칭 주파수로 MOSFET을 동작시키면 인덕터 L_d에 흐르는 전류 i_L은 [그림 6-1(b)]와 같이 $|v_s(t)|$와 유사한 계통 전압의 전파full-wave 정류 형태의 전류 $\bar{i}_L(t) = \hat{I}_L|\sin\omega t|$가 된다.

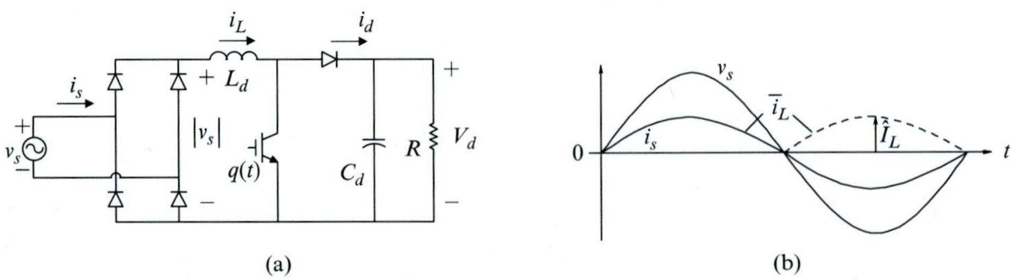

[그림 6-1] 역률 보정회로와 동작 파형

인덕터 전류는 고주파 성분의 스위칭 리플을 포함하지만 작은 필터를 사용하여 제거할 수 있다.

[그림 6-1(a)]와 같이 입력 전류 i_s는 공급 전압과 위상이 일치하는 정현파가 된다. 부스트 컨버터를 이용한 경우 DC 버스 전압 V_d는 다음과 같이 입력 전압 $\hat{V}_s$보다 커진다.

$$V_d > \hat{V}_s \tag{6.1}$$

[그림 6-2(a)]는 항상 $i_L > 0$인 연속 전도 모드continuous-conduction-mode, CCM로 동작하는 부스트 컨버터의 평균값 모델을 나타낸다. 인덕터 양단의 작은 전압 강하를 무시하고 커패시터 양단 전압을 리플이 없는 완전한 DC로 가정하면 부스트 컨버터의 전압 전달비voltage transfer ratio는 다음과 같다.

$$\frac{V_d}{|v_s|} = \frac{1}{1-d(t)} \tag{6.2}$$

이를 정리하면 다음과 같이 쓸 수 있다.

$$1-d(t) = \frac{\hat{V}_s|\sin\omega t|}{V_d} \tag{6.3a}$$

식 (6.3a)를 듀티 비로 나타내면 다음과 같다.

$$d(t) = 1-\frac{\hat{V}_s|\sin\omega t|}{V_d} \tag{6.3b}$$

식 (6.3a)는 연속 전도 모드로 동작할 때 스위치의 $1-d(t)$가 인덕터의 전류값과 무관하게 기본주파수의 반주기마다 정현파 형태로 변화한다는 것을 의미한다. [그림 6-2(b)]는 식 (6.3b)에서 구한 스위치의 듀티 비를 나타낸다.

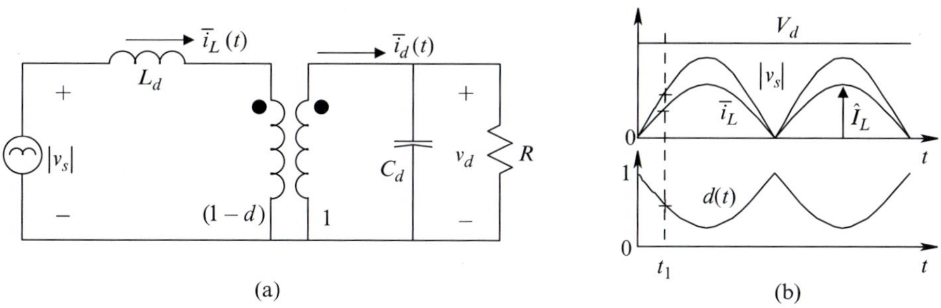

[그림 6-2] 연속 전도 모드($i_L(t) > 0$)로 동작하는 부스트 컨버터의 평균값 모델 및 파형

인덕터 전류 $\bar{i}_L(t) = \hat{I}_L|\sin\omega t|$이므로 전류 $\bar{i}_d(t)$는 [그림 6-2(a)]로부터 이상적인 변압기의 권선비를 사용하여 계산할 수 있다.

$$\bar{i}_d(t) = (1-d)\bar{i}_L(t) = (1-d)\hat{I}_L|\sin\omega t| \tag{6.4a}$$

식 (6.3a)의 $(1-d)$를 식 (6.4a)에 대입하면 다음과 같다.

$$\bar{i}_d(t) = \frac{\hat{V}_s}{V_d}\hat{I}_L|\sin\omega t|^2 \tag{6.4b}$$

식 (6.4b)에서 $|\sin\omega t|^2 = \sin^2\omega t = \frac{1}{2} - \frac{1}{2}\cos 2\omega t$를 사용하여 정리하면 다음과 같다.

$$\bar{i}_d(t) = \underbrace{\frac{1}{2}\frac{\hat{V}_s}{V_d}\hat{I}_L}_{I_d} - \underbrace{\frac{1}{2}\frac{\hat{V}_s}{V_d}\hat{I}_L\cos 2\omega t}_{i_{d2}(t)} \tag{6.5}$$

식 (6.5)는 출력단의 평균 전류가 DC 성분 I_d와 2차 고조파 주파수 성분 $i_{d2}(t)$로 구성됨을 의미한다.

예제 6-1

입력 전력과 출력 전력이 같다는 것을 이용하여 식 (6.5)의 $\bar{i}_d(t)$를 유도하라.

풀이

입력 전압과 전류를 각각 $v_s = \hat{V}_s\sin\omega t$와 $i_s = \hat{I}_s\sin\omega t$라고 가정한다. 이에 따라 입력단의 순시 전력 $P_{in}(t) = v_s i_s = \hat{V}_s\hat{I}_s\sin^2\omega t$가 되며, 조건 $\sin^2\omega t = \frac{1}{2} - \frac{1}{2}\cos 2\omega t$를 이용하면 $P_{in}(t) = \hat{V}_s\hat{I}_s\sin^2\omega t = \frac{1}{2}\hat{V}_s\hat{I}_s\cos 2\omega t$와 같이 정리된다.

또한 출력단의 순시 전력은 $p_o(t) = V_d\bar{i}_d$와 같이 표현할 수 있으며, $p_{in}(t) = p_o(t)$ 및 $\hat{I}_s = \hat{I}_L$을 이용하면 식 (6.5)와 동일한 식을 얻을 수 있다.

$$\bar{i}_d(t) = \underbrace{\frac{1}{2}\frac{\hat{V}_s\hat{I}_L}{V_d}}_{I_d} - \underbrace{\frac{1}{2}\frac{\hat{V}_s}{V_d}\hat{I}_L\cos 2\omega t}_{i_{d2}(t)} \tag{6.6}$$

[그림 6-3]은 역률 보정회로의 출력단을 나타낸 것이다. 여기서 역률 보정회로 출력단의 커패시터 크기는 매우 크므로 2차 고조파 주파수 성분harmonic frequency component $i_{d2}(t)$는 모두 출력 커패시터로 흐른다고 근사화할 수 있다. 따라서 전류 $\bar{i}_d$의 DC 성분 I_d는 부하 등가 저항으로만 흐른다. 따라서 2차 고조파 전류 $i_{d2}(t)$의 피크값은 다음과 같다.

$$\hat{I}_{d2}(t) = \frac{1}{2}\frac{\hat{V}_s}{V_d}\hat{I}_L \tag{6.7}$$

또한 $i_{d2}(t)$가 오직 출력 커패시터로만 흐른다는 가정하에 출력 전압의 2차 고조파 성분의 피크값은 다음과 같다.

$$\widehat{V}_{d2} \simeq \left(\frac{1}{2\omega C}\right)\hat{I}_{d2}(t) = \frac{\hat{I}_L}{4\omega C}\frac{\widehat{V}_s}{V_d} \tag{6.8}$$

이때 커패시터의 리액턴스reactance는 $\frac{1}{2\omega C}$이고 선주파수의 2배이다. $\widehat{V}_{d2}$는 출력 커패시턴스 C에 반비례하므로 전압 리플을 최소화하기 위해 적절한 C 값을 선정해야 한다.

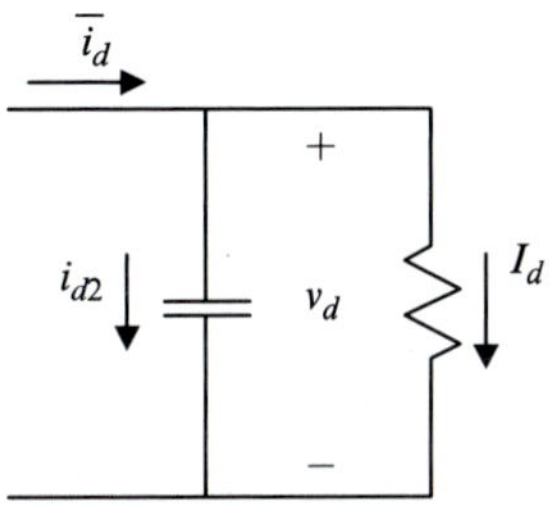

[그림 6-3] 부스트 컨버터 출력단에서의 전류 분배

예제 6-2

[표 6-1]에 주어진 역률 보정회로의 여러 매개변수 및 동작값을 사용하여 전부하full-load 및 표준 입력 전압에서의 $\widehat{V}_{d2}$를 계산하라. 이때 커패시터의 등가 직렬 저항equivalent series resistance, ESR은 무시하라.

[표 6-1] 매개변수와 동작값

매개변수	동작값
표준 입력 AC 전원 전압 $V_{s,\mathrm{rms}}$	120 V
선주파수 f	60 Hz
출력 전압 V_d	250 V (DC)
최대 출력 전력	250 W
스위칭 주파수 f_s	100 kHz
출력 필터 커패시터 C	220 μF
커패시터 등가 직렬 저항 r	100 mΩ
인덕터 L_d	1 mH
전부하 등가 저항 R	250 W

풀이

역률 보정회로의 손실이 없다고 가정하면 출력단의 평균 전력 $P_o = V_s I_s$이다. 그러므로 [표 6-1]의 값을 사용하면 $\hat{I}_L = \hat{I}_s = \sqrt{2}\dfrac{P_o}{V_s} = 2.946\,\mathrm{A}$ 이고 $\hat{V}_s = \sqrt{2} \times 120 = 169.7\,\mathrm{V}$ 이다.

즉 식 (6.8)로부터 2차 고조파 전압의 피크값은 다음과 같다.

$$\hat{V}_{d2} = \frac{\hat{I}_L}{4\omega C}\frac{\hat{V}_s}{V_d} \simeq 6\,\mathrm{V}$$

6.3 역률 보정회로 제어

[그림 6-4]는 블록 다이어그램 형태의 제어회로를 포함하는 역률 보정회로이다. 역률 보정회로의 제어 목적은 계통 전압과 동일한 위상인 정현파 형태의 입력 전류를 만드는 것이다. 이때 인덕터 전류의 지령값 $i_L^*(t)$는 [그림 6-1(b)]와 같이 전파 정류된 형태로 나타나게 된다. 이러한 인덕터 전류의 형태 및 크기를 제어하려면 [그림 6-4]와 같이 2개의 제어루프와 펄스 폭 변조를 통해 부스트 컨버터의 스위치를 동작시켜야 한다.

- 내부 inner 전류 제어루프는 정류기의 출력 전압 $|v_s(t)|$를 측정하여 얻은 $\sin|\omega t|$를 통해 $i_L^*(t)$의 형태를 만든다.
- 외부 outer 전압 제어루프는 출력 전압의 피드백을 기반으로 $i_L^*(t)$의 크기 $\hat{I}_L$을 결정한다. 만약 인덕터 전류가 역률 보정회로의 부하에 충분한 전력을 공급하지 못한다면 출력 전압은 출력 전압의 지령값 V_d^*보다 낮아진다. 출력 전압을 측정하여 피드백 신호로 사용하는 전압 제어루프는 인덕터 전류의 크기를 조정하여 출력 전압이 지령값과 같게 한다. 이러한 전압의 피드백 제어는 인덕터 전류의 크기를 결정하는 것 외에도 역률 보정회로의 출력 전압을 사전 정의된 DC 전압값으로 조정하는 역할을 한다.

[그림 6-4]의 내부 전류 제어루프는 외부 전압 제어루프에 비해 매우 큰 대역폭을 필요로 한다. 각각의 루프는 4장에서 다룬 피크 전류 모드 제어의 설계 방법과 유사한 방법으로 개별적으로 설계될 수 있다.

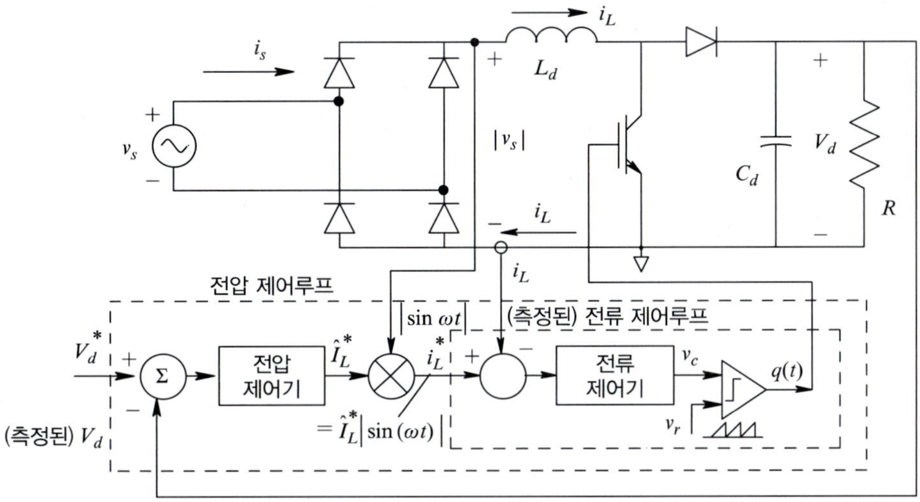

[그림 6-4] 역률 보정회로의 제어루프

6.4 내부 전류 제어루프 설계

[그림 6-4]에서 점선으로 표시된 내부 박스가 역률 보정회로의 내부 전류 제어루프이다. 실제 전류가 최소의 전고조파 왜곡을 가지면서 전류 지령값을 따르기 위해 평균 전류 모드 제어기는 큰 대역폭이 필요하다. 지령값 $i_L^*(t)$와 측정된 인덕터 전류 $i_L(t)$ 사이의 오차는 전류 제어기에 의해 증폭되어 제어 전압 $v_c(t)$를 만든다. 이 제어 전압 $v_c(t)$는 스위칭 주파수 f_s에서 피크 전압 크기 $\hat{V}_r$을 가지는 램프 신호 $v_r(t)$와 비교되어 PWM 제어기 IC 내부에서 스위칭 함수 $q(t)$를 만든다.[1]

[그림 6-4]의 내부 전류 제어루프는 [그림 6-5(a)]와 같이 간단히 표현할 수 있다. [그림 6-2(b)]에서는 전류 지령값 $i_L^*(t)$와 입력 전압의 절댓값 $|v_s(t)|$, 듀티 비 $d(t)$가 시간에 따라 변화한다. 그러나 이 세 값은 전류 제어루프의 대역폭에 비해 훨씬 느리게 변화한다(6.6절의 설계 예시에서는 약 10 kHz). 따라서 특정 시점에서 [그림 6-2(b)]의 t_1 시점을 예로 들면 [그림 6-2(a)]의 회로는 $i_L(t_1)$, $|v_s(t_1)|$, $d(t_1)$의 특정 값을 갖는 "DC" 정상상태로 해석될 수 있다. 이러한 "DC" 정상상태에서의 동작은 매우 큰 값으로 설계되는 전류 제어루프의 대역폭에 비해 매우 느리게 변화한다. [그림 6-5(b)]는 라플라스 변환에 따른 주파수 영역에서의 전류 제어루프로 "~"를 가지는 변수는 전류 제어루프의 대역폭 범위 내 고주파(예 약 10 kHz) 성분의 소신호 섭동 small-signal perturbation을 나타낸다.

1 Philip C. Todd, "UC3854 Controlled Power Factor Correction Circuit Design", Unitrode Application Note U-134.

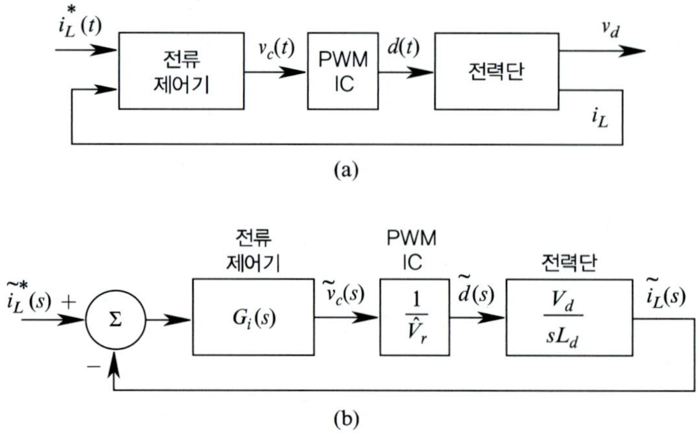

[그림 6-5] 역률 보정회로의 전류 제어루프

6.4.1 PWM 제어기 $\tilde{d}(s)/\tilde{v}_c(s)$

PWM IC의 램프 전압 피크-피크값을 $\hat{V}_r$ 이라고 하면 4장에서 다룬 식 (4.7)의 유도 과정과 동일하게 PWM 제어기의 소신호 전달함수를 다음과 같이 정의할 수 있다.

$$\frac{\tilde{d}(s)}{\tilde{v}_c(s)} = \frac{1}{\hat{V}_r} \tag{6.9}$$

6.4.2 부스트 컨버터 $\tilde{i}_L(s)/\tilde{d}(s)$

DC 정상상태의 동작점이 변하더라도 부스트 컨버터의 전달함수는 전류 제어루프의 대역폭 내 고주파수 영역에서 다음과 같이 단순화할 수 있다.

$$\frac{\tilde{i}_L(s)}{\tilde{d}(s)} \simeq \frac{V_d}{sL_d} \tag{6.10}$$

이 전달함수는 4장의 [그림 4-7(b)]에 나타낸 부스트 컨버터의 소신호 회로로부터 얻을 수 있다. 고주파에서 커패시터는 단락회로로 동작하며, 커패시터의 등가 직렬 저항을 무시하고 V_o를 V_d로 대체하면 전달함수를 얻을 수 있다. LTspice 시뮬레이션을 통해 이를 검증할 수 있다. 역률 보정회로의 부스트 컨버터가 다양한 입력 전압과 듀티 비를 가지는 경우에도 고주파 영역에서는 식 (6.10)의 전달함수와 유사한 결과를 갖는다.

6.4.3 전류 제어기 $G_i(s)$ 설계

식 (6.10)의 전달함수는 이상적인 적분기가 아니라 고주파 영역에서 유효하도록 근사화된 관계식이다. [그림 6-5(b)]에서 DC 정상상태에서의 오차를 0으로 만들고 높은 루프 DC 이득을 얻기 위해 전류 제어기의 전달함수 $G_i(s)$는 반드시 원점에서 극점pole을 가져야 한다. [그림 6-5(b)]의 제어루프에서 전류 제어기 $G_i(s)$와 식 (6.10)에 나타낸 전력단의 전달함수가 원점에 극점을 가지므로 전체 제어루프의 위상에 −180°가 추가된다. 따라서 4장에서 다룬 피크 전류 모드 제어기의 설계 방법과 동일하게 전류 제어기 $G_i(s)$는 극점-영점 쌍 pole-zero pair을 추가하여 위상 부스트를 만들고 이를 통해 루프 교차주파수 crossover frequency에서 특정 위상 여유 phase margin(예 60°)를 가지도록 다음과 같이 설계한다.

$$G_i'(s) = \frac{k_c}{s}\frac{1+s/\omega_z}{1+s/\omega_p} \tag{6.11}$$

앞선 전달함수 $G_i(s)$에서 k_c는 제어기 이득이다. 위상 부스트 ϕ_{boost}를 선정하면 4장에서 다룬 것처럼 필요한 위상 부스트를 얻기 위한 극점-영점의 위치를 계산할 수 있다.

$$K_{boost} = \tan\left(45° + \frac{\phi_{boost}}{2}\right) \tag{6.12}$$

$$f_z = \frac{f_{ci}}{K_{boost}} \tag{6.13}$$

$$f_p = K_{boost} f_{ci} \tag{6.14}$$

여기서 f_{ci}는 전류 루프 전달함수의 교차주파수이다.

6.5 외부 전압 제어루프 설계

앞서 언급한 바와 같이 인덕터의 전류 피크값 $\hat{I}_L$은 외부 전압 제어루프를 통해 결정된다. 이 전압루프의 대역폭은 약 15 Hz로 제한된다. 커패시터 양단의 출력 전압이 2차 고조파 성분 v_{d2}를 포함하고 이 v_{d2}는 식 (6.8)에서 유도된 것처럼 선주파수의 2배에 해당하는 주파수(예 선주파수가 60 Hz일 때, 120 Hz)를 가지기 때문이다. 이 전압 제어기가 2차 고조파 출력 전압을 충분히 제거하지 못한다면 <부록 6A>에서 다룰 내용처럼 입력 전류가 3차 고조파 성분을 포함하여 왜곡된다.

전압 제어루프의 대역폭이 전류 제어루프 대역폭 대비 약 1000배 정도 작기 때문에 전류 제어루프는 약 15 Hz의 낮은 주파수 대역에서 이상적으로 동작한다고 볼 수 있다. 그러므로 [그림 6-6(a)]의 전압 제어기 블록 다이어그램에서 폐쇄 전류 루프를 통해 생성되는 전류 $\hat{I}_L$은 전류 지령값 $\hat{I}_L^*$과 같아진다.

출력 전압의 2차 고조파 성분 v_{d2}가 전압 제어기에 입력되므로 전압 제어기 출력인 $\hat{I}_L^*$은 큰 DC 성분 이외에도 불필요한 2차 고조파 성분 $\hat{I}_{L2}$를 포함한다. 2차 고조파 성분 $\hat{I}_{L2}$는 <부록 6A>에서 설명할 것과 같이 계통 전원에 흐르는 입력 전류에 3차 고조파 왜곡을 발생시킨다. 따라서 [그림 6-6(a)]의 전압 제어기 블록의 출력단에서 $\hat{I}_{L2}$는 $\hat{I}_L^*$의 DC 성분 크기의 약 1.5% 이하로 제한된다.

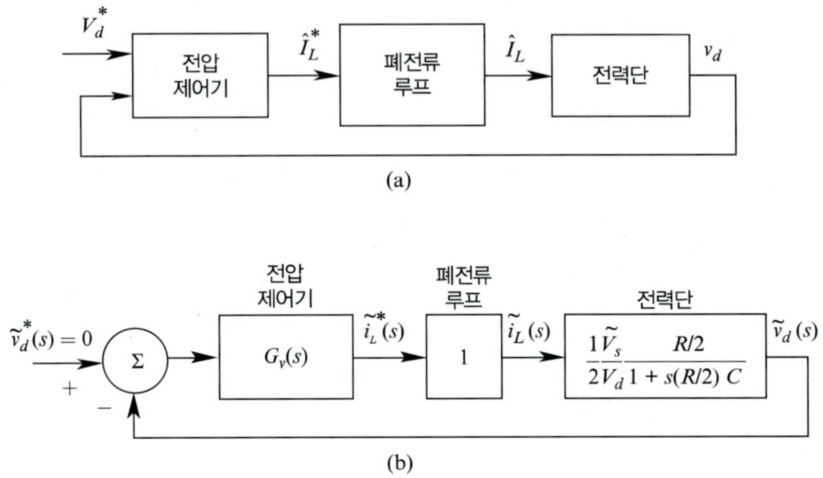

[그림 6-6] 역률 보정회로의 전압 제어루프

[그림 6-6(b)]는 약 15 Hz 의 전압 제어루프 대역폭에서 저주파수 섭동 low frequency perturbation을 가지는 전압 제어루프이다. <부록 6B>에서 살펴보겠지만 [그림 6-6(b)]의 전력단 전달함수는 저주파수에서 다음과 같다. 이때 커패시터의 등가 직렬 저항은 무시한다.

$$\frac{\tilde{v}_d(s)}{\tilde{i}_L(s)} = \frac{1}{2}\frac{\tilde{V}_s}{V_d}\frac{R/2}{1+s(R/2)C} \tag{6.15}$$

정상상태 오차를 0으로 만들기 위해 전압 제어기 전달함수는 원점에서 극점을 가져야 한다. 그러나 일반적으로 전압 제어기의 복잡성을 줄이기 위해 역률 보정회로(PFC)는 정밀 제어를 하지 않고 뒷단에 정밀한 DC 전압 제어를 위한 DC-DC 컨버터를 추가로 사용하므로 극점 요구 조건을 엄격하게 준수하지 않는다. [그림 6-6(b)]의 전압 제어기는 원점 근처에 극점을 가지도록 식 (6.16)처럼 간단한 형태로 설계될 수 있다. 이 전압 제어기의 극점은 전압 제어루프의 교차주파수 ω_{cv}와 같도록 하며, 15 Hz 이하로 배치된다.

$$G_v(s) = \frac{k_v}{1+s/\omega_{cv}} \tag{6.16}$$

식 (6.15)의 전력단 전달함수는 전[full]부하의 경우 수 헤르츠(Hz)의 저주파수에 극점을 갖는다. 따라서 이 극점보다 큰 주파수 영역에서는 90°의 위상 지연[phase lag]을 갖게 된다. 식 (6.16)에 의해 주어진 전압 제어기의 전달함수는 전압 제어루프의 교차주파수에서 45°의 지연을 갖는다. 그러므로 교차주파수에서 두 위상 지연의 합은 135°가 되며, 이에 따라 45°의 충분한 위상 여유를 갖는다. 식 (6.15)와 식 (6.16)에 의해 교차주파수 f_{cv}에서 [그림 6-6(b)]의 루프 전달함수의 크기는 다음과 같이 1이 된다.

$$\left| \frac{k_v}{1+s/\omega_{cv}} \frac{1}{2} \frac{\widetilde{V}_s}{V_d} \frac{R/2}{1+s(R/2)C} \right|_{s=j(2\pi\times f_{cv})} = 1 \tag{6.17}$$

[그림 6-6(b)]의 전압 제어기와 식 (6.16)에 입력되는 전압은 2차 고조파 성분 $\hat{V}_{d2}$를 가지므로 전압 제어기의 출력에서도 2차 고조파 전류 성분 $\hat{I}_{L2}$가 나타난다. 그러므로 2차 고조파 주파수에서 전압 제어기의 이득은 다음과 같다.

$$\left| \frac{k_v}{1+s/\omega_{cv}} \right|_{s=j(2\pi\times 120)} = \frac{\hat{I}_{L2}}{\hat{V}_{d2}} \tag{6.18}$$

식 (6.16)의 전압 제어기의 전달함수 내 2개의 미지수 k_v와 ω_{cv}를 식 (6.17)과 식 (6.18)을 사용하여 계산할 수 있음을 다음 절에서 살펴볼 것이다.

6.6 단상 역률 보정회로 시스템의 예시

[표 6-1]의 조건을 통해 입력 선전류의 전고조파 왜곡을 3% 이하로 만들기 위한 역률 보정회로의 동작 및 제어 예시를 살펴보자.[2][3]

6.6.1 전류 제어루프의 설계

식 (6.9)에서 $\hat{V}_r$은 1로 가정한다. 4장의 DC-DC 컨버터의 피크 전류 모드의 제어 과정에서 살펴봤듯 10 kHz ($\omega_{ci} = 2\pi \times 10^4$ rad/s)의 루프 교차주파수에서 60°의 위상 여유를 가질 때 식 (6.11)의 전류 제어기의 매개변수는 다음과 같다.

2 Philip C. Todd, "UC3854 Controlled Power Factor Correction Circuit Design", Unitrode Application Note U-134.

3 Lyod Dixon, "High Power Factor Switching Pre-Regulator Design Optimization", Unitrode Design Application Manual.

$$k_c = 4212$$
$$\omega_z = 1.68 \times 10^4 \text{ rad/s} \tag{6.19}$$
$$\omega_p = 2.35 \times 10^5 \text{ rad/s}$$

식 (6.19)에 제시된 매개변수 값을 기반으로 한 식 (6.11)의 전달함수 $G_i(s)$는 4장의 [그림 4-25]의 연산증폭기 회로와 유사하며, $R_1 = 100\,\text{k}\Omega$으로 설정한 경우 다음과 같은 값을 갖는다.

$$C_2 \simeq 0.17\,\text{nF}$$
$$C_1 \simeq 2.2\,\text{nF} \tag{6.20}$$
$$R_2 \simeq 27\,\text{k}\Omega$$

6.6.2 전압 제어루프의 설계

전부하의 경우 식 (6.15)의 플랜트 전달함수는 36.36 rad/s (5.79 Hz)의 주파수에서 극점을 갖는다. 전부하에서 $\hat{I}_L = 2.946\,\text{A}$ 이고 식 (6.8)로부터 $\hat{V}_{d2} = 6.029\,\text{V}$가 된다. 앞서 살펴본 것처럼 2차 고조파 성분의 크기는 $\hat{I}_L$의 1.5%로 제한되며, 따라서 $\hat{I}_{L2} = 0.0442\,\text{A}$가 된다. 이러한 값들과 식 (6.17), 식 (6.18)을 이용하여 식 (6.16)의 전압 제어기 전달함수 내 2개의 변수를 $k_v = 0.0754$, $\omega_{cv} = 73.7$ rad/s (11.73 Hz)로 계산할 수 있다. 이러한 전달함수는 [그림 6-7]의 연산증폭기 회로로 구현될 수 있으며, 이때 저항과 커패시터 값은 다음과 같다.

$$R_1 = 100\,\text{k}\Omega$$
$$R_2 = 7.54\,\text{k}\Omega \tag{6.21}$$
$$C_1 = 1.8\,\mu\text{F}$$

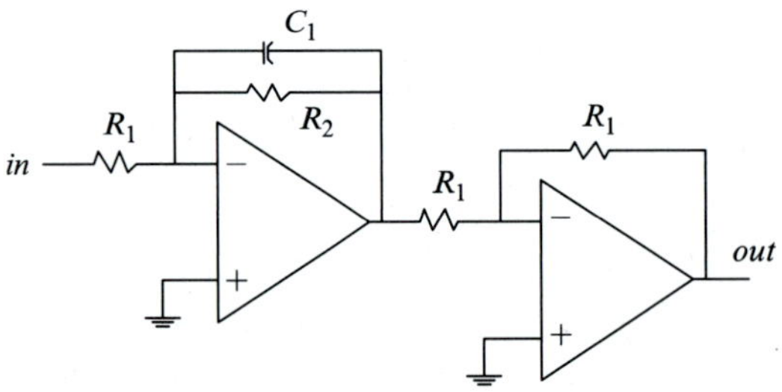

[그림 6-7] 전달함수 $G_v(s)$를 구현하기 위한 연산증폭기 회로

6.7 시뮬레이션 결과

[그림 6-8]은 LTspice 기반의 역률 보정회로 시뮬레이션으로, 단순화를 위해 입력 전압과 풀-브릿지 정류기가 결합되어 있다. [그림 6-9]는 100 ms 시점에서 출력단 부하를 갑자기 감소시켰을 때의 출력 전압과 인덕터의 전류 파형이다.

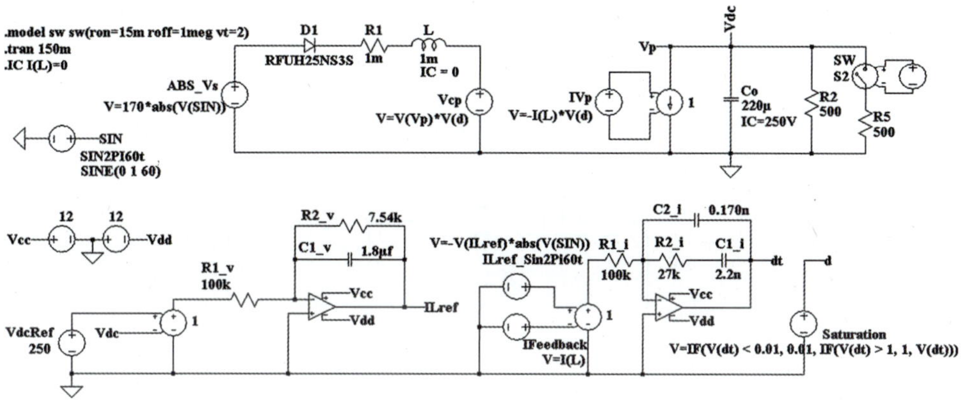

[그림 6-8] LTspice 시뮬레이션 다이어그램(부하는 100 ms 에서 스텝 형태로 감소)[4]

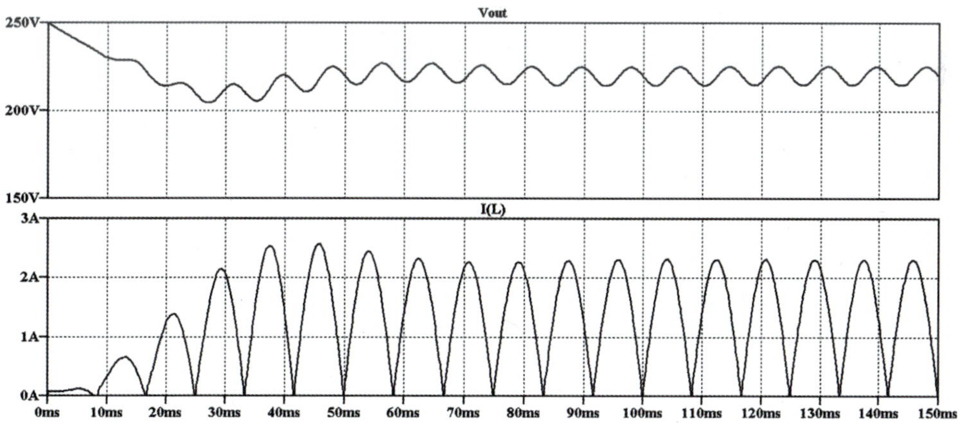

[그림 6-9] 출력 전압 및 인덕터 전류의 시뮬레이션 결과

4 더 높은 해상도를 원한다면 LTspice Schematic 파일을 실행하면 된다.

6.8 입력 전압의 피드포워드

[그림 6-10]은 피드포워드 feedforward 된 입력 전압을 사용하는 역률 보정회로이다. 계통 전원의 입력 전압의 실효값 변화와 관계없이 역률 보정회로의 출력은 거의 일정하다. 그러므로 계통 전압 $\hat{V}_s$ 가 증가하면 인덕터 전류 $\hat{I}_L$은 감소하며, 반대로 계통 전압이 감소하면 인덕터 전류는 증가한다. [그림 6-10]과 같이 $\hat{I}_L$을 결정하는 과정에서 입력 전압의 피크값을 피드포워드하여 사용하면 입력 전압의 외란 disturbance 이 역률 보정회로의 피드백 루프를 통해 나타나는 것을 막을 수 있다.

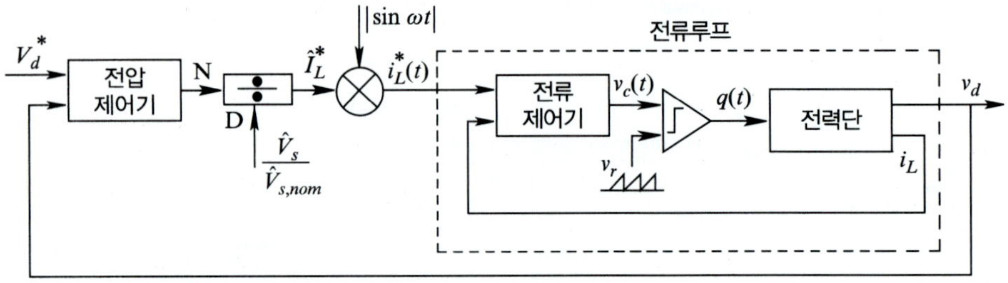

[그림 6-10] 입력 전압의 피드포워드

6.9 역률 보정회로의 기타 제어 방법

이 책에서는 역률 보정회로를 제어하기 위한 방법으로 평균 전류 제어 방법 average-current method 을 사용하였다. 그러나 이 외에도 단일 주기 제어 방법 등을 적용할 수 있다.

연습문제

6.1 단상 60 Hz 의 역률 보정회로가 $V_s = 120\,\text{V(rms)}$, $V_d = 250\,\text{V}$, 그리고 300 W 의 출력단 평균 전력을 가진다. 이때 $\bar{i}_L(t)$, $d(t)$, 출력 다이오드에 흐르는 전류의 평균값 $\bar{i}_d$를 계산하고, 이 파형들을 입력 전압 v_s와 함께 그려라.

6.2 6.6절의 설계 예시를 사용하여 계통 전압 V_s가 110 V(rms) 및 120 V(rms) 일 때 입력 전류의 실효값을 계산하고 이들을 비교하라.

6.3 [연습문제 6.1]에서 $C = 690\,\mu\text{F}$ 일 때 커패시터 양단에 걸리는 2차 고조파 전압의 피크값을 계산하라.

6.4 6.6절의 설계 예시를 사용하여 인덕터 전류 리플의 피크-피크 최댓값을 계산하라.

6.5 6.6절의 설계 예시를 사용하여 25 kHz 의 교차주파수를 가지는 전류 제어루프를 설계하라.

6.6 6.6절의 설계 예시를 사용하여 출력 커패시터 $C = 690\,\mu\text{F}$ 일 때 외부 전압 제어루프를 설계하라.

시뮬레이션 문제

6.7 [그림 6-8]의 시뮬레이션에서 다음을 구하라.

(a) 부스트 컨버터의 입력 전압(다이오드 정류기의 출력단), 인덕터 전류, 부하 전압의 파형을 그려라.
(b) 인덕터 전류 i_L과 커패시터 전류 i_C의 각 고조파 성분을 구하라.
(c) 역률 보정회로의 출력단에 흐르는 전류가 식 (6.5)처럼 나타남을 확인하라.

부록 6A $\dfrac{\hat{I}_{s3}}{\hat{I}_{L2}}=\dfrac{1}{2}$ 증명

[그림 6-6(b)]의 전압 제어기 G_v의 출력은 정상상태에서 다음과 같다.

$$G_v \text{의 출력} = \hat{I}_L - \hat{I}_{L,2}\cos 2\omega t \tag{6A.1}$$

$\hat{I}_{L,2}$가 $\hat{I}_L$에 비해 매우 작은 값(예 $\hat{I}_L$의 1.5%)이 되도록 제어기를 설계한다. 식 (6A.1)에 $|\sin\omega t|$를 곱하면 인덕터 전류의 지령값이 된다. 따라서 식 (6A.1)의 2차 고조파 왜곡 성분과 $\sin\omega t$의 곱은 입력 AC 전류에서 다음과 같이 나타난다.

$$(-\hat{I}_{L2}\cos 2\omega t)\sin\omega t = \frac{1}{2}\hat{I}_{L2}\sin\omega t - \underbrace{\frac{1}{2}\hat{I}_{L2}}_{\hat{I}_{s3}}\sin 3\omega t \tag{6A.2}$$

식 (6.2A)에서 기본주파수 성분은 2차 고조파 왜곡으로 전압 제어루프에 의해 보상된다. 그러나 우변 두 번째 항에 해당하는 3차 고조파 성분은 2차 고조파 성분 $\hat{I}_{L,2}$의 절반에 해당하는 크기를 가진다.

$$\frac{\hat{I}_{s3}}{\hat{I}_{L2}} = \frac{1}{2} \tag{6A.3}$$

부록 6B $\dfrac{\tilde{v}_d}{\tilde{i}_L}(s) = \dfrac{1}{2}\dfrac{\hat{V}_s}{V_d}\dfrac{R/2}{1+s(R/2)C}$ 증명

제어기를 설계할 때 동적 조건에서 [그림 6-6(b)]의 전압 제어기 $G_v(s)$의 출력은 강한 DC 성분과 2차 고조파 성분 i_{L2}, 저주파 섭동 성분(15 Hz 이하)을 가진다.

$$\text{전압 제어기의 출력} = \hat{I}_L + i_{L2} + \tilde{i}_L \tag{6B.1}$$

식 (6B.1)의 전류 지령 피크값과 $|\sin\omega t|$를 곱하면 인덕터 전류는 다음과 같다.

$$\bar{i}_L(t) = (\hat{I}_L + i_{L2} + \tilde{i}_L)|\sin\omega t| \tag{6B.2}$$

[그림 6-2]의 회로에서 L_d 양단의 전압 강하를 무시하면 다음과 같이 쓸 수 있다.

$$|v_s(t)|\,\bar{i}_L(t) = (V_d + v_{d2} + \tilde{v}_d)(I_d + i_{d2} + \tilde{i}_d) \tag{6B.3}$$

$|v_s(t)| = \hat{V}_s|\sin\omega t|$와 식 (6B.2)의 인덕터 전류를 식 (6B.3)에 대입하면 다음과 같다.

$$\hat{V}_s|\sin\omega t|(\hat{I}_L + i_{L2} + \tilde{i}_L)|\sin\omega t| = (V_d + v_{d2} + \tilde{v}_d)(I_d + i_{d2} + \tilde{i}_d) \tag{6B.4}$$

$|\sin\omega t|^2 = \sin^2\omega t = \dfrac{1}{2} - \dfrac{1}{2}\cos 2\omega t$ 임을 유의하고 $\tilde{v}_d$와 $\tilde{i}_d$ 값을 무시하면 다음과 같다.

$$\begin{aligned}&\frac{1}{2}\hat{V}_s\hat{I}_L + \frac{1}{2}\hat{V}_s i_{L2} + \frac{1}{2}\hat{V}_s\tilde{i}_L - \frac{\hat{V}_s}{2}(\hat{I}_L + i_{L2} + \tilde{i}_L)\cos(2\omega t)\\ &\approx v_d(I_d + i_{d2}) + v_{d2}(I_d + I_{d2} + \tilde{i}_d) + \tilde{v}_d i_{d2} + \tilde{i}_d V_d + \tilde{v}_d I_d\end{aligned} \tag{6B.5}$$

식 (6B.5)에서 양변의 섭동주파수 항들이 서로 같아야 하므로 다음과 같이 쓸 수 있다.

$$\tilde{i}_d V_d + \tilde{v}_d I_d = \frac{1}{2}\hat{V}_s\tilde{i}_L \tag{6B.6}$$

[그림 6-1(a)]의 역률 보정회로에서 $I_d = \dfrac{V_d}{R}$ 이므로 식 (6B.6)은 다음과 같다.

$$\left(\tilde{i}_d + \frac{\tilde{v}_d}{R}\right)V_d = \frac{1}{2}\hat{V}_s\tilde{i}_L \tag{6B.7}$$

[그림 6-1(a)]의 역률 보정회로 출력단에서 전압과 전류는 다음의 관계를 갖는다.

$$\tilde{i}_d = \frac{1 + sRC}{R}\tilde{v}_d \tag{6B.8}$$

식 (6B.8)을 식 (6B.7)에 대입하면 다음과 같다.

$$\frac{\tilde{v}_d}{\tilde{i}_L}(s) = \frac{1}{2}\frac{\hat{V}_s}{V_d}\frac{R/2}{1+s(R/2)C} \tag{6B.9}$$

CHAPTER

07

자기회로에 대한 개념

이 장에서는 자기회로의 기본 개념을 정립하고 전력전자에서 요구되는 소자인 인덕터 및 변압기의 이해를 돕는 것을 목표로 한다.

7.1 암페어 턴수와 자속

[그림 7-1]은 철로 만들어진 자기 코어에서 N 턴수 코일에 전류 i가 흐르는 간단한 자기 구조이다. 이 코일은 코어에 암페어 턴수 ampere-turn Ni를 만든다. 자계강도 H_m은 코어의 평균 경로 길이 ℓ_m을 따라 일정하다고 가정하고 공극 air gap 에서의 자계강도는 H_g라고 정의한다. 암페어 법칙 Ampere's law 에 의해 코어의 평균 경로와 공극을 따라 구성된 폐곡선에서 자계강도의 선적분은 암페어 턴수와 같다.

$$H_m \ell_m + H_g \ell_g = Ni \tag{7.1}$$

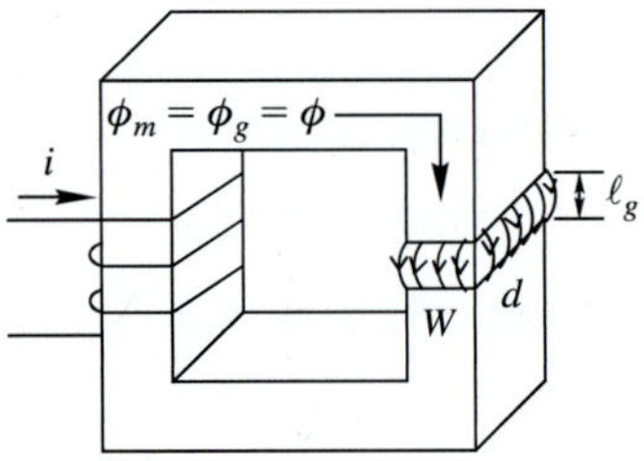

[그림 7-1] 공극이 있는 자기 구조

코어의 자계강도 H_m과 공극의 자계강도 H_g에 해당하는 자속밀도는 각각 다음과 같다.

$$B_m = \mu_m H_m \tag{7.2}$$

$$B_g = \mu_o H_g \tag{7.3}$$

여기서 $\mu_o = 4\pi \times 10^{-7}$ H/m 이다. 자속밀도를 식 (7.1)에 대입하면 다음과 같다.

$$\frac{B_m}{\mu_m}\ell_m + \frac{B_g}{\mu_o}\ell_g = Ni \tag{7.4}$$

자속선이 폐곡선을 형성하므로 코어 내 수직한 perpendicular 단면적을 통과하는 자속은 공극을 통과하는 자속과 동일하다. 따라서 다음과 같이 쓸 수 있다.

$$\phi = A_m B_m = A_g B_g \tag{7.5}$$

$$B_g = \frac{\phi}{A_m}, \quad B_g = \frac{\phi}{A_g} \tag{7.6}$$

식 (7.6)의 자속밀도를 식 (7.4)에 대입하면 다음과 같다.

$$\phi\left(\underbrace{\frac{\ell_m}{A_m\mu_m}}_{\Re_m}+\underbrace{\frac{\ell_g}{A_g\mu_o}}_{\Re_m}\right)=Ni \tag{7.7}$$

식 (7.7)에서 괄호 안에 있는 두 항은 각각 코어의 자기 저항 reluctance $\Re_m$과 공극의 자기 저항 $\Re_g$이다. 그러므로 전체 자속선 경로에서 실효 자기 저항 $\Re$은 두 자기 저항의 합과 같다.

$$\Re=\Re_m+\Re_g \tag{7.8}$$

식 (7.8)을 식 (7.7)에 대입하면 다음과 같다.

$$\phi=\frac{Ni}{\Re} \tag{7.9}$$

식 (7.9)의 자속 ϕ는 암페어 턴수로 계산되므로 B_m과 B_g는 식 (7.6)과 같이 구할 수 있다.

7.2 인덕턴스 L

[그림 7-2(a)]의 코어에서 쇄교 자속 flux linkage λ_m은 코어 내부의 자속선에 의해 발생하며, 자속 ϕ_m과 코일 턴수 N의 곱으로 계산된다. 이 쇄교 자속은 코일에 흐르는 전류 i와 인덕턴스 L_m으로 다음과 같이 표현할 수 있다.

$$\lambda_m=N\phi_m=L_m i \tag{7.10}$$

이때 코어가 선형 영역에서 동작한다면 인덕턴스 $L_m(=\lambda_m/i)$는 상수이다.

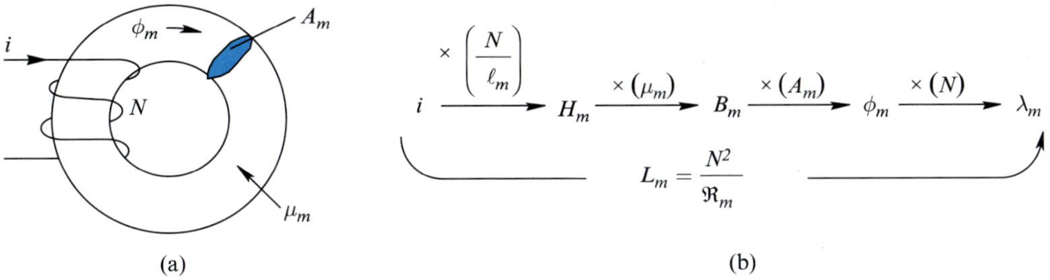

[그림 7-2] 코일 인덕턴스

선형 영역에서의 코일 인덕턴스는 식 (7.10)과 [그림 7-2(b)]로부터 다음과 같이 계산된다.

$$L_m = \frac{\lambda_m}{i} = \frac{\overbrace{\underbrace{\underbrace{\underbrace{\left(\frac{Ni}{\ell_m}\right)}_{H_m}\mu_m}_{B_m} A_m}_{\phi_m} N}^{}}{i} = \frac{N^2}{\left(\dfrac{l_m}{\mu_m A_m}\right)} = \frac{N^2}{\Re_m} \tag{7.11}$$

이를 통해 인덕턴스 L_m은 자기 물질이 선형 영역($B-H$ 특성 곡선의 기울기가 상수 μ_m이 되는 직선 영역)에서 동작할 때 식 (7.11)과 같이 코어 재질, 구조, 턴수 등의 자기회로 속성에 의해서만 결정되는 것을 알 수 있다.

7.2.1 자기장에 의한 에너지 저장

인덕터에 저장되는 에너지는 자기장의 형태로 저장된다. 전기회로의 관점에서 전류 i에 의해 인덕터에 저장되는 에너지는 다음과 같다.

$$W = \frac{1}{2} L_m i^2 \text{ [J]} \tag{7.12}$$

여기서 [J]은 에너지 단위인 줄Joule이다. 코어가 [그림 7-2(a)]와 같이 공극이 없는 구조라고 가정하고 식 (7.11)의 인덕턴스와 식 (7.1)의 암페어 법칙에 의한 전류를 식 (7.12)에 대입하면 자기에너지는 자속밀도의 항으로 표현될 수 있다.

$$W_m = \frac{1}{2} \frac{N^2}{\dfrac{\ell_m}{\mu_m A_m}} \underbrace{(H_m \ell_m / N)^2}_{i^2} = \frac{1}{2} \frac{(H_m \ell_m)^2}{\dfrac{\ell_m}{\mu_m A_m}} = \frac{1}{2} \frac{B_m^2}{\mu_m} \underbrace{A_m \ell_m}_{volume} \text{ [J]} \tag{7.13}$$

여기서 $A_m \ell_m$은 부피volume에 해당하며, 선형 영역에서 $B_m = \mu_m H_m$이다. 그러므로 식 (7.13)에 의해 코어의 에너지 밀도는 다음과 같다.

$$w_m = \frac{1}{2} \frac{B_m^2}{\mu_m} \tag{7.14}$$

이와 비슷하게 공극의 에너지 밀도는 μ_o와 공극의 자속밀도에 의해 결정된다. 그러므로 식 (7.14)로부터 임의의 물질의 에너지 밀도는 다음과 같이 표현할 수 있다.

$$w = \frac{1}{2} \frac{B^2}{\mu} \text{ [J/m}^3\text{]} \tag{7.15}$$

인덕터에서 에너지는 대부분 자속선의 경로에 위치한 공극에 저장된다. 반면 변압기는 자속선 경로에 공극이 존재하지 않는다. 따라서 코어의 투자율이 무한하다고 가정하는 이상적 변압기의 코어에 저장되는 에너지는 0이며, 유한한 자속밀도를 만들기 위해 H_m은 0이 되어야 한다. 그러나 실제 변압기는 코어의 투자율이 유한하므로 일부 에너지가 코어에 저장된다.

7.3 패러데이 법칙 : 시간에 따른 쇄교 자속의 변화에 의한 코일의 유도 전압

자기회로에서 전기적 전류의 양 i와 자기적인 양 H, B, ϕ, λ의 관계를 정립하였다. 이러한 관계는 DC(정적) 조건인 경우를 포함하여 시변하는 경우의 어떤 특정 순간에서만 제한적으로 적용될 수 있다. 이 절에서는 시변[time-varying] 조건에서 코일 양단의 전압을 살펴본다. [그림 7-3]의 코일에서 시간에 따른 쇄교 자속의 변화율은 패러데이 법칙[Faraday's law]에 의해 코일의 순시 전압과 같아진다.

$$e(t) = \frac{d}{dt}\lambda(t) = N\frac{d}{dt}\phi(t) \tag{7.16}$$

여기서 모든 자속선은 N 턴수의 코일에 전부 쇄교한다고 가정하며, 이에 따라 $\lambda = N\phi$가 된다. 식 (7.16)에서 기전력[electromotive force, emf] $e(t)$의 극성과 $\phi(t)$의 방향은 아직 정의되지 않았다.

식 (7.16)은 임의의 원인에 의한 자속의 변화와 관계없이 성립한다. 예를 들어 2차 측 코일은 같은 코어에 존재할 수 있다. 코어의 2차 측 코일에 시변하는 전류가 흐를 때 상호 결합[mutual coupling]은 동일한 코어의 1차 측 코일에 시변하는 자속 ϕ를 발생시킨다. 또 다른 예로 전압 $e(t)$가 [그림 7-3]과 같이 코일에 인가될 때 발생하는 자속 ϕ는 식 (7.16)의 양변을 시간에 따라 적분한 결과와 같다.

$$\phi(t) = \phi(0) + \frac{1}{N}\int_0^t e(\tau)\cdot d\tau \tag{7.17}$$

여기서 $\phi(0)$은 $t = 0$일 때의 초기 자속이고 τ는 적분변수이다.

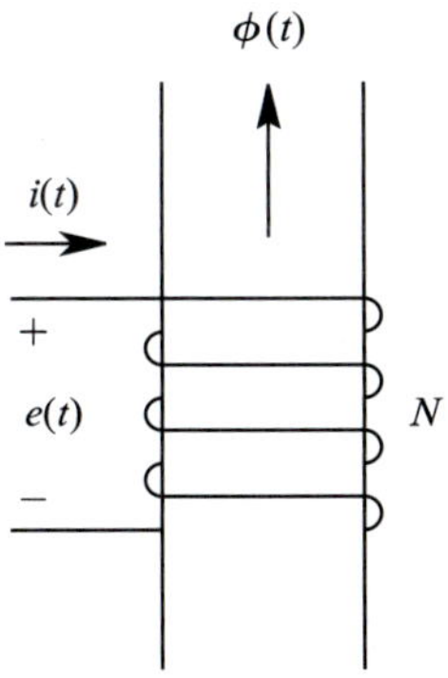

[그림 7-3] 전류와 자속의 전압 극성과 방향

옴의 법칙 $v = Ri$ 처럼 전류가 저항에 흘러 들어가는 단자 쪽을 양극passive sign convention으로 정한다. 이와 비슷한 방법으로 [그림 7-3]의 코일에서 식 (7.16)과 식 (7.17)의 패러데이 법칙을 적용할 때 전압의 극성과 자속의 방향을 정할 수 있다.

먼저 자속의 방향이 주어질 때 자속의 방향과 같은 방향으로 자속이 생성될 수 있도록 가상의 전류 방향을 정한다. 이에 따라 가상의hypothetical 전류가 들어가는 단자 쪽이 양의 극성의 전압을 갖게 된다. 반대로 전압 극성이 주어지면 가상의 전류가 양의 극성을 갖는 단자로 들어간다고 생각해보자. [그림 7-3]에서 예를 든 것과 같이 이러한 전류는 코일이 어떻게 감겨 있느냐에 따라 식 (7.16)과 식 (7.17)을 사용하기 위한 자속의 방향을 결정한다. 이러한 전압의 극성과 자속의 방향을 정하는 방법은 렌츠의 법칙Lenz's law을 적용하는 것보다 더 쉽다(단, 이 법칙은 여기서 다루지 않을 것이다).

전압은 코일에 흐르는 전류의 크기에 관계 없이 $d\lambda / dt$ 에 의해 유도된다.

7.4 누설 인덕턴스와 자화 인덕턴스

전기회로에서 도체에 전류가 흐르는 것처럼 자기회로magnetic circuit에는 자기 코어에 자속flux이 흐른다. 단, 전기회로에서는 DC나 60 Hz 정도의 저주파에서 누설leakage 전류를 무시하면 구리의 전도율이 공기보다 대략 10^{20} 배 정도 클 때 자기회로에서는 자성물질의 투자율permeability이 공기보다 최대 10^4 배 정도밖에 되지 않는다. 이러한 비교적 낮은 비율 때문에 [그림 7-4(a)]의 구조의 코어 창core window에 누설 자속선이 존재한다.

누설 자속선은 변압기의 다른 쪽 권선이나 인덕터의 공극과 같이 정해진 경로로 흐르지 못하는 자속선을 의미한다. [그림 7-4(a)]는 이러한 구조를 나타낸 것으로, 실제로 코일은 여러 층으로 구성되어 있고 사용되지 않는 창면적window area을 최소화하기 위해 가능한 코어에 딱 맞게 설계되어 있다.

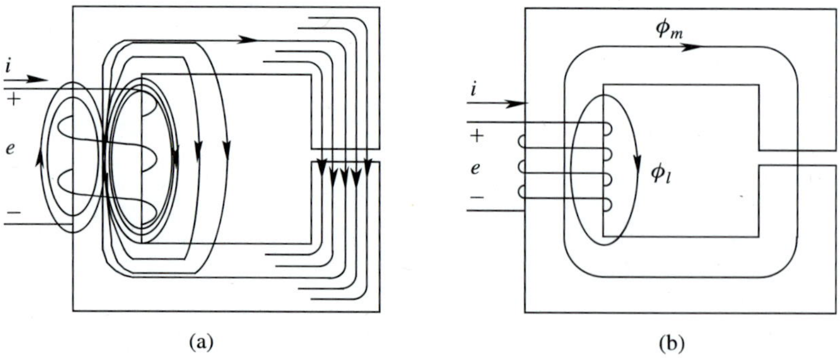

[그림 7-4] 자기 자속과 누설 자속 및 등가적 표현

누설 효과는 자기회로의 정확한 해석을 더욱 어렵게 만들며, 해석을 위해서는 유한 요소 분석법finite element analysis과 같은 정교한 수치해석 기법이 필요하다. 단, 몇 가지 근사에 의해 누설 자속선의 영향을 해석에 포함할 수 있다. 총 자속 ϕ는 다음과 같이 두 부분으로 나눌 수 있다.

❶ 자속 ϕ_m은 완벽하게 코어에 갇혀 있어 N번의 턴수를 모두 쇄교한다.

❷ 부분적으로 또는 완전히 공기상에 존재하는 자속은 등가적으로 누설 자속 ϕ_ℓ이라고 표현된다. 이 자속 역시 코일의 N번의 턴수를 모두 쇄교하지만 [그림 7-4(b)]와 같이 완벽한 자기 경로로 흐르지 않는다.

[그림 7-4(b)]에서 $\phi = \phi_m + \phi_\ell$이며, ϕ는 코일의 N번의 턴수를 모두 쇄교하는 등가 자속이다. 여기서 코일의 총 쇄교 자속은 다음과 같다.

$$\lambda = N\phi = \underbrace{N\phi_m}_{\lambda_m} + \underbrace{N\phi_\ell}_{\lambda_\ell} = \lambda_m + \lambda_\ell \tag{7.18}$$

총 인덕턴스(자기 인덕턴스self inductance)는 식 (7.18)의 양변을 전류 i로 나누어서 얻을 수 있다

$$\underbrace{\frac{\lambda}{i}}_{L_{self}} = \underbrace{\frac{\lambda_m}{i}}_{L_m} + \underbrace{\frac{\lambda_\ell}{i}}_{L_\ell} \tag{7.19}$$

$$L_{self} = L_m + L_l \tag{7.20}$$

여기서 L_m은 자기 코어에서 ϕ_m에 의한 자화 인덕턴스magnetizing inductance라고 불리며, L_ℓ은 누설 자속 ϕ_ℓ에 의한 누설 인덕턴스leakage inductance라고 불린다. 식 (7.19)와 식 (7.20)으로부터 식 (7.18)의 코일에서의 총 쇄교 자속은 다음과 같다.

$$\lambda = (L_m + L_\ell)i \tag{7.21}$$

그러므로 식 (7.16)의 패러데이 법칙은 다음과 같다.

$$e(t) = \underbrace{L_m \frac{di}{dt}}_{e_m(t)} + L_\ell \frac{di}{dt} \tag{7.22}$$

식 (7.22)를 통해 [그림 7-5(a)]와 같은 전기회로를 구성할 수 있다. [그림 7-5(b)]는 누설 인덕턴스에 의한 전압 강하와 자화 자속에 의해 코일에서 유도된 전압을 분리하여 보여준다. 코일을 더 완벽하게 나타내려면 코일 저항 R을 직렬로 추가하여 나타낼 수 있다.

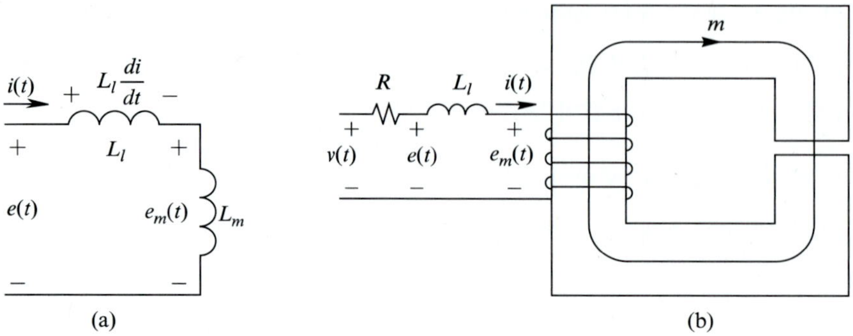

[그림 7-5] 전기회로의 회로적인 표현과 코어에서 분리된 누설 인덕턴스

7.4.1 상호 인덕턴스

앞서 살펴본 인덕터와 변압기와 같은 대부분의 자기회로는 다중 코일로 구성되어 있다. 이와 같은 자기회로에서 하나의 코일에 전류가 흐를 때 형성된 자속은 부분적으로 다른 코일에 쇄교한다. 이러한 현상은 회로이론에서 설명한 상호 인덕턴스를 이용하여 수학적으로 표현할 수 있다. 그러나 이 책에서는 8장에서 다룰 플라이백 컨버터와 같은 절연형 변압기의 DC-DC 컨버터에서 사용된 상호 결합된 코일의 분석을 위해 더 간단하고 직관적인 방법을 사용할 것이다.

7.5 변압기

전력전자공학에서 고주파용 변압기는 스위치 모드switch-mode의 DC 전원 공급 장치를 위해 반드시 필요하다. 2개 또는 그 이상의 권선으로 구성된 이러한 변압기는 하나의 권선에서 발생한 자속이 다른 권선으로 거의 모두 쇄교하도록 단단하게 결합되어 있다. 누설 자속을 포함한 자세한 해석은 매우 복잡하므로 이 책의 해석 목적에 맞지 않는다. 따라서 모든 권선을 쇄교하는 자화 자속 ϕ_m 만 고려하고 누설 자속에 의한 영향은 무시한다.

변압기의 기본적인 동작 원리의 이해를 돕기 위해 [그림 7-6]과 같이 3개의 권선을 갖는 변압기를 살펴보자. 여기서 변압기 권선의 개수는 목적에 따라 조절할 수 있다.

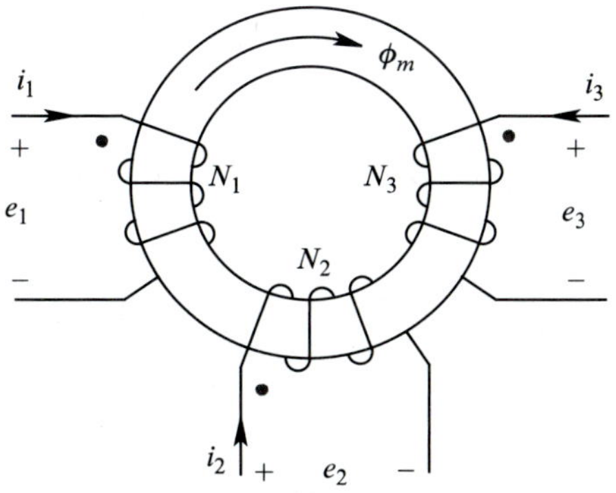

[그림 7-6] 3개의 권선을 갖는 변압기

- **패러데이 법칙** Faraday's law : [그림 7-6]의 변압기에서 모든 권선에 동일한 자속 ϕ_m 이 쇄교한다. 따라서 패러데이의 법칙을 적용하면 도트(•) 표시가 없는 단자 대비 도트가 표시된 단자에서의 유도 전압은 다음과 같다.

$$e_1 = N_1 \frac{d\phi_m}{dt} \tag{7.23}$$

$$e_2 = N_2 \frac{d\phi_m}{dt} \tag{7.24}$$

$$e_3 = N_3 \frac{d\phi_m}{dt} \tag{7.25}$$

이 식들에 의한 결과로 변압기에서 각 권선을 쇄교하는 시간에 따른 자속 변화율이 모두 같으므로 식 (7.26)과 같이 각 권선에 유기된 턴수당 전압 volts-per-turn 은 모두 같게 된다.

$$\frac{d\phi_m}{dt} = \frac{e_1}{N_1} = \frac{e_2}{N_2} = \frac{e_3}{N_3} \tag{7.26}$$

식 (7.26)은 권선 턴수의 비율을 조절하여 권선 간 전압비를 바꿀 수 있다는 것을 보여준다. 여기서 순시 자속 ϕ_m 은 식 (7.26)을 적절한 적분 구간을 포함한 적분 형태로 다음과 같이 나타낸다.

$$\phi_m = \frac{1}{N_1}\int e_1 dt = \frac{1}{N_2}\int e_2 dt = \frac{1}{N_3}\int e_3 dt \tag{7.27}$$

- **암페어의 법칙** Ampere's law : 식 (7.9)로부터 주어진 암페어의 법칙에 따르면 매 순간마다 자속 ϕ_m 은 [그림 7-6]에서처럼 코어에 적용되는 순 자화 암페어 턴수 net magnetizing ampere-turns 에 따라 다음과 같이 얻어진다.

$$N_1 i_1 + N_2 i_2 + N_3 i_3 = \Re_m \phi_m \tag{7.28}$$

식 (7.28)의 $\Re_m$ 은 [그림 7-6]과 같이 코어의 자속 경로에 따른 자기 저항이며, 전류는 각 권선의 도트 단자로 흘러 들어가서 양으로 정의되어 각 권선에서 발생한 자속선이 모두 같은 방향으로 나타난다. 이때 순 암페어 턴수는 권선에 연결된 회로에 의해 만들어지는 권선 전류에 따라 달라진다.

식 (7.27)과 식 (7.28)은 변압기를 이해하기 위한 가장 핵심적인 식이다. 권선 저항과 누설 자속이 무시되는 하나의 권선에 유도 전압과 같은 전압이 인가되면 식 (7.28)과 같은 순 자화 암페어 턴수에 의해 코어의 자기 저항을 극복하기 위한 자속 ϕ_m 이 발생한다.

7.5.1 변압기의 등가회로

[그림 7-7(b)]와 같은 변압기의 등가회로는 매우 유용하다. 이러한 등가회로를 개발하기 전에 먼저 $\Re_m = 0$ 인 무한한 코어 투자율을 가지는 이상적인 변압기를 고려해야 한다. 따라서 식 (7.28)에서 순 자화 암페어 턴수는 0이다. [그림 7-7(a)]는 이러한 이상적인 변압기를 나타낸 것이다.

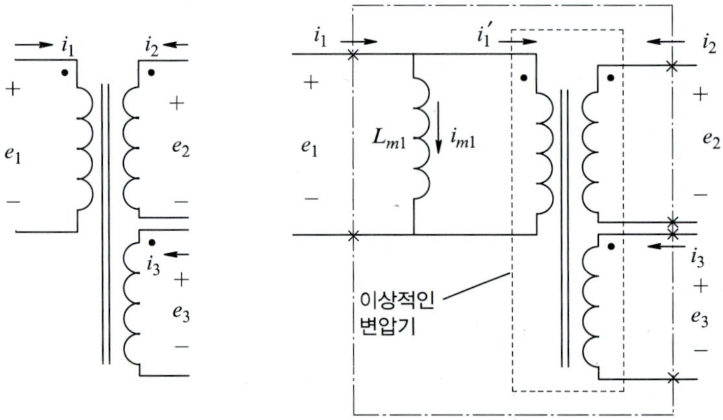

(a) 이상적인 등가회로 (b) 실제 등가회로

[그림 7-7] (누설 임피던스가 포함되지 않은) 변압기의 등가회로

[그림 7-6]과 같은 실제 변압기는 코어 투자율이 무한하지 않으므로 코어에 자속을 만들기 위한 순 암페어 턴수가 필요하다. 어떠한 권선을 선택해도 상관없지만 권선 1이 턴수 N_1과 전류 i_{m1} 에 의해 순 자화 암페어 턴수를 모두 만든다고 가정하면 식 (7.28)은 다음과 같이 쓸 수 있다.

$$N_1 i_{m1} = \Re_m \phi_m \tag{7.29}$$

식 (7.28)과 식 (7.29)로부터 다음과 같다.

$$N_1 \underbrace{(i_1 - i_{m1})}_{i_1'} + N_2 i_2 + N_3 i_3 = 0 \tag{7.30}$$

여기서 i_1은 다음과 같은 두 항으로 구성된다.

$$i_1 = i_m + i'_1 \tag{7.31}$$

식 (7.30)으로부터 다음과 같이 쓸 수 있다.

$$N_l i'_1 + N_2 i_2 + N_3 i_3 = 0 \tag{7.32}$$

식 (7.32)는 [그림 7-7(b)]의 등가회로에서 이상적인 변압기에 해당하는 식이므로 이 식에서 순 암페어 턴수는 0이다. 식 (7.31)과 [그림 7-7(b)]의 전류 i_1에서 자화 전류 i_{m1}은 다음과 같이 정의되는 자화 인덕턴스 L_{m1}을 통해 흐르며, 식 (7.29)로부터 다음과 같은 관계가 성립한다.

$$\phi_m = \frac{N_1 i_{m1}}{\Re_m} \tag{7.33}$$

식 (7.33)의 ϕ_m을 식 (7.23)에 대입하면 다음과 같다.

$$e_1 = \left(\frac{N_1^2}{\Re_m}\right)\frac{di_{m1}}{dt} \tag{7.34}$$

여기서 식 (7.11)을 이용하면 식 (7.34)의 괄호 안에 있는 성분을 권선 1의 자화 인덕턴스라고 할 수 있으며, 다음과 같이 쓸 수 있다.

$$L_{m1} = \frac{N_1^2}{\Re_m} \tag{7.35}$$

이렇게 이루어진 해석은 누설 자속을 무시하며, 한 권선의 자속은 다른 모든 권선을 쇄교한다는 가정하에 이루어졌다. 간소화된 해석에서 권선의 누설 자속은 누설 인덕턴스로 나타낼 수 있고 권선의 유도 전압 $e(t)$와 권선 저항 권선의 누설 인덕턴스는 모두 직렬로 연결된 등가회로로 표현할 수 있다. 변압기가 작동하는 원리에 대한 체계적인 설명은 관련 자료를 참고하라.[1]

---

1 N. Mohan, T.M. Undeland, and W.P. Robbins, *Power Electronics: Converters, Applications and Design*, 3rd Edition, New York: John Wiley & Sons, 2003.

연습문제

인덕터

[연습문제 7.1] ~ [연습문제 7.5]의 자기 코어는 코어 면적 $A_m = 0.931\,\text{cm}^2$, 자기 경로 길이 $\ell_m = 3.76\,\text{cm}$ 이며, 상대 투자율 $\mu_r = \mu_m/\mu_o = 5000$ 이다.

7.1 이 코어의 자기 저항 $\Re$ 을 계산하라.

7.2 길이 $\ell_g = 1\,\text{mm}$ 의 공극이 [연습문제 7.1]의 코어에 삽입되었을 때의 자기 저항을 계산하라.

7.3 [연습문제 7.2]의 공극이 있는 코어에 $N = 25$ 인 코일이 감겨있을 때 이 코일의 인덕턴스를 계산하라.

7.4 [연습문제 7.3]의 코어에서 자속밀도가 $0.2\,\text{T}$ 를 넘지 못한다면 이 인덕터의 코일에 흐를 수 있는 최대 전류를 계산하라.

7.5 [연습문제 7.4]에서 계산한 최대 전류에서 자기 코어와 공극에 저장된 에너지를 각각 계산하고 비교하라.

2개의 권선을 갖는 변압기

7.6 [그림 7-7]에서 변압기는 오직 2개의 권선으로만 이루어져 있고 권선 1과 권선 2에서 $N_1/N_2 = 5$ 이며, 누설 인덕턴스는 무시한다. 권선 1에 인가되는 전압 $v_1 = \sqrt{2} \times 120 \sin \omega t$ [V]이며, 주파수는 20 kHz 이다. 2차 권선에는 저항 $R_L = 10\,\Omega$ 인 부하가 연결되어 있다. 이 변압기가 이상적이라고 가정하고 자화 전류가 0일 때 v_1, i_1, i_2를 계산하고 그려라. 또한 i_2를 권선 2의 도트 단자에서 나오는 전류라고 가정할 때 v_1, i_1, i_2를 그려라.

7.7 자화 전류의 실효값이 [연습문제 7.6]에서 권선 1의 전류 실효값의 1/5일 때 [연습문제 7.6]을 반복하라.

3개의 권선을 갖는 변압기

[연습문제 7.8] ~ [연습문제 7.13]은 턴수가 각각 $N_1 = 10$, $N_2 = 5$, $N_3 = 5$인 3개의 권선을 갖는 변압기가 코어 면적 $A_m = 0.639\,\text{cm}^2$, 자기 경로 길이 $\ell_m = 3.12\,\text{cm}$, 상대 투자율 $\mu_r = \mu_m/\mu_o = 5000$인 자기 코어를 사용한다. 100 kHz의 주파수를 가지고 $-30\,\text{V}$와 $+30\,\text{V}$ 사이로 교번하는 구형파 전압이 권선 1에 인가되며, 누설 자속은 무시하고 자속의 파형은 양의 피크와 음의 피크가 서로 대칭이라고 가정한다.

7.8 권선 2와 권선 3에서 유도된 전압과 자화 전류를 계산하고 이들의 파형을 인가된 전압 파형과 함께 그려라(단, 권선 2와 권선 3은 개방회로라고 가정한다).

7.9 [연습문제 7.8]에서 각 권선의 자기 인덕턴스를 계산하라.

7.10 [연습문제 7.8]에서 피크 자속밀도를 계산하라.

7.11 $10\,\Omega$의 부하 저항이 권선 2에 연결되어 있고 권선 3은 개방회로이다. 권선 1과 권선 2의 전류를 계산하고 이들의 파형을 인가된 전압과 함께 그려라.

7.12 권선 1과 권선 2는 개방회로이고 권선 1에 전압이 인가되어 있지 않다고 가정한다. [연습문제 7.10]에서 계산한 피크 자속밀도를 넘지 않는다고 할 때 이 변압기의 권선 3에 인가될 수 있는 100 kHz에서의 구형파 전압의 피크를 계산하라.

7.13 [연습문제 7.8]에서 [연습문제 7.10]에서 계산한 피크 자속밀도를 넘지 않으며, 구형파 전압의 주파수가 200 kHz일 때 권선 1에 인가될 수 있는 피크 전압의 크기를 구하라. 또한 주파수가 100 kHz일 때와 비교하여 자화 전류의 피크값을 계산하라.

CHAPTER

08

스위치 모드 DC 전원 공급 장치

8.1 스위치 모드 DC 전원 공급 장치의 응용

스위치 모드 DC 전원 공급 장치는 전력전자에서 가장 중요한 응용 분야 중 하나로, 전 세계에서 매년 수십억 달러 이상의 시장을 형성하고 있다. 이러한 전원 공급 장치 중 대부분은 8.2절에서 이유를 살펴볼 변압기를 이용한 전기적인 절연을 포함한다. 이 장에서 절연형 변압기 DC-DC 컨버터는 3장에서 이미 소개한 비절연형^non-isolated^ DC-DC 컨버터 토폴로지부터 유도된다.

절연형 변압기의 스위치 모드 DC 전원 공급 장치는 간단하게 표현하기 위해 스위치 모드 전원 공급 장치^switched-mode power supply, SMPS^라고도 한다. 이는 스위쳐^swithcer^라고도 불리며, 블록 다이어그램은 [그림 8-1]과 같다. [그림 8-1]과 같이 계통 전원의 정류 및 큰 필터 커패시터에 걸리는 전압 V_{in}은 이번 장에서 다룰 절연형 변압기의 DC-DC 컨버터의 입력이 된다. 이때 절연형 변압기의 DC-DC 컨버터 내부는 일반적으로 수백 kHz 이상의 고주파수로 동작하여 소형화 및 경량화가 가능하다. 이는 다음 장에서 살펴볼 것이다.

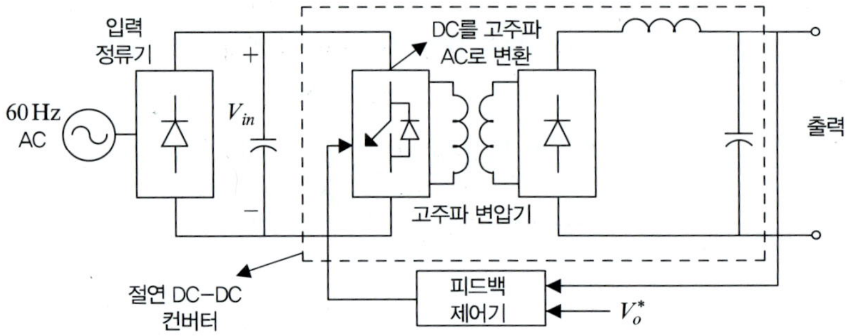

[그림 8-1] 스위치 모드 DC 전원 공급 장치의 블록 다이어그램

8.2 전기적 절연의 필요성

스위치 모드 DC 전원 공급 장치는 다음과 같은 이유로 변압기에 의한 전기적 절연이 필요하다.

❶ **안전성** : 감전 위험을 피하기 위해 계통 전원으로부터 저전압의 DC 출력을 절연해야 한다.

❷ **서로 다른 기준 전위** : DC 공급 장치는 상황에 따라 서로 다른 기준 전위가 필요하다. 예를 들어 파워-폴 내부의 상위 MOSFET의 게이트 드라이버를 위한 DC 공급 장치는 해당 MOSFET의 소스 단자가 기준이 되어야 한다.

❸ **전압 매칭**^matching^ : 만약 대용량의 DC-DC 변환이 필요할 경우 높은 정격 전압 및 정격 전류를 갖는 반도체 소자의 사용을 피하고 승압률이 높은 전기적인 변압기를 쓰는 것이 경제적이고 동작상 적합하다.

8.3 절연형 변압기의 DC-DC 컨버터 분류

[그림 8-1]의 블록 다이어그램과 같이 이번 장에서 상세하게 다룰 세 가지의 절연형 변압기의 DC-DC 컨버터는 다음과 같다.

- 벅-부스트 DC-DC 컨버터에서 유도된 **플라이백** flyback **컨버터**
- 벅 DC-DC 컨버터에서 유도된 **포워드** forward **컨버터**
- 벅 DC-DC 컨버터에서 유도된 **풀-브릿지** full-bridge **컨버터**와 **하프-브릿지** half-bridge **컨버터**

8.4 플라이백 컨버터

플라이백 컨버터는 50 W 이하의 저전력 응용 분야에서 매우 널리 사용되는 컨버터이다. 플라이백 컨버터는 [그림 8-2(a)]의 벅-부스트 컨버터로부터 유도되며, 여기서 인덕터의 코어는 낮은 투자율 permeability을 갖는다.

[그림 8-2(b)]의 플라이백 컨버터는 2개의 상호 결합된 코일로 구성된다. 이러한 코일의 방향은 트랜지스터가 꺼지는 순간 코어에 같은 자속을 유지시키기 위한 전류가 2차 코일에 흐르게 되는 방향이다. 그러므로 코일의 도트는 [그림 8-2(b)]와 같고 각 도트로 들어가는 전류는 코어에 같은 방향의 자속을 만든다. 일반적으로 [그림 8-2(b)]의 회로는 [그림 8-2(c)]와 같이 재구성된다.

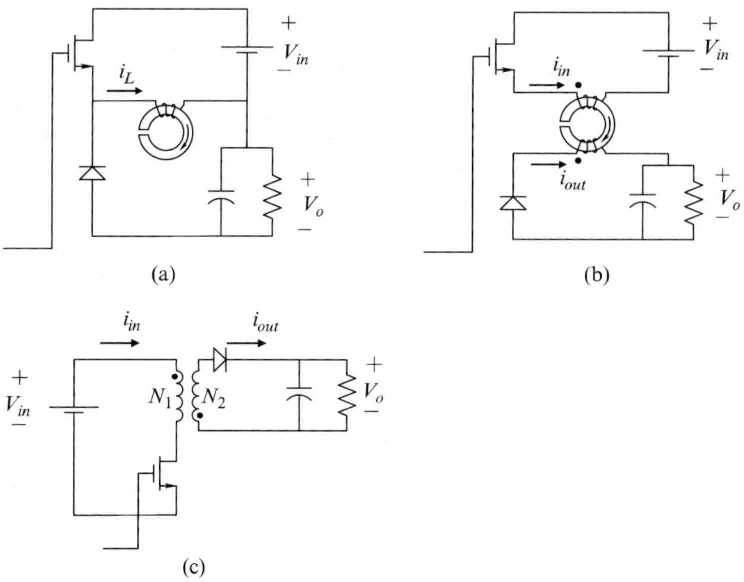

[그림 8-2] 벅-부스트 컨버터와 플라이백 컨버터

이 장에서는 **불완전 자기소거 모드** incomplete demagnetization mode 에서의 정상상태 동작에 대해 살펴볼 것이다. 이러한 조건은 벅-부스트 컨버터에서 연속 전도 모드(CCM)에 해당한다. 소자들은 이상적이라고 가정하고 출력 전압 $v_o(t) = V_o$이며, 누설 인덕턴스는 0이라고 가정한다.

[그림 8-2(c)]에서 $t = 0$일 때 트랜지스터가 켜지면 첫 번째 코일에 입력 전압 V_{in}이 인가되고 코일의 자화 자속 ϕ_m은 [그림 8-3]의 파형과 같이 초기값 $\phi_m(0)$부터 선형적으로 증가한다. 트랜지스터의 온 구간 on-interval DT_s 동안 증가하는 자속은 패러데이 법칙에 의해 다음과 같이 계산된다.

$$\Delta\phi_{p-p} = \frac{V_{in}}{N_1}DT_s \tag{8.1}$$

ϕ_m의 증가로 두 번째 코일의 유도 전압 $(N_2 / N_1)V_{in}$은 출력 전압 V_o에 더해지며, 다이오드를 역방향 바이어스되게 하여 $i_{out} = 0$으로 만든다. 코어 자속에 의한 전류 i_{in}은 $\phi = Ni / \Re$의 관계에 의해 계산할 수 있으며, 여기서 $\Re$은 자속 경로의 코어 **자기 저항** reluctance 이다. 따라서 식 (8.1)을 이용하여 온 구간 동안 초기값 $I_{in}(0)$으로부터의 입력 전류의 증가를 다음과 같이 구할 수 있다.

$$\Delta i_{in} = \frac{\Re}{N_1^2}V_{in}DT_s \tag{8.2}$$

온 구간 DT_s 동안 출력 커패시터에 저장된 에너지는 모두 출력 부하에 공급되며, 코어의 자화 자속과 입력 전류는 이 구간의 끝에서 다음과 같이 피크값을 갖는다.

$$\hat{\phi}_m = \phi_m(0) + \frac{V_{in}}{N_1}DT_s \tag{8.3}$$

$$\hat{I}_{in} = I_{in}(0) + \frac{\Re}{N_1^2}V_{in}DT_s = I_{in}(0) + \frac{V_{in}(DT_s)}{L_{m1}} \tag{8.4}$$

여기서 $L_{m1}(= Ni^2 / \Re)$은 변압기의 1차 측에서 보는 **자화 인덕턴스** magnetizing inductance 이다. 온 구간이 끝난 뒤 트랜지스터가 꺼지면 [그림 8-2(c)]의 입력 전류는 0이 된다. 자속 ϕ_m으로 인해 자기 코어에 저장된 자기에너지는 순간적으로 변하지 못하므로 트랜지스터가 꺼지기 직전 및 직후 시점에서 코어에 적용되는 암페어 턴수는 반드시 같아야 한다. 이에 따라 다이오드를 통해 흐르는 두 번째 코일의 전류 i_{out}은 순간적으로 다음과 같은 피크값을 갖는다.

$$N_2\hat{I}_{out}|_{i_{in}=0} = N_1\hat{I}_{in}|_{i_{out}=0} \tag{8.5}$$

$$\hat{I}_{out} = \frac{N_1}{N_2}\hat{I}_{in} \tag{8.6}$$

이러한 다이오드 도통으로 인해 두 번째 코일에 음의 극성을 갖는 출력 전압 V_o가 발생한다. 따라서 [그림 8-3]과 같이 오프 구간 off-interval 인 $(1-D)T_s$ 동안 코어의 자속은 선형적으로 $\Delta\phi_{p-p}$만큼 감소한다. 이때 $\Delta\phi_{p-p}$는 다음과 같다.

$$\Delta\phi_{p-p} = \frac{V_o}{N_2}(1-D)T_s \tag{8.7}$$

식 (8.1)과 식 (8.7)을 사용하면 다음과 같다.

$$\frac{V_o}{V_{in}} = \left(\frac{N_2}{N_1}\right)\frac{D}{1-D} \tag{8.8}$$

식 (8.2)와 유사한 방법으로 전류 i_{out}의 변화도 계산할 수 있다. 이는 [그림 8-3]과 같다.

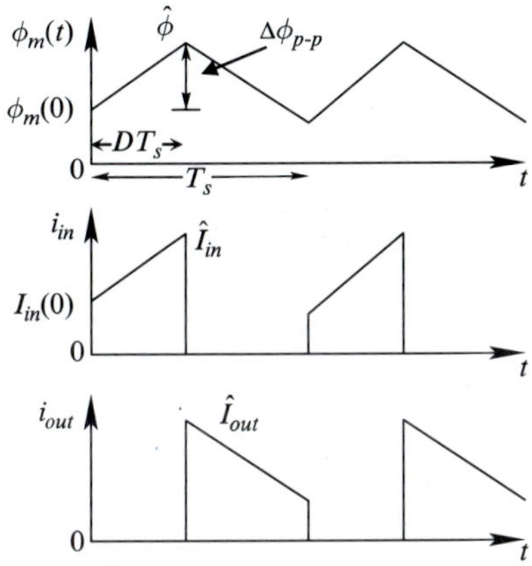

[그림 8-3] 플라이백 컨버터 파형

식 (8.8)로부터 플라이백 컨버터의 듀티 비에 따른 전압비의 의존성은 벅-부스트 컨버터의 전압비와 동일하고 코일 턴비 N_2/N_1에 의존함을 알 수 있다. 플라이백 컨버터는 벅-부스트가 동작하기 위한 인덕터가 입출력 전압비를 조정하고 전기적인 절연을 제공하는 변압기에 포함되어 있으므로 최소한의 소자 수로도 구현될 수 있다.

플라이백 컨버터는 벅-부스트 컨버터에서 불연속 전도 모드에 해당하는, 비교적 제어가 쉬운 **완전 자기소거 모드** complete demagnetization mode로 동작하므로 저전력 분야에서 많이 응용된다. 단, 2개의 코일의 누설 인덕턴스로 인한 다이오드와 트랜지스터에서의 전압 스파이크를 방지하기 위한 **스너버** snubber가 필요하다는 단점이 있다.

예제 8-1

[그림 8-2]의 플라이백 컨버터에서 $V_{in} = 48\,\text{V}$, $V_o = 5\,\text{V}$, $N_1/N_2 = 6$이고 자화 인덕턴스 $L_{m1} = 150\,\mu\text{H}$이다. 이 컨버터는 스위칭 주파수 $f_s = 200\,\text{kHz}$인 등가 CCM으로 동작하며, 출력 부하에 전력 $P_o = 60\,\text{W}$를 공급하고 있다. 이 컨버터의 손실이 없다고 가정할 때 관련된 파형을 계산하라.

풀이

식 (8.8)에서 $T_s = 5\,\mu s$ 일 때 듀티 비 $D = 0.385$ 이며, 평균 입출력 전류는 각각 $I_{in} = 0.625\,A$, $I_{out} = 6\,A$ 이다. [그림 8-3]에서 온 구간 DT_s 동안의 전류 증가는 다음과 같이 계산된다.

$$\hat{I}_{in} - I_{in}(0) = \frac{V_{in}(DT_s)}{L_{m1}} = 0.616\,A$$

[그림 8-3]의 파형으로부터 평균 입력 전류는 다음과 같다.

$$I_{in} = \frac{\hat{I}_{in} + I_{in}(0)}{2} D = 0.625\,A \;\; ; \;\; \hat{I}_{in} + I_{in}(0) = 3.247\,A$$

앞선 식들을 통해 [그림 8-3]의 $\hat{I}_{in} = 1.93\,A$, $I_{in}(0) = 1.315\,A$ 가 된다. 출력 전류는 피크값 $\hat{I}_{out} = \hat{I}_{in}\frac{N_1}{N_2} = 11.58\,A$, $I_{out}(0) = I_{in}(0)\frac{N_1}{N_2} = 7.89\,A$ 를 갖는다.

8.4.1 시뮬레이션 및 하드웨어 프로토타이핑 : 스너버가 없는 CCM

실제 플라이백 컨버터는 [예제 8-2]를 통해 시연된다.

예제 8-2

[그림 8-2(c)]의 플라이백 컨버터는 $C = 490\,\mu F$, $R = 10\,\Omega$ 이며, $V_{in} = 15\,V$, $D = 0.5$, 그리고 $f_s = 100\,kHz$ 의 조건에서 DC 정상상태로 동작한다. 변압기의 1차 및 2차 권선비는 2:1이다. 1차 측의 자화 인덕턴스 $L_m = 27.8\,\mu H$ 이고 누설 인덕턴스 $L_l = 0.26\,\mu H$ 이다. 스위치와 다이오드는 2장 부록에 주어진 파라미터를 사용하고 LTspice를 사용하여 이 컨버터를 시뮬레이션하라.

풀이

다운로드한 시뮬레이션 파일을 통해 예제를 풀어보자. LTspice 모델은 [그림 8-4]와 같다.

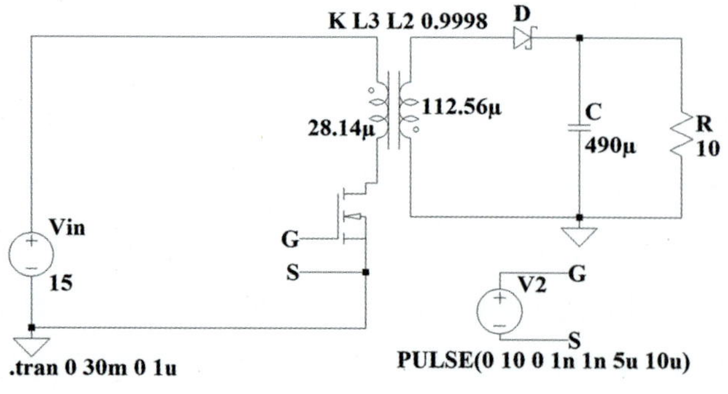

[그림 8-4] LTspice 모델

이 시뮬레이션의 정상상태 파형은 [그림 8-5]와 같다.

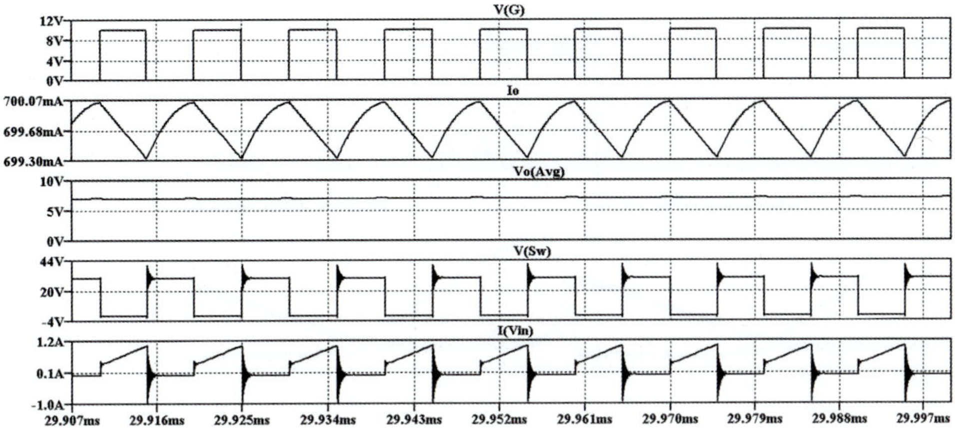

[그림 8-5] LTspice 시뮬레이션 결과

이 예제를 Workbench 모델로 구현하면 [그림 8-6]과 같다.

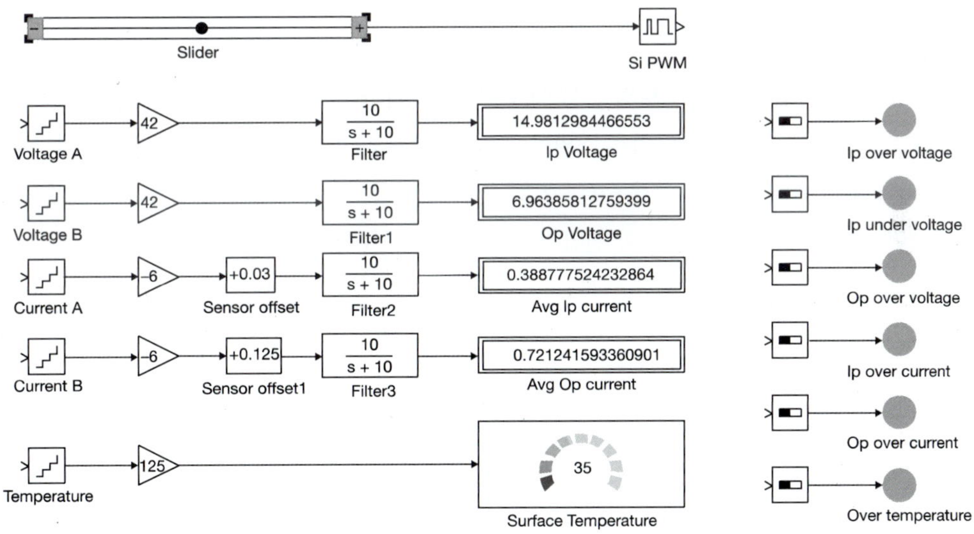

[그림 8-6] Workbench 모델

Sciamble 실험 키트를 사용하여 플라이백 컨버터를 구동했을 때의 정상상태 파형은 [그림 8-7]과 같다. 이러한 하드웨어 구현을 재현하는 단계별 절차는 웹사이트를 통해 확인할 수 있다.[1]

1 Flyback Converter Lab Manual. https://sciamble.com/resources/pe-drives-lab/basic-pe/flyback-converter.

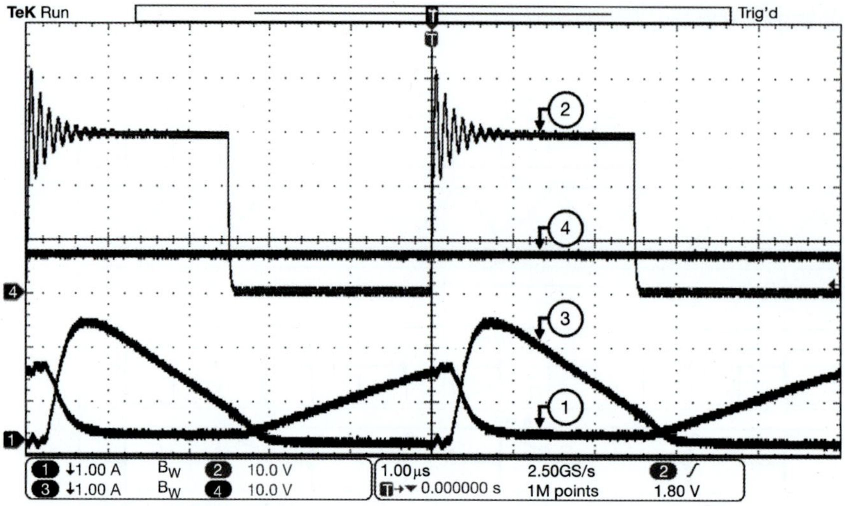

[그림 8-7] Workbench 하드웨어 결과 (① 입력 전류, ② 스위치-노드 전압, ③ 다이오드 전류, ④ 출력 전압)

8.4.2 RCD 스너버

[그림 8-3]과 같은 이상적인 플라이백 컨버터 파형과 달리 실제 플라이백 컨버터의 스위치-노드 전압 파형에는 [그림 8-8]과 같이 상당한 **링잉** ringing이 존재한다. 자화 인덕턴스 L_m에 저장된 에너지와는 달리 누설 인덕턴스 L_l에 저장된 에너지는 스위치가 턴-오프될 때 2차 측으로 전달되지 않는다. 이 에너지는 스위치의 **기생 커패시턴스** parasitic capacitance를 충전시켜서 스위치에 높은 전압을 만들어 큰 전압 스트레스를 발생시키는데, 이는 스위치와 변압기의 절연 상태를 손상시킬 수 있다.

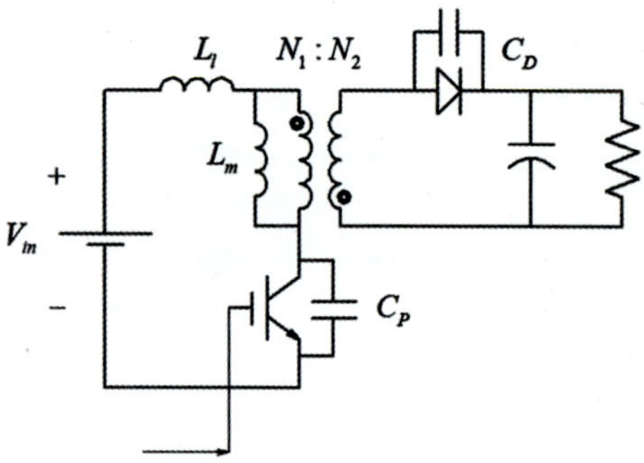

[그림 8-8] 실제 플라이백 컨버터의 기생 성분들

실제 플라이백 컨버터에서는 **스너버** snubber 회로를 사용하여 스위치 양단 전압의 과도한 상승을 억제한다.[2] 이 절에서는 [그림 8-9]와 같이 대표적인 스너버 회로 중 하나인 RCD 스너버의 동작과 설계 방법을 학습한다.

---

2 "Flyback Converter Snubber Design", Ray Ridley.
https://ridleyengineering.com/images/pdf-design_center/Flyback_Snubber_Design.pdf

먼저 스너버 회로의 정상상태 동작을 분석한 뒤 스너버 파라미터를 결정하는 방법을 살펴볼 것이다. 충분히 큰 C_s의 경우 스너버 커패시터 양단의 전압은 일정한 V_{cs}라고 가정한다.

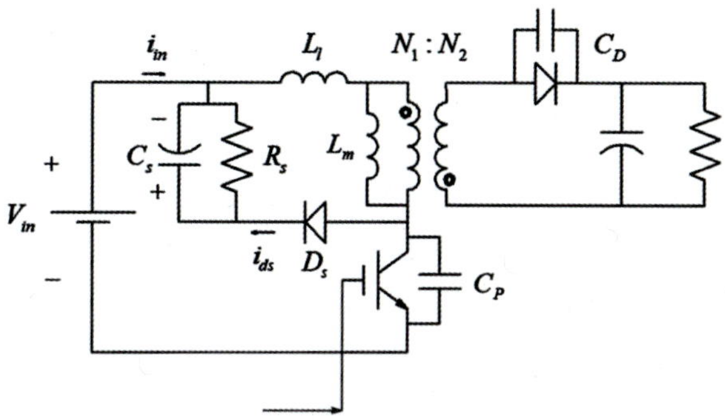

[그림 8-9] RCD 스너버

8.4.2.1 RCD 스너버의 정상상태 동작

[그림 8-10(b)]의 $0 < t < DT_s$ 구간에서 트랜지스터가 턴-온된 경우 [그림 8-10(a)]의 1차 측 전류는 선형적으로 증가한다. 이 구간에서 [그림 8-10(c)]의 트랜지스터 양단의 전압은 0이며, [그림 8-10(d)]의 다이오드 D_s가 $V_{in} + V_{cs}$의 전압으로 역방향 바이어스되므로 스너버 회로에는 전류가 흐르지 않는다. 스너버 커패시터는 스너버 저항에 의해 서서히 방전되며, [그림 8-10(e)]에서 알 수 있듯 역전류 $- V_{cs} / R_s$에 의해 방전된다.

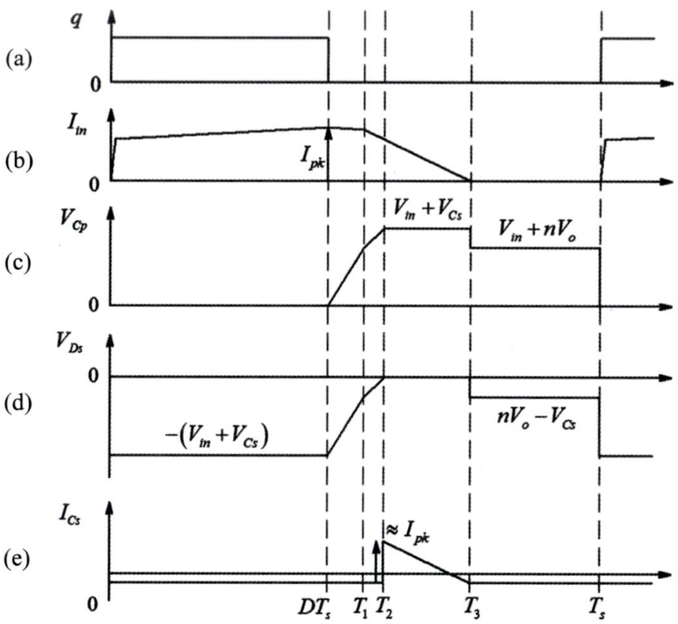

[그림 8-10] RCD 스너버 파형

트랜지스터가 턴-오프되면 기생 커패시턴스 C_P는 입력 전압과 변압기의 2차 측 전압이 1차 측으로 투영된 값의 합인 $V_{in} + nV_o$까지 충전된다($n = N_1/N_2$). $DT_s < t < T_1$ 구간에서 자화 인덕턴스에 저장된 에너지는 트랜지스터의 기생 커패시턴스 C_P의 고속 충전에 기여하는 동시에 2차 측 다이오드의 **접합 커패시턴스**junction capacitance C_D를 방전시킨다. 이때 입력 전류 i_{in}은 자화 인덕턴스에서 기생 커패시턴스로의 에너지 전달이 거의 없으므로 대부분 일정하게 유지된다.

2차 측 다이오드의 접합 커패시턴스가 완전히 방전되면 다이오드가 도통되기 시작하며, 동시에 C_P는 $V_{in} + nV_o$로 충전되고 자화 인덕턴스에 저장된 에너지가 출력 커패시터를 충전하기 시작한다.

$T_1 < t < T_2$ 동안 $nV_o < V_{Cs}$이므로 스너버 다이오드는 여전히 역방향 바이어스된다. 트랜지스터 양단의 전압이 계속 상승하여 $V_{in} + V_{Cs}$ 값에 도달하면 스너버 다이오드는 순방향 바이어스된다(다이오드의 순방향 전압 강하는 매우 작으므로 여기서는 무시한다). 이 구간 동안 1차 측 전류는 빠르게 감소하며, 1차 측 누설 인덕턴스에 저장된 에너지만 C_P를 충전하는 데 사용된다.

스너버 회로가 없을 때 누설 인덕턴스에 저장된 에너지는 C_P를 충전시키며, [그림 8-7]과 같이 트랜지스터 양단에 높은 전압 **링잉**ringing을 만든다. 이처럼 높은 전압 문제뿐만 아니라 일반적으로 MHz 수준인 링잉 주파수 식 (8.9)는 상당한 크기의 노이즈와 EMI의 원인이 된다. 이를 정리하면 다음과 같다.

$$f_p = \frac{1}{2\pi\sqrt{L_l C_P}} \tag{8.9}$$

스너버 회로가 있을 경우 1차 전류는 순방향 바이어스된 스너버 다이오드를 통해 흐르며 스너버 커패시터를 충전시킨다. 다음 절에서 살펴보겠지만 V_{Cs}는 상대적으로 거의 일정하게 유지되도록 설계된다. 이러한 $T_2 < t < T_3$ 구간에서 1차 전류는 계속 빠르게 감소한다. 트랜지스터 양단의 전압은 $V_{in} + V_{Cs}$로 고정된다.

$t = T_3$일 때 누설에너지가 클램프 커패시터clamp capacitor로 완전히 전달되면 변압기의 1차 전류는 0이 된다. 스너버 다이오드는 트랜지스터 전압이 $V_{in} + V_{Cs}$에서 $V_{in} + nV_o$로 감소하여 역방향 바이어스된다.

예제 8-3

[예제 8-1]에서 트랜지스터가 턴-오프될 때 트랜지스터 양단 전압의 링잉 주파수를 계산하라. 이때 트랜지스터의 기생 커패시턴스 C_P는 970 μF이다.

풀이

식 (8.9)로부터 링잉 주파수 $f_p = \dfrac{1}{2\pi\sqrt{L_l C_P}} \approx 10\,\text{MHz}$이다.

8.4.2.2 RCD 스너버 설계

정상상태에서는 스너버 커패시터 양단의 전압이 일정하므로 스위칭 주기 $T_s\left(=\dfrac{1}{f_s}\right)$ 동안 커패시터를 통해 흐르는 전류의 평균값은 0이 된다.

$$\frac{1}{2}I_{pk}(T_3 - T_2) - \frac{V_{Cs}}{R_s}T_s = 0 \tag{8.10}$$

$T_2 < t < T_3$ 구간 동안 스너버 다이오드가 순방향 바이어스될 때 [그림 8-8]에서 인덕터 양단의 전압은 스너버 커패시터 양단의 전압과 변압기의 1차 권선 양단 전압의 합으로, 다음과 같다.

$$V_{Ll} = L_l\frac{\Delta I_l}{\Delta t} = V_{Cs} - nV_o \tag{8.11}$$

누설 인덕턴스에 흐르는 전류는 [그림 8-10(b)]와 같이 I_{pk} 부근에서 0으로 감소한다. 스너버 다이오드가 도통하는 구간은 식 (8.11)로부터 다음과 같이 얻을 수 있다.

$$L_l\frac{\Delta I_l}{\Delta t} = L_l\frac{I_{pk} - 0}{T_3 - T_2} = V_{Cs} - nV_o \ \Rightarrow\ T_{sn} = T_3 - T_2 = L_l\frac{I_{pk}}{V_{Cs} - nV_o} \tag{8.12}$$

스너버 저항에 대한 식은 식 (8.10) 및 식 (8.12)를 사용하여 다음과 같이 구할 수 있다.

$$\frac{1}{2}I_{pk}^2 L_l \frac{1}{V_{Cs} - nV_o} - \frac{V_{Cs}}{R_s}T_s = 0$$

$$\Rightarrow R_s = \frac{V_{Cs}(V_{Cs} - nV_o)}{\frac{1}{2}I_{pk}^2 L_l f_s} \tag{8.13}$$

스너버 저항은 컨버터의 동작 조건과 원하는 최대 트랜지스터 전압을 고려하여 식 (8.13)을 사용하여 결정할 수 있다. 트랜지스터 양단에 허용 가능한[tolerable] 전압의 크기가 낮을수록 스너버 저항의 크기는 감소하고 스너버 회로의 손실은 증가한다. 스너버 회로에서의 전력 손실은 다음과 같다.

$$P_s = \frac{V_{Cs}^2}{R_s} = \frac{1}{2}I_{pk}^2 L_l f_s \frac{V_{Cs}}{(V_{Cs} - nV_o)} = \alpha P_{Ll} \tag{8.14}$$

여기서 $P_{Ll} = \dfrac{1}{2}I_{pk}^2 L_l f$는 누설 인덕터 전력이며, 스위칭 주기 동안 누설 인덕터에 저장된 에너지이다. $\alpha = 1\Big/\left(1 - \dfrac{nV_o}{V_{Cs}}\right)$는 스너버가 없는 회로와 비교했을 때 스너버가 있는 회로의 손실이 변화하는 정도를 나타낸다. $V_{Cs} > nV_o$이므로 α는 항상 1보다 크다. 스너버 전압이 높을수록 손실이 적으며, 그 반대도 마찬가지이다.

스너버 커패시터의 값 자체는 저항만큼 중요하지는 않지만 스너버 전압을 일정하게 유지하려면 충분히 큰 커패시턴스가 필요하다. 근사식은 [그림 8-10(e)]의 스너버 커패시터의 전류 파형에서 얻을 수 있다.

스너버 다이오드가 역방향 바이어스인 구간 동안 스너버 저항에서의 전류가 피크 입력 전류 I_{pk}에 비해 무시할 수 있는 수준이라고 가정하면 다음과 같이 정의할 수 있다.

$$i_{Cs} = C_s \frac{\Delta V_{Cs}}{\Delta T} \Rightarrow \frac{V_{Cs}}{R_s} = C_s \frac{\Delta V_{Cs}}{T_s - T_{sn}}$$

$$\Rightarrow C_s = \frac{1}{R_s} \frac{V_{Cs}}{\Delta V_{Cs}} (T_s - T_{sn}) \approx \frac{T_s}{R_s} \frac{V_{Cs}}{\Delta V_{Cs}} \tag{8.15}$$

식 (8.15)에서 $\frac{\Delta V_{Cs}}{V_{Cs}}$는 스위칭 주기 동안 스너버 커패시터의 피크-피크 리플 전압과 스너버 커패시터의 평균 전압의 비율이다. 이 값은 일반적으로 0.01에서 0.1 사이로 결정된다. 일반적으로 도통 구간 T_{sn}이 짧게 지속되므로 다이오드는 쇼트키 다이오드와 같이 빠르게 동작하는 다이오드여야 한다.

예제 8-4

[예제 8-1]의 플라이백 컨버터를 위한 스너버를 설계하라. 스너버 다이오드는 이상적이며, 피크 입력 전류 $I_{pk} = 2\,\text{A}$라고 가정한다. 주어진 동작 조건에서 트랜지스터 양단의 전압이 35 V를 초과하지 않아야 한다.

풀이

이상적인 상황이라고 가정하고 식 (8.8)을 사용한다. 스너버 커패시터 전압은 트랜지스터가 턴-오프됐을 때의 트랜지스터 양단의 전압보다는 커야 하고 트랜지스터 양단의 최대 허용 전압보다는 작아야 한다.

$$30\,\text{V} < V_{in} + V_{Cp} < 35\,\text{V} \quad \Rightarrow \quad 15\,\text{V} < V_{Cp} < 20\,\text{V}$$

즉 10%의 스너버 커패시터 리플(최악의 경우 2 V에 해당)을 허용한다. 리플을 고려하여 스너버 전압 한도 내로 유지하기 위해서는 전압 $V_{Cp} = 18\,\text{V}$로 설정하면 된다.

식 (8.13)을 사용하여 스너버 저항을 다음과 같이 얻을 수 있다.

$$R_s = \frac{18(18 - 2 \times 7.5_o)}{\frac{1}{2} 2^2 \times 0.26\,\mu \times 100\,k} \approx 1\,\text{k}\Omega$$

스너버 회로에서 손실된 전력은 식 (8.14)를 사용하여 얻을 수 있다.

$$P_s = \frac{V_{Cs}^2}{R_s} = \frac{18^2}{1000} = 0.324\,\text{W}$$

이는 누설 인덕턴스 전력($P_{Ll} = \frac{1}{2} I_{pk}^2 L_l f = 0.052\,\mathrm{W}$)의 약 6배이며, 스너버 회로가 없을 경우 손실되는 전력이다. 스너버 커패시턴스는 식 (8.15)를 사용하여 다음과 같이 구할 수 있다.

$$C_s = \frac{T_s}{R_s} \frac{V_{Cs}}{\Delta V_{Cs}} = \frac{1}{100k \times 1k} \frac{18}{0.1 \times 18} = 0.1\mu\mathrm{F}$$

8.4.3 시뮬레이션 및 하드웨어 프로토타이핑 : 스너버가 있는 CCM

1차 측 스너버가 있는 실제 플라이백 컨버터는 [예제 8-5]를 통해 시연된다.

예제 8-5

[그림 8-2(c)]의 플라이백 컨버터에서 $C = 490\,\mu\mathrm{F}$ 이고 $R = 10\,\Omega$ 이며, $V_{in} = 15\,\mathrm{V}$, $D = 0.5$, $f_s = 100\,\mathrm{kHz}$ 에서 DC 정상상태로 동작한다. 변압기의 1차 및 2차 측 권선 비율은 2:1이다. 1차 측의 자화 인덕턴스 $L_m = 27.8\,\mu\mathrm{H}$ 이고 누설 인덕턴스 $L_l = 0.26\,\mu\mathrm{H}$ 이다. 또한 스너버 저항 $R_s = 1\,\mathrm{k}\Omega$ 이고 스너버 커패시턴스 $C_s = 0.1\,\mu\mathrm{F}$ 이다. 2장 부록에 제시된 스위치와 다이오드의 파라미터를 활용하고 LTspice를 사용하여 이 컨버터를 시뮬레이션하라.

풀이

다운로드한 시뮬레이션 파일을 통해 예제를 풀어보자. LTspice 모델은 [그림 8-11]과 같다.

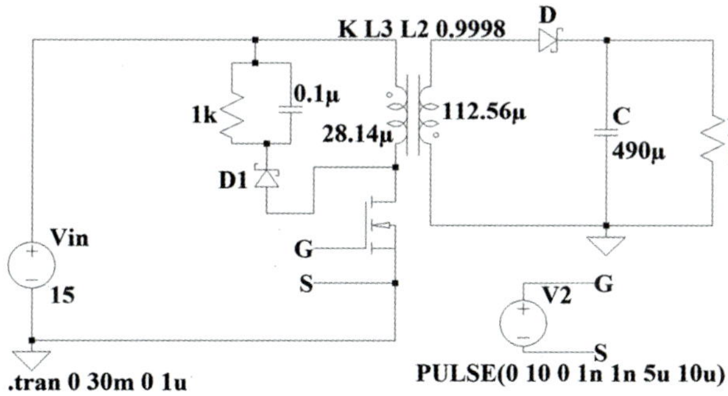

[그림 8-11] LTspice 모델

이 모델의 시뮬레이션을 통해 얻은 정상상태 파형은 [그림 8-12]와 같다.

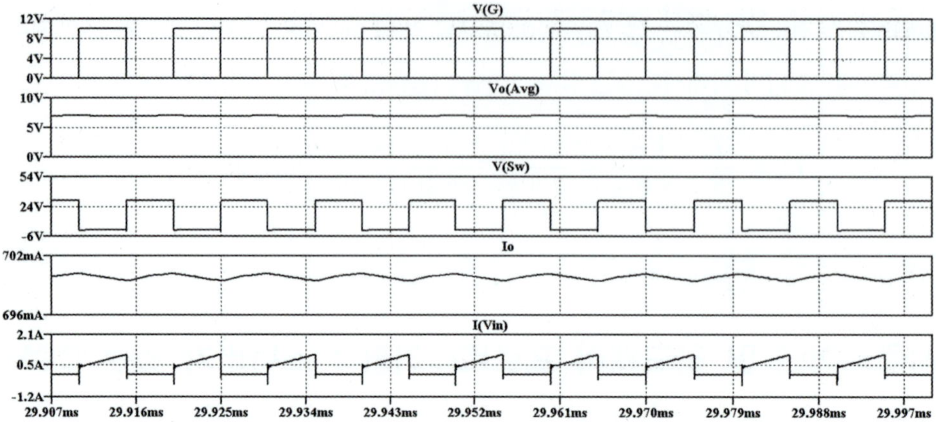

[그림 8-12] LTspice 시뮬레이션 결과

이 예제를 Workbench 모델을 통해 구현한 것은 [그림 8-6]과 같으며, Sciamble 실험 키트를 사용하여 RCD 스너버가 있는 플라이백 컨버터를 구동했을 때의 정상상태 파형은 [그림 8-13]과 같다. 하드웨어 구현을 재현하는 단계별 절차는 웹사이트를 통해 확인할 수 있다.[3] [그림 8-13]과 같이 스위치의 양단 전압은 [예제 8-4]에 제시된 설계 요건인 35 V 이내로 고정된다.

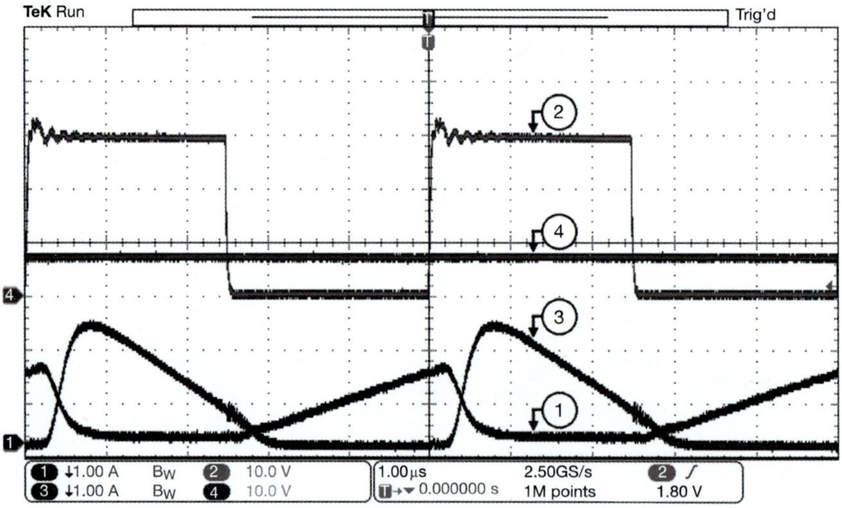

[그림 8-13] Workbench 하드웨어 결과 (① 입력 전류, ② 스위치-노드 전압, ③ 다이오드 전류, ④ 출력 전압)

3 Flyback Converter Snubber Design Lab Manual.
https://sciamble.com/resources/pe-drives-lab/basic-pe/flyback-snubber-converter.

8.4.4 시뮬레이션 및 하드웨어 프로토타이핑 : 스너버가 있는 DCM

앞 절에서는 플라이백 컨버터의 동작을 연속 전도 모드로 고려하였다. 불연속 전도 모드에서의 플라이백 컨버터의 동작은 벅-부스트 컨버터의 동작과 매우 유사하다. 불연속 전도 모드에서 1차 측에 스너버가 있는 실제 플라이백 컨버터는 [예제 8-6]을 통해 시연된다.

예제 8-6

[예제 8-5]의 플라이백 컨버터가 듀티 비 $D=0.15$에서 동작하며, 부하 저항 $R=8\Omega$이다. LTspice를 사용하여 이 컨버터를 시뮬레이션하라.

풀이

다운로드한 시뮬레이션 파일을 통해 예제를 풀어보자. LTspice 모델은 [그림 8-11]과 같으며, 이 모델의 시뮬레이션을 통해 얻은 정상상태 파형은 [그림 8-14]와 같다.

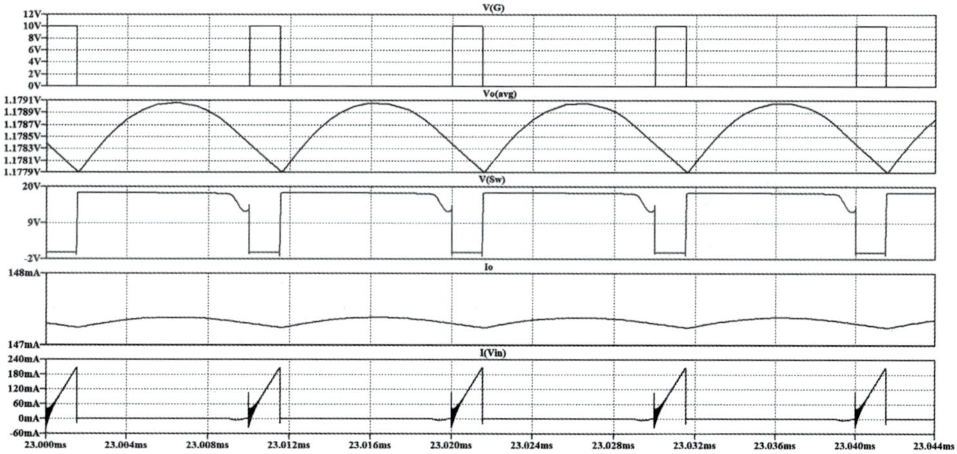

[그림 8-14] LTspice 시뮬레이션 결과

이 예제를 하드웨어로 구현한 Workbench 모델은 [그림 8-6]과 같고 Sciamble 실험 키트를 사용하여 RCD 스너버가 있는 플라이백 컨버터를 구동했을 때 DCM에서의 정상상태 파형은 [그림 8-15]와 같다.

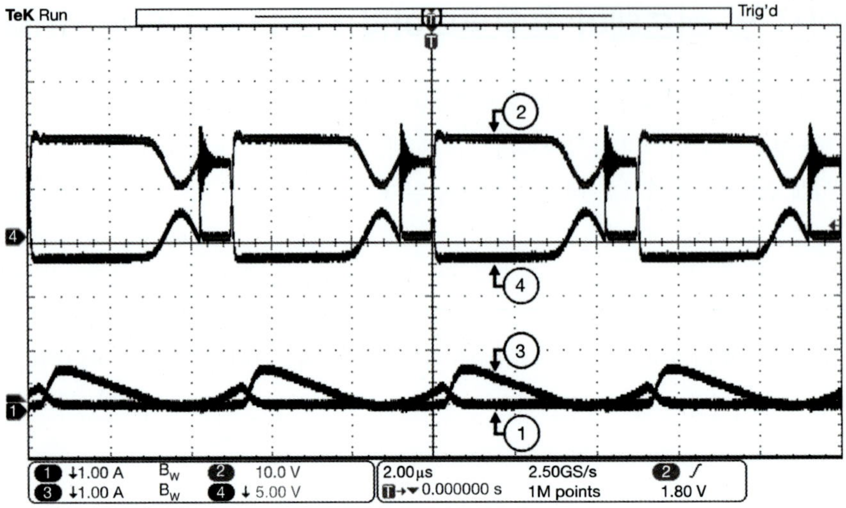

[그림 8-15] Workbench 하드웨어 결과(① 입력 전류, ② 스위치-노드 전압, ③ 다이오드 전류, ④ 2차 측 전압)

DCM에서는 2차 측 전류가 0으로 향하고 다이오드는 역방향 바이어스되며, 트랜지스터 양단의 전압은 $V_{in}+nV_o$에서 V_{in}으로 변한다. 링잉 주파수는 다음과 같다.

$$f_d = \frac{1}{2\pi\sqrt{(L_l + L_m)C_p}} \tag{8.16}$$

유니트로드/텍사스 인스트루먼트사의 UCC28704와 같이 시중에서 판매되는 대부분의 플라이백 컨버터 제어 IC들은 일반적으로 불연속 전도 모드에서 작동한다. 이는 스위치 양단의 전압이 가장 낮은 지점에 있을 때 트랜지스터 전압의 고유 링잉을 사용하여 트랜지스터를 턴-온시켜 스위칭 손실을 줄이기 위함이다.

지금까지는 1차 측 스너버 설계에 대해서만 논의하였다. [그림 8-15]에서 알 수 있듯이 누설 인덕턴스와 다이오드의 접합 커패시턴스로 인해 2차 측 전압에서는 상당한 링잉이 발생하며, 일반적으로 1차 측 링잉 주파수보다 훨씬 높은 경향이 있다. 다이오드에 간단한 RC 스너버를 사용하면 이를 해결할 수 있다.[4]

4 "Flyback Converter Snubber Design", Ray Ridley.
https://ridleyengineering.com/images/pdf-design_center/Flyback_Snubber_Design.pdf

8.5 포워드 컨버터

포워드Forward **컨버터** 및 컨버터의 변형 형태는 벅 컨버터로부터 유도되며, 일반적으로 1kW급 이하의 낮은 전력 응용 분야에 널리 사용된다. [그림 8-16(a)]와 같은 벅 컨버터로부터 [그림 8-16(b)]와 같은 포워드 컨버터를 만들기 위해서는 3개의 권선을 갖는 변압기가 추가되어야 한다. 이때 다이오드 D_3와 직렬로 연결된 세 번째 권선과 다이오드 D_1은 매 스위칭 주기마다 코어의 자기소거demagnetization를 위해 필요하다.

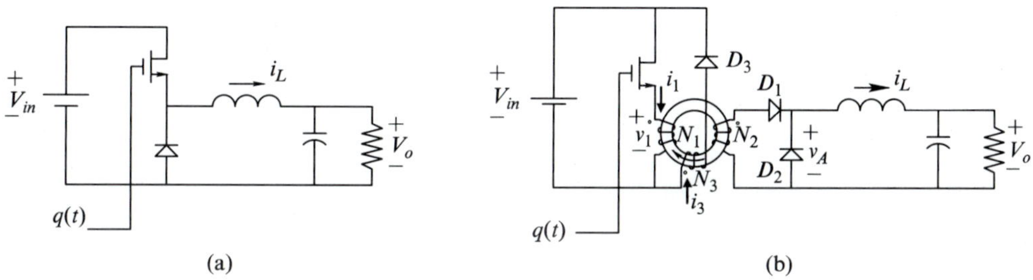

[그림 8-16] 벅 컨버터와 포워드 컨버터

[그림 8-16(b)]에서 각 권선의 방향orientation은 각 권선의 도트dot로 전류가 흘러 들어가서 코어에 같은 방향의 자속을 만들도록 정해진다. 여기서는 출력 인덕터 전류 i_L이 연속으로 흐르는 연속 전도 모드continuous conduction mode, CCM에서의 컨버터의 정상상태 동작에 대해 알아볼 것이다. 이어지는 해석에서 모든 반도체 소자는 이상적이며, $v_o(t) = V_o$이고 누설 인덕턴스는 0이라고 가정한다.

[그림 8-16(b)]의 변압기를 이상적이라고 가정하면 다이오드 D_1은 단락회로로 대체할 수 있으며, 세 번째 권선과 다이오드 D_3는 고려하지 않아도 된다. 이러한 이상적인 상황에서 포워드 컨버터의 동작은 [그림 8-17]의 파형과 같이 턴수 비 N_2/N_1를 제외하면 벅 컨버터의 동작과 동일하다. 따라서 연속 전도 모드에서는 다음과 같은 관계가 성립한다.

$$V_o = \left(\frac{N_2}{N_1}\right) D V_{in} \tag{8.17}$$

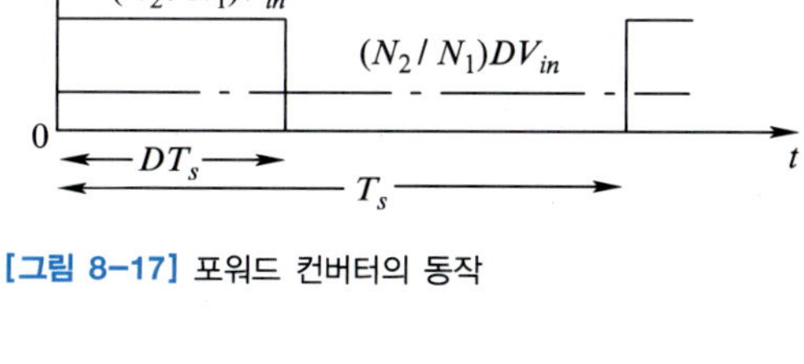

[그림 8-17] 포워드 컨버터의 동작

실제 변압에서 변압기의 코어는 트랜지스터의 오프 구간동안 완벽히 자기소거가 되어야 한다. 따라서 [그림 8-16(b)]와 같은 세 번째 권선과 다이오드 D_1, D_3가 필요하다. 트랜지스터가 켜지면 코어 내 자화 자속은 [그림 8-18]과 같이 증가한다. 온 구간 DT_s 동안 D_3는 역방향 바이어스되어 세 번째 tertiary 권선으로 전류가 흐르지 않는다. 다이오드 D_2 또한 역방향 바이어스되며, 출력 인덕터 전류는 D_1을 통해 흐른다.

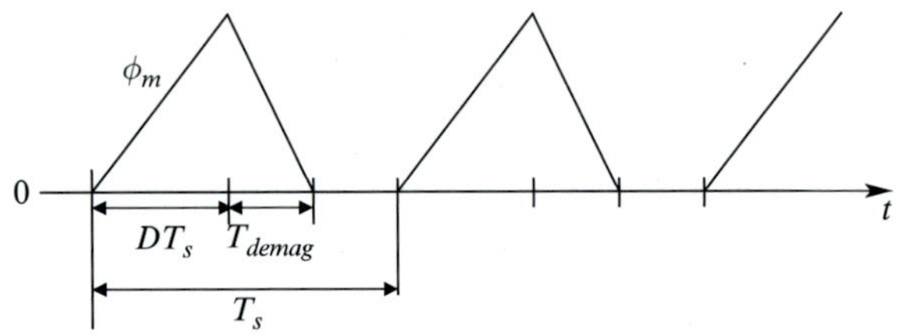

[그림 8-18] 포워드 컨버터의 코어 자속

트랜지스터가 꺼질 때 D_1을 통해 두 번째 권선의 도트 단자로 전류가 흘러 들어가지 못하므로 변압기 코어에 저장된 자기에너지에 의해 세 번째 권선의 도트 단자로 전류가 흘러 들어가게 된다. 따라서 세 번째 권선에 V_{in}이 반대 방향으로 인가되어 [그림 8-18]에 나타난 것처럼 코어 자속이 감소한다(출력 인덕터 전류는 D_2를 통해 환류 freewheel 한다). 구간 T_{demag} 이후 0으로 감소한 코어 자속은 다음 주기가 시작될 때까지 0으로 유지된다.

코어가 포화되는 것을 막기 위해 T_{demag}는 트랜지스터의 오프 구간 $(1-D)T_s$보다 작아야 한다. 일반적으로 권선 1과 권선 3은 매우 강한 상호 결합을 위해 복권형 bifilar 으로 만들며, $N_3 = N_1$이다. 그러므로 각 구간 DT_s와 T_{demag} 동안 크기는 같고 방향은 반대인 턴수당 전압 per-turn voltage 이 코어에 인가된다. $N_3 = N_1$이고 $T_{demag} = DT_s$일 때 DT_s와 T_{demag}는 $T_s/2$의 최댓값을 가지며, 이때의 듀티비 $D_{\max} = 0.5$이다.

예제 8-7

[그림 8-16(b)]의 포워드 컨버터에서 $V_{in} = 48\,\mathrm{V}$, $V_o = 5\,\mathrm{V}$, $N_1/N_2 = 3.5$, $N_1/N_3 = 1$이고 자화 인덕턴스 $L_{m1} = 150\,\mu\mathrm{H}$이다. 이 컨버터는 CCM으로 동작하며, 스위칭 주파수 $f_s = 200\,\mathrm{kHz}$이고 출력 전력 $P_o = 60\,\mathrm{W}$이다. 필터 인덕터에 흐르는 전류 i_L의 리플이 없고 컨버터의 손실이 없다고 가정할 때 관련된 파형을 구하라.

풀이

식 (8.17)에서 $T_s = 5\,\mu\text{s}$ 일 때 듀티 비 $D = 0.365$ 이며, 평균 전류는 각각 $I_{in} = 1.25\,\text{A}$, $I_{out} = 12\,\text{A}$ 이다. 전압 파형은 [그림 8-19]와 같다. 1차 측에 반영된 출력 전류는 $(N_2/N_1)I_{out} = 3.43\,\text{A}$ 이다. 온 구간 DT_s 동안 자화 전류의 피크값은 다음과 같다.

$$\triangle I_m = \frac{V_{in}(DT_s)}{L_{ml}} = 0.5\,\text{A}$$

트랜지스터의 오프 구간 동안 다이오드 D_3를 통해 흐르는 자화 전류는 0이 될 때까지 감소하며, [그림 8-19]와 같이 $T_{demag} = DT_s = 1.825\,\mu\text{s}$ 가 된다.

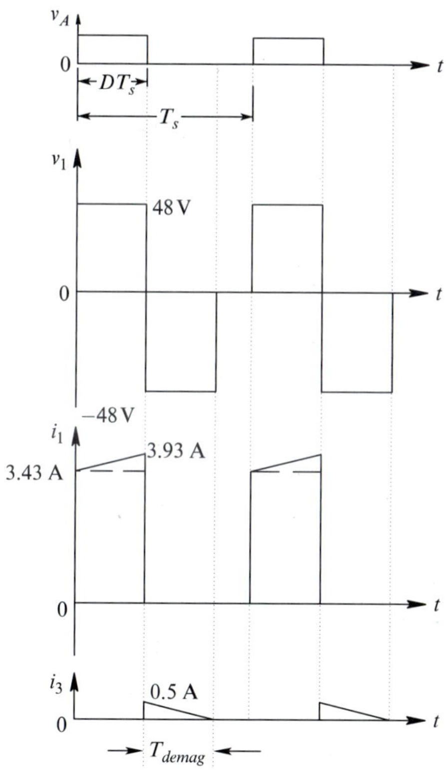

[그림 8-19] [예제 8-7]의 포워드 컨버터 파형

8.5.1 시뮬레이션 및 하드웨어 프로토타이핑

이상적이지 않은 실제 포워드 컨버터는 [예제 8-8]을 통해 시연된다.

예제 8-8

[그림 8-16(b)]의 포워드 컨버터에서 $C = 490\,\mu\text{F}$, $L = 68\,\mu\text{H}$, $R = 10\,\Omega$, $N_1/N_2 = 1$, $N_1/N_3 = 1$이다. 이 컨버터는 $V_{in} = 15\,\text{V}$, $D = 0.3$, $f_s = 100\,\text{kHz}$에서 DC 정상상태로 동작하며, 1차 측은 자화 인덕턴스 $L_m = 72.9\,\mu\text{H}$와 누설 인덕턴스 $L_l = 0.12\,\mu\text{H}$를 가진다. 2장 부록에 제시된 스위치와 다이오드의 파라미터를 활용하고 LTspice를 사용하여 이 컨버터를 시뮬레이션하라.

풀이

다운로드한 시뮬레이션 파일을 통해 예제를 풀어보자. LTspice 모델은 [그림 8-20]과 같다.

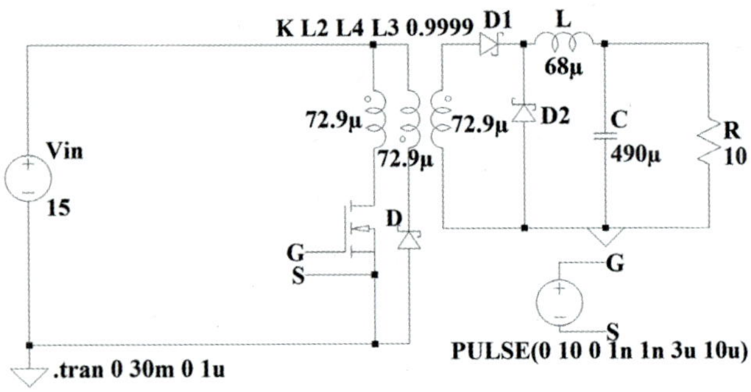

[그림 8-20] LTspice 모델

이 시뮬레이션을 통해 얻은 정상상태 파형은 [그림 8-21]과 같다.

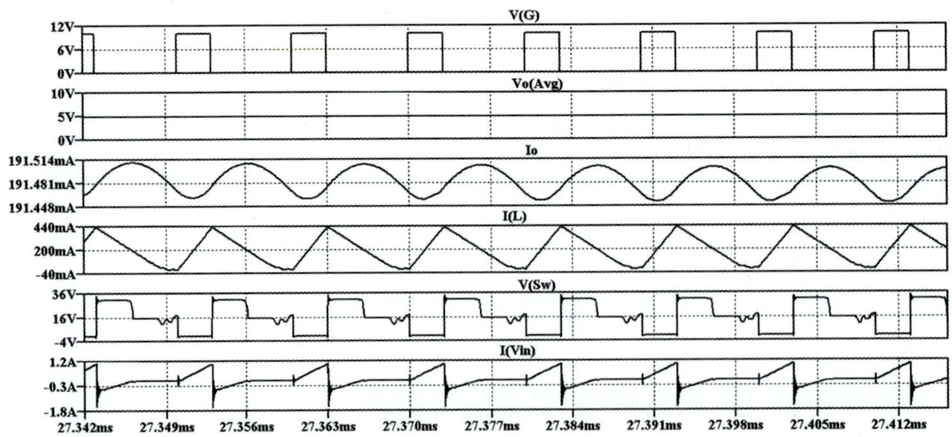

[그림 8-21] LTspice 시뮬레이션 결과

이 예제를 Sciamble 실험 키트를 사용하여 하드웨어로 구현한 Workbench 모델은 [그림 8-22]와 같다.

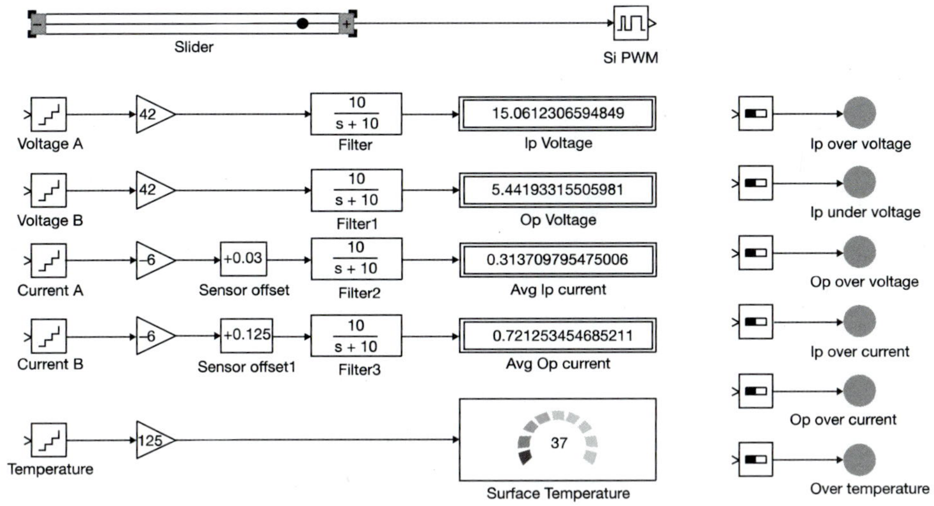

[그림 8-22] Workbench 결과

Sciamble 실험 키트를 사용하여 포워드 컨버터를 구동했을 때의 정상상태 파형은 [그림 8-23]과 같다. 하드웨어 구현을 재현하는 단계별 절차는 웹사이트를 통해 확인할 수 있다.[5]

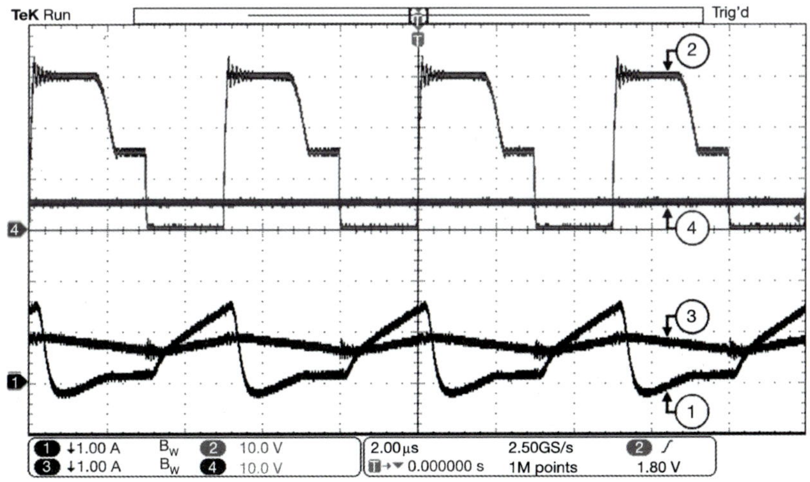

[그림 8-23] Workbench 하드웨어 결과(① 입력 전류, ② 스위치-노드 전압, ③ 다이오드 전류 ④ 출력 전압)

[그림 8-7]과 같이 스너버가 없는 플라이백 컨버터의 트랜지스터 양단 전압과 달리 스너버가 없는 포워드 컨버터의 트랜지스터 양단 전압은 [그림 8-23]과 같이 크게 링잉되지 않는다. 1차 측 권선과 자기소거된 권선 사이의 더 강한 결합으로 인해 일반적으로 포워드 컨버터의 변압기는 누설 인덕턴스가 낮기 때문이다. 트랜지스터 양단의 전압이 $2V_{in}$을 초과하면 자기소거된 권선 다이오드가 순방향 바이어스되어 실질적으로 전압을 $2V_{in}$과 다이오드 순방향 전압 강하의 합으로 고정하기 때문이기도 하다.

5 Forward Converter Lab Manual. https://sciamble.com/resources/pe-drives-lab/basic-pe/forward-converter.

변압기의 누설 인덕턴스가 높거나 레이아웃layout이 좋지 않아 배선 기생 인덕턴스가 높다면 앞 절에서 설명한 RCD 스너버를 사용하여 과도transient 전압 스파이크를 제한할 수 있다.

8.5.2 2개의 스위치를 갖는 포워드 컨버터

하나의 스위치를 갖는 포워드 컨버터는 보통 수백 와트(W)까지의 전력 범위에서 사용된다. 반면 앞으로 소개할, 2개의 스위치를 갖는 포워드 컨버터는 자기소거를 위한 별도의 3차 권선이 없고 1 kW급 이상의 전력 범위에서 사용할 수 있다.

[그림 8-24]는 2개의 스위치를 갖는 포워드 컨버터의 구조이다. 여기서 2개의 트랜지스터는 듀티 비 $D \leq 0.5$에서 동시에 켜지고 꺼진다. 온 구간 DT_s 동안 2개의 트랜지스터가 동시에 켜지면 하나의 스위치를 갖는 포워드 컨버터와 비슷하게 다이오드 D_1과 D_2는 역방향 바이어스되고 출력 인덕터 전류 i_L은 D_o를 통해 흐른다. 반대로 오프 구간 동안 2개의 트랜지스터가 모두 꺼지면 변압기 코어의 자화 전류는 2개의 1차 측 다이오드를 통해 입력 전압 V_{in} 쪽으로 흐른다. 따라서 입력 전압 V_{in}은 반대 방향으로 코어에 인가되므로 코어 자속은 감소한다.

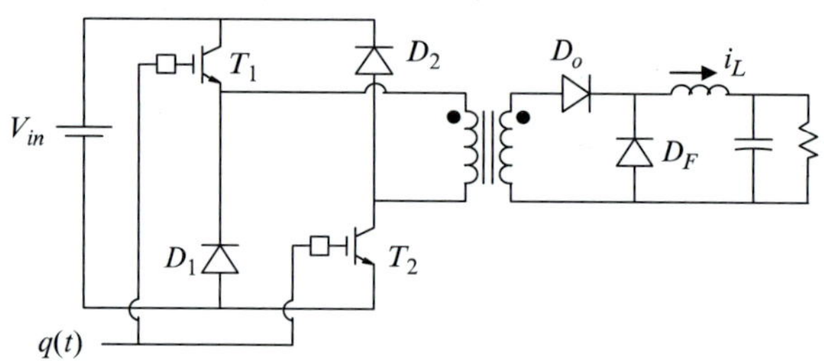

[그림 8-24] 2개의 스위치를 갖는 포워드 컨버터

1차 측 권선에 $-V_{in}$이 인가되면 D_o는 역방향 바이어스되고 출력 인덕터 전류 i_L은 D_F를 통해 환류된다. 하나의 스위치를 갖는 포워드 컨버터에서 내부 코어의 자기소거와 같이 스위치의 듀티 비 D는 0.5로 제한되고 입출력 전압비는 식 (8.17)과 동일해진다.

8.6 풀-브릿지 컨버터

풀-브릿지 컨버터는 4개의 트랜지스터로 구성되므로 수백 와트(W) 이상의 고전력 응용 분야에서만 경제성이 있다. 포워드 컨버터처럼 풀-브릿지 컨버터 역시 벅 컨버터로부터 유도된다. 그러나 플라이백 컨버터와 포워드 컨버터가 자화 곡선B-H loop의 하나의 사분면에서만 동작하는 것과 달리 풀-브릿지 컨버터는 2개의 사분면에서 동작하는 자기 코어를 사용한다.

풀-브릿지 컨버터는 [그림 8-25]와 같이 2개의 스위칭 파워-폴과 2차 측에 중간 탭이 있는 변압기로 구성된다. 이 컨버터를 해석할 때 자화 전류의 영향은 쉽게 설명될 수 있으나 편의상 변압기는 이상적이라고 가정한다. 또한 출력 인덕터 전류 i_L이 연속으로 흐르는 연속 전도 모드에서 컨버터의 정상상태 동작을 해석한다. 앞에서 다룬 컨버터와 마찬가지로 모든 소자는 이상적이며, $v_o(t) = V_o$라고 가정한다.

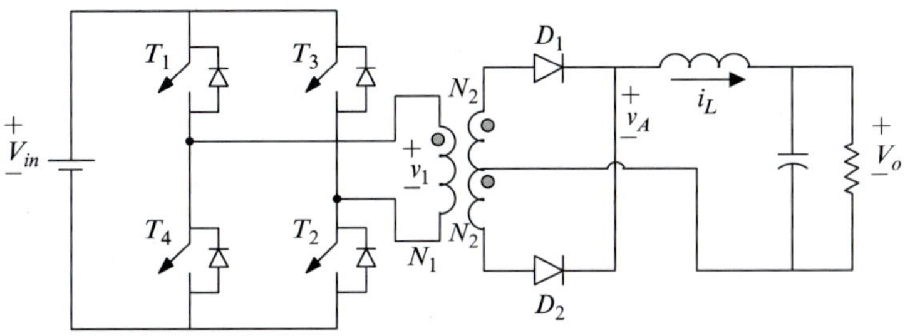

[그림 8-25] 풀-브릿지 컨버터

[그림 8-25]의 풀-브릿지 컨버터에서 1차 측 권선의 전압 v_1은 [그림 8-26]과 같이 DC 성분 없이 교번[alternate]하는 전압 파형이다. 트랜지스터 T_1과 T_2가 켜지는 온 구간 DT_s 동안 $v_1 = V_{in}$이며, T_3와 T_4가 켜지는 동일한 구간 동안에는 $v_1 = -V_{in}$이 된다. 이 파형은 변압기의 1차 측에 동일한 양과 음의 **볼트-초**[volt-second]를 인가한다.

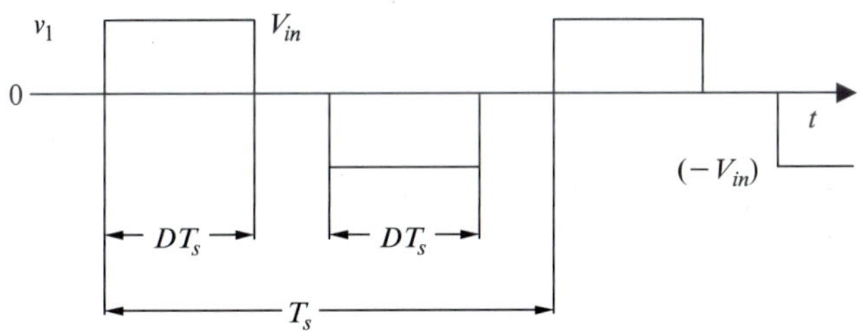

[그림 8-26] 풀-브릿지 컨버터 파형

스위치 듀티 비 $D(< 0.5)$에 의해 인가된 전압의 양의 값과 음의 값 사이의 0 구간이 조정됨에 따라 출력 전압이 변화한다. 풀-브릿지 컨버터는 1차 및 2차 측 권선에 걸리는 전압을 0으로 만들기 위해 펄스 폭 변조와 위상 천이 변조라는 제어 방식을 사용한다.

- **PWM**[Pulse-Width Modulated, PWM] **제어** : 4개의 트랜지스터가 모두 꺼지고 변압기 권선에 걸리는 전압은 0이 된다. 이때 출력 인덕터 전류는 2개의 2차 측 권선을 통해 환류하게 되고 변압기의 1차 측에서는 전도 손실이 없게 된다(이것이 이번 장에서 PWM 제어 방식을 설명하는 이유이다).
- **PSM**[Phase-Shift Modulated, PSM] **제어** : 위상 천이 변조에서는 각 파워-폴의 2개의 트랜지스터는 거의 50% 듀티 비($D \simeq 0.5$)로 동작한다. 약 50%인 듀티 비에서 각 파워-폴의 출력은 0과 V_{in} 사이에서 변화한다. 이 제어 방식은 말 그대로 2개의 파워-폴 출력을 위상 천이[phase shift]시켜 0 구간의 길이를 제어하는 방식이다. 0 구간 동안에는 위쪽 또는 아래쪽에 있는 2개의 트랜지스터가 동시에 켜져서 (전류

방향에 따라 역병렬 다이오드 중 하나를 통해) 1차 측 권선이 단락되고 $v_1 = 0$이 된다. 이 단락회로 조건에서 출력 인덕터 전류는 1차 측 권선에 나타나고 1차 측 반도체 소자 쪽으로 환류하므로 이에 따라 추가적인 전도 손실이 발생한다. 그러나 이 제어 방식은 전도 손실이 늘어나는 반면 스위칭 손실을 줄일 수 있다(자세한 내용은 10장의 소프트 스위칭에서 다룰 것이다).

8.6.1 PWM 제어

[그림 8-27(a)]와 같이 풀-브릿지 컨버터용 PWM IC는 [그림 8-27(b)]와 같이 교번하는 램프 전압을 이용하여 트랜지스터 쌍 (T_1, T_2와 T_3, T_4)에 인가되는 게이트 신호를 만든다.

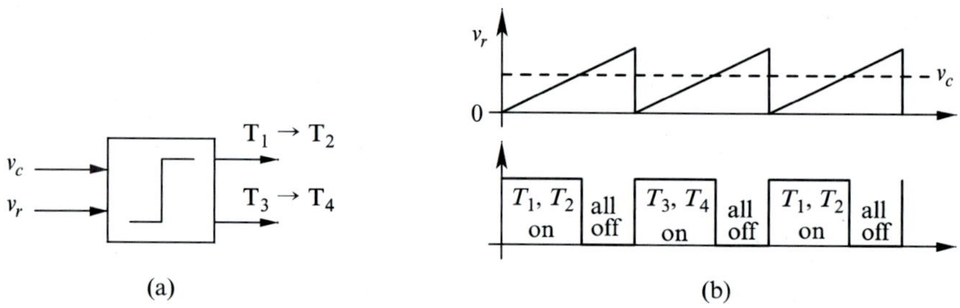

[그림 8-27] PWM IC와 트랜지스터의 제어 신호

[그림 8-28]은 이러한 PWM 스위칭 신호에 따라 생성된 반 half 주기 동안의 서브회로로, 나머지 반주기와는 대칭적이다.

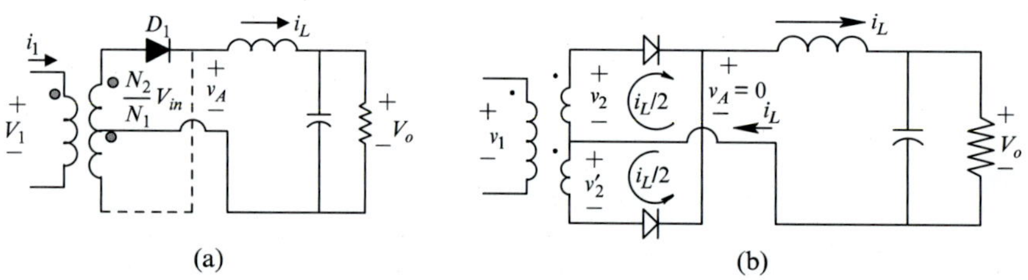

[그림 8-28] 풀-브릿지의 서브회로

- **트랜지스터 T_1, T_2가 켜진 온 구간 DT_s** : T_1, T_2가 켜지면 [그림 8-28(a)]와 같이 1차 측 권선에 양의 전압 V_{in}이 인가되며, D_2가 역방향 바이어스되어 출력 인덕터 전류 i_L이 D_1을 통해 흐른다. 이 구간 동안 $v_A = (N_2/N_1)V_{in}$으로, [그림 8-29]와 같다.
- **모든 트랜지스터가 꺼진 구간 $(1/2 - D)T_s$** : 모든 트랜지스터가 꺼질 때 1차 측 권선에는 전류가 흐르지 않고 출력 인덕터 전류는 (변압기가 이상적이므로) [그림 8-28(b)]의 서브회로와 같이 2개의 출력 다이오드로 동일하게 나뉘어 흐른다. 도트 단자에서 나오는 전류와 들어가는 전류가 $i_L/2$로 같으므로 변압기의 코어에서 총 암페어 턴수는 0이 된다. [그림 8-27(b)]와 같이 2개의 2차 측 권선의 루

프에 키르히호프의 전압 법칙을 적용하면 $v_2 + v'_2 = 0$이다. $v_2 = v'_2$이므로 2개의 전압은 각각 0이 되며, 이에 따라 1차 측 전압 v_1도 다음과 같이 0이 된다. 이 구간 동안 $v_A = 0$으로, 마찬가지로 [그림 8-29]와 같다.

$$v_1 = v_2 = v'_2 = 0 \tag{8.18}$$

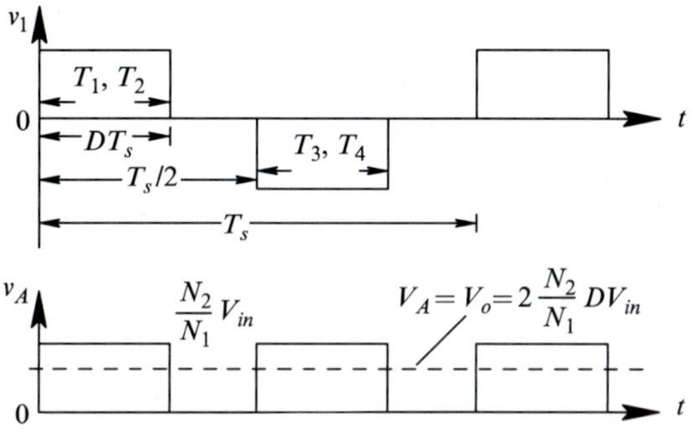

[그림 8-29] 풀-브릿지 컨버터 파형

반주기 동안의 동작에 대한 앞선 해석과 유사하게 T_3와 T_4가 켜져 있는 나머지 반주기의 경우 음의 전압$(-V_{in})$이 DT_s 동안 1차 측 권선에 인가되므로 D_2를 도통시키고 D_1은 역방향 바이어스된다. 1차 권선에 양의 전압이 인가되었던 것처럼 이 구간에서 v_A는 $(N_2/N_1)V_{in}$이다. 마찬가지로 반주기 동안의 파형은 [그림 8-29]에 나타냈다.

[그림 8-29]로부터 DC 정상상태의 경우 $V_A = V_o$이므로 다음과 같다.

$$\frac{V_o}{V_{in}} = 2\left(\frac{N_2}{N_1}\right)D \tag{8.19}$$

예제 8-9

[그림 8-25]의 풀-브릿지 컨버터에서 $V_{in} = 48\,\text{V}$, $V_o = 5\,\text{V}$, $N_1/N_2 = 6$이다. 이 컨버터는 CCM으로 동작하며, 스위칭 주파수 $f_s = 200\,\text{kHz}$이고 출력 전력 $P_o = 100\,\text{W}$, 필터 인덕턴스 $L = 0.25\,\mu\text{H}$이다. 이 컨버터의 손실이 없다고 가정할 때 관련된 파형을 구하라.

풀이

식 (8.19)에서 $T_s = 5\,\mu\text{s}$일 때 듀티 비 $D = 0.3125$이며, 평균 입출력 전류는 각각 $I_{in} = 2.083\,\text{A}$, $I_{out} = 20\,\text{A}$이다. 전압 파형은 [그림 8-30]과 같다. 따라서 필터 인덕터 전류 i_L의 피크-피크 리플 값은 [그림 8-30]의 전압 파형으로부터 다음과 같이 계산할 수 있다.

$$\Delta I_{L,p-p} = \frac{(v_A - V_o)(DT_s)}{L} = 18.75\,\text{A}$$

따라서 i_L의 파형은 [그림 8-30]과 같으며, 전류의 최솟값 $I_{L,\min} = I_{out} - \dfrac{\triangle I_{L,p-p}}{2} = 10.625\,\text{A}$이고 최댓값 $I_{L,\max} = I_{out} - \dfrac{\triangle I_{L,p-p}}{2} = 29.375\,\text{A}$ 이다. 변압기의 권선비를 고려하면 1차 측 전류 i_1과 입력 전류 i_{in}은 1.77 A 에서 4.896 A 로 증가하며, 모든 트랜지스터가 꺼졌을 때 0이 된다.

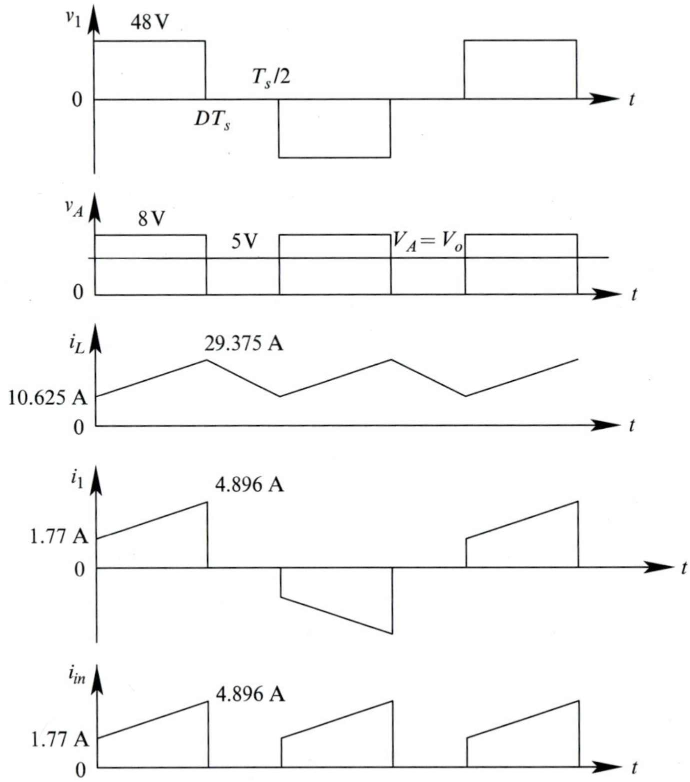

[그림 8-30] [예제 8-9]의 풀-브릿지 컨버터 파형

8.6.2 시뮬레이션 및 하드웨어 프로토타이핑

PWM 풀-브릿지 컨버터는 [예제 8-10]을 통해 시연된다.

예제 8-10

[그림 8-25]의 풀-브릿지 컨버터에서 $C = 490\,\mu\text{F}$, $L = 68\,\mu\text{H}$, $R = 8\,\Omega$, 그리고 $N_1 / N_2 = 1$이다. 이 컨버터는 $V_{in} = 15\,\text{V}$, $D = 0.3$, $f_s = 100\,\text{kHz}$에서 DC 정상상태로 동작한다. 1차 측은 자화 인덕턴스 $L_m = 72.9\,\mu\text{H}$와 누설 인덕턴스 $L_l = 0.14\,\mu\text{H}$를 갖는다. 2장 부록에 제시된 스위치와 다이오드의 파라미터를 사용하고 LTspice를 사용하여 이 컨버터를 시뮬레이션하라.

풀이

다운로드한 시뮬레이션 파일을 통해 예제를 풀어보자. LTspice 모델은 [그림 8-31]과 같다.

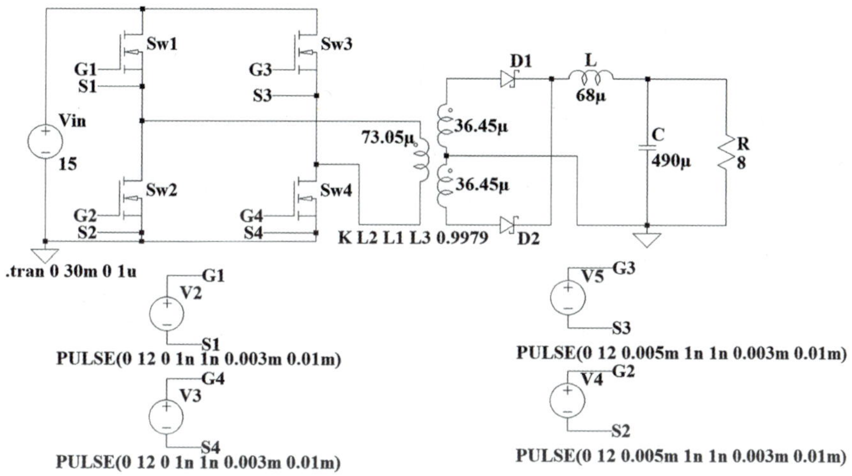

[그림 8-31] LTspice 모델

이 시뮬레이션을 통해 얻은 정상상태 파형은 [그림 8-32]와 같다.

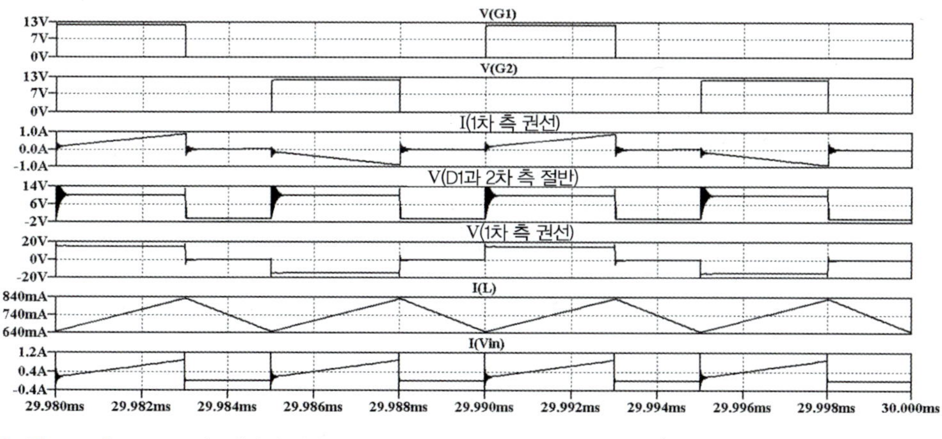

[그림 8-32] LTspice 시뮬레이션 결과

이 예제를 Sciamble 실험 키트를 사용하여 Workbench 모델로 구현하면 [그림 8-33]과 같다.

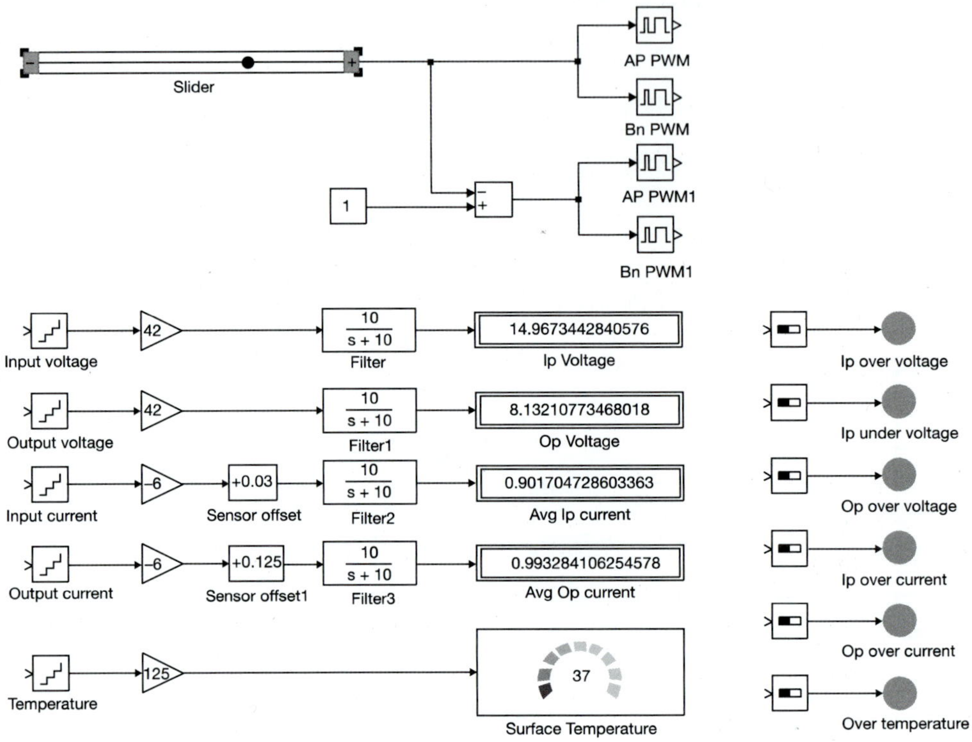

[그림 8-33] Workbench 모델

풀-브릿지 컨버터를 구동했을 때의 정상상태 파형은 [그림 8-34]와 같다.

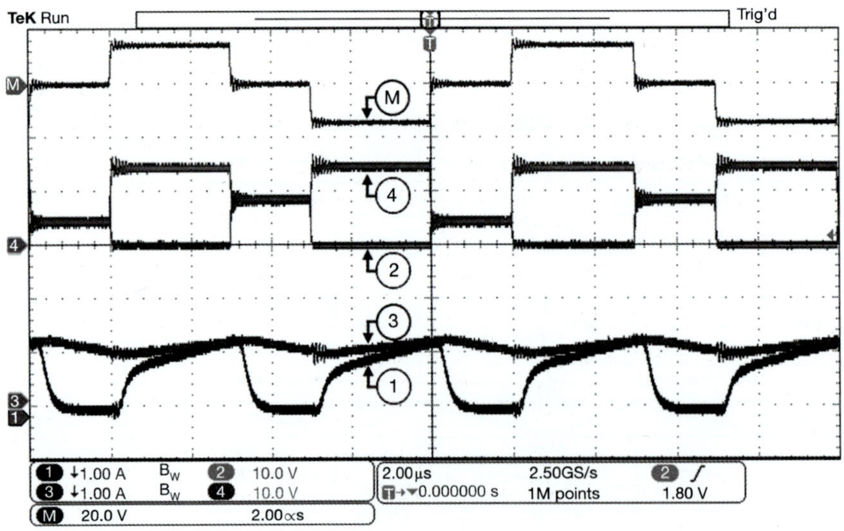

[그림 8-34] Workbench 하드웨어 결과(① 입력 전류, ② T_1, T_4 스위치-노드 전압, ③ 2차 측 인덕터 전류, ④ T_2, T_3 스위치-노드 전압, Ⓜ 변압기 1차 측 전압)

8.7 하프-브릿지와 푸쉬-풀 컨버터

[그림 8-35]는 풀-브릿지 컨버터의 변형된 형태이다. [그림 8-35(a)]의 **하프-브릿지 컨버터**는 2개의 트랜지스터와 DC 입력의 중간점midpoint을 만들기 위한 2개의 분할 커패시터로 구성된다. 이 컨버터는 풀-브릿지 컨버터보다 다소 낮은 전력 범위를 위해 사용된다.

[그림 8-35(b)]의 **푸쉬-풀 컨버터**는 2개의 트랜지스터의 소스 단자가 입력 전원의 음의 단자를 기준으로 하는 2개의 게이트로 회로를 용이하게 구성할 수 있다. 그러나 전력 전달 구간에서 변압기의 1차 측과 2차 측 권선의 절반만이 사용된다는 단점을 지니고 있다.

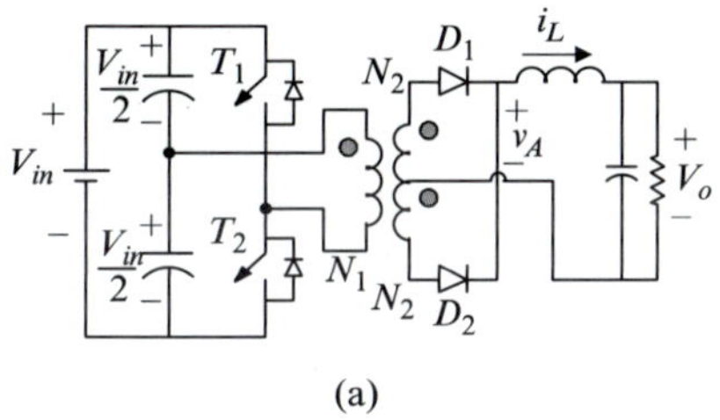

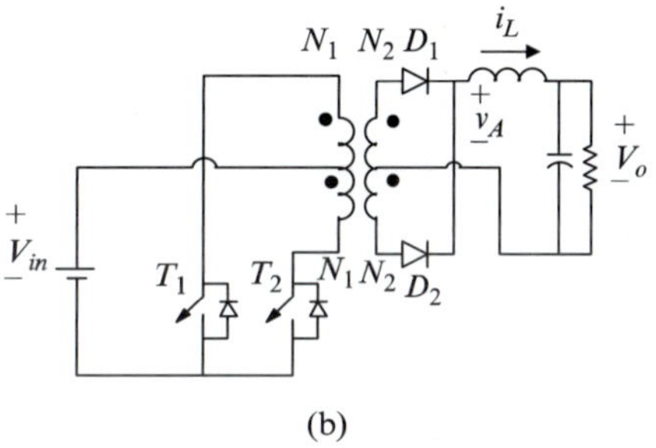

[그림 8-35] 하프-브릿지 컨버터와 푸쉬-풀 컨버터

8.8 실제 고려사항

입력 측과 출력 측 사이의 전기적인 절연을 위해 피드백 제어루프 또한 반드시 전기적으로 절연되어야 한다. 이러한 전기적 절연을 위한 몇몇 방법에 대한 연구 결과는 관련 문헌을 통해 확인할 수 있다.[6]

6 N. Mohan, T.M. Undeland, and W.P. Robbins, *Power Electronics: Converters, Applications and Design*, 3rd Edition, New York: John Wiley & Sons, 2003.

연습문제

플라이백 컨버터

[연습문제 8.1] ~ [연습문제 8.4]까지의 플라이백 컨버터에서 $V_{in} = 30\text{V}$이고 턴수는 각각 $N_1 = 30$, $N_2 = 15$이다. 권선 1의 자기 인덕턴스는 $50\mu\text{H}$이고 스위칭 주파수 $f_s = 200\text{kHz}$이며, 출력 전압 $V_o = 9\text{V}$로 조정된다.

8.1 부하가 30W일 때 [그림 8-3]에서의 파형을 계산하고 커패시터의 전류 리플과 함께 그려라.

8.2 [연습문제 8.1]과 같은 듀티 비에 의해 컨버터가 불완전 및 완전 자기소거 모드의 경계에서 동작할 때의 임계 전력을 계산하라.

8.3 [연습문제 8.1]의 방법과 유사하게 [연습문제 8.2]의 파형을 그려라.

8.4 플라이백 컨버터가 완전 자기소거 모드에서 동작할 때 전압 전달비 V_o/V_{in}을 1차 측 권선에서 보이는 변압기의 자화 인덕턴스 L_{m1}, 스위칭 주파수 f_s, 듀티 비 D, 부하 저항 R로 표현하라.

포워드 컨버터

[연습문제 8.5] ~ [연습문제 8.7]의 포워드 컨버터에서 $V_{in} = 30\text{V}$, 턴수는 각각 $N_1 = 10$, $N_2 = 5$, $N_3 = 10$이다. 권선 1의 자기 인덕턴스는 $150\mu\text{H}$이고 스위칭 주파수 $f_s = 250\text{kHz}$이다. 출력 전압은 $V_o = 5\text{V}$로 조정되며, 출력 필터 인덕턴스는 $50\mu\text{H}$이고 출력 부하는 30W이다.

8.5 [그림 8-16(b)]에서 v_A, i_L, i_{in}, i_{D_3}의 파형을 구하고 그려라. 이때 i_{in}은 입력 전류이고 i_{D_3}는 다이오드 D_3를 통해 흐르는 전류이다.

8.6 최대 듀티 비를 0.7까지 늘려야 할 때 N_1/N_3을 계산하라.

8.7 [그림 8-16(b)]에서 다이오드 D_1이 필요한 이유를 설명하라.

8.8 불연속 전도 모드로 동작하는 포워드 컨버터에서 전압 전달비 V_o/V_{in}를 회로변수로 표현하라.

2개의 스위치를 갖는 포워드 컨버터

[연습문제 8.9] ~ [연습문제 8.10]의 2개 스위치를 갖는 포워드 컨버터에서 $V_{in} = 30\,\text{V}$, $N_1/N_2 = 2$이고 스위칭 주파수 $f_s = 300\,\text{kHz}$이다. 출력 전압 $V_o = 5\,\text{V}$로 조정되며, 권선 1의 자기 인덕턴스는 $150\,\mu\text{H}$이고 출력 필터 인덕턴스는 $50\,\mu\text{H}$이다.

8.9 출력 부하가 200 W일 때 파형들을 계산하고 그려라.

8.10 듀티 비가 0.5로 제한되는 이유를 설명하라.

풀-브릿지 컨버터

8.11 [그림 8-25]와 같은 풀-브릿지 컨버터에서 $V_{in} = 30\,\text{V}$, $f_s = 300\,\text{kHz}$, $N_1/N_2 = 4$이다. PWM에 의해 출력 전압인 $V_o = 5\,\text{V}$로 조정되며, 출력 전력인 $P_o = 250\,\text{W}$이고 출력 인덕터 전류 리플의 피크-피크값은 전부하$^{\text{full-load}}$시 평균값의 10 %가 된다. 필터 인덕터 L 값을 계산하고 이 컨버터와 관련된 모든 파형을 계산하고 그려라(변압기는 이상적이고 자속 파형은 양과 음의 피크가 대칭적이라고 가정한다).

하프-브릿지 컨버터

8.12 [연습문제 8.11]과 유사한 DC 전원 공급 장치가 [그림 8-35(a)]와 같이 $N_1/N_2 = 2$인 하프-브릿지 구조로 구현되었다. 이 컨버터와 관련된 모든 파형을 계산하고 그려라.

풀-브릿지 컨버터와 하프-브릿지 컨버터에서 MOSFET의 비교

8.13 [연습문제 8.11]의 풀-브릿지 컨버터와 [연습문제 8.12]의 하프-브릿지 컨버터의 MOSFET 정격 전압과 정격 전류를 비교하라.

푸쉬-풀 컨버터

8.14 [연습문제 8.11]과 유사한 DC 전원 공급 장치가 [그림 8-35(b)]와 같이 $N_1/N_2 = 5$인 푸쉬-풀 구조로 구현되었다. 이 컨버터와 관련된 모든 파형을 계산하고 그려라.

시뮬레이션 문제

8.15 $V_{in}=20\,\mathrm{V}$, $V_o=5\,\mathrm{V}$이고 $N_1/N_2=2$, $L_{m1}=280\,\mu\mathrm{H}$이며, 출력 커패시터 $C=100\,\mu\mathrm{F}$이다. 스위칭 주파수 $f_s=100\,\mathrm{kHz}$이고 부하 $R_{Load}=6\,\Omega$인 동작 조건과 변수를 가지는 플라이백 컨버터를 시뮬레이션하라.

(a) i_{in}, i_{out}, v_o에 대한 파형을 구하고 스위치에서 다이오드로 천이되는 시점 또는 그 반대의 시점에서 i_{in}과 i_{out} 사이의 관계를 구하라.

(b) 이 컨버터에서 R_{crit}의 값을 구하라.

(c) $R=100\,\Omega$일 때 i_{in}, i_{out}, v_o에 대한 파형을 구하라.

8.16 $V_{in}=20\,\mathrm{V}$, $V_o=7.5\,\mathrm{V}$이고 $N_1:N_2:N_3=1$, $L_{m1}=144\,\mu\mathrm{H}$이며, 필터 인덕터 $L=100\,\mu\mathrm{H}$, 출력 커패시터 $C=100\,\mu\mathrm{F}$이다. 스위칭 주파수 $f_s=100\,\mathrm{kHz}$이고 부하 $R_{Load}=0.5\,\Omega$인 동작 조건과 변수를 가지는 플라이백 컨버터를 시뮬레이션하라.

(a) i_1, i_3, i_{D_1}, i_L, v_o에 대한 파형을 구하라. 또한 스위치가 켜지고 꺼지는 시점과 코어가 자기소거되는 시점에서 i_1, i_3, i_{D_1} 사이의 관계를 구하라.

(b) 스위치에 걸리는 전압을 구하라.

(c) 이 컨버터에서 R_{crit}의 값을 구하라.

(d) $R=500\,\Omega$일 때 i_1, i_3, i_{D_1}, i_L, v_o에 대한 파형을 구하라.

8.17 [그림 8-25]의 중간 탭 정류기가 있는 풀-브릿지 컨버터를 시뮬레이션하라. 이 컨버터는 각각 $V_{in}=175\,\mathrm{V}$, $V_o=4.5\,\mathrm{V}$이고 $N_1/N_2=25$, $L_{m1}=10\,\mu\mathrm{H}$이며, 필터 인덕터 $L=7.5\,\mu\mathrm{H}$, 출력 커패시터 $C=100\,\mu\mathrm{F}$이다. 스위칭 주파수 $f_s=100\,\mathrm{kHz}$이고 부하 $R_{Load}=0.5\,\Omega$인 동작 조건과 변수를 갖는다.

(a) v_1, v_2, v'_2, v_A, v_o에 대한 파형을 구하라. 또한 스위치가 모두 꺼지는 시점에서의 값들을 구하라.

(b) [그림 8-28]에 정의된 파형 i_1, i_{D_1}, i_{D_2}, i_L을 그려라. 또한 스위치가 모두 꺼지는 시점에서의 값들을 구하라.

(c) 컨버터의 동작 조건과 변수에 따라 i_L의 전류 리플의 피크-피크값을 구하고 이를 시뮬레이션을 통해 검증하라.

CHAPTER

09

고주파 인덕터와 변압기 설계

9.1 서론

8장에서 살펴본 것처럼 100 kHz 이상의 스위칭 주파수로 동작하는 스위치 모드switch-mode DC 전원 공급 장치power supply에는 인덕터와 변압기가 필요하다. 고주파 인덕터와 변압기는 기성품 형태가 아니라 각 응용 제품의 사양에 따라 설계되어야 한다(세부적인 설계 방법은 관련 자료를 참고하라[1]). 이 장에서는 면적 산출법area product method이라는 간단하면서도 많이 사용되는 고주파 인덕터 및 변압기의 설계 방법을 설명한다. 여기서는 온도 상승에 의한 열적 조건thermal consideration은 고려하지 않으므로 설계된 자성 부품을 온도의 상승 및 효율에 따라 검증한 후 코어 및 도체의 크기를 적절하게 조절해야 한다.

9.2 자기회로 설계 기본

고주파 인덕터와 변압기의 설계과정에서 설계자는 코어 물질, 코어 형태(어떤 형태들은 우수한 열전도율을 가지는 반면 어떤 형태들은 부유stray 자속 차폐에 유리하다), 냉각 방식(자연 냉각 또는 인위적 냉각), 손실(손실이 낮을수록 효율이 높아지지만 크기와 무게는 증가한다) 등 많은 것을 고려해야 한다. 자기회로의 모든 최적 설계과정에서는 주어진 전기량을 이용하여 다음의 두 가지 값을 계산해야 한다.

- 코어 손실을 제한하기 위한 자기 코어의 **최대 자속밀도** B_{max}
- 전도 손실을 제한하기 위한 권선 도체의 **최대 전류밀도** J_{max}

이 장의 설계과정에서는 두 값이 인덕터 및 변압기의 응용 분야에 따라 제시되고 있다. 단, 이는 특정 상황에서의 최적값과는 다소 다를 수 있다.

9.3 인덕터와 변압기 제작

[그림 9-1]은 토로이달 코어toroidal core에 권선이 감겨있는 인덕터와 변압기의 단면cross-section을 나타낸 것이다. 인덕터를 나타내는 [그림 9-1(a)]에서 전류 i는 N번 감긴 권선에 흐른다. 변압기를 나타내는 [그림 9-1(b)]에서는 두 종류의 권선에 각각 다른 크기의 전류가 흐르는데, 큰 도체 단면과 턴수 N_1을 가지는 권선 1에는 전류 i_1이 흐르고 작은 도체 단면과 턴수 N_2를 가지는 권선 2에는 전류 i_1과 반대

1 N. Mohan, T.M. Undeland, and W.P. Robbins, *Power Electronics: Converters, Applications and Design*, 3rd Edition, New York: John Wiley & Sons, 2003.

방향의 전류 i_2가 흐른다. 이때 각 권선에 흐르는 전류의 최댓값에서 지정된 최대 전류밀도 $J_{\max}$ 이하의 전류밀도 값을 갖도록 도체의 단면적을 결정해야 한다. 코어 면적 A_{core}는 [그림 9-1(a)]와 [그림 9-1(b)]의 코어에 흐르는 자속의 밀도가 최대 자속밀도 $B_{\max}$를 넘지 않도록 설계해야 한다.

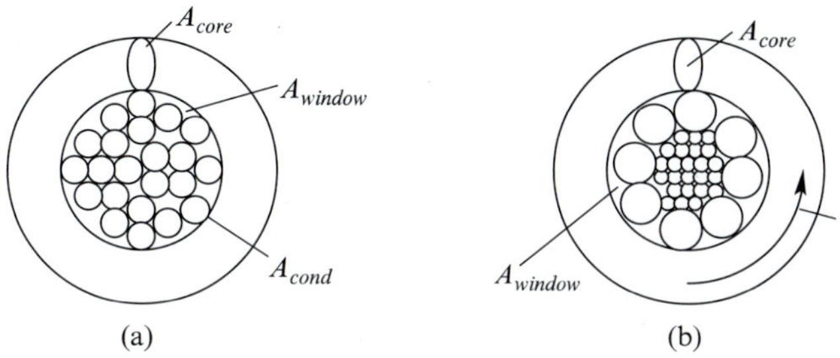

[그림 9-1] 인덕터와 변압기 단면

9.4 면적 산출법

면적 산출법은 코어의 미리 결정된 최대 자속밀도 $B_{\max}$와 도체의 최대 전류밀도 $J_{\max}$를 이용하여 적절한 코어 크기를 결정하는 방법으로, 다음과 같은 방식을 활용한다.

9.4.1 코어 창면적 A_{window}

[그림 9-1(a)]와 [그림 9-1(b)]와 같이 토로이달 코어의 창 window은 도체 권선을 둘러싸고 있다. 여기서 각 도체의 단면적 A_{cond}는 권선에 흐르는 전류의 최대 실효값에 따라 결정된다. 식 (9.1)의 창면적 window area을 구할 때 전체 창면적이 권선으로 완전히 채워질 수 없으므로 창-충전율 window-fill factor k_w는 0.3과 0.6 사이의 값을 사용한다. 식 (9.1)에서 아래 첨자 y는 변압기에서와 같이 하나 이상의 권선을 사용하는 경우 사용된 권선 중 하나를 가리킨다.

$$A_{window} = \frac{1}{k_w}\sum_{y}\left(N_y A_{cond,y}\right) \tag{9.1}$$

식 (9.1)에서 권선 y의 단면적은 식 (9.2)에서처럼 권선에 흐르는 전류의 최대 실효값과 최대 전류밀도 $J_{\max}$에 의해 다음과 같이 결정된다. 모든 권선에서 동일한 최대 전류밀도 값을 사용하는 것이 일반적이다.

$$A_{cond,y} = \frac{I_{\mathrm{rms},y}}{J_{\max}} \tag{9.2}$$

식 (9.2)를 식 (9.1)에 대입하면 코어 창면적은 다음과 같다.

$$A_{window} = \frac{\sum_{y}(N_y I_{\mathrm{rms},y})}{k_w J_{\max}} \tag{9.3}$$

이를 통해 창면적이 설계자가 결정한 턴수와 정비례한다는 것을 알 수 있다.

9.4.2 코어 단면적 A_{core}

[그림 9-1(a)]와 [그림 9-1(b)]의 코어 단면적cross-sectional area은 코어 손실을 제한하기 위해 피크 자속 $\hat{\phi}$와 최대 자속밀도 $B_{\max}$에 의해 다음과 같이 결정된다.

$$A_{core} = \frac{\hat{\phi}}{B_{\max}} \tag{9.4}$$

인덕터와 변압기에서 자속이 발생하는 과정은 각각 다르다. 인덕터에서의 피크 자속 $\hat{\phi}$는 피크 전류 $\hat{I}$에 따라 달라지며, $L\hat{I}$ 값이 최대 쇄교 자속량 $N\hat{\phi}$와 같다는 것을 이용하면 다음과 같이 계산된다.

$$\hat{\phi} = \frac{L\hat{I}}{N} \tag{9.5}$$

패러데이 법칙에 따라 변압기에서의 자속은 인가된 볼트-초volt-seconds에 비례하며, 권선의 턴수에 반비례한다. [그림 9-2]는 턴수가 $N_1 = N_3$인 변압기와 듀티 비 D(최댓값 0.5)를 가지는 포워드 컨버터 내 변압기의 1차 측 전압과 자속 파형을 나타낸다. 이에 따른 [그림 9-2]의 피크 자속은 다음과 같다.

$$\hat{\phi} = \frac{k_{conv} V_{in}}{N_1 f_s} \tag{9.6}$$

여기서 상수 k_{conv}는 포워드 컨버터의 듀티 비 D와 같고 일반적으로 0.5의 최댓값을 갖는다.

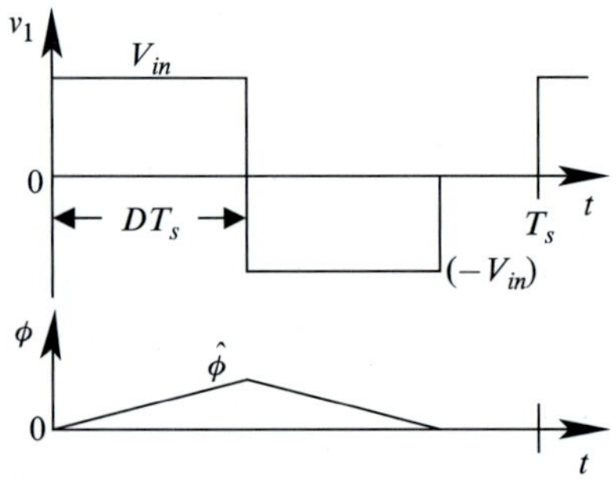

[그림 9-2] 포워드 컨버터 내 변압기 파형

상수 k_{conv}는 다른 컨버터 구조 내 변압기에서도 유도될 수 있는데, 풀-브릿지 컨버터의 경우 $D/2$로 유도된다. 일반적으로 피크 자속은 임의의 한 권선을 기준으로 표현될 수 있다. 예를 들어 권선 y에서의 피크 자속은 다음과 같다.

$$\hat{\phi} = \frac{k_{conv} V_y}{N_y f_s} \tag{9.7}$$

식 (9.5)와 식 (9.7)의 $\hat{\phi}$를 식 (9.4)에 대입하면 인덕터에서의 단면적은 식 (9.8)과 같고 변압기에서의 단면적은 식 (9.9)와 같다.

$$A_{core} = \frac{L\hat{I}}{NB_{\max}} \tag{9.8}$$

$$A_{core} = \frac{k_{conv} V_y}{N_y f_s B_{\max}} \tag{9.9}$$

식 (9.8)과 식 (9.9)를 통해 인덕터와 변압기에서 코어 단면적은 설계자가 결정한 턴수에 반비례함을 알 수 있다.

9.4.3 코어 산출 면적 $A_p(= A_{core} A_{window})$

코어 산출 면적area-product은 코어 단면적 A_{core}와 코어 창면적 A_{window}의 곱으로 얻어진다.

$$A_p = A_{core} A_{window} \tag{9.10}$$

앞서 구한 A_{core}와 A_{window}를 식 (9.10)에 대입하면 인덕터에서의 코어 산출 면적은 식 (9.11)과 같고, 변압기에서의 코어 산출 면적은 식 (9.12)와 같다.

$$A_p = \frac{L\hat{I} I_{\mathrm{rms}}}{k_w J_{\max} B_{\max}} \tag{9.11}$$

$$A_p = \frac{k_{conv} \sum_y (V_y I_{y,\mathrm{rms}})}{k_w B_{\max} J_{\max} f_s} \tag{9.12}$$

식 (9.11)과 식 (9.12)는 인덕터와 변압기의 전체 크기를 나타내는 산출 면적이 턴수와는 독립적임을 나타낸다. 결과적으로 코어와 전체 소자의 크기는 내부의 설계 변수인 변압기의 턴수와 관계없이 전기적인 시스템 사양들과 $B_{\max}$ 및 $J_{\max}$ 값에 따라 결정된다.

9.4.4 코어 산출 면적 A_p를 이용한 설계과정

코어의 재질과 형태가 정해진 후 9.4.3절과 같이 코어 산출 면적 A_p 값을 계산하면 A_p에 의해 분류된 코어로부터 적절한 코어를 선택할 수 있다. 일반적으로 코어는 특정한 코어 산출 면적 A_p에 대한 단면적 A_{core}와 창면적 A_{window}의 무수히 많은 조합으로 얻어진다. 그러나 최적 전력밀도를 얻기 위한 A_{core}와 A_{window} 값은 서로 다른 값을 가지므로 주어진 A_p 값을 만족시키기 위한 코어의 제작은 어려울 수 있다. 일단 코어가 선택되면 코어의 A_{core}와 A_{window} 값이 결정되며, 식 (9.8)의 인덕터에서의 턴수는 식 (9.13)과 같이 계산된다. 식 (9.9)의 변압기에서의 턴수는 식 (9.14)와 같이 계산된다.

$$N = \frac{L\hat{I}}{B_{\max} A_{core}} \tag{9.13}$$

$$N_y = \frac{k_{conv} V_y}{A_{core} f_s B_{\max}} \tag{9.14}$$

특정한 인덕턴스 값을 가지는 인덕터를 만들기 위해서는 자속선 경로에 위치한 공극의 길이 ℓ_g를 적절한 값으로 결정해야 한다. 투자율이 매우 높은 코어를 사용한다면 코어 인덕턴스는 자기 저항 $\Re_g$에 의해 다음과 같이 결정된다.

$$L \simeq \frac{N^2}{\Re_g} \tag{9.15}$$

여기서 $\Re_g$는 다음과 같다.

$$\Re_g \simeq \frac{\ell_g}{\mu_o A_{core}} \tag{9.16}$$

식 (9.15)와 식 (9.16)을 사용하면 공극의 길이 ℓ_g는 다음과 같이 계산된다.

$$\ell_g = \frac{N^2 \mu_o A_{core}}{L} \tag{9.17}$$

식 (9.17)은 실제 코어의 유한한 투자율과 (상당히 클 수도 있는) 프린징 자속fringing flux의 영향을 무시하고 얻은 근사 결과이다. 코어 제조업체는 일반적으로 공극 길이와 턴수의 함수로 인덕턴스 L을 측정하여 표기한다. 이 절에서는 토로이달 코어를 사용하여 내용을 설명했다. 그러나 토로이달 코어는 공극을 만들기 어렵기 때문에 사용해야 한다면 유효한 공극 길이의 분산 공극을 가지는 코어를 선택한다. 이러한 과정은 토로이달 코어뿐 아니라 다른 형태의 코어에도 동일하게 적용할 수 있다. 포트 코어pot core에서의 공극과 같은 실제 설계에 대한 설명은 다음 절에서 다룰 것이다.

9.5 인덕터의 설계 예시

이 절에서는 $100\,\mu H$ 의 인덕턴스를 갖는 인덕터 L 의 설계 예시를 설명한다. 평균 전류 $I = 5.0\,A$ 이고 스위칭 주파수 $f_s = 100\,kHz$ 일 때 [그림 9-3]의 인덕터 전류는 피크-피크 리플 $\Delta I = 0.75\,A$ 를 갖는다. 이때 자속밀도 및 전류밀도의 최댓값을 각각 $B_{max} = 0.25\,T$ 와 $J_{max} = 6.0\,A/mm^2$ 라고 가정하고(더 큰 코어는 일반적으로 $3 \sim 4\,A/mm^2$ 의 전류밀도를 가진다) 창 충전율 $k_w = 0.5$ 라고 가정한다.

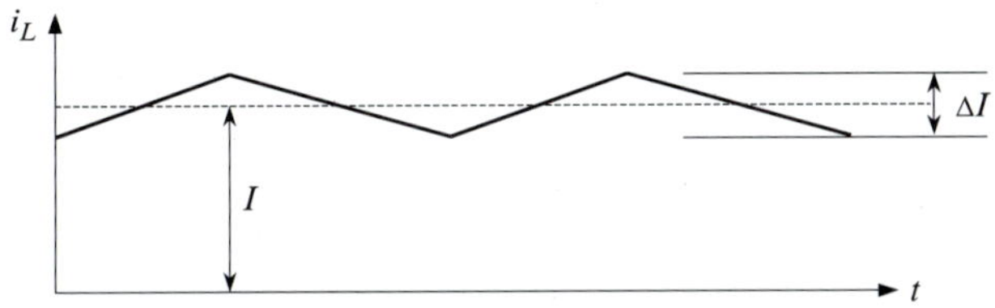

[그림 9-3] 인덕터의 전류 파형

[그림 9-3]에서 인덕터 전류의 피크값 $\hat{I} = I + \frac{\Delta I}{2} = 5.375\,A$ 이며, 전류의 실효값 $I_{rms} = \sqrt{I^2 + \frac{1}{12}\Delta I^2} \simeq 5.0\,A$ 이다(유도과정은 [연습문제 9.1]을 참고하라). 식 (9.11)에서 코어 산출 면적은 다음과 같이 정의할 수 있다.

$$A_p = \frac{100 \times 10^{-6} \times 5.375 \times 5}{0.5 \times 0.25 \times 6 \times 10^6} \times 10^{12} = 3587\,mm^4$$

마그네틱Magnetics사의 카탈로그[2]로부터 포화 자속밀도가 $0.5\,T$ 이고 $100\,kHz$ 의 스위칭 주파수에 적합한 P형 소자를 선택한다. [그림 9-4]는 실험을 위해 제작된 26×16 의 포트 코어로, 코어 면적 $A_{core} = 93.1\,mm^2$, 창면적 $A_{window} = 39\,mm^2$ 이고, 산출 면적 $A_p = 93.1 \times 39 = 3631\,mm^2$ 이다. 이를 바탕으로 식 (9.13)으로부터 다음과 같은 식을 도출할 수 있다.

$$N = \frac{100\,\mu \times 5.375}{0.25 \times 93.1 \times 10^{-6}} \simeq 23\text{턴수}$$

권선의 단면적 $A_{cond} = I_{rms} / J_{max} = 5.0 / 6.0 = 0.83\,mm^2$ 이다. AWG American Wire Gauge 25의 권선 다섯 가닥을 사용하였으며, 각 권선의 단면적은 $0.16\,mm^2$ 이다.[3]

2 Magnetics, Inc. Ferrite Cores, www.mag-inc.com.

3 Wire Gauge Comparison Chart. http://www.engineeringtoolbox.com/wire-gauges-d_419.html.

[그림 9-4] 플러그인 보드에 설치된 포트-코어

식 (9.17)로부터 공극의 길이는 다음과 같이 계산된다.

$$\ell_g = \frac{23^2 \times 4\pi \times 10^{-7} \times 93.1 \times 10^{-6}}{100\mu} \simeq 0.62\,\text{mm}$$

9.6 포워드 컨버터 변압기의 설계 예시

이 절에서는 포워드 컨버터의 변압기에 필요한 전기적 사양을 살펴볼 것이다. 먼저 스위칭 주파수 $f_s = 100\,\text{kHz}$ 이고 각 권선에 걸리는 전압 $V_1 = V_2 = V_3 = 30\,\text{V}$ 이다. 또한 각 권선에 흐르는 전류의 실효값은 2.5 A 로 가정하고 설계를 위한 값으로 최대 자속밀도 $B_{\max} = 0.25\,\text{T}$, 최대 전류밀도 $J_{\max} = 5\,\text{A/mm}^2$를 선택하였다. 식 (9.12)에서 창 충전율 및 상숫값을 각각 $k_w = 0.5$, $k_{conv} = 0.5$로 사용하면 다음과 같이 코어 산출 면적을 정의할 수 있다.

$$A_p = \frac{k_{conv}}{k_w f_s B_{\max} J_{\max}} \sum_y \hat{V}_y I_{\text{rms},y} = 1800\,\text{mm}^4$$

22 × 13의 포트 코어에서 $A_{core} = 63.9\,\text{mm}^2$이고 $A_{window} = 29.2\,\text{mm}^2$이므로 $A_p = 1866\,\text{mm}^4$이다.[4] 이 코어의 권선 단면적은 다음과 같다.

$$A_{cond,1} = \frac{I_{1,\text{rms}}}{J_{\max}} = \frac{2.5}{5} = 0.5\,\text{mm}^2$$

AWG 25의 권선 세 가닥을 사용하고[5] 각 권선이 평행한 상황에서 각 권선의 단면적이 $0.16\,\text{mm}^2$일 때 식 (9.14)로부터 다음과 같다.

---

4 Magnetics, Inc. Ferrite Cores, www.mag-inc.com.

5 Wire Gauge Comparison Chart. http://www.engineeringtoolbox.com/wire-gauges-d_419.html.

$$N_1 = \frac{0.5 \times 30}{(63.9 \times 10^{-6}) \times (100 \times 10^3) \times 0.25} \simeq 10$$

따라서 다음과 같은 관계를 정의할 수 있다.

$$N_1 = N_2 = N_3 = 10$$

9.7 열적 조건

이 장에 제시된 설계 방법은 근접 효과proximity effects로 인해 매우 커질 수 있는 권선의 와전류eddy current 손실을 포함하지 않는다. 이러한 도체의 근접 손실은 매우 근접한 다른 도체에서 만들어진 고주파 자기장으로 인해 발생하므로 단일 계층 구조single-layer construction로 인덕터를 설계할 때 최소화할 수 있다. 변압기에서 권선은 이러한 손실을 최소화하기 위해 관련 문헌에서 상세히 설명된 것과 같이 상호배치interleaving 될 수 있다.[6] 그러므로 이 장에서 다룬 면적 산출법은 전체 코어의 설계를 시작하기 위한 좋은 방법이 될 수 있으나 실제적인 설계에서는 부가적인 손실 때문에 발생하는 온도 상승을 고려해야 함을 유의해야 한다. 더 상세한 해석은 관련 문헌을 통해 확인할 수 있다.[7]

6 N. Mohan, T.M. Undeland, and W.P. Robbins, *Power Electronics: Converters, Applications and Design*, 3rd Edition, New York: John Wiley & Sons, 2003.

7 N. Mohan, W. Robins, T. Undeland, and S. Raju, *Power Electronics for Grid-Integration of Renewables: Analysis, Simulations and Hardware Lab*, New York: John Wiley & Sons, 2023.

연습문제

인덕터 설계

9.1 [그림 9-3]의 파형에서 전류 실효값의 수식을 유도하라.

9.2 9.5절의 인덕터의 설계 예시에서 면적 $A_{core} = 93.1\,\text{mm}^2$, 평균 자기 경로 길이 $\ell = 37.6\,\text{mm}$, 상호투자율 $\mu_r = \mu_m / \mu_o = 5000$을 갖는 코어가 있다. 이 코어의 자속 경로에서 공극이 없고 권선의 턴수가 23일 때 인덕턴스의 값을 계산하라.

9.3 9.5절의 인덕터의 설계 예시에서 평균 자기 경로 길이 $\ell = 37.6\,\text{mm}$일 때 공극의 자기 저항값과 자기 코어의 저항값을 구하고 두 값을 비교하라.

9.4 [연습문제 9.2]에서 0.25 T의 최대 자속밀도를 만들 수 있는 최대 전류를 구하라.

9.5 9.5절의 인덕터의 설계 예시에서 공극의 길이를 절반으로 잘못 알았다고 할 때 최대 자속밀도 $B_{\max}$를 넘지 않도록 하는 인덕턴스와 최대 전류를 구하라.

변압기 설계

9.6 9.6절의 포워드 컨버터 변압기의 설계 예시에서 면적 $A_{core} = 63.9\,\text{mm}^2$, 자기 경로 길이 $\ell = 31.2\,\text{mm}$, 상호투자율 $\mu_r = \mu_m / \mu_o = 5000$을 갖는 코어가 있다. 듀티 비 D가 0.5일 때 자화 전류의 피크값을 계산하라.

9.7 [연습문제 9.6]에서 계산된 자화 전류의 피크값을 만족하는 3차 권선의 도체 직경을 구하라.

9.8 2개의 스위치를 사용하는 포워드 컨버터, 하프-브릿지, 그리고 푸쉬-풀 컨버터에 사용되는 변압기들의 상수 k_{conv} 값을 유도하라.

CHAPTER

10

DC-DC 컨버터 및 하프-브릿지 공진형 컨버터에서의 소프트 스위칭

10.1 서론

지금까지 배운 컨버터에는 2장에서 다룬 스위칭 파워-폴의 하드 스위칭이 고려되었다. 이 장에서는 이러한 하드 스위칭으로 인해 컨버터 회로의 동작 간에 발생하는 문제에 대해 살펴보고 소프트 스위칭을 통해 이를 최소화하는 방법을 살펴볼 것이다.

10.2 스위칭 파워-폴에서의 하드 스위칭

[그림 10-1(a)]는 컨버터의 스위칭 파워-폴을, [그림 10-1(b)]는 2장에서 배운 파워-폴의 하드 스위칭 파형을 나타낸 것이다. 스위칭 동작 시 트랜지스터에는 높은 전압과 전류가 동시에 걸린게 된다. 따라서 이상적인 다이오드를 가정했을 때 트랜지스터의 스위칭 전력 손실은 [그림 10-1(b)]와 같이 스위칭 주파수와 시간 $t_{c(on)}$ 및 $t_{c(off)}$의 합에 비례하여 다음과 같이 선형적으로 증가한다.

$$P_{sw} \propto f_s \left(t_{c(on)} + t_{c(off)}\right) \tag{10.1}$$

또한 컨버터에서 하드 스위칭은 스위칭 전력 손실로 인한 에너지의 효율 감소뿐만 아니라 소자의 스트레스 및 발열을 증가시킨다. 이뿐만 아니라 컨버터 전압과 전류의 큰 순간 변화량(di/dt, dv/dt)에 의한 전자기 간섭electromagnetic interference 문제가 발생할 수도 있다. 이러한 문제들은 컨버터 레이아웃과 소자에 존재하는 부유 커패시턴스stray capacitance와 누설 인덕턴스leakage inductance에 의해 심각하게 나타난다.

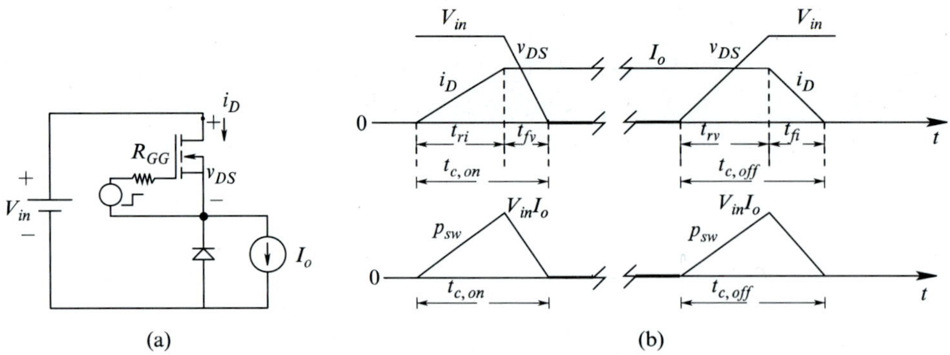

[그림 10-1] 파워-폴의 하드 스위칭 동작

높은 에너지 효율을 유지하면서 전체 컨버터의 크기를 줄이려면 빠른 스위칭이 가능한 MOSFET을 사용하여 가능한 한 높은 스위칭 주파수(낮은 전력 등급 기준 일반적으로 100 ~ 200 kHz)로 DC-DC 컨버터를 동작시키는 것이 바람직하다. 단, 높은 스위칭 주파수에서 동작하는 하드 스위칭의 경우 스위칭에 의한 전력 손실이 지나치게 증가하므로 이 장에서 설명할 소프트 스위칭이 대안으로 종종 사용된다.

하드 스위칭으로 인한 문제들은 다음의 방법을 통해 최소화할 수 있다.

- 부유 커패시턴스 및 인덕턴스를 감소시키는 **회로 레이아웃** circuit layout
- di/dt 및 dv/dt를 줄이는 **스너버** snubber
- di/dt 및 dv/dt를 줄이는 **게이트 드라이버 제어** gate-drive control
- **소프트 스위칭** soft-switching

회로 설계 시 부유 커패시턴스와 인덕턴스를 줄이기 위해 레이아웃을 하는 것이 바람직하다. 스너버는 수동 소자(R, C 및 다이오드)로 구성되며, 스위칭 파형을 변화시켜 스위칭 과도시간 동안 발생하는 di/dt 및 dv/dt를 줄이는 역할을 한다. 현대 전력전자에서는 절연형 변압기의 DC-DC 컨버터에만 스너버를 사용하는 편인데, 이는 잘 만들어진 회로 레이아웃임에도 불구하고 고주파 변압기의 누설 인덕턴스가 상당히 큰 값을 가질 수 있기 때문이다. 스너버를 사용하면 트랜지스터의 스위칭 손실 일부를 없앨 수 있지만 스너버 저항에 손실이 발생하므로 일반적으로 전체 손실이 감소하지는 않는다. 이 책에서는 스너버에 대해 상세히 다루지 않을 것이므로 스너버에 대한 구체적인 내용은 관련 문헌을 참고하라.[1]

MOSFET와 IGBT의 게이트 전압을 제어하면 턴-온 및 턴-오프 속도를 줄일 수 있고 di/dt 및 dv/dt를 감소시킬 수 있지만 트랜지스터의 스위칭 손실은 증가하게 된다. 따라서 이러한 기술들은 트랜지스터의 하드 스위칭 문제를 부분적으로 해결하는 방법에 그친다. 그러나 하드 스위칭의 문제들을 본질적으로 제거하기 위한 특정 구조들과 제어 방법의 경우 소프트 스위칭을 사용할 수 있다. 다음 절에서 이를 설명할 것이다.

10.3 스위칭 파워-폴에서의 소프트 스위칭

현재까지의 대부분의 회로와 제어 방법에는 EMI 문제가 있으며, 스위치 및 수동 소자에서 발생하는 큰 전도 손실로 인해 전체 손실이 증가한다. 따라서 이러한 회로들을 제외하면 몇몇 소프트 스위칭 회로만이 실용적이라고 할 수 있다.

소프트 스위칭의 목표는 파워-폴이 스위칭 손실을 제거할 수 있는 시점에서 스위칭하도록 하는 것이다. 즉 트랜지스터가 영전압 zero voltage 또는 영전류 zero current에서 스위칭하도록 하는 것을 목표로 한다. 이를 바탕으로 소프트 스위칭 회로를 다음과 같이 분류할 수 있다.

- **영전압 스위칭** zero-voltage switching, ZVS
- **영전류 스위칭** zero-current switching, ZCS

---

1 N. Mohan, T.M. Undeland, and W.P. Robbins, *Power Electronics: Converters, Applications and Design*, 3rd Edition, New York: John Wiley & Sons, 2003.

이 장에서는 MOSFET를 스위칭 소자로 사용하고 ZVS를 만드는 컨버터 회로들에 대해서만 다룬다. 식 (10.1)에서처럼 높은 스위칭 주파수에서는 소프트 스위칭 동작이 유용하고 고주파수에서는 MOSFET이 적합하기 때문이다. 높은 스위칭 주파수에서 동작하는 MOSFET에서는 턴-온될 때마다 MOSFET 내부의 접합 커패시턴스에 충전되는 전하를 소모하지 않음으로써 스위칭 손실을 상당히 감소시킬 수 있다. 이는 MOSFET이 소프트 스위칭하기 위해 ZVS 상태에서 턴-온되어야 한다는 것을 의미한다. 턴-오프 동작 역시 ZVS 상태에서 일어나야 함은 나중에 살펴볼 것이다.

10.3.1 영전압 스위칭(ZVS)

[그림 10-2(a)]와 [그림 10-2(b)]와 같이 내부에 역병렬anti-parallel 다이오드와 병렬 커패시터를 가지고 있는 MOSFET을 통해 ZVS의 원리를 알아보자. MOSFET이 턴-온되기 위한 게이트 전압을 인가하기 전에 [그림 10-2(a)]와 같이 역병렬 다이오드가 도통되어 전류가 흐르므로 스위치 양단 전압은 0이 된다. 이러한 ZVS 동작을 통해 이상적으로는 스위칭 턴-온 손실이 없다. [그림 10-2(b)]와 같이 턴-오프 시 MOSFET의 양단 전압이 병렬 커패시터로 인해 이상적으로는 0으로 유지되는 동안 MOSFET 채널에 흐르는 전류가 0으로 떨어진다면 MOSFET는 ZVS 턴-오프하게 된다. 동기식 정류된 벅 DC-DC 컨버터의 ZVS 동작 원리는 앞으로 살펴볼 것이다.

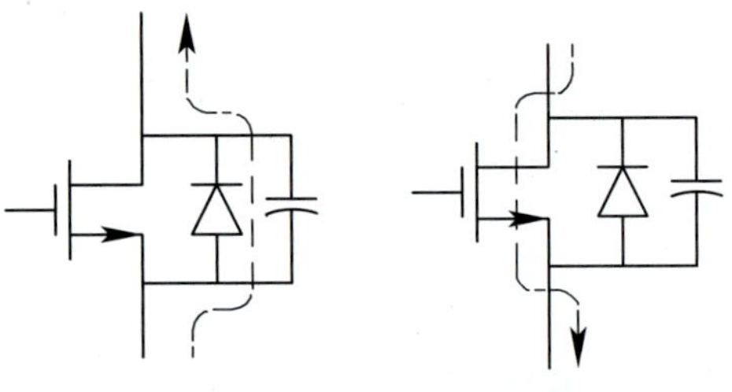

[그림 10-2] MOSFET의 영전압 스위칭(ZVS)

10.3.2 ZVS 동작을 하는 동기식 벅 컨버터

[그림 10-3(a)]는 3.10절에서 논의했던, 매우 낮은 출력 전압을 가지는 응용 분야에서 사용되는 동기식 정류된 벅 DC-DC 컨버터이다. 여기서 다이오드는 MOSFET로 대체되었으며, 두 MOSFET에는 서로 상보적인 게이트 신호 q^+ 와 q^- 가 인가된다. [그림 10-3(b)]는 인덕터-전류가 작은 리플을 가지는 동기식 벅 컨버터의 파형(실선으로 표시)을 나타낸다. 여기서 인덕터 전류는 [그림 10-3(a)]에 표시된 방향으로 항상 양의 값을 갖는 연속 전도 모드로 흐른다.

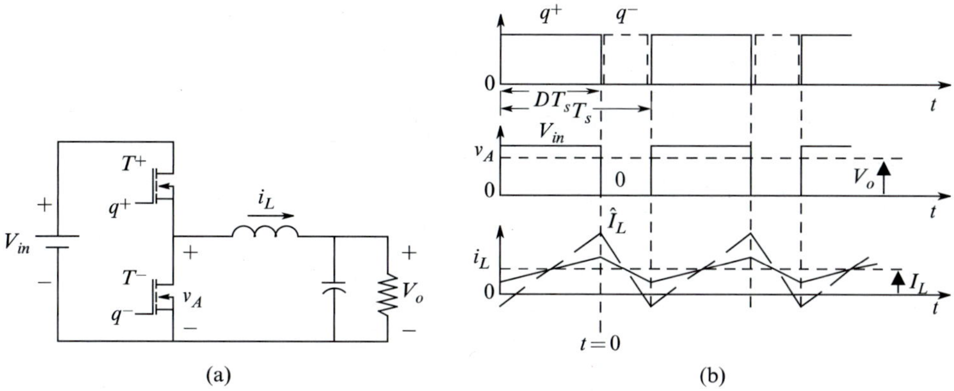

[그림 10-3] 동기식 정류 벅 컨버터

[그림 10-3(a)]의 회로를 수정한 [그림 10-4(a)]의 회로를 이용하여 ZVS 동작을 수행할 수 있다. [그림 10-4(a)]에서는 MOSFET의 내부 다이오드를 이용하고 MOSFET 고유 접합 커패시터에 작은 외부 커패시터를 추가하였다. [그림 10-3(b)]의 점선 파형처럼 인덕터 전류가 큰 리플을 갖도록 작은 인덕터 값이 선택되며, 이에 따라 전류 i_L은 모든 스위칭 주기 내에서 양과 음의 값을 모두 갖는다.

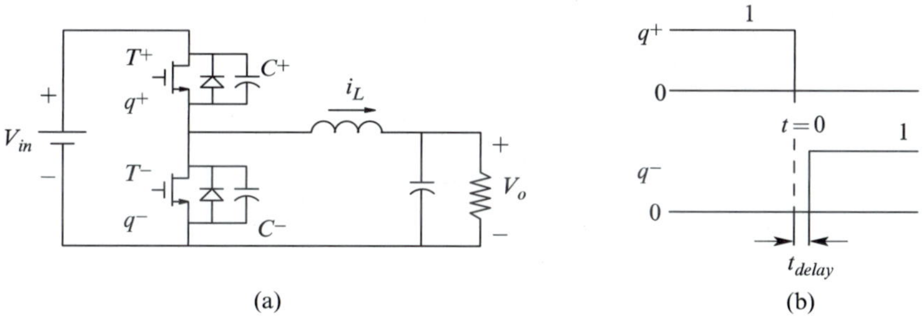

[그림 10-4] ZVS 동작을 하는 동기식 정류 벅 컨버터

[그림 10-3(b)]와 [그림 10-4(b)]가 $t = 0$인 시점에서 [그림 10-4(a)]의 회로에 흐르는 인덕터 전류는 피크값 $\hat{I}_L$을 가진다. [그림 10-4(b)]의 트랜지스터 T^+의 게이트 신호 q^+는 0으로 향하며, q^-는 계속 0으로 유지된다. 트랜지스터 T^+에서 트랜지스터 T^-로 전류 경로가 바뀌는 시간은 매우 짧다. 따라서 전류 경로가 바뀌는 시간 동안 [그림 10-5(a)]와 같이 인덕터 전류를 $\hat{I}_L$의 크기를 갖는 일정 전류원으로 가정하는 것이 합리적이다.

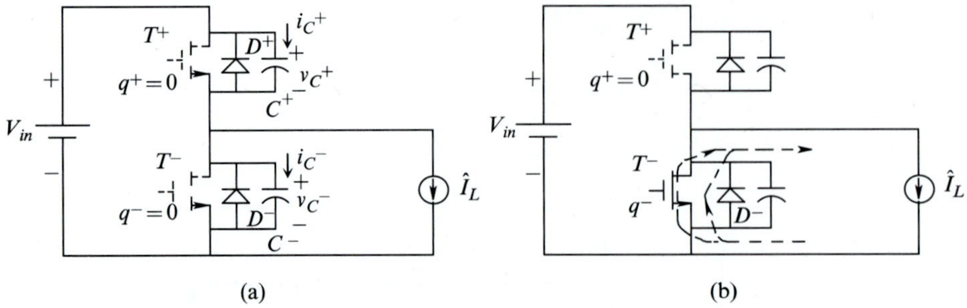

[그림 10-5] ZVS 동작을 하는 동기식 정류된 벅 컨버터의 스위칭 과도상태

[그림 10-5(a)]의 회로는 q^+와 q^-가 모두 0이며, $v_{C^+}(0) = 0$이고 $v_{C^-}(0) = V_{in}$이다. 키르히호프의 법칙을 적용하면 두 커패시터 전압의 합은 입력 전압과 같다.

$$v_{C^+} + v_{C^-} = V_{in} \tag{10.2}$$

T^+를 통해 흐르는 전류가 감소하면 크기가 같고 방향은 반대인 전류가 [그림 10-5(a)]에 두 커패시터를 통해 흐른다. 두 커패시터의 커패시턴스가 C로 동일하다고 가정하면 다음과 같이 쓸 수 있다.

$$C\frac{d}{dt}v_{C^+} + C\frac{d}{dt}v_{C^-} = 0 \tag{10.3}$$

$$i_{C^+} + i_{C^-} = 0 \quad \Rightarrow \quad i_{C^+} = -i_{C^-} \tag{10.4}$$

T^+를 통해 흐르는 전류가 감소하면 양의 전류인 i_{C^+}는 전압 v_{C^+}를 0에서부터 증가시키고 음의 전류인 i_{C^-}는 전압 v_{C^-}를 초기값 V_{in}에서 감소시킨다. 만약 MOSFET T^+의 전류 감소 시간 대비 이 전압의 과도상태 변화가 매우 느리다면 T^+의 턴-오프는 본질적으로 영전압(ZVS)에서 이루어진다. T^+를 통해 흐르는 전류가 0으로 떨어진 후 [그림 10-5(a)]에 키르히호프의 전류 법칙과 식 (10.4)를 적용하면 다음과 같다.

$$i_{C^+} = -i_{C^-} = \frac{\hat{I}_L}{2} \tag{10.5}$$

[그림 10-5(a)]의 T^+ 턴-오프 과도상태에서 전압 v_{C^+}는 V_{in}으로 증가하며, v_{C^-}는 0으로 감소한다. 전압 v_{C^-}가 0으로 감소하면 순방향 전압 강하가 없는 이상적인 다이오드라고 가정했을 때 다이오드 D^-가 도통되며, [그림 10-5(b)]에 전체 인덕터 전류 i_L가 다이오드 D^-를 통해 흐른다. 이를 통해 T^+는 ZVS 턴-오프된다.

D^-가 도통되면 트랜지스터 T^-의 양단에 걸리는 전압은 0이고 [그림 10-4(b)]와 같이 T^-를 켜기 위한 게이트 신호 q^-가 인가될 때 T^-는 ZVS 턴-온된다. 따라서 전체 인덕터 전류가 [그림 10-5(b)]와 같이 트랜지스터 T^-의 채널을 통해 흐르게 된다. 여기서 T^-의 게이트 신호인 q^-는 반드시 D^-가 도통된 이후에 인가되어야 하므로 [그림 10-4(b)]와 같이 q^-가 구간 T_{delay}만큼 적절하게 지연되어야 한다.

이 컨버터의 다음 반주기 스위칭 동작은 인덕터 전류의 음의 피크값에서 일어나며, T^-의 ZVS 턴-오프 이후 T^+의 ZVS가 턴-온된다.

이러한 벅 컨버터 동작은 두 트랜지스터 모두에서 ZVS 턴-온과 턴-오프를 일으킬 수 있지만 인덕터의 전류 리플이 커져서 이를 운반하기 위한 큰 필터 커패시터가 필요하다. 이러한 회로를 실제로 사용하기 위해서는 3.11절에서 논의하였던 2개 혹은 그 이상의 컨버터들을 상호배치interleaving시켜서 출력 커패시터로 흐르는 리플 전류를 훨씬 작게 만들어야 한다(이는 입력 전원에 흐르는 전류의 리플도 감소시킨다). 이 컨버터의 또 다른 장점은 부하 변동에 대한 응답 속도가 빠르다는 것이다.

10.3.3 위상 천이 변조(PSM) DC-DC 컨버터

소프트 스위칭 기술을 많이 사용하는 실제 구조는 [그림 10-6(a)]와 같은 **위상 천이 변조**phase-shift modulated, PSM DC-DC 컨버터로, 8장에서 다룬 PWM DC-DC 컨버터의 변형된 형태이다.

위상 천이 컨버터의 각 파워-폴 내부의 스위치는 거의 50%의 듀티 비로 동작한다. [그림 10-6(b)]와 같이 스위칭 파워-폴의 출력 전압인 v_A와 v_B를 수평 이동shift시켜 1차 측 변압기 전압 v_{AB}의 영전압 구간을 조정하고 이를 통해 출력 전압을 제어한다. 스위치의 ZVS 턴-온과 ZVS 턴-오프를 만들기 위해 커패시터는 각 스위치에 병렬로 배치된다. 이 구조는 변압기의 누설 인덕턴스와 자화 전류를 사용한다.

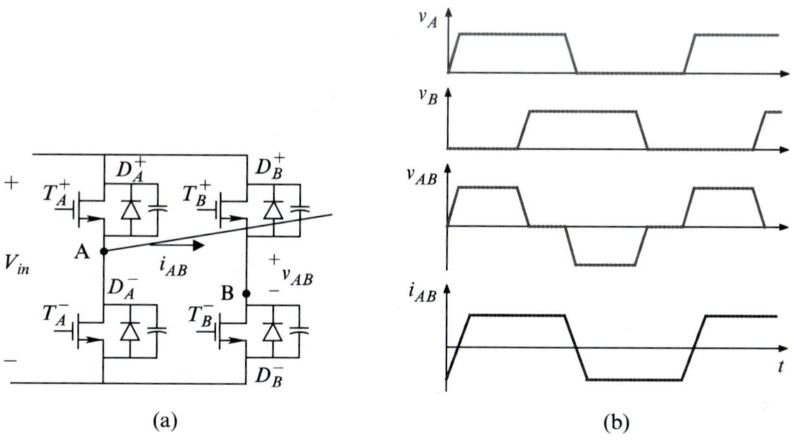

[그림 10-6] 위상 천이 변조(PSM)된 DC-DC 컨버터

10.4 하프-브릿지 공진형 컨버터

[그림 10-7]과 같은 소프트 스위칭 동작을 하는 하프-브릿지 컨버터를 사용하여 유도가열 및 소형 형광 램프용 컨버터에 적용할 수 있다.

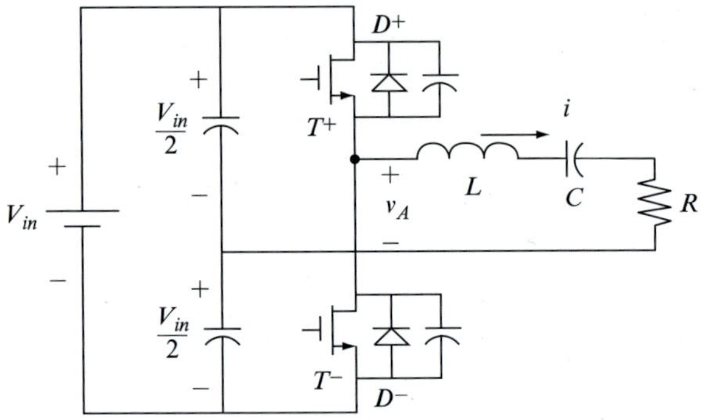

[그림 10-7] 하프-브릿지 공진형 컨버터

이 컨버터는 2개의 DC 커패시터를 이용하여 중간점을 만들고 각 커패시터는 전압 $V_{in}/2$을 가진다. 이 회로의 부하는 R로 표시하며, 공진주파수를 갖는 공진 소자 L, C와 직렬로 연결된다.

$$f_o = \frac{1}{2\pi}\frac{1}{\sqrt{LC}} \tag{10.6}$$

이때 스위칭 주파수 f_s는 공진주파수보다 커야 한다.

$$f_s > f_o \tag{10.7}$$

[그림 10-7]에서 2개의 스위치는 50%의 듀티 비로 동작하고 그 결과 전압 v_A는 [그림 10-8]의 구형파 square waveform가 된다. 스위칭 주파수가 공진주파수보다 크므로 이 회로는 스위칭 주파수에서 유도성 회로로 나타난다. 따라서 [그림 10-8]처럼 전류 i는 전압 파형에 뒤지게lag 된다. 입력 전압의 고조파 주파수에서 공진회로의 임피던스가 매우 크므로 전류는 [그림 10-8]처럼 거의 정현파 sinusoidal waveform가 된다.

$t=0$에서 T^-는 무손실 커패시터로 인해 ZVS 턴-오프되며, 커패시터 전압이 변화하는 짧은 구간 이후 전류는 D^+를 통해 흐른다. D^+가 도통된 후 T^+에는 게이트 신호가 인가되고 T^+를 통해 흐르는 전류는 다시 양의 값이 된다. $T_s/2$의 시점에서 T^+는 ZVS 턴-오프되고 다음 반주기 동작이 시작된다. 이러한 공진회로에 대한 자세한 내용은 관련 문헌을 참고하라.[2][3]

---

[2] N. Mohan, T.M. Undeland, and W.P. Robbins, *Power Electronics: Converters, Applications and Design*, 3rd Edition, New York: John Wiley & Sons, 2003.

[3] N. Mohan, W. Robins, T. Undeland, and S. Raju, *Power Electronics for Grid-Integration of Renewables: Analysis, Simulations and Hardware Lab*, New York: John Wiley & Sons, 2023.

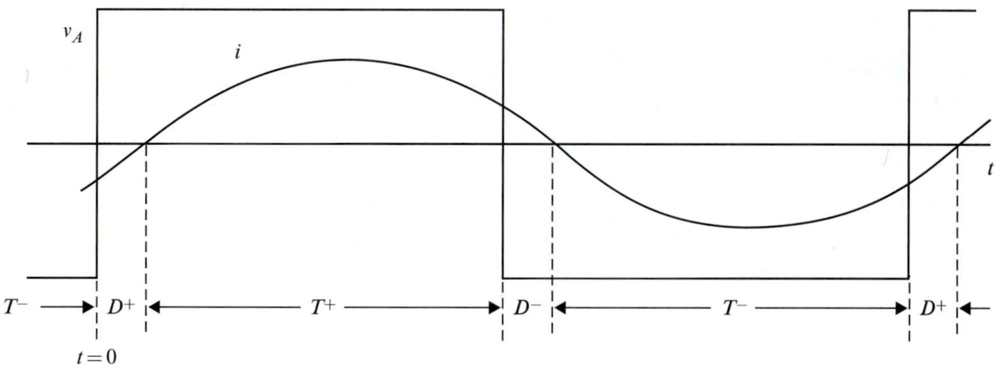

[그림 10-8] 컨버터의 출력 파형

연습문제

10.1 [그림 10-4]의 ZVS 동작을 하는 동기식 정류된 벅 컨버터에서 $V_{in} = 12\,\text{V}$, $V_o = 5\,\text{V}$, $f_s = 100\,\text{kHz}$이며, 최대 부하가 25 W이다. 인덕터에 흐르는 피크 전류의 음의 값이 최소 1.5 A 이상이 되기 위한 필터 인덕턴스 값을 계산하라.

10.2 [연습문제 10.1]에서 충전 및 방전시간이 $0.5\,\mu\text{s}$ 미만이 되기 위한 MOSFET 양단의 커패시턴스 값을 계산하라.

시뮬레이션 문제

10.3 [그림 10-4(a)]의 동기식 벅 컨버터에서 $V_{in} = 21\,\text{V}$, $V_o = 10\,\text{V}$이고 필터 인덕터 $L = 20\,\mu\text{H}$, 출력 커패시턴스 $C = 1000\,\mu\text{F}$이다. 스위칭 주파수 $f_s = 100\,\text{kHz}$이고 $R_{Load} = 10.0\,\Omega$이다. 게이트 전압은 [그림 10-9]와 같다.

(a) v_A와 i_L의 파형을 그려라.

(b) 하나의 스위치에 걸리는 전압과 전류를 구하고 영전압과 영전류 스위칭에 대해 설명하라.

(c) 블랭킹 시간 blanking time 구간에서 단일 스위치에 흐르는 전류를 구하고 이 스위치에 연결된 다이오드와 스너버 커패시터에 흐르는 전류를 구하라.

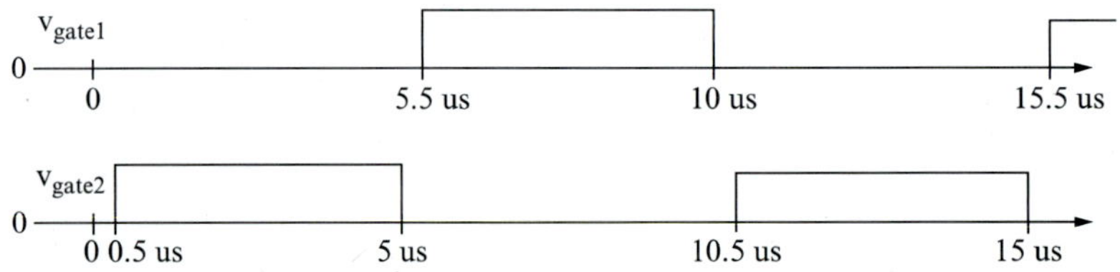

[그림 10-9] [연습문제 10.3]을 위한 그림

10.4 [그림 10-7]의 공진형 컨버터에서 $V_{in} = 155\,\text{V}$, $L = 100\,\mu\text{H}$, $C = 17.4\,\text{nF}$, $R = 15.0\,\Omega$이며, MOSFET 양단의 스너버 커패시터 값은 각각 1.0 nF이고 스위칭 주파수 $f_s = 125\,\text{kHz}$이다.

(a) v_A와 i_L의 파형을 그려라.

(b) 푸리에 분석을 통해 v_A와 i_L의 기본주파수 성분 v_{A1}과 i_{L1}을 구하고 그 파형을 그린 후 전류가 전압에 뒤처지는 이유를 설명하라.

(c) 커패시터에 걸리는 전압과 커패시터에 흐르는 전류 파형을 그려라.

CHAPTER

11

모터 드라이브와 무정전 전원 공급 장치, 전력 시스템에서의 스위치 모드 전력 응용 분야

11.1 서론

전기 모터 드라이브(AC와 DC), 무정전 전원 공급 장치uninterruptible power supply, UPS 및 여러 발전 시스템은 스위치 모드 전력전자의 주요 응용 분야이다. 여기에서 전력전자 컨버터는 종종 전력의 흐름이 양방향일 때 전압을 원하는 크기, 주파수, 위상, 그리고 다수의 상으로 출력하는 역할을 한다. 이 컨버터의 설계 방법은 다음 장에서 자세히 다룰 것이다. 이 장에서는 다양한 응용 분야 및 전력전자 컨버터에 필요한 전압 및 전류의 요구 조건을 서술한다.

11.2 전기 모터 드라이브의 응용 분야

1장에서 언급했듯이 모터 드라이브는 매년 수백억 달러의 시장가치를 갖는 전력전자 분야의 중요한 응용 분야이다. [그림 11-1]은 전기 모터 드라이브(전기 드라이브)의 블록 다이어그램이다. 전기 드라이브는 입력 명령에 대한 응답으로 기계적 부하load의 위치와 속도를 효율적으로 제어한다. 제어기controller는 지령의 속도와 위칫값을 센서를 통해 측정된 값과 비교하여 전력 반도체 소자로 구성된 전력 처리 장치power-processing unit, PPU로 적절한 제어 신호를 제공한다.

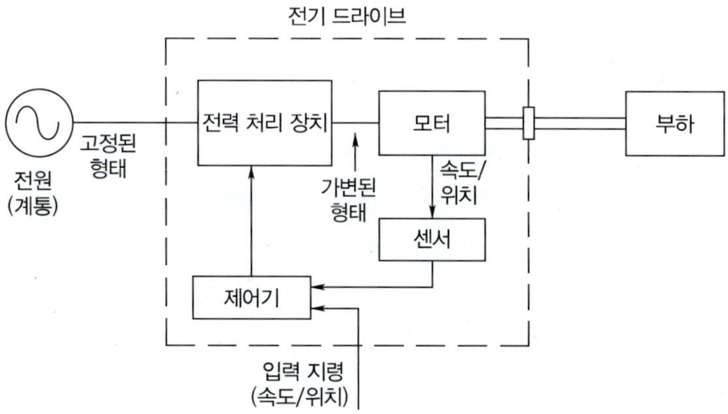

[그림 11-1] 전기 드라이브 시스템의 블록 다이어그램[1]

[그림 11-1]에서 볼 수 있듯이, 전력 처리 장치는 일정한 주파수와 진폭을 갖는 단상 또는 3상 정현파 전압의 전원utility으로부터 전력을 전달받는다. 전력 처리 장치는 제어 입력에 대한 응답으로 일정한 입력 전압을 모터를 최적으로 동작시키기 위한 적절한 형태(주파수, 진폭, 상의 수)의 출력으로 변환한다. [그림 11-1]에서 전기 드라이브의 입력 명령은 전반적인 프로세스의 목적을 고려하고 기계적 부하를

1 N. Mohan, *Electric Drives: An Integrative Approach*, New York: John Wiley & Sons, 2011.

제어하기 위한 지령값을 출력하기 위해 컴퓨터 프로세서로부터 나온다. 그러나 범용적인 응용 분야에서 전기 드라이브는 어떠한 피드백 없이 개방루프open-loop 방식으로 동작한다.

이 장에서는 전력전자 인터페이스의 설계 및 전압과 전류의 정격을 결정하기 위해 정상상태에서의 단자 특성 관점에서 여러 유형의 전기기기를 간단히 검토할 것이다.

11.2.1 DC 모터

DC 모터는 과거에 모든 종류의 드라이브 응용 분야에서 널리 사용되었으며, 현재에도 위치 및 속도 제어를 위해 사용되고 있다. DC 모터는 고정자의 형태에 따라 계자 권선으로 구성된 방식과 영구자석으로 구성된 방식으로 나뉜다. 전력 처리 장치 또한 두 가지로 나뉘는데, 이는 다음 장에서 논의할 높은 스위칭 주파수에서 동작하는 **스위치 모드 전력 변환기**와 14장에서 논의할 선로 전환된line-commutated **사이리스터 컨버터**이다. 이번 장에서는 주로 스위치 모드 전력 변환기로 구동하는 영구자석 DC 모터에 대해 설명할 것이다.

[그림 11-2]는 DC 모터의 단면으로 영구자석 고정자stator, 권선이 감긴 회전자rotor, 브러시brush와 정류자commutator로 구성된다. DC 모터에서 고정자는 공극에서 방사 방향으로 균일한 자속 ϕ_f를 만든다(아래 첨자 f는 'field'를 나타낸다). 만약 [그림 11-2]와 같이 영구자석이 사용된다면 고정자에 의한 공극 자속밀도는 일정한 값을 갖는다. 변화를 줄 수 있는 계자 권선 전류는 공극 자속밀도를 추가적으로 제어하기 위해 사용된다.

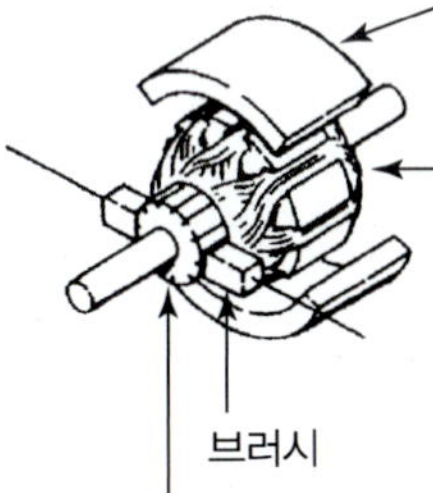

[그림 11-2] DC 모터의 분해 조립도

[그림 11-2]와 같이 회전자 슬롯은 **전기자 권선**armature current을 포함한다. 전기자 권선은 회전자 축에서 전기적인 힘을 기계적인 힘 또는 그 반대로 바꿔주는 역할을 한다. 회전자에 부착되어 있는 정류자의 바깥쪽 표면에는 동편copper segment이 있으며, 동편들은 운모mica나 플라스틱plastic에 의해 각각 전기적으로 절연되어 있다. 전기자 권선의 코일은 정류자 편segment에 연결되어 있으며, 정류자 위쪽에 있는 고정된 탄소질의 브러시를 사용하여 고정된 DC 전원으로부터 회전하는 정류자에 전압과 전류를 공급할 수 있다. 이러한 직류기DC machine의 가장 큰 단점은 정류기와 브러시 사이의 기계적인 접촉에 의한 마모로 인해 정기적인 유지관리가 필요하다는 것이다.

직류기에서 전기자기적 토크의 **크기**magnitude와 **방향**direction은 전기자 전류 i_a에 의해 좌우된다. 따라서 영구자석 직류기에서는 모터에 의해 발생된 전기자기적 토크는 기계 토크 상수 k_T와 선형적인 관계가 있으며, 토크 상수는 각 기계에 따라 고유의 값을 가지고 데이터 시트에 명시된다. 이를 식으로 나타내면 다음과 같다.

$$T_{em} = k_T i_a \tag{11.1}$$

이와 유사하게 인가된 기전력 e_a는 회전 속도 ω_m에만 영향을 받으며, 각 기계에 따라 고유의 값을 가지고 데이터 시트에 명시된 전압 상수 k_E에 의해 다음과 같이 정리할 수 있다.

$$e_a = k_E \omega_m \tag{11.2}$$

기계적인 힘($\omega_m T_{em}$)과 전기적인 힘($e_a i_a$)이 같다면 토크 상수 k_T와 전압 상수 k_E는 MKS 단위에서 동일하다.

$$k_T = k_E \tag{11.3}$$

전기자 전류 i_a의 방향은 전도체를 통하는 전류의 방향을 결정한다. 그러므로 기계에 의해 발생한 전기자기적 토크의 방향 역시 i_a의 방향에 따라 달라진다. 이는 정방향 또는 역방향으로 회전하는 직류기가 i_a의 방향을 바꿈으로써 (속도와 토크가 같은 방향일 때) **전동 모드**에서 (속도와 토크가 서로 반대 방향일 때) **발전 모드**로 어떻게 바뀌는지를 설명한다.

반대 방향의 DC 전압을 전기자 단자에 인가하면 반대 방향으로 전기자 전류가 흐른다. 따라서 전자기적 토크의 방향은 반전되며, 얼마 후 회전 방향이 반대가 된다. 이에 따라 도체에 유도된 기전력의 극성이 바뀌게 되는데, 이는 도체가 기계의 회전 방향에 영향을 받기 때문이다. 이러한 설명은 직류기가 정방향 또는 역방향으로 동작하며, 모터나 발전기로 쉽게 동작할 수 있다는 것을 보여준다.

[그림 11-3]에서는 전기적인 힘과 기계적인 힘 간의 변환을 직류기 등가회로를 이용하여 쉽게 설명하고 있다. 전기자 전류 i_a는 기계적인 부하를 회전시키는 데 필요한 전자기적 토크 $T_{em}(= k_T i_a)$를 생성한다. 전기자 단자를 거쳐 ω_m의 속도로 회전하면 종속 전압원으로 표현되는 역기전력 $e_a(= k_E \omega_m)$를 유도할 수 있다.

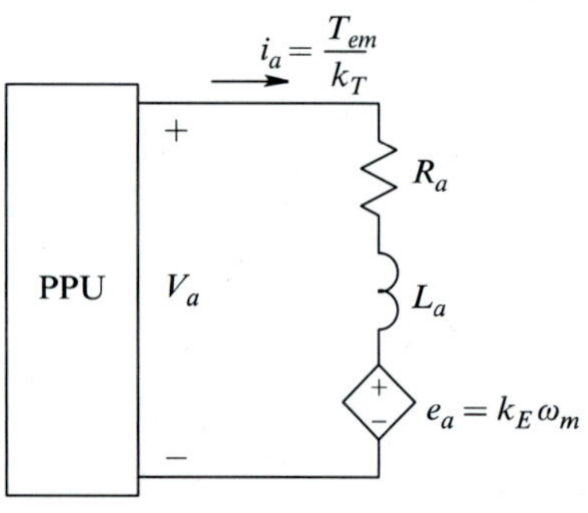

[그림 11-3] DC 모터의 등가회로

전력 처리 장치로부터 인가되는 전압 v_a가 역기전력 e_a보다 크면 전류 i_a가 흐른다. (탄소질 브러시에 의한 전압 강하를 포함하고 있는) 전기자의 권선 저항 R_a와 전기자 권선 인덕턴스 L_a에 의한 전압 강하를 고려하면 전압방정식은 다음과 같이 쓸 수 있다.

$$v_a = e_a + R_a i_a + L_a \frac{di_a}{dt} \tag{11.4}$$

기계적인 측면에서 모터에 의해 발생한 전자기적 토크는 가속하기 위해 기계적인 부하 토크 T_L 보다 커야 한다.

$$\frac{d\omega_m}{dt} = \frac{1}{J_{eq}}(T_{em} - T_L) \tag{11.5}$$

여기서 $J_{eq}(= J_m + J_L)$는 DC 모터와 기계적 부하의 결합된 총 유효 관성inertia값이다.

전기 및 기계적 시스템이 결합되어 있음에 주목하자. 기계적 시스템에 대한 식 (11.1)에서 토크 T_{em}은 전류 i_a에 영향을 받는다. 또한 전기적 시스템에 대한 식 (11.2)에서 역기전력 e_a는 기계적인 속도 ω_m에 좌우된다. 모터에 의해 전원으로부터 흡수되는 전기적인 전력은 기계적인 힘으로 전환되며, 반대의 경우도 가능하다. V_a가 전기자 단자에 인가되고 부하에 부하 토크 $T_L(= T_{em})$이 인가된 DC 정상상태에서 [그림 11-3]과 같은 등가회로에서의 인덕턴스 L_a는 아무런 영향을 끼치지 않는다. 따라서 [그림 11-3]의 전류 I_a와 각속도 ω_m은 다음과 같다.

$$I_a = \frac{T_{em}(= T_L)}{k_T} \tag{11.6}$$

$$\omega_m = \frac{E_a}{k_E} = \frac{V_a - R_a I_a}{k_E} = \frac{V_a - R_a(T_{em}/k_T)}{k_E} \tag{11.7}$$

11.2.1.1 DC 모터가 PPU에 부과하는 요구 조건

식 (11.6)과 식 (11.7)을 바탕으로 V_a 값에 따른 정상상태의 토크 속도 특성은 [그림 11-4(a)]와 같이 나타낸다. 식 (11.7)에서 전기자 저항에 의한 전압 강하를 무시하면 극terminal 전압 V_a는 속도 ω_m에 따라 선형적으로 변하며, 이는 [그림 11-4(b)]와 같다. 저속에서는 전기자 저항에 의한 전압 강하는 단자 전압의 주요 구성 성분이 될 수 있으며, 이 영역은 [그림 11-4(a)]의 점선 부분이 된다.

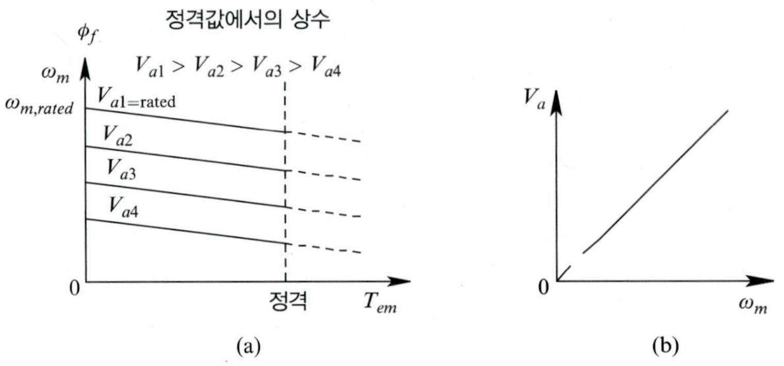

[그림 11-4] (a) V_a 값에 따른 정상상태 토크-속도 특성, (b) V_a 대 ω_m

요약하면 DC 모터 드라이브에서 전력 처리 장치의 정격 전압은 최대 속도에 의해 결정되고 정격 전류는 공급된 최대 부하 토크에 의해 결정된다.

11.2.2 영구자석 AC 모터

정현파 **영구자석 AC** permanent-magnet AC, PMAC **드라이브**는 속도와 위치의 제어가 요구되는 고효율 대용량 시스템에 사용된다. 상업적 카탈로그에서는 "브러시리스 brushless DC" 드라이브라고도 한다. 이 절에서는 속도와 위치 제어를 위한 3상 AC 고정자 권선을 가지고 회전자는 DC 여자 excitation 형태의 영구자석으로 이루어진, 일반적으로 10 kW 이하의 소용량 모터에 대해 검토해보자. 이러한 영구자석 모터의 구동을 위해 모터의 고정자 권선에는 이 절의 후반부에서 다룰 폐루프 closed-loop 동작에 의해 제어된 전류가 공급된다.

p극기 p-pole machine에 대해 일반화될 수 있다는 사실에 유의하고($p > 2$), [그림 11-5(a)]에서 도식적으로 나타낸 2극기를 살펴보자. 고정자는 공급된 전류로 공극의 자속밀도 분포를 정현파로 만드는 3상 권선 및 Y 결선을 포함한다.

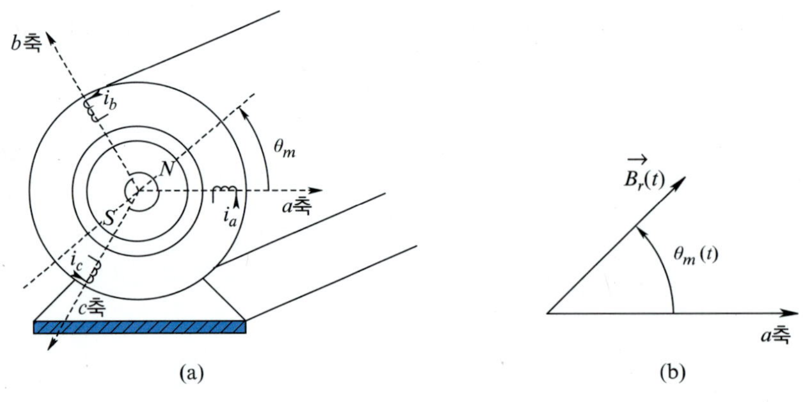

[그림 11-5] 2극 PMAC 기기

회전자 표면에 부착된 영구자석은 이상적으로는 공극의 자속밀도를 정현파로 만들도록 형성된다. 회전자 자속밀도 분포($\vec{B}_r V_a$)는 [그림 11-5(b)]와 같이 a상 권선의 a축에 대한 각 $\theta_m(t)$에서 최댓값을 갖는다. 회전자가 회전할 때 회전자에 의한 공극의 전체 자속밀도 분포는 회전자와 함께 회전하며, 고정자 권선을 통과하여 시간에 대해 정현파 형태를 갖는 기전력을 상 권선에 발생시킨다. AC 정상상태에서 이 전압들은 페이저로 표현할 수 있다.

[그림 11-5(b)]에서 기준이 되는 a상을 고려하면 앞서 언급한 바와 같이 회전자 자속이 고정자 권선을 통과하면서 a상에 유도된 전압은 다음과 같이 표현될 수 있다.

$$\overline{E}_{ma} = E_{\mathrm{rms}} \angle 0° \tag{11.8}$$

패러데이 법칙($e = d\lambda / dt$, 여기서 λ는 코일의 쇄교 자속이다)에 주목하자. 회전자 자속의 피크값이 [그림 11-5(a)]에서와 같이 a상의 자속 축에 도달하기 90°만큼 전에서 아래로 향할 때 a상에 유도된 전압은 최댓값이 된다. 회전자의 영구자석은 일정한 진폭의 자속을 발생시키기 때문에 각 고정자 상에 유도된 전압의 RMS 크기는 상^{phase}당 전압 상수인 $k_{E,phase}$에 의한 회전 속도인 ω_m과 다음과 같은 선형적인 관계에 있다.

$$E_{\mathrm{rms}} = k_{E,phase}\,\omega_m \tag{11.9}$$

기기는 순시적으로 고정자에 공급되는 전류 i_a, i_b, i_c를 제어하는 전류 제어용 전력 처리 장치를 통해 전기적 에너지를 공급받는다. 단위 전류당 최대 토크의 생성을 최적화하기 위해 AC 정상상태에서 각 상의 전류는 인가된 전압과 동일한 상으로 제어된다. 그러므로 식 (11.8)에 나타낸 전압과 함께 AC 정상상태의 전류는 다음과 같다.

$$\overline{I}_a = I_{\mathrm{rms}} \angle 0° \tag{11.10}$$

AC 정상상태에서 3상을 모두 고려하면 인가된 역기전력과 반대 방향인 전류에 의해 공급된 입력 전력은 기계적인 출력 전력과 동일해진다. 식 (11.8)에서부터 식 (11.10)까지를 이용하면 다음과 같이 나타낼 수 있다.

$$T_{em}\,\omega_m = 3\underbrace{(k_{E,phase}\,\omega_m)}_{E_{\mathrm{rms}}} I_{\mathrm{rms}} \tag{11.11}$$

각 상의 토크는 $T_{em}/3$으로 분배될 수 있으며, 식 (11.11)로부터 다음과 같이 정리된다.

$$T_{em,phase}\,\omega_m = \frac{T_{em}}{3} = k_{E,phase}\,I_{\mathrm{rms}} \tag{11.12}$$

여기서 실효값 전류와 상당 토크를 관련시키는 상수는 상당 토크 상수 $k_{T,phase}$이며, DC 기기와 유사하게 MKS 단위 체계에서는 다음과 같은 관계를 갖는다.

$$k_{T,phase} = k_{E,phase} \tag{11.13}$$

PMAC 드라이브가 **자기 동기**self-synchronous 모터 드라이브라고 불리는 것에 주목하자. 여기서 "자기self" 라는 단어는 기존의 동기기기와 구분하기 위해 덧붙였다. PMAC 드라이브에서 고정자 상전류는 모터의 기계적인 회전자 각에 동기화되기 때문이다. 예를 들어 회전자 자속 피크값이 아래로 향할 때, 즉 a상 자속 축에 도달하기 90°만큼 전에서 아래로 향할 때 단상에 유도된 전압은 최댓값이 된다. 따라서 [그림 11-6]의 블록 다이어그램과 같이 회전자의 위치를 검출할 수 있는 센서가 필요하다.

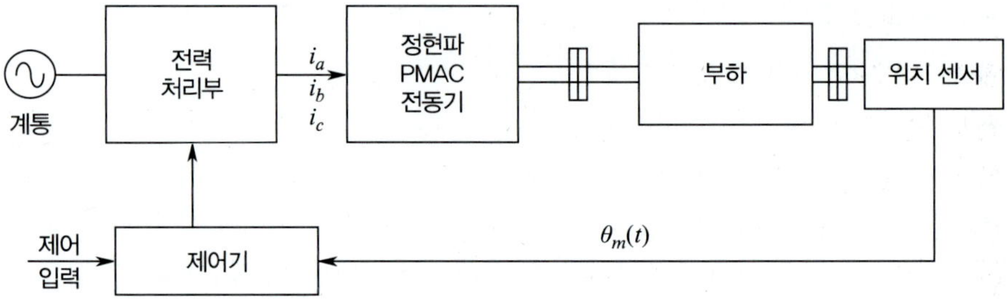

[그림 11-6] PMAC 기기의 블록 다이어그램

[그림 11-6]에서 볼 수 있듯이 제어기의 역할은 전력 처리 장치에서 PMAC 모터에 필요한 전류를 공급하는 것이다. 지령 토크 신호는 외부 속도 제어기와 위치 제어기로부터 생성되며, 회전자 위치 θ_m은 모터의 축과 연결된 위치 센서에 의해 측정된다. 토크 상수 $k_{T,phase}$의 정보를 통해 식 (11.12)로부터 지령 전류의 실효값을 계산할 수 있으며, 전류의 실효값과 θ_m의 정보를 이용하여 순시적으로 전력 처리 장치가 공급하는 3상 전류 i_a, i_b, i_c를 계산할 수 있다.

전자기 토크는 회전자와 연결된 기계 시스템에 작용하며, 이를 통해 속도 ω_m를 얻을 수 있다.

$$\frac{d\omega_m}{dt} = \frac{T_{em} - T_L}{J_{eq}} \quad \Rightarrow \quad \omega_m(t) = \omega_m(0) + \frac{1}{J_{eq}} \int_0^t (T_{em} - T_L) \cdot d\tau \qquad (11.14)$$

여기서 J_{eq}는 모터와 부하가 결합된 관성 모멘트를 나타내며, T_L은 마찰friction 성분이 포함된 부하 토크를 의미한다. 이때 회전자 위치 $\theta_m(t)$는 다음과 같이 나타낼 수 있다.

$$\theta_m(t) = \theta_m(0) + \int_0^t \omega_m(\tau) \cdot d\tau \qquad (11.15)$$

여기서 $\theta_m(0)$은 $t=0$일 때의 회전자 위치이다. DC 기기와 유사하게, PMAC 기기를 전기적인 전력과 기계적인 전력의 변환을 나타내는 [그림 11-7]의 등가회로로 해석하면 간단하다.

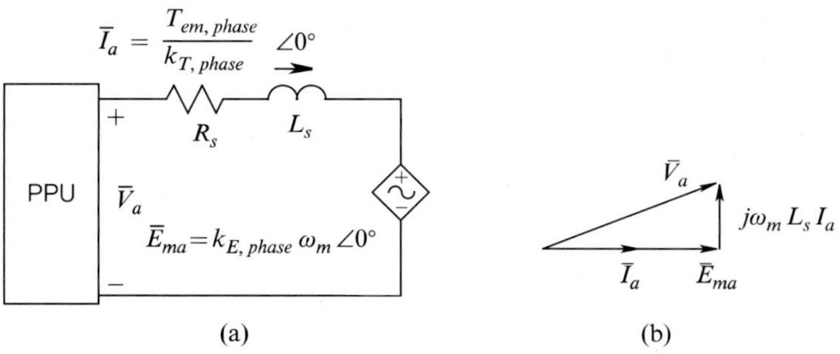

[그림 11-7] 2극 PMAC 기기의 등가회로도 및 페이저도

전류 $\bar{I}_a$는 AC 정상상태에서 페이저를 이용하여 a상에 유도되는 전압 $\overline{E}_{ma}$의 위상과 동상이 되도록 궤환 제어되게 한다. 이 상전류는 기계 부하를 ω_m의 속도로 회전시킬 때 필요한 전자기적 총 토크를 생성한다. 유기된 역기전력 $\overline{E}_{ma} = E_{\rm rms} \angle 0°$의 RMS 크기는 회전 속도 ω_m과 선형적으로 비례하며, 유기된 기전력은 종속 전압원으로 표현된다.

[그림 11-7(a)]에서 인가되는 전압 $\overline{V}_a$가 역기전력 $\overline{E}_{ma}$보다 크면 전류 $\bar{I}_a$가 흐른다. 헤르츠(Hz) 단위의 페이저 주파수는 2극 PMAC 기기의 $\omega_m/(2\pi)$과 같다. 여기에는 각 상의 고정자 권선 저항 R_s(여기서는 무시)와 고정자 권선의 누설 자속에 의한 누설 인덕턴스 $L_{\ell s}$와 고정자의 각 상에 흐르는 전류에 의해 생성된 합성 자속의 영향으로 발생하는 L_m의 합인 각 상 인덕턴스 L_s에 의한 전압 강하가 존재한다. [그림 11-7(b)]는 앞서 설명한 것처럼 R_s를 무시한 페이저도이다.

11.2.2.1 PMAC 기기가 PPU에 부과하는 요구 조건

[그림 11-8(a)]와 같이 PMAC 기기에서 속도는 기기에 의해 발생한 전자기 토크에 영향을 받지 않으며, 기기의 고정자 각 상에 인가되는 전압과 전류의 주파수에 좌우된다.

[그림 11-7(a)]의 각상 등가회로와 [그림 11-7(b)]의 페이저도에서 보면 역기전력은 속도 ω_m에 비례한다. 마찬가지로 전기적 주파수도 ω_m과 선형적인 관계를 가지기 때문에 L_s 양단의 전압 강하는 ω_m과 비례한다. 따라서 [그림 11-7(b)]의 페이저도에서 각 상의 고정자 권선 저항 R_s를 무시하면 [그림 11-8(b)]와 같이 PPU가 공급하는 데 필요한 각 상의 전압의 크기가 속도 ω_m에 비례하는 조건에서 전압 페이저들은 모두 ω_m에 비례한다.

[그림 11-8(b)]에서 (대략적으로) 점선으로 표시한, 매우 낮은 속도에서의 전압-속도 관계에 따라 고정자 권선 저항 R_s의 양단에 걸리는 전압 강하를 극복하기 위해 더욱 높은 전압(부스트 전압)이 요구된다. 이 전압 강하는 높은 토크 부하에서 급격하게 커지므로 무시할 수 없다.

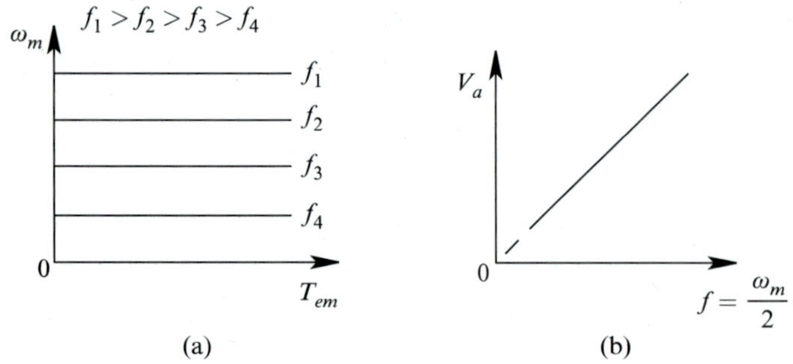

[그림 11-8] PMAC의 토크 속도 및 전압 대 주파수 특성

정리하면 PMAC 모터 드라이브에서 PPU의 정격 전압은 DC 드라이브와 유사하게 최고 속도에 의해 결정되며, 정격 전류는 인가되는 최대 부하 토크로 결정된다.

11.2.3 유도기

농형[squirrel-cage] 회전자를 가지는 **유도기**는 낮은 가격과 견고한 구조 때문에 산업 분야에서 주로 사용된다. 선간 전압(50 Hz 또는 60 Hz 의 일정 전압인 상용 전원)에서 직접적으로 동작할 때 유도기는 거의 일정한 속도로 동작하지만 전력전자 컨버터를 사용하면 효율적으로 유도기의 속도를 가변할 수 있다.

유도기의 고정자는 PMAC 모터와 같이 고정자 슬롯에 분포된 3상 권선으로 구성된다. 고정자의 축을 기준으로 그려진 [그림 11-9(a)]에서와 같이 3상 권선은 공간적으로 다른 각 권선과 120°씩 차이를 두고 위치한다. 절연된 적층[lamination]의 스택으로 구성된 회전자는 축 방향 주변에 삽입(또는 몰딩)된 구리 또는 알루미늄 막대를 통해 통전된다. 이 막대들은 전도성 단락환[end-ring]에 의해 각 끝이 연결되어 있어 전기적으로 단락된다. 따라서 [그림 11-9(b)]와 같이 케이지형의 회전자는 농형 회전자로 불리며, 가격이 저렴하고 강인하다.

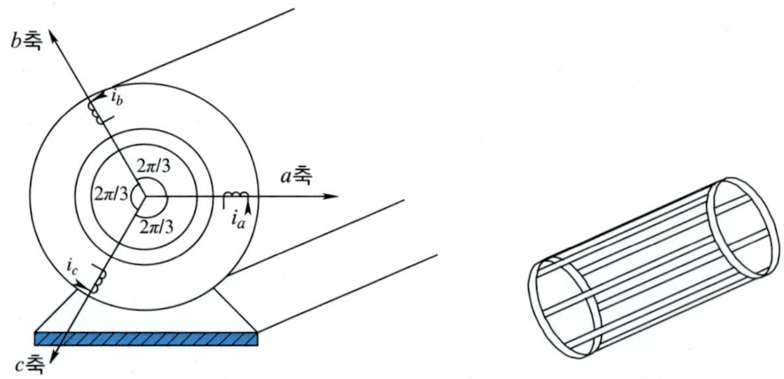

[그림 11-9] (a) 3상 고정자, (b) 농형 회전자

[그림 11-10(a)]는 고정자 권선을 나타내고 [그림 11-10(b)]는 권선에 인가되는 전압의 페이저도이다. 여기서 f 는 모터에 인가된 전압의 헤르츠(Hz) 단위 주파수이고 V_{rms} 은 RMS의 크기를 나타낸다.

$$\overline{V}_a = V_{\mathrm{rms}} \angle 0°, \quad \overline{V}_b = V_{\mathrm{rms}} \angle -120°, \quad \overline{V}_c = V_{\mathrm{rms}} \angle -240° \tag{11.16}$$

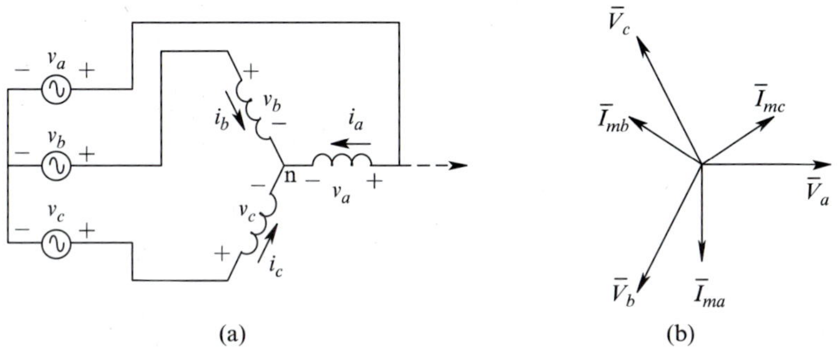

[그림 11-10] 유도기의 인가 전압과 자화 전류

패러데이 법칙에 의해 식 (11.16)과 같이 고정자에 인가된 전압들은 [그림 11-10(b)]에 나타낸 자화 전류(I_m 의 RMS 값)에 의해 공극에 회전 자속밀도 분포를 다음과 같이 생성한다.

$$\overline{I}_{ma} = I_m \angle -90°, \quad \overline{I}_{mb} = I_m \angle -210°, \quad \overline{I}_{mc} = I_m \angle -330° \tag{11.17}$$

이러한 전류가 시간에 따라 정현적으로 변화하면 이 전류에 의해 생성된 공극의 합성 자속밀도 분포는 동기 속도 ω_{syn} 으로 일정한 진폭을 가지고 회전한다. 여기서 ω_{syn} 은 다음과 같다.

$$\omega_{syn} = 2\pi f \quad (p\text{극기에서는 } \frac{2\pi f}{p/2}) \tag{11.18}$$

유도기의 회전자는 $\omega_m < \omega_{syn}$ 일 때 전자기적 토크에 의해 공극에서의 자속밀도 분포의 회전 방향과 같은 방향으로 ω_m 의 속도로 회전한다(전자기적 토크에 관련된 것은 뒤쪽에서 간략히 설명할 것이다). 따라서 회전 자속밀도 분포의 속도 ω_{syn} 과 회전자 도체의 속도 ω_m 사이에는 상대 속도relative speed가 존재한다. 이 상대 속도는 회전자가 회전 자속밀도 분포에 대해 '슬립slipping'되는 속도로, 슬립 속도라고 하고 다음과 같이 정의한다.

$$\omega_{slip} = \omega_{syn} - \omega_m \tag{11.19}$$

패러데이 법칙($e = Blu$)에 의해 회전자 바bar의 전압은 자속밀도 분포와 회전자 사이의 상대 속도로 인해 발생하는 슬립 주파수에 의해 유도된다. 여기서 고정자 전압과 전류의 주파수 f 의 관점에서 슬립 주파수 f_{slip} 은 다음과 같이 정의된다.

$$f_{slip} = \frac{\omega_{slip}}{\omega_{syn}} f \tag{11.20}$$

회전자 양단이 단락되어 있으므로 유도된 바의 전압은 회전자 바에 슬립 주파수 전류를 발생시킨다. 회전자 바 전류는 고정자에 인가된 전압에 의해 생성된 자속밀도 분포와 상호 작용하며, 그 결과 회전자의 회전 방향과 동일한 전자기 토크 T_{em} 이 발생한다.

부하 토크 요구를 충족시키기 위한 유도기의 동작 순서를 살펴보자. 본래 무부하에서 유도기는 인가된 고정자 전압의 주파수의 의존하여 식 (11.18)과 같이 동기 속도에 가깝게 동작한다. 이때 부하 토크가 증가하면 슬립 속도가 커져 결과적으로 모터의 속도가 느려진다. 높은 슬립 속도에 의해 회전자 바에 더욱 높은 전압이 유도되고 결과적으로 회전자 전류가 증가한다. 높아진 회전자 전류는 높은 전자기적 토크를 발생시키고 증가한 부하 토크 조건을 충족한다.

2차 효과를 무시하면 공극 자속은 전적으로 인가된 회전자 전압에 의해 결정된다. 따라서 회전자 바 전류에 의해 생성된 공극 자속은 고정자 권선에 의해 발생하는 추가적인 전류, 즉 식 (11.17)의 자화 전류에 추가되는 전류에 의해 상쇄된다[nullify].

3상 평형인 정현파의 정상상태 분석 결과에서는 고정자 권선 저항과 누설 인덕턴스, 회전자 회로의 누설 인덕턴스와 같은 2차 효과를 무시한다. [그림 11-11(a)]는 각 상의 회로에서 a상에 대한 회로이며, $\overline{V}_a$ 및 기타 변수는 주파수 f로 인가된다. 결과적으로 공극의 자속밀도 분포는 자화 전류에 의해 생성된다.

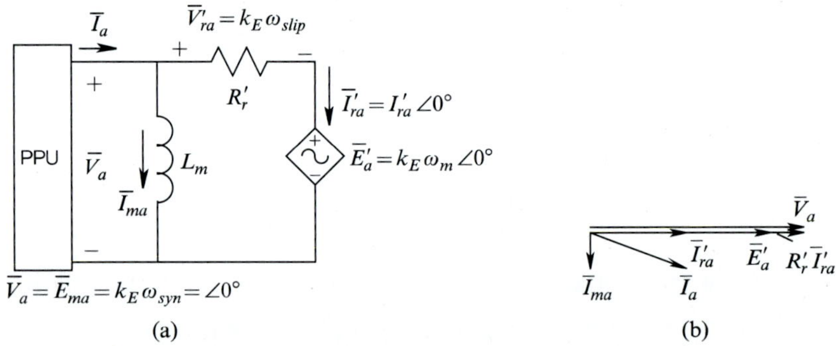

[그림 11-11] 유도기의 등가회로 및 페이저도

이 자화 전류는 자화 인덕터 L_m을 통해 흐른다. 전압의 크기와 주파수는 정격값에서 공극의 자속밀도 분포의 크기와 같으며, 공극의 자속밀도 분포는 식 (11.21)의 고정자 상 권선의 역기전력을 유도하기 위해 식 (11.18)에서 다룬 동기 속도인 w_{syn}으로 반시계 방향으로 회전한다.

$$\overline{V}_a = \overline{E}_{ma} = k_{E,\,phase}\,\omega_{syn} \angle 0° \tag{11.21}$$

여기서 $k_{E,\,phase}$는 기기 각 상의 전압 상수이다. 다음으로 회전자 바 전류에 의한 영향을 고려해보자. 회전자 바의 전류는 [그림 11-11(a)]에서 나타낸 바와 같이 인가된 전압과 동상으로(회전자 회로의 누설 인덕턴스는 무시한다) 각 상의 기준에서 $\overline{I}'_{ra}$로 표현되는, (자화 전류에 추가되는) 추가적인 고정자 전류가 된다.

$$\overline{I}'_{ra} = I'_{ra} \angle 0° \tag{11.22}$$

여기서 고정자의 토크는 회전자의 토크 방향과 반대이고 크기는 같다는 것을 주의해야 한다. (발생 원리가 다르다고 하더라도) 자속밀도 분포는 PMAC 모터와 같이 고정자 전류와 상호 작용하며, 각 상의 토크 상수는 각 상의 전압 상수와 같다.

$$k_{T,\,phase} = k_{E,\,phase} \tag{11.23}$$

각 상의 토크는 식 (11.24)와 같이 표현된다.

$$T_{em,\,phase} = k_{E,\,phase}\, I'_{ra} \tag{11.24}$$

기계적인 속도 ω_m 에서 식 (11.24)의 토크는 식 (11.23)과 식 (11.24)를 이용하여 기계적인 출력으로 변환할 수 있으며, 이때 각 상에서 얻어지는 전자기적 출력으로 다음과 같이 정리할 수 있다.

$$P_{em,\,phase} = \omega_m\, T_{em,\,phase} = \omega_m\, k_{E,\,phase}\, I'_{ra} \tag{11.25}$$

식 (11.25)에서 $(\omega_m\, k_{E,\,phase})$는 [그림 11-11(b)]처럼 DC 및 PMAC 기기와 같이 역기전력 $\overline{E}'_a$로 볼 수 있으며, 이 관계는 다음과 같다.

$$\overline{E}'_a = \omega_m\, k_{E,\,phase} \angle 0° \tag{11.26}$$

회전자의 회로에서 슬립 속도 ω_{slip}에 영향을 받아 전압이 유도되며, 유도된 전압은 회전자 바 저항에서의 전압 강하 IR 보다 크다. 회전자 바 저항과 전압 강하, 이로 인한 전력 손실은 [그림 11-11(a)]의 각 상의 등가회로에서 등가 저항 R'_r의 전압 강하로 표현된다. [그림 11-11(a)]에 키르히호프의 전압 법칙을 이용하면 다음과 같이 나타낼 수 있다.

$$\overline{V}'_{ra} = \underbrace{k_{E,\,phase}\,\omega_{syn} \angle 0°}_{\overline{E}_{ma}} - \underbrace{k_{E,\,phase}\,\omega_m \angle 0°}_{\overline{E}_a} = k_{E,\,phase}\,\omega_{slip} \angle 0° \tag{11.27}$$

이를 정리하면 다음과 같다.

$$\overline{I}'_{ra} = \left(\frac{k_{E,\,phase}}{R'_r}\right)\omega_{slip} \tag{11.28}$$

식 (11.23)과 식 (11.25), 그리고 식 (11.28)을 이용하여 3상의 합성 토크를 구하면 다음과 같다.

$$T_{em} = \frac{P_{em}}{\omega_m} = \left(\underbrace{3\,\frac{k^2_{T,\,phase}}{R'_r}}_{k_{T,\,\omega_{slip}}}\right)\omega_{slip} \tag{11.29}$$

식 (11.29)의 $k_{T,\,\omega_{slip}}$ 은 토크가 슬립 속도에 선형적으로 비례하여 발생하는 것을 보여주는 기계 상수이다. 식 (11.19)와 식 (11.29)를 통해 유도기의 기계 속도와 동기 속도의 관계를 다음과 같이 정리할 수 있다.

$$\omega_m = \omega_{syn} - \frac{T_{em}}{k_{T,\,\omega_{slip}}} \tag{11.30}$$

11.2.3.1 유도기가 PPU에 부과하는 요구 조건

[그림 11-12]는 식 (11.30)을 바탕으로 고정자에 다양한 주파수를 인가했을 때의 토크 속도 특성을 나타낸다. 식 (11.21)을 보면 [그림 11-13]처럼 주파수에 함수로 정의되는 고정자 전압은 그 정격값에서 자속밀도 분포의 최댓값을 유지한다. [그림 11-13]은 전압과 동기 속도 또는 주파수 f 에 대한 관계를 근사적으로 나타낸 것이다. 매우 낮은 주파수에서 고정자 권선의 저항 R_s 에 발생하는 많은 전압 강하가 큰 부하 토크를 발생시키므로 점선으로 표시된 것보다 상당히 큰 전압이 필요하며, 이를 무시할 수 없게 된다.

결과적으로 유도기 드라이브에서 PPU의 정격 전압은 DC 및 PMAC 드라이브와 마찬가지로 최대 속도에 의해 결정되며, 정격 전류는 공급되는 최대 부하 토크에 의해 결정된다.

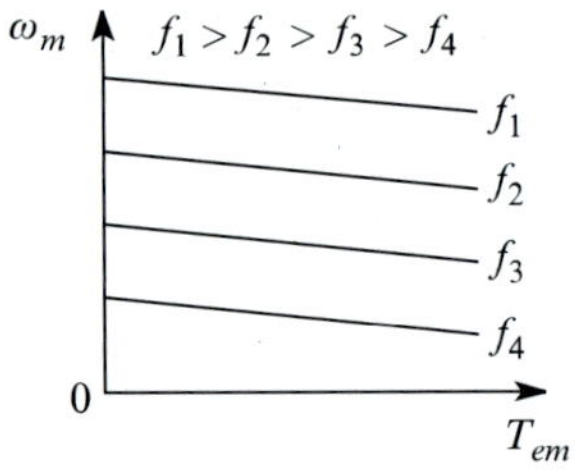

[그림 11-12] 유도기의 토크 전압 특성

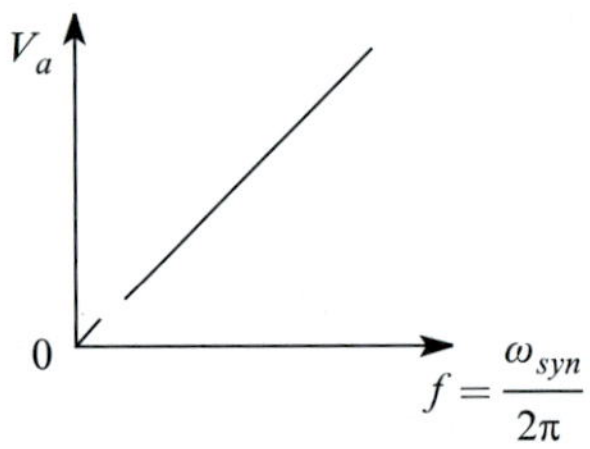

[그림 11-13] 유도기의 전압 대 주파수

11.3 무정전 전원 공급 장치의 응용 분야

무정전 전원 공급 장치uninterruptible power supply, UPS 또는 **무정전 전원 공급기**는 순간적인 정전이 발생해도 전원을 계속 사용할 수 있어야 하는 산업과 비즈니스, 병원 같은 중요한 부하에 전원을 공급하는 데 사용된다. 컴퓨터 사무기기 제조자 협회Computer Business Equipment Manufacturers Association, CBEMA는 허용 전압의 사양을 시간의 함수로 정의하고 있다. ITI-CBEMA 커브는 계통의 고장 때문에 발생하는 완전 정전power outage뿐만 아니라 왜곡된 전원 계통에 의해 장비에 입력되는 전압의 순간 상승swell이나 순간 강하sag 때문에 중요한 부하에 UPS가 필요하다는 것을 보여준다. DC 전압으로부터 낮은 주파수의 AC 전압을 합성한다는 관점에서 무정전 전원 공급 장치는 AC 모터 드라이브의 특별한 경우 중 하나이다.

[그림 11-14]의 블록 다이어그램과 같이 왜곡된 전압으로부터 중요한 부하를 보호하기 위해 UPS는 배터리 뱅크와 같은 에너지 저장을 수행한다.

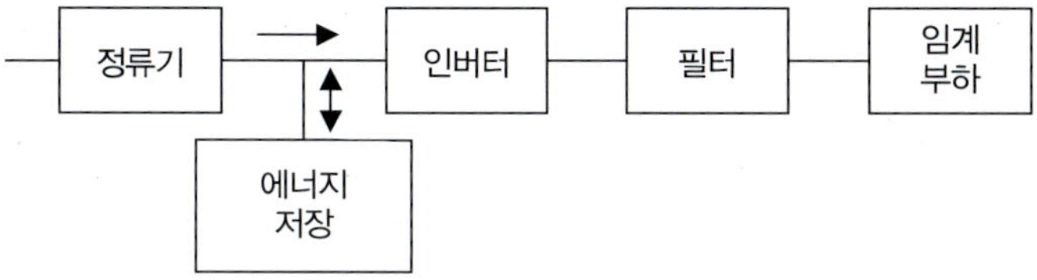

[그림 11-14] UPS의 블록 다이어그램

따라서 UPS 시스템에는 시스템 중간에 직류단이 존재한다. 일반적으로 부하의 전력은 배터리의 충전을 유지하는 경우 계통 측 컨버터를 포함한 2개의 컨버터를 통해 공급된다. 전원선에 정전이 발생하면 배터리에 저장된 에너지는 부하의 전력으로 계속 공급된다. 출력 전압이 일정한 주파수와 크기를 가지는 특별한 경우(예 115 V RMS와 60 Hz)를 제외하면 부하 측의 인버터는 DC 전원으로부터 AC 전압을 생성하는 AC 모터 드라이브와 비슷한 역할을 수행한다. 부하는 일반적으로 단상 또는 3상이며, UPS 컨버터의 전압 및 전류의 정격은 부하에 의해 결정된다.

11.4 스위치 모드 전력전자의 응용 분야

계층 시스템에서 전력전자의 사이리스터 thyristor 를 기반으로 한 응용 분야는 HVDC 전송, 발전기의 여자 제어, 그리고 정적 무효 전력 제어를 위한 스위치드 switched 커패시터 등의 형태로 잘 확립되어 있다. 14장에서는 사이리스터 컨버터를 기반으로 하는 응용 분야에 대해 다룰 것이며, 스위치 모드 전력전자 기술 기반의 향상된 응용 분야를 다룬다. 14장에서는 전압-링크 HVDC 시스템과 무효 전력 제어를 위한 무정전 보상 장치 static compensator, STATCOM 에 관련된 내용도 살펴볼 것이다. 다른 응용 분야로는 전력의 흐름을 제어하는 직렬 전압 주입과 [그림 11-13]의 CBEMA 곡선에서 보이는 전압 강하나 전압 상승의 제한을 초과하는 전압 보상이 있다.

앞서 언급한 모든 스위치 모드 전력전자의 응용 분야는 스위치 모드 컨버터를 기반으로 하며, [그림 11-15]의 블록 다이어그램과 같이 한쪽이 전압 단자로 형성된 DC 전압은 적절한 크기, 주파수, 그리고 위상으로 전류 단자에서 합성될 수 있다. 이 컨버터는 단상 또는 3상으로 출력할 수 있으며, 양방향 전력 흐름이 가능하다. 계통 시스템은 [그림 11-15]의 우측에서 전압 v_s로 표시된다.

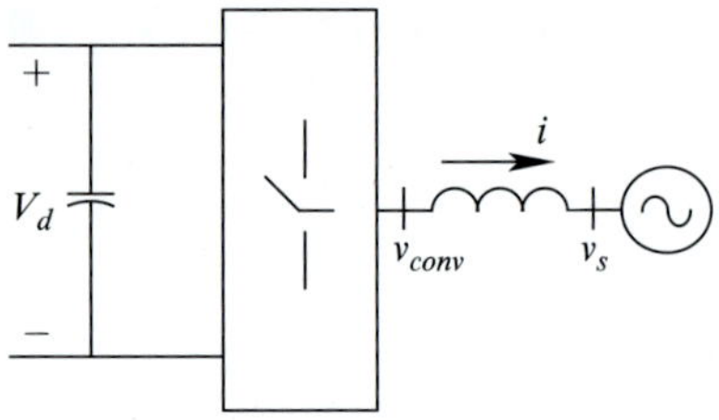

[그림 11-15] AC 계통 시스템과 스위치 모드 컨버터의 상호 작용

[그림 11-16(a)]에서 각 상의 교류측은 기본주파수 값으로, $\overline{V}_{conv}$는 컨버터에 의해 합성된 전압을, $\overline{V_s}$는 계통 전압을 나타낸다. 주파수가 동일한 2개의 AC 전압원은 리액턴스 X를 통해 직렬로 연결된다. 이러한 [그림 11-16(a)]의 변수들에 대한 페이저도는 [그림 11-16(b)]와 같다.

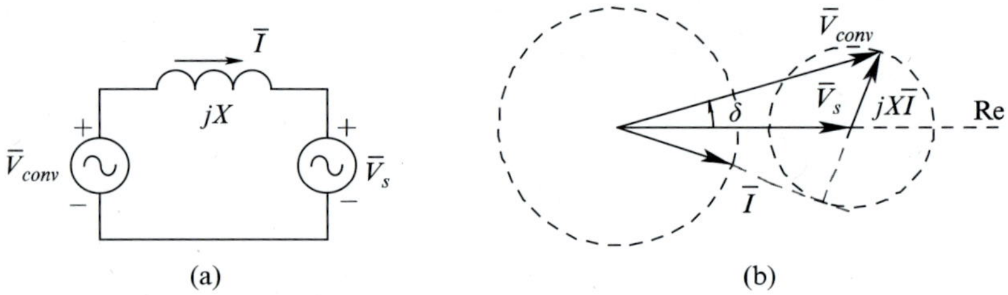

[그림 11-16] 각 상의 등가회로와 페이저도

무효 전력 Q는 두 전압의 크기를 기반으로 흐르는 반면 유효 전력 P는 전압의 위상각의 차이에 따라 흐른다. [그림 11-16(a)]의 회로에서 $\overline{I}$는 다음과 같이 정의할 수 있다.

$$\overline{I} = \frac{\overline{V}_{conv} - \overline{V}_s}{jX} \tag{11.31}$$

계통에서 복소 전력은 다음과 같다.

$$S_s = P_s + jQ_s = V_s \overline{I}^* \tag{11.32}$$

식 (11.31)을 식 (11.32)에 대입하고 공액 복소수 complex conjugate(켤레 복소수)의 특성을 이용하여 정리한 다음, 전원 전압을 지령 페이저 $\overline{V_s} = V_s \angle 0$으로 선택하면 복소 전력은 다음과 같이 표현할 수 있다. 여기서 $\overline{V}_{conv} = V_{conv} \angle \delta$이다.

$$\begin{aligned} P_s + jQ_s &= V_s \left(\frac{V_{conv} \angle(-\delta) - V_s}{-jX} \right) \\ &= \frac{V_{conv} V_s \sin\delta}{X} + j\left(\frac{V_{conv} V_s \cos\delta - V_s^2}{X} \right) \end{aligned} \tag{11.33}$$

$$P_s = \frac{V_{conv} V_s}{X} \sin\delta \tag{11.34}$$

전송로 손실이 없다고 가정하면 식 (11.34)의 유효 전력은 송전단 전력 P_{conv}와 동일하다. 이때 Q_s는 다음과 같이 정의할 수 있다.

$$Q_s = \frac{V_{conv} V_s}{X} \sin\delta - \frac{V_s^2}{X} \tag{11.35}$$

컨버터에서 계통 시스템으로의 전력 전달이 0이라면 식 (11.34)로부터 $\sin\delta$와 δ는 0으로 같다. 이러한 조건 하에서 식 (11.35)는 $P_s = 0$일 때 다음과 같이 정리할 수 있다.

$$Q_s = \frac{V_{conv} V_s}{X} \sin\delta - \frac{V_s^2}{X} = \frac{V_s}{X}(V_{conv} - V_s) \tag{11.36}$$

여기서 컨버터 측을 커패시터라고 가정하면 무효 전력은 컨버터에 의해 계통 시스템에 공급된다.

식 (11.34) 및 식 (11.35)는 [그림 11-16]에서 전압과 전류의 회전하는 페이저 궤적을 통해 알 수 있듯 $\overline{V}_{conv}$의 크기와 위상을 제어함으로써 유효 전력과 무효 전력을 모두 제어할 수 있음을 보여준다. 이러한 현상은 HVDC 시스템에서도 발생한다.

식 (11.36)은 실제 전력 전송이 0일 때($\delta = 0$) 연계된 계통 전압의 크기에 따라 진폭 $\overline{V}_{conv}$를 제어함으로써 무효 전력 Q의 크기와 극성을 제어할 수 있음을 나타낸다. 즉, 병렬 연결된shunt- connected 커패시터처럼 계통에 무효 전력을 공급하거나 병렬 연결된 인덕터처럼 계통으로부터 흡수할 수 있다. 이것은 **정적 무효 전력 보상 장치**static var compensator, STATCOM의 원리가 된다. 14장에서 이러한 HVDC와 STATCOM과 같은 응용 분야에 대해 좀 더 심도 있게 설명할 것이다.

연습문제

기계적인 시스템

11.1 5 Nm 로 일정한 토크가 $t=0$ 에서 무부하상태의 모터에 인가되며, 모터는 5초에서 1800 rpm 의 속도에 도달한다. 댐핑을 무시했을 때 모터의 관성을 계산하라.

11.2 모터 드라이브에서 결합된 모터 부하의 관성 $J_{eq} = 5 \times 10^{-3}\,\text{kg}\cdot\text{m}^2$ 이고 부하 토크 $T_L = 0.05\,\text{Nm}$ 이다. 5초에서 속도가 100 rad/s 로 선형적으로 증가한 후부터 이 속도로 유지하는 시스템의 모터에서 요구되는 전자기 토크를 그려라.

11.3 [연습문제 11.2]에서 요구되는 전력을 계산하라.

DC 모터

11.4 영구자석 DC 모터의 파라미터 값은 MKS 단위에서 각각 $R_a = 0.3\,\Omega$, $k_E = k_T = 0.5$ 이다. 10 Nm 이상의 토크를 낼 때에 대해 9 V_a가 각각 100 V, 75 V, 50 V 의 조건일 때 정상상태에서의 토크 속도 특성을 그려라.

11.5 [연습문제 11.4]의 DC 모터에서 관성 모멘트 $J_m = 0.02\,\text{kg}\cdot\text{m}^2$, 전기자 저항 $R_a = 0.3\,\Omega$ 이고 전기자 인덕턴스 L_a의 느린 변화는 무시한다. 이 모터는 $J_L = 0.04\,\text{kg}\cdot\text{m}^2$ 의 관성을 가지는 부하를 동작시킨다. 정상상태 동작 속도는 400 rad/s 이다. 가능한 빨리 모터를 정지시키게 하는 단자 전압 $v_a(t)$ 를 계산하고 그려라. 단, 전기자 전류는 12 A 를 초과하지 않아야 한다.

영구자석 AC 모터

11.6 3상 2극 PMAC 모터에서 토크 상수 $k_{T,phase} = 0.5\,\text{Nm/A}$ 이다. 모터가 반시계 방향으로 5 Nm 의 토크를 낼 때의 상전류를 계산하라.

11.7 3상 2극 PMAC 모터 드라이브에서 토크 상수 $k_{T,phase}$ 와 전압 상수 $k_{E,1-phase}$ 는 MKS 단위에서 0.5이다. 또한 동기 인덕턴스는 (바람에 의한 저항을 무시했을 경우) 20 mH 이다. 모터는 정상상태에서 3000 rpm 의 속도일 때 3 Nm 의 토크를 인가하고 있다. 이 모터의 공급 전류를 제어하기 위한 전력 처리 장치에서 출력되는 각 상의 전압을 계산하라

유도기

11.8 60 Hz의 주파수에서 208 V(선간, RMS)의 정격 전압이 인가되는 2극의 유도기가 있다. 이 유도기는 정상상태에서 동작하고 정격 토크의 부하가 걸려 있다. 고정자 누설 저항과 회전자 누설 자속은 무시하며, 각 상의 자화 전류는 4.0 A(RMS)이다. 각 상의 전류의 크기는 10 A(RMS)이고 위상은 23.56°이다(지상 lagging). 기계적 부하가 감소하여 슬립 속도가 정격상태의 절반이 될 때 각 상의 전류를 계산하라.

11.9 [연습문제 11.8]에서 정격 속도는 3480 rpm이고 모터는 정격 토크를 출력하고 있다. 회전자 회로에서의 전류와 전압의 슬립 속도 ω_{slip}, 슬립 주파수 f_{slip}을 계산하라.

11.10 [연습문제 11.9]에서 모터에 인가되는 정격 토크는 8 Nm이다. 모터의 출력 토크는 슬립 속도와 선형적인 관계를 가진다. 이 모터의 토크 상수를 계산하라.

11.11 60 Hz의 주파수에서 400 V(선간, RMS)의 정격 전압이 인가되는 3상 4극의 유도기 드라이브는 전부하 조건에서 1750 rpm의 (정격) 속도로 동작하고 있으며, 정격 토크는 40 Nm이다. 공극 자속밀도의 최대치가 정격으로 유지되고 있다.

(a) 주파수의 값이 각각 60 Hz, 45 Hz, 30 Hz, 15 Hz인 경우에 대한 선형 부분의 토크 속도 특성을 그려라.

(b) 이 모터는 부하의 토크 크기가 속도와 함께 직선적으로 증가하며, 모터의 정격 속도에서 정격 토크를 출력한다. (a)의 4개의 주파수의 값에서 동작하는 속도를 계산하라.

11.12 [연습문제 11.11]의 모터 드라이브에서 유도기에 정격 전압이 인가되며, 정격 토크의 부하가 걸려 있다. 이때 0.866(지상)의 역률에서 각 상당 10.39 A(RMS)를 얻고, $R_s = 1.75\,\Omega$이다. $\hat{B}_{ms} = \hat{B}_{ms,rated}$를 유지하기 위한 4개의 주파수의 값에 상응하는 전압을 계산하라.

CHAPTER

12

모터 드라이브, UPS 및 전력 시스템 응용을 위한 DC 및 저주파수 AC 전압의 합성

12.1 서론

모터 드라이브(AC와 DC), UPS 및 전력 시스템을 위한 전력전자 응용 분야의 중요성을 11장에서 다루었다. 이러한 다양한 응용 시스템에는 [그림 12-1]의 전압-링크 구조가 사용되는데, 이 장에서는 DC 전압을 입력으로 하는 부하 측 컨버터가 어떤 식으로 DC 또는 저주파 정현파 전압 출력을 합성하는지에 대해 중점적으로 다룰 것이다. 이러한 컨버터의 기능은 제어 신호를 증폭시키는 선형 증폭기로, DC 모터 드라이브를 위한 DC 컨버터로, AC 모터 드라이브를 위한 AC 컨버터로, 그리고 UPS를 비롯한 계통과 관련된 응용 분야 등에 사용된다. 이러한 변환기를 통해 전력 흐름의 방향을 바꿀 수 있다.

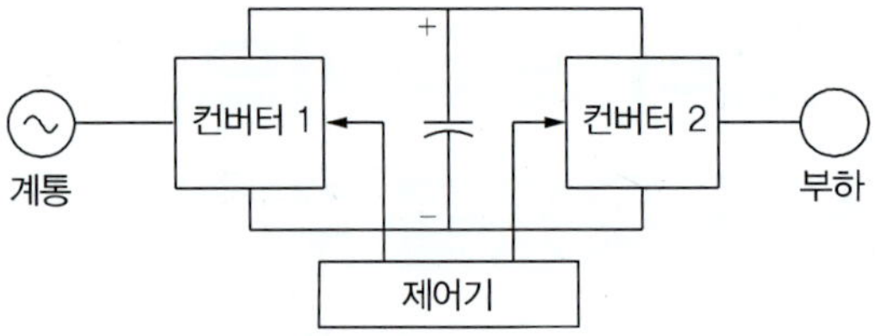

[그림 12-1] 전압-링크 시스템

이러한 컨버터들은 3장에서 논의한 양방향 스위치 파워-폴로 구성되어 있으며, DC 모터 드라이브와 단상 교류 응용 분야에서는 2개, AC 모터 드라이브와 3상 응용 분야에서는 3개의 파워-폴로 구성된다. [그림 12-2(a)]와 [그림 12-2(b)]는 각각의 DC와 AC 모터 드라이브를 나타낸 것이다.

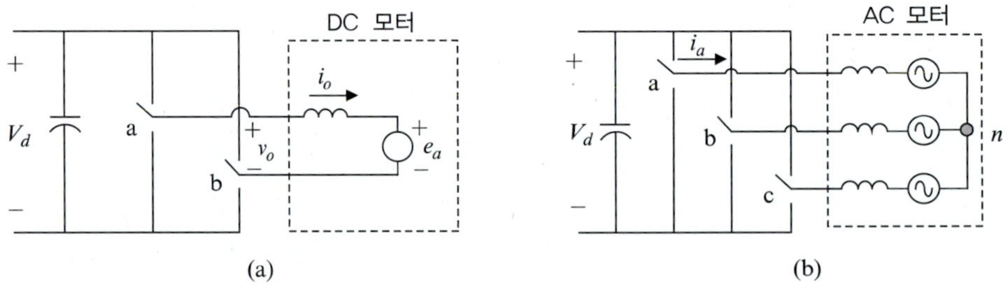

[그림 12-2] DC 및 AC 모터 드라이브의 컨버터

12.2 양방향 스위칭 파워-폴의 기본 구성

3장에서 논의된 벅buck과 부스트boost DC-DC 컨버터에서 스위칭 파워-폴은 하나의 트랜지스터와 다이오드로 구성되고, 순시적으로 단방향의 전류 흐름만을 변화시킨다. 그러나 [그림 12-3(a)]에서와 같이 2개의 트랜지스터가 상보적인 신호로 스위칭되도록 벅과 부스트 컨버터의 스위칭 파워-폴을

구현함으로써 연속적인 양방향 전력 및 전류 흐름이 가능하다. 양방향 스위칭 파워-폴의 경우 [그림 12-3(b)]와 같이 인덕터 전류 i_L이 양의 값을 가지면 컨버터는 벅 모드로 동작하며, 여기서 트랜지스터와 다이오드는 벅 컨버터에 해당하는 부분(점선)만이 동작한다. 이때 트랜지스터는 $q = 1$ 동안 동작하며, 다이오드는 $q = 0$일 때 동작한다. 마찬가지로, [그림 12-3(c)]에서와 같이 인덕터 전류가 음의 값을 가지면 컨버터는 부스트 모드로 동작하며, 부스트 컨버터에 해당하는 트랜지스터와 다이오드(점선)만이 동작한다. 이때 트랜지스터는 $q = 0(q^- = 1)$ 동안 동작하며, 다이오드는 $q = 1(q^- = 0)$일 때 동작한다.

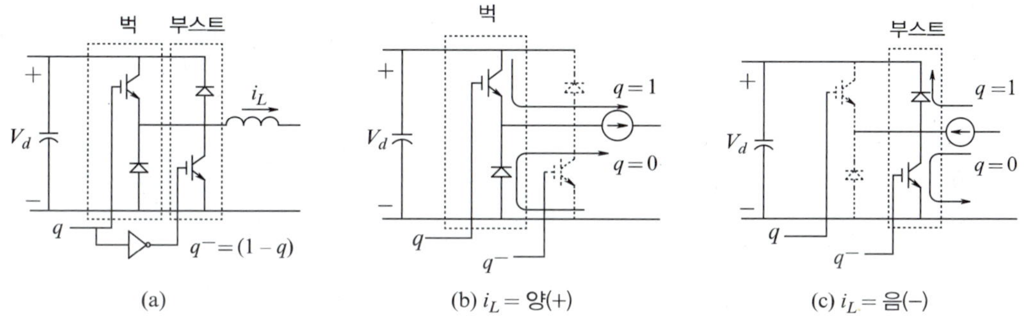

[그림 12-3] 스위칭 파워-폴을 통한 양방향 전력 흐름

[그림 12-3(b)]와 [그림 12-3(c)]는 [그림 12-3(a)]와 같이 스위칭 소자의 조합을 통해 양방향의 i_L 흐름이 가능한 스위칭 파워-폴을 구성할 수 있음을 보인다. [그림 12-4]의 등가 스위치에서 $q = 1$일 경우 [그림 12-4(b)]와 같이 스위치는 "위쪽up"에 있고 $q = 0$일 경우 [그림 12-4(c)]와 같이 "아래쪽down"에 있는 것을 알 수 있다. 여기서 i_L의 방향은 무시한다.

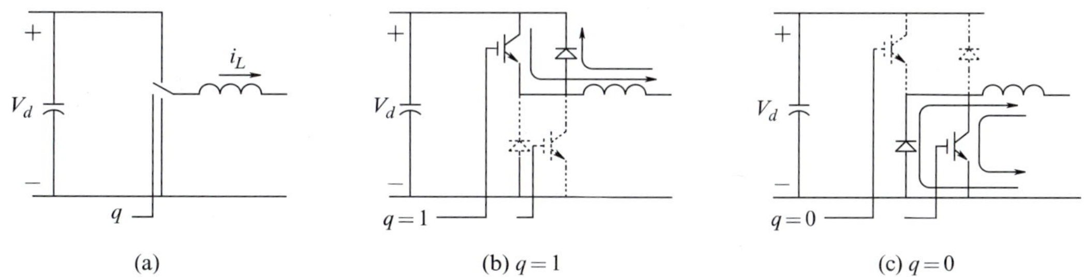

[그림 12-4] 양방향 스위칭 파워-폴

[그림 12-4(a)]의 양방향 스위칭 파워-폴을 [그림 12-5(a)]와 같이 스위칭 신호 q_a를 통해 동작하는 a폴로 나타낼 수 있다. 이것은 스위칭 신호에 따라 3장의 스위칭 파워-폴과 유사하게 동작하며 $q_a = 1$일 때 스위치는 "위쪽up"에 위치하고 반대의 경우 "아래쪽down"에 위치한다. 그러므로 스위칭 파워-폴을 스위칭 주기에 대한 평균으로 표현하면 [그림 12-5(b)]와 같이 $1: d_a(t)$의 턴비turns ratio를 가지는 이상적인 변압기가 된다.

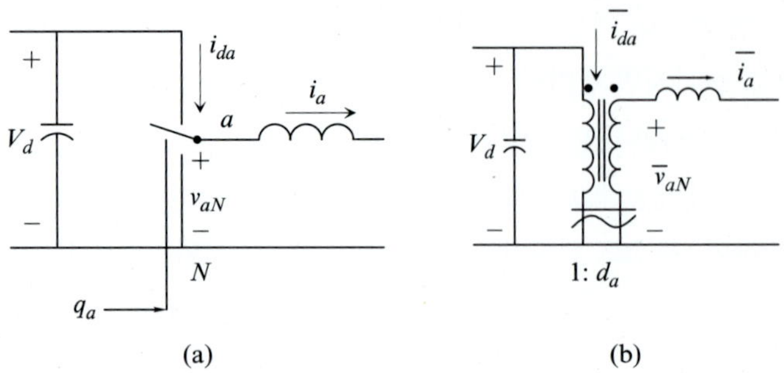

[그림 12-5] 양방향 파워-폴의 스위칭 주기 동안의 평균 모델

[그림 12-5(b)]에서 전압과 전류 단자에서의 변수값들의 스위칭 주기 평균값은 다음과 같이 $d_a(t)$와 관련이 있다.

$$\bar{v}_{aN} = d_a V_d \tag{12.1}$$

$$\bar{i}_{da} = d_a \bar{i}_a \tag{12.2}$$

3장에서 언급한 이상적인 단일 트랜지스터 기반의 스위칭 파워-폴과 달리 [그림 12-5(a)]의 양방향 파워-폴에는 불연속 전도 모드가 존재하지 않는다.

12.2.1 양방향 스위칭 파워-폴의 펄스 폭 변조(PWM)

스위칭 파워-폴의 전류 단자에서 전압은 항상 양의 극을 가진다. 그러나 [그림 12-2]에서처럼 모터 드라이브 및 기타 AC 응용 분야를 위한 컨버터의 출력 전압은 극성을 전환할 수 있어야 한다. 이는 각 파워-폴에 공통 모드 전압을 인가하고 파워-폴 사이의 차동 출력을 갖게 함으로써 얻을 수 있다.

[그림 12-5]에서 원하는 스위치 주기의 평균 전압 $\bar{v}_{aN}$을 얻기 위해서는 공통 모드 전압을 이용하여 식 (12.1)로부터 파워-폴의 듀티 비를 구해야 한다.

$$d_a = \frac{\bar{v}_{aN}}{V_d} \tag{12.3}$$

여기서 V_d는 DC 버스 전압이다. 식 (12.3)의 듀티 비를 산출하는 스위칭 신호 q_a를 얻기 위해서는 [그림 12-6]에서와 같이 제어 전압 $v_{cntrl,a}$와 스위칭 주파수 f_s, 위상 $\hat{V}_{tri}$의 삼각형 모양 캐리어 파형을 비교해야 한다. 스위칭 신호는 반주기 대칭이므로 $T_s/2$, 즉 반half스위칭 시간 주기만을 고려한다. 스위칭 신호는 $v_{cntrl,a} > v_{tri}$일 때 $q_a = 1$이고 반대의 경우는 0이 된다. 그러므로 [그림 12-6]에서 제어 전압과 캐리어 전압은 다음과 같은 관계를 가진다.

$$v_{cntrl,a} = d_a \hat{V}_{tri} \tag{12.4}$$

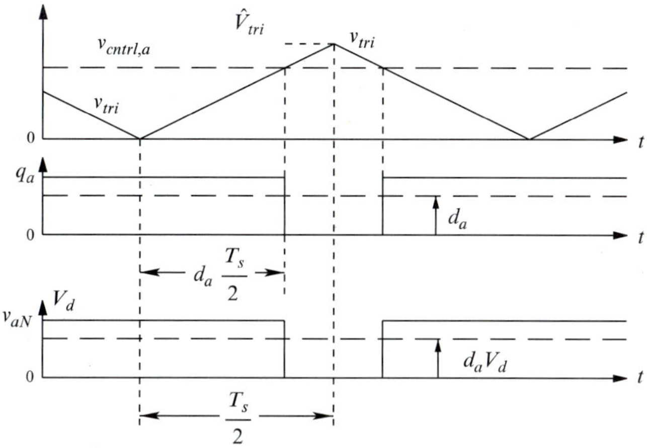

[그림 12-6] 스위칭 파워-폴의 PWM 파형

[그림 12-7(a)]의 스위칭 파워-폴 모델을 한 스위칭 주기 동안의 평균 모델로 표현하면 [그림 12-7]과 같이 턴비를 제어 가능한 이상적인 변압기로 나타낼 수 있다. 여기서 듀티 비 제어는 식 (12.4)에 따라 한 스위칭 주기 동안의 평균 모델로 표현한다.

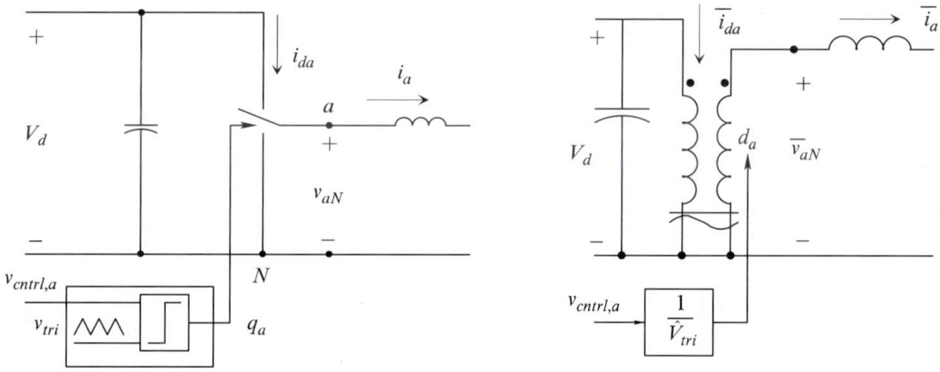

(a) (b)

[그림 12-7] 스위칭 파워-폴과 듀티 비 제어

여기에서는 3장의 DC-DC 컨버터의 램프 신호와 달리 주어진 주파수로 스위칭하는 컨버터 소자의 출력 전압 파형에 포함된 고조파를 최소화하기 위해 삼각 캐리어 신호를 사용한다. [그림 12-8]은 제어 신호의 특성에 영향을 받는 스위칭 파형 v_{aN} 의 푸리에 스펙트럼을 나타낸다. 제어 전압이 DC인 경우 출력 전압은 [그림 12-8(a)]와 같이 f_s, $2f_s$ 등 스위칭 주파수의 정수배의 고조파를 갖는다. UPS나 AC 모터 드라이브와 같이 제어 전압이 낮은 주파수 f_1으로 변화할 때는 [그림 12-8(b)]와 같이 스위칭 주파수와 그 배수들의 양옆에 상당한 크기의 고조파가 나타난다.

$$f_h = k_1 f_s + \underbrace{k_2 f_1}_{\text{부대역들}} \tag{12.5}$$

여기서 k_1과 k_2는 1, 2, 3 등의 값을 갖는 상수이다. 각각의 파워-폴과 관련된 일부 고조파들은 이러한 2, 3개의 파워-폴을 사용하는 컨버터의 출력 전압에서 제거된다.

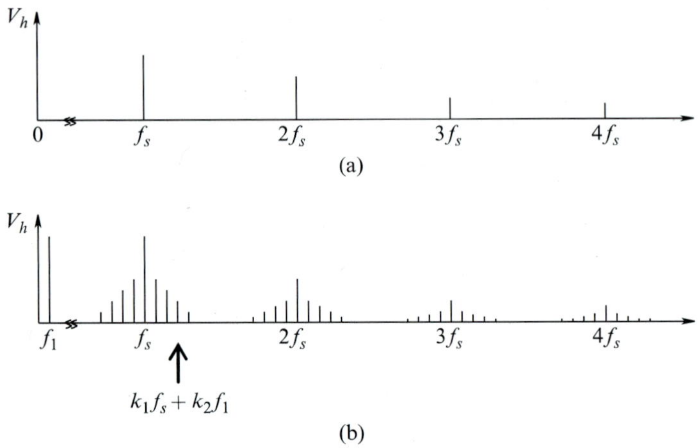

[그림 12-8] 스위칭 파워-폴 출력의 고조파

[그림 12-7]의 파워-폴에서 출력 전압 v_{aN}과 스위칭 주기 동안의 평균 출력 전압 $\overline{v}_{aN}$은 0과 V_d 사이로 제한된다. 양과 음의 값을 모두 가지는 출력 전압 $\overline{v}_{an}$을 얻으려면(n은 가상의 노드) 공통 모드 오프셋 $\overline{v}_{com}$이 각 파워-폴에 인가되어야 한다. 이때 폴의 출력 전압은 다음과 같다.

$$\overline{v}_{aN} = \overline{v}_{com} + \overline{v}_{an} \tag{12.6}$$

여기서 공통 모드 오프셋 $\overline{v}_{com}$은 $\overline{v}_{an}$이 $\overline{v}_{com}$ 근처에서 양과 음이 될 수 있도록 한다. 2개 또는 3개의 파워-폴이 사용될 때 차동 출력에서 공통 모드 전압은 제거된다.

12.3 DC 모터 드라이브용 컨버터

DC 모터 드라이브용 컨버터는 [그림 12-9(a)]와 같이 2개의 파워-폴로 구성된다. 여기서 출력 전압은 다음과 같다.

$$\overline{v}_o = \overline{v}_{aN} - \overline{v}_{bN} \tag{12.7}$$

여기서 $\overline{v}_o$는 양과 음의 값을 모두 갖는다고 가정할 수 있다. 출력 전압이 $-V_d$에서 $+V_d$까지의 전 구간에서 출력될 수 있도록 a폴은 $\overline{v}_o/2$를, b폴은 $-\overline{v}_o/2$를 출력한다.

$$\bar{v}_{an} = \frac{\bar{v}_o}{2}, \quad \bar{v}_{bn} = -\frac{\bar{v}_o}{2} \tag{12.8}$$

여기서 "n"은 [그림 12-9(a)]와 같이 $\bar{v}_o$의 출력에 대해 각 폴을 정의하게 하는 가상의 노드이다.

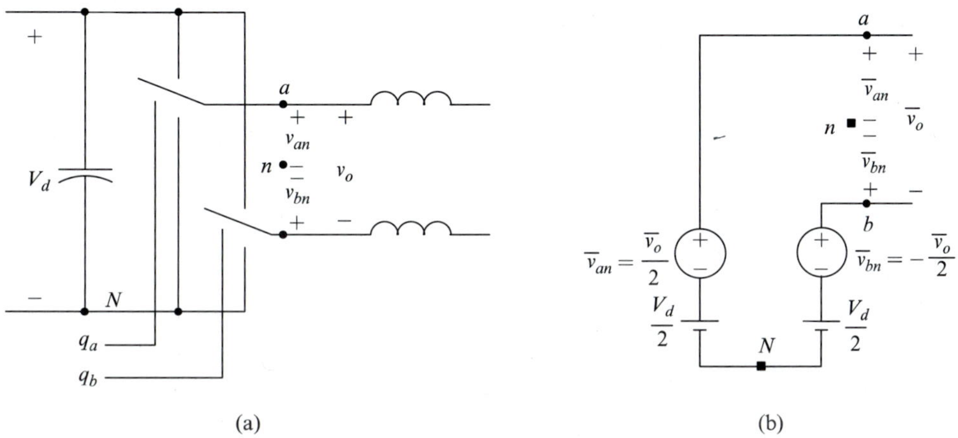

[그림 12-9] 스위칭 파워-폴과 듀티 비 제어

한 스위칭 주기 동안 평균 출력 전압이 같은 양과 음의 값을 갖게 하기 위해 각 폴의 평균화된 스위칭 주기의 공통 모드 전압이 DC 버스 전압의 절반이 되도록 다음과 같이 결정한다.

$$\bar{v}_{com} = \frac{V_d}{2} \tag{12.9}$$

그러므로 식 (12.6)에 의해 각각의 출력 극 전압은 다음과 같이 정의된다.

$$\bar{v}_{aN} = \frac{V_d}{2} + \frac{\bar{v}_o}{2}, \quad \bar{v}_{bN} = \frac{V_d}{2} - \frac{\bar{v}_o}{2} \tag{12.10}$$

[그림 12-9(b)]는 파워-폴과 컨버터의 스위칭 주기 동안의 평균 출력 전압이다. 식 (12.3)과 식 (12.10)으로부터 각 파워-폴의 듀티 비는 다음과 같이 정의된다.

$$d_a = \frac{1}{2} + \frac{1}{2}\frac{\bar{v}_o}{V_d}, \quad d_b = \frac{1}{2} - \frac{1}{2}\frac{\bar{v}_o}{V_d} \tag{12.11}$$

그리고 식 (12.11)로부터 출력 전압은 다음과 같이 정의된다.

$$\bar{v}_o = (d_a - d_b)\,V_d \tag{12.12}$$

예제 12-1

DC 모터 드라이브에서 DC 버스 전압 $V_d = 350\,\text{V}$ 이다. 주어진 출력 전압이 (a) $\bar{v}_o = 300\,\text{V}$ 이고 (b) $\bar{v}_o = -300\,\text{V}$ 일 때 a폴과 b폴에 대한 $\bar{v}_{com}$, $\bar{v}_{aN}$, d_a를 구하라.

풀이

식 (12.9)로부터 $\bar{v}_{com} = \dfrac{V_d}{2} = 175\,\text{V}$ 이다.

(a) a폴에 대해 식 (12.8)에서 $\bar{v}_o = 300\,\text{V}$ 일 때 $\bar{v}_{an} = \bar{v}_o/2 = 150\,\text{V}$ 이고 $\bar{v}_{bn} = -\bar{v}_o/2 = -150\,\text{V}$ 이다. 또한 식 (12.10)으로부터 $\bar{v}_{aN} = 325\,\text{V}$ 이고 $\bar{v}_{bN} = 25\,\text{V}$ 가 된다. 마지막으로 식 (12.11)로부터 $d_a \simeq 0.93$ 이고 $d_b \simeq 0.07$ 이다.

(b) b폴에 대해 $\bar{v}_o = -300\text{V}$ 일 때 $\bar{v}_{an} = \bar{v}_o/2 = 150\,\text{V}$ 이고 $\bar{v}_{bn} = -\bar{v}_o/2 = -150\,\text{V}$ 가 된다. 또한 식 (12.10)으로부터 $\bar{v}_{aN} = 25\,\text{V}$ 이고 $\bar{v}_{bN} = 325\,\text{V}$ 가 된다. 마지막으로 식 (12.11)로부터 $d_a \simeq 0.7$ 이고 $d_b \simeq 0.93$ 이다.

펄스 폭 변조 기법으로 구동되는 2개의 파워-폴을 스위칭 주기 동안의 평균 모델로 나타내면 [그림 12-10]과 같다.

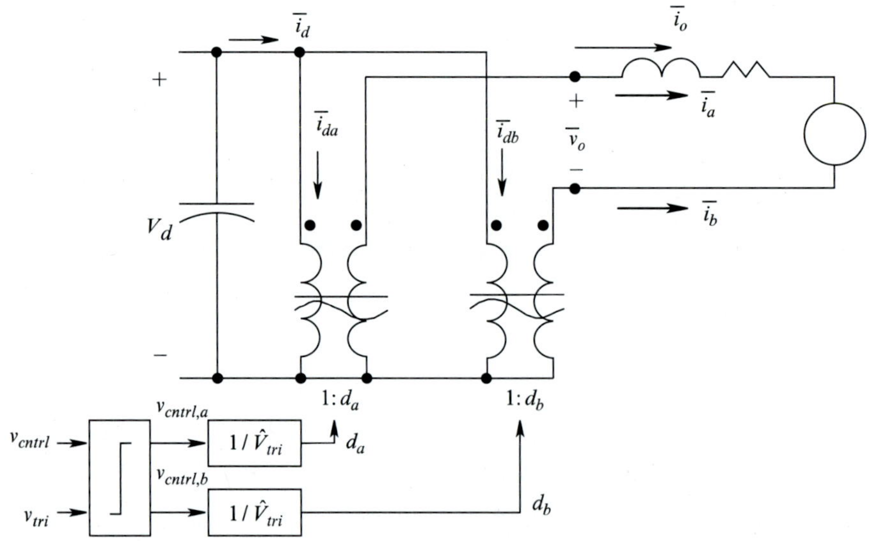

[그림 12-10] DC 모터 드라이브의 스위칭 주기 동안의 평균 표현

[그림 12-10]의 각 파워-폴에서 스위칭 주기 동안의 평균 DC 측 전류는 폴의 듀티 비를 통해 다음과 같이 출력 전류로 나타낼 수 있다.

$$\bar{i}_{da} = d_a \bar{i}_a, \quad \bar{i}_{db} = d_b \bar{i}_b \tag{12.13}$$

키르히호프의 전류 법칙에 의해 총 스위칭 주기 동안의 평균 DC 측 전류는 다음과 같이 정의된다.

$$\bar{i}_d = \bar{i}_{da} + \bar{i}_{db} = d_a \bar{i}_a + d_b \bar{i}_b \tag{12.14}$$

i_a와 i_b의 방향은 출력 전류에 대해 다음과 같은 관계를 갖는다.

$$\bar{i}_a(t) = -\bar{i}_b(t) = \bar{i}_o(t) \tag{12.15}$$

식 (12.14)의 전류를 식 (12.15)에 치환하면 스위칭 주기 동안의 평균 DC 측 전류를 다음과 같이 정의할 수 있다.

$$\bar{i}_d = (d_a - d_b)\bar{i}_o \tag{12.16}$$

예제 12-2

[예제 12-1]의 DC 모터 드라이브에서 모터로 들어가는 출력 전류 $\bar{i}_o = 15\,\text{A}$이다. DC 버스로부터 전달된 전력을 계산하고(컨버터의 손실이 없다고 가정할 경우) $\bar{v}_o = 300\,\text{V}$일 때 이 전력이 모터로 전달된 전력과 같다는 것을 증명하라.

풀이

[예제 12-1]의 (a)에서의 d_a와 d_b의 값과 식 (12.16)의 $\bar{i}_o = 15\,\text{A}$를 이용하면 DC 측 평균 전류는 $\bar{i}_d(t) = 12.9\,\text{A}$이며, DC 버스의 송전 전력 $P_d = 4.515\,\text{kW}$임을 알 수 있다. 컨버터에 의해 모터로 전달된 전력 $P_o = \bar{v}_o \bar{i}_o = 4.5\,\text{kW}$이다. 이것은 반올림을 무시할 경우의 입력 전력과 같다.

식 (12.4)와 식 (12.11)에 의해 두 폴의 제어 전압을 다음과 같이 표현할 수 있다.

$$v_{cntrl,a} = \frac{\hat{V}_{tri}}{2} + \frac{\hat{V}_{tri}}{2}\left(\frac{\bar{v}_o}{V_d}\right), \quad v_{cntrl,b} = \frac{\hat{V}_{tri}}{2} - \frac{\hat{V}_{tri}}{2}\left(\frac{\bar{v}_o}{V_d}\right) \tag{12.17}$$

2개의 제어 전압의 두 번째 항을 제어 전압의 절반으로 정의했을 때 다음과 같다.

$$\frac{v_{cntrl}}{2} = \frac{\hat{V}_{tri}}{2}\left(\frac{\bar{v}_o}{V_d}\right) \tag{12.18}$$

식 (12.18)은 다음과 같이 간단하게 정의된다.

$$\bar{v}_o = \underbrace{\left(\frac{V_d}{\hat{V}_{tri}}\right)}_{K_{PWM}} v_{cntrl} \tag{12.19}$$

여기서 $(V_d / \hat{V}_{tri})$는 [그림 12-11]과 같이 스위칭 주기 동안의 평균 출력 전압과 피드백 제어 신호 사이의 컨버터 이득 k_{PWM}을 나타낸다.

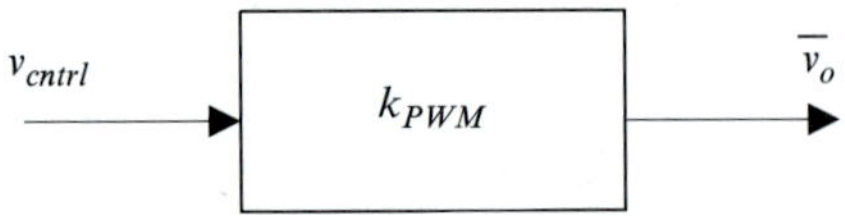

[그림 12-11] DC 드라이브를 위한 컨버터의 이득

12.3.1 DC 모터 드라이브를 위한 컨버터의 스위칭 파형

[그림 12-9(a)]에 나타낸 컨버터의 스위칭 세부 사항을 좀 더 살펴보자. 양의 출력 전압을 생성하기 위한 제어 전압은 [그림 12-12]와 같다. 이때 스위칭 신호는 대칭성에 의해 스위칭 주기의 반주기 $(T_s / 2)$에서만 해석한다.

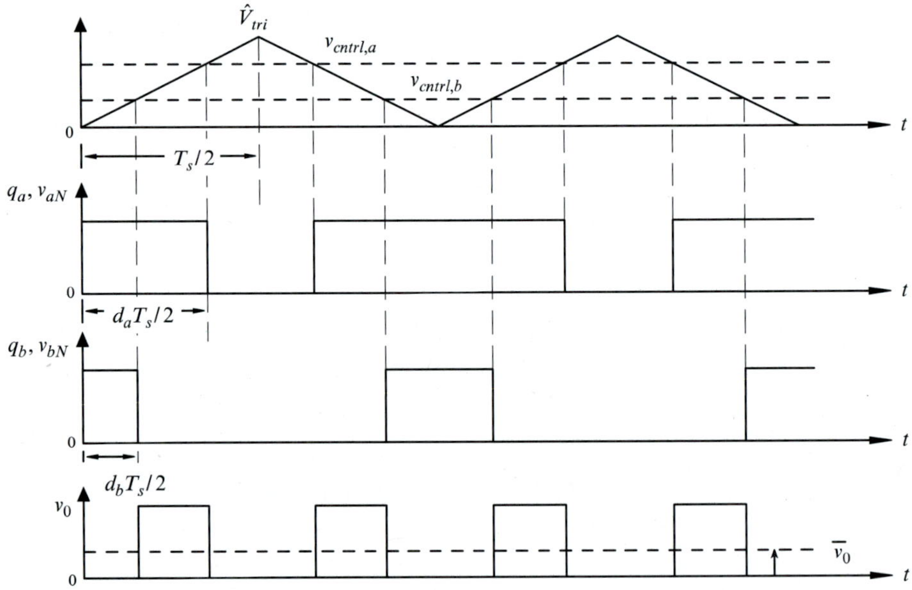

[그림 12-12] DC 드라이브를 위한 컨버터의 스위칭 전압 파형

극 출력 전압 v_{aN}과 v_{bN}은 진폭을 제외하면 스위치 신호와 같은 파형을 갖고 있다. 출력 전압 v_o의 파형은 출력에서 유효 스위칭 주파수가 원래 신호의 2배이다. 즉 출력 전압에는 컨버터 장치가 스위칭하는 스위칭 주파수 f_s의 시간 주기 내에서 반복되는 2개의 주기가 존재한다. 그러므로 출력의 고조파는 $2f_s$와 그의 배수들로 구성된다. 만약 스위칭 주파수가 충분한 크기로 선택되었다면 모터 인덕턴스는 외부에 직렬로 연결된 인덕터 없이 외부 전류의 리플을 허용할 수 있는 범위 내로 유지하기 충분할 것이다.

다음으로 [그림 12-13]에 다시 표현된 컨버터와 컨버터에 관련된 전류들을 살펴보자. 극 전류는 $i_a = i_o$와 $i_b = -i_o$이고 직류 측 전류는 $i_d = i_{da} + i_{db}$이다. 이러한 전류들의 파형은 [예제 12-3]에 나타내었다.

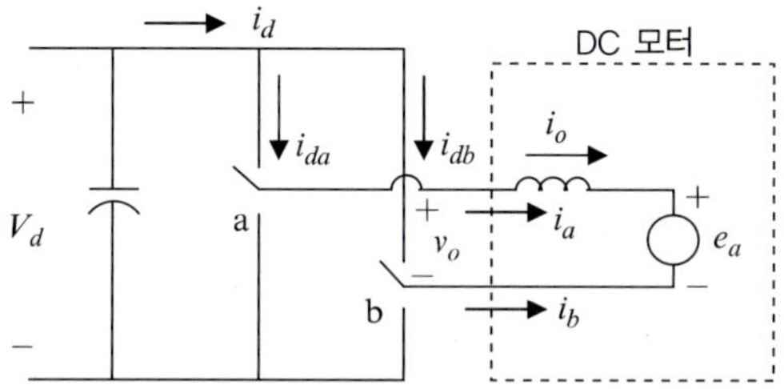

[그림 12-13] DC 모터 드라이브를 위한 컨버터의 전류

예제 12-3

[그림 12-13]의 DC 모터 드라이브의 동작 조건은 $V_d = 350\,\mathrm{V}$, $e_a = 236\,\mathrm{V(DC)}$, 그리고 $\bar{i}_o = 4\,\mathrm{A}$로 가정하며, 스위칭 주파수 f_s는 20 kHz이다. 모터의 직렬 저항 R_a는 0.5 Ω으로 가정한다. 이때 출력 전류의 피크-피크 리플이 1.0 A가 되도록 하는 직렬 인덕턴스 L_a를 계산하라. $\hat{V}_{tri} = 1\,\mathrm{V}$를 가정하고 v_o, $\bar{v}_o$, i_o와 i_d를 그려라.

풀이

[그림 12-12]에서와 같이 출력 전압 v_o는 스위칭 주기 동안의 평균 전압 $\bar{v}_o$와 고주파수($2f_s$의 배수)에서의 리플 성분 $v_{o,ripple}$을 포함한 파형이다. 이를 식으로 나타내면 다음과 같다.

$$v_o = \bar{v}_o + v_{o,ripple} \tag{12.20}$$

마찬가지로 전류 i_o 역시 평균화된 스위칭 주기 동안의 평균 직류 전류 $\bar{i}_o$와 리플 성분 $i_{o,ripple}$로 구성된다.

$$i_o = \bar{i}_o + i_{o,ripple} \tag{12.21}$$

v_o가 주어지면 [그림 12-14(a)]와 [그림 12-14(b)]에서와 같이 직류와 리플 주파수 ($2f_s$의 배수)에서의 회로의 중첩superposition에 의해 출력 전류를 계산할 수 있다. 직류회로에서 직렬 인덕턴스는 아무런 영향을 주지 않으므로 [그림 12-14(a)]에서 생략하였다. [그림 12-14(b)]의 리플 주파수 회로에서 직류인 역기전력 e_a는 리플과 연관된 아주 높은 주파수에서 L_a의 유도성 리액턴스와 비교했을 때 직렬 저항 R_a와 함께 무시된다.

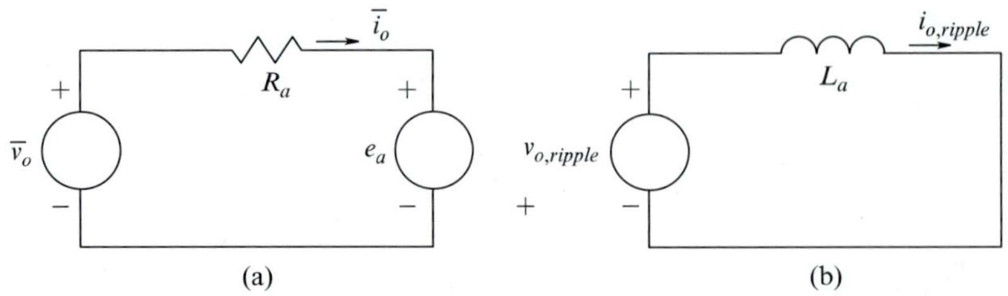

[그림 12-14] DC와 리플 주파수 변수의 중첩

[그림 12-14(a)]의 회로로부터 출력 전압은 다음과 같이 구해진다.

$$\bar{v}_o = e_a + R_a \bar{i}_o = 238\,\text{V} \tag{12.22}$$

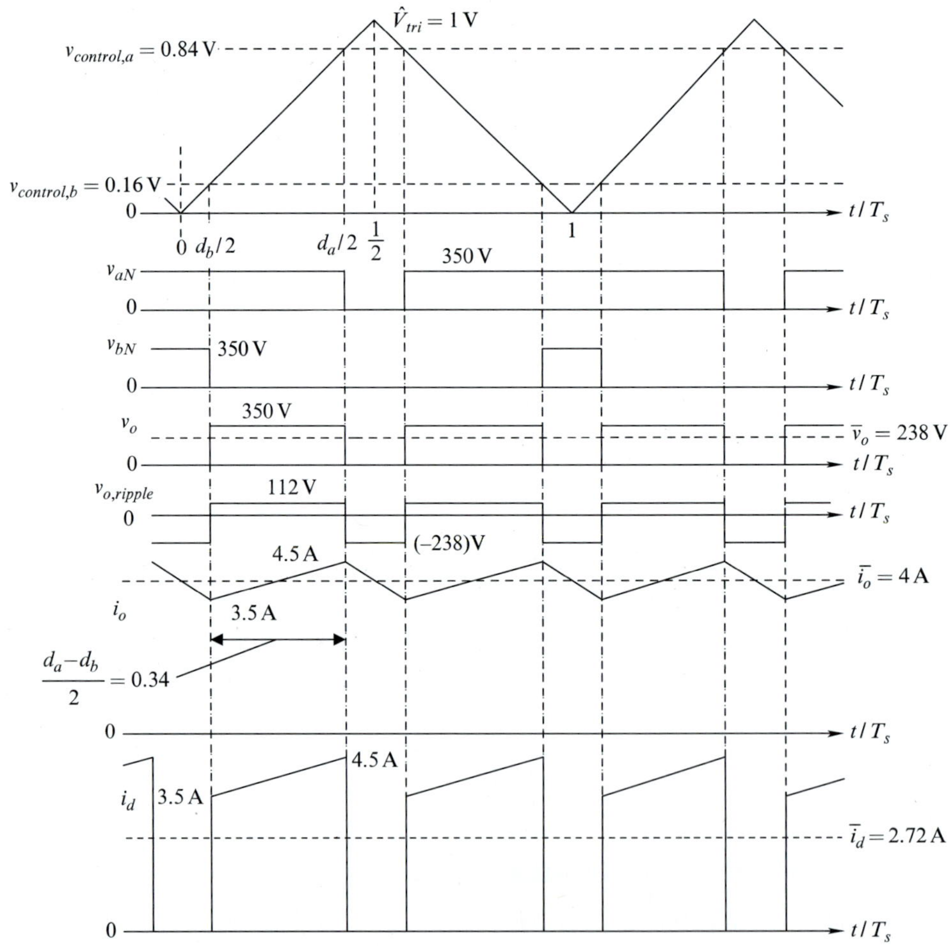

[그림 12-15] [예제 12-3]의 스위칭 전류 파형

첫 번째 반주기에 대한 세부 정보를 나타낸 [그림 12-12]를 기반으로 스위칭 파형을 [그림 12-15]와 같이 표현할 수 있다. 출력 전압 v_o는 식 (12.11)에서 $d_a = 0.84$, $d_b = 0.16$인 상황에서 0과 $V_d = 350\,\text{V}$ 사이의 리플을 갖는다. $f_s = 20\,\text{kHz}$에서 $T_s = 50\,\mu\text{s}$이다. 식 (12.20)과 식 (12.22)를 이용하면 리플 전압 파형은 [그림 12-15]와 같다. 여기서 리플 전압은 $\frac{d_a - d_b}{2} T_s (= 17.0\mu\text{s})$ 동안 [그림 12-14(b)]의 회로에서 112 V가 된다. 그러므로 이 시간 구간 동안 인덕터 전류의 피크-피크 리플 ΔI_{p-p}는 리플 전압과 다음과 같은 관계가 있다.

$$L_a \frac{\Delta I_{p-p}}{(d_a - d_b)\, T_s / 2} = 112\,\text{V} \tag{12.23}$$

식 (12.23)에 $\Delta I_{p-p} = 1\,\text{A}$와 $L_a = 1.9\,\text{mH}$를 대입한다. [그림 12-15]와 같이 $(d_a - d_b)\, T_s / 2$ 동안 출력 전류는 선형적으로 증가하고 파형은 한 스위칭 주기 동안의 평균값 주변에서 대칭적으로 발생한다. 즉 출력 전류는 이 구간의 중간 지점에서 한 스위칭 주기당 평균값을 지난다. 이때 다른 구간의 리플 파형들은 대칭적으로 나타난다. DC 측 전류인 i_d는 [그림 12-15]와 같이 $(d_a - d_b)\, T_s / 2$ 동안 흐르고 다른 구간에서는 0이 된다. $T_s / 2$에 대해 평균을 구하면 한 스위칭 주기 동안의 평균 DC 전류 $\bar{i}_d = 2.72\,\text{A}$이다.

12.4 저주파 AC 합성

합성되는 AC 주파수 f_1이 스위칭 주파수 f_s보다 0.1배 혹은 0.01배 작기만 하면 DC 모터 드라이브를 위해 직류 전압을 합성하는 원리와 마찬가지로 저주파 AC 전압을 합성할 수 있다. 예를 들어 AC 모터 드라이브와 UPS 응용 분야에서는 기본주파수 f_1이 60 Hz (또는 60 Hz의 배수)이고 스위칭 주파수를 수십 kHz로 사용한다. 합성된 교류 전압의 주파수 f_1에서 스위칭 신호를 만들기 위해 삼각파와 비교된 제어 전압은 천천히 변화한다.

따라서 $f_1 \ll f_2$라면 한 주기 $T_s (= 1 / f_s)$ 동안 제어 전압은 DC로 간주될 수 있으며, 이러한 가상의 DC 제어 전압은 DC 드라이브를 위한 컨버터의 분석 및 합성에 활용된다. [그림 12-16]은 스위칭 주기 동안의 평균에서 어떻게 스위칭 파워-폴의 출력 전압이 합성되는지를 나타내며, 그 결과로 스위칭 파워-폴의 출력 전압이 저주파 f_1에서 변화하는 것을 보인다. [그림 12-16]에서 보듯이 저주파인 f_1에서는 합성되고 있는 평균화된 스위칭 주기 전압에 의해 결정되는 듀티 비의 스위칭 신호 파형을 미세하게 관찰할 수 있다. DC 드라이브를 위한 컨버터의 경우 한 스위칭 주기 동안의 평균 파워-폴 전압의 범위는 0부터 V_d까지이다.

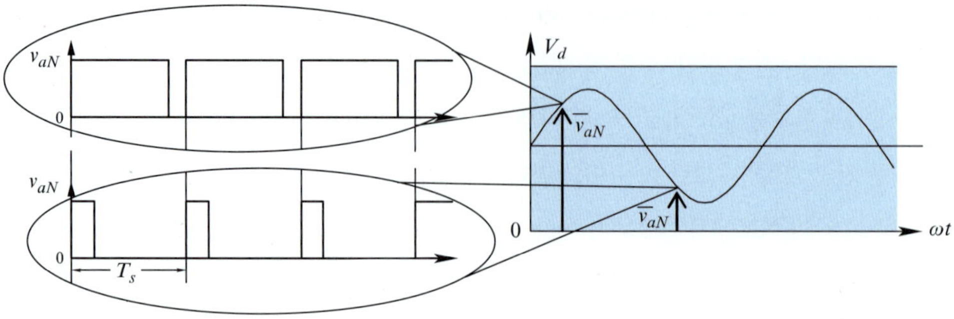

[그림 12-16] 저주파 AC 파형을 합성하기 위한 스위칭 파워-폴의 파형

[그림 12-5(a)]의 스위칭 파워-폴의 한 스위칭 주기 동안의 평균은 [그림 12-5(b)]와 같이 턴비 제어가 가능한 이상적인 변압기로 표현된다. 파워-폴 출력 고조파의 일반적인 형태는 이미 [그림 12-8(b)]에 나타내었다. 다음 절에서는 단상 UPS와 단상 전압의 접합을 위한 단상 AC 전압의 합성을 위해 2개의 스위칭 파워-폴이 사용되며, AC 모터 드라이브, UPS, 계통 관련 응용을 위한 3상 AC 전압의 합성을 위해 3개의 스위칭 파워-폴 전원이 사용된다.

12.5 단상 인버터

[그림 12-17(a)]에서 나타낸 단상 UPS의 부하 측 컨버터 또는 단상 계통연계형 컨버터는 직류 모터 드라이브와 그 구조가 유사하다. 이는 [그림 12-7(b)]에서 볼 수 있듯이 스위칭 주기 당 평균 모델로 표현된 2개의 스위칭 파워-폴로 구성되며, 저역통과 필터의 인덕턴스는 2개의 파워-폴의 전류 단자를 형성한다.

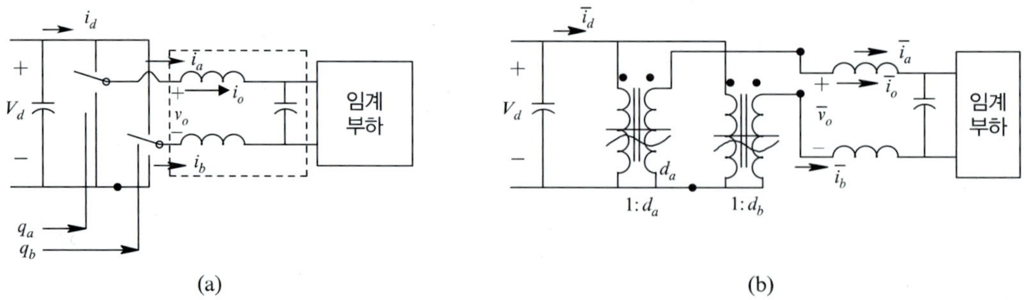

[그림 12-17] 단상 무정전 전원 공급 시스템

여기서 [그림 12-18]과 같이 합성되는 한 스위칭 주기 동안의 평균 전압은 선주파수 f_1을 갖는 정현파로, 다음과 같이 정의할 수 있다.

$$\bar{v}_o = \hat{V}_o \sin \omega_1 t \tag{12.24}$$

DC 모터 드라이브와 유사하게 공통 모드 전압은 다음과 같다.

$$\bar{v}_{com} = \frac{V_d}{2} \tag{12.25}$$

가상의 중성점 n에 대해 폴의 출력 전압을 나타내면 다음과 같다.

$$\bar{v}_{an} = \frac{\bar{v}_o}{2}, \quad \bar{v}_{bn} = -\frac{\bar{v}_o}{2} \tag{12.26}$$

따라서 [그림 12-18]에서 볼 수 있듯이 한 스위칭 주기 동안의 평균 전압은 다음과 같다.

$$\bar{v}_{aN} = \frac{V_d}{2} + \frac{\bar{v}_o}{2}, \quad \bar{v}_{bN} = \frac{V_d}{2} - \frac{\bar{v}_o}{2} \tag{12.27}$$

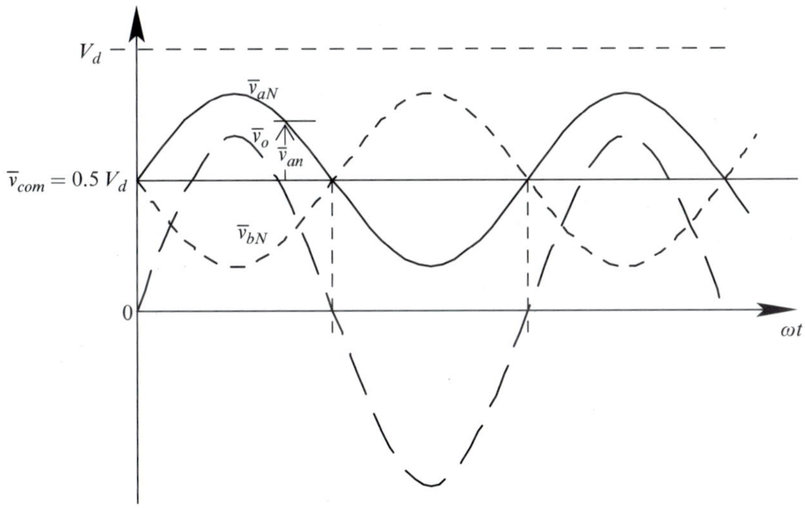

[그림 12-18] 단상 UPS 시스템의 스위칭 주기 동안의 평균 전압

DC 측의 DC 전원으로부터 출력되는 스위칭 주기 동안의 평균 전류를 계산하기 위해 [그림 12-19]처럼 AC 측 스위칭 주기 동안의 평균 전류가 교류 정현파이며, 출력 AC 전압 $\bar{v}_o(t) = \hat{V}_o \sin \omega_1 t$ 에 ϕ_1 만큼 지연된다고 가정한다.

$$\bar{i}_o(t) = \hat{I}_o \sin(\omega_1 t - \phi_1) \tag{12.28}$$

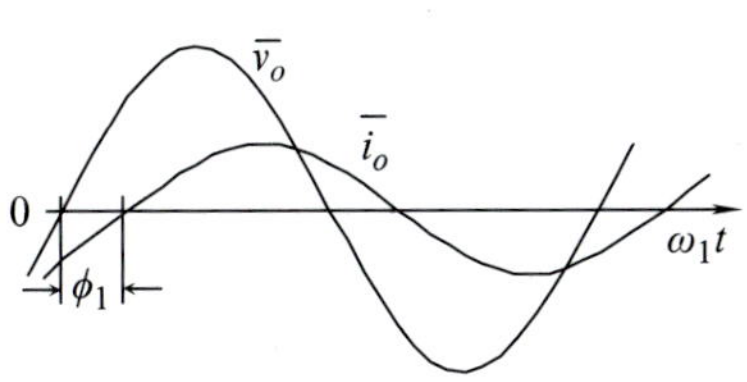

[그림 12-19] 출력 전압과 전류

출력 전류의 리플을 무시하면 평균 출력 전력은 스위칭 주기 동안의 평균 출력 전압 $\bar{v}_o$와 스위칭 주기 동안의 출력 전류의 곱 $\bar{i}_o$와 같다.

$$P_o = \bar{v}_o \bar{i}_o \tag{12.29}$$

컨버터의 손실은 없다고 가정하면 스위칭 한 주기 동안의 평균 입력 전류는 입력 전력과 평균 전력이 같다는 것을 이용하여 계산할 수 있다.

$$\begin{aligned} \bar{i}_d &= \frac{\bar{v}_o \bar{i}_o}{V_d} = \frac{\hat{V}_o \hat{I}_o}{V_d} \sin\omega_1 t \times \sin(\omega_1 t - \phi_1) \\ &= \underbrace{0.5\frac{\hat{V}_o}{V_d}\hat{I}_o \cos\phi_1}_{I_d} - \underbrace{0.5\frac{\hat{V}_o}{V_d}\hat{I}_o \cos(2\omega_1 t - \phi_1)}_{i_{d2}(t)} \end{aligned} \tag{12.30}$$

DC 버스로부터 출력되는 스위칭 한 주기 동안의 평균 전류는 컨버터의 AC단으로 평균 전력을 전달하는 역할을 수행하는 DC 성분 전류 I_d와 원하지 않는 2차 고조파 전류 i_{d2}(AC 출력 측 주파수의 2배)를 갖는다.

6장에서 논의하였던 PFC의 내용과 유사하게 단상 인버터의 DC 링크 저장 장치는 출력주파수의 2배를 갖는 AC 전류를 수용할 수 있는 용량을 갖추어야 한다. 이때 용량은 스위칭 파워-폴의 한 주기 동안의 평균값으로 계산되어야 한다. 따라서 DC 링크 커패시터도 앞으로 설명할 i_d의 스위칭 주파수 리플의 흐름을 수용해야 한다. 배터리로부터 공급되는 전류 i_d의 전류 리플 $i_d(t)$는 매우 낮은 직렬 등가 인덕턴스와 고품질의 커패시터를 컨버터 스위치 근처에 배치함으로써 우회할 수 있다.

12.5.1 단상 인버터의 스위칭 파형

다음의 예제를 통해 단상 컨버터의 스위칭 파형을 알아보자.

예제 12-4

[그림 12-17(a)]와 같은 단상 UPS에서 변수들과 동작 조건들은 $V_d = 200\,\text{V}$, $f_1 = 60\,\text{Hz}$, $\bar{v}_o = 160\sin\omega_1 t\,\text{V}$, $f_s = 40\,\text{kHz}$이다. 합성된 전압 파형의 양의 최댓값에서 스위칭 주파수의 한 주기 동안의 스위칭 파형을 계산하고 그려라.

풀이

양의 최댓값에서 스위칭 한 주기 동안의 평균 전압 $\bar{v}_o = 160\,\text{V}$이다. 따라서 식 (12.11)의 직류 모터 컨버터 관련 식으로부터 $T_s = 25\,\mu\text{s}$일 때 $d_a = 0.9$, $d_b = 0.1$이 된다. 만약 $\hat{V}_{tri} = 1\text{V}$라고

가정하면 식 (12.4)로부터 $V_{cntrl,a} = 0.9\,\mathrm{V}$, $V_{cntrl,b} = 0.1\,\mathrm{V}$가 된다. 출력 전압의 파형은 [그림 12-20]과 같다.

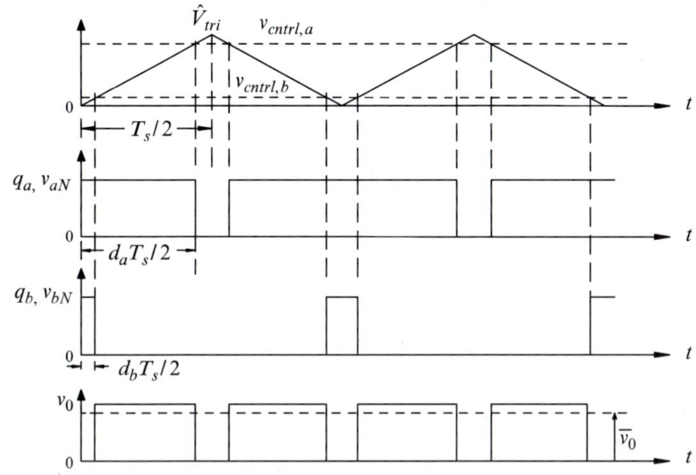

[그림 12-20] [예제 12-4]의 UPS 파형

[그림 12-20]에서처럼 스위칭 주파수에서 출력 전압의 파형은 진동하며, 출력 전압의 고조파를 제거하기 위해 앞서 각 스위칭 파워-폴에는 식 (12.5)로 나타낸 일반적인 방식의 저역통과 필터가 필요하다.

12.5.2 시뮬레이션 및 하드웨어 프로토타이핑

다음 예제를 통해 단상 인버터의 시뮬레이션을 수행해보자.

예제 12-5

단상 인버터는 RL 부하에 연결되며, $R = 8\,\Omega$, $L = 1\,\mathrm{mH}$이다. 직류 전압 $V_{dc} = 200\,\mathrm{V}$이다. 원하는 출력 전압이 60 Hz에서 120 V RMS일 때 LTspice를 이용하여 이 컨버터에 대한 시뮬레이션을 수행하라.

풀이

다운로드한 파일을 통해 시뮬레이션을 수행해보자. LTspice 모델은 [그림 12-21]과 같다.

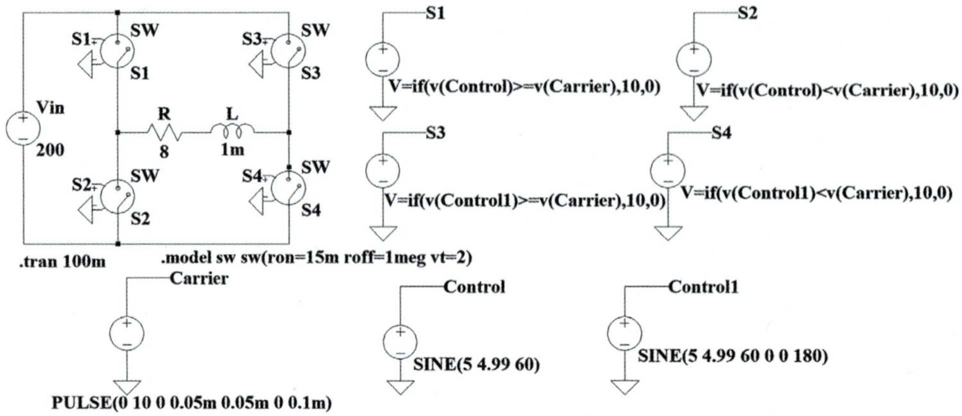

[그림 12-21] LTspise 모델

이 컨버터의 정상상태 파형은 [그림 12-22]와 같다.

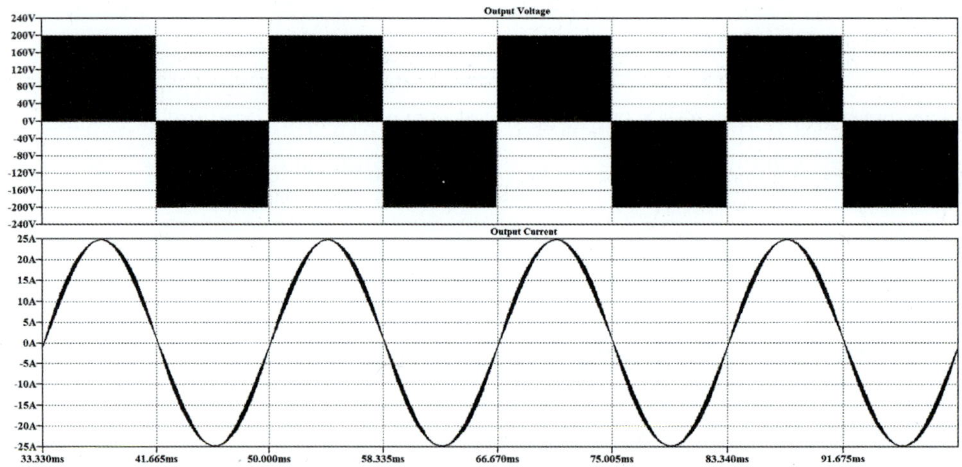

[그림 12-22] LTspice 시뮬레이션 결과

[예제 12-5]에서 사용된 동일한 제어 알고리즘은 Sciamble 실험 키트를 사용하여 직류로부터 균형 잡힌 3상 정현파 전압을 생성하기 위해 [그림 12-23]에 표시된 것처럼 Workbench에 구현되어있다.

하드웨어에서 사용할 수 있는 DC 버스 전압은 $V_{dc} = 15\,\text{V}$ 이며, [그림 12-24]에 나와 있듯이 10.6 V 의 RMS, 60 Hz 의 출력 전압을 생성하는 데 사용된다. 스위칭 주파수는 $f_s = 20\,\text{kHz}$ 로 설정한다.

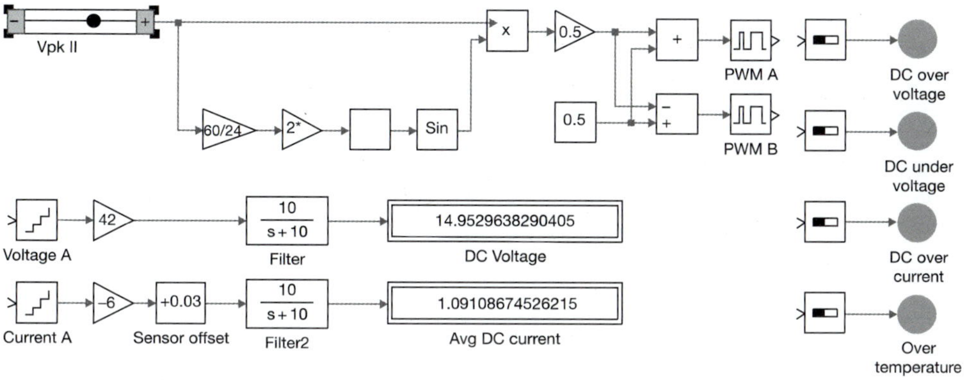

[그림 12-23] Workbench 모델

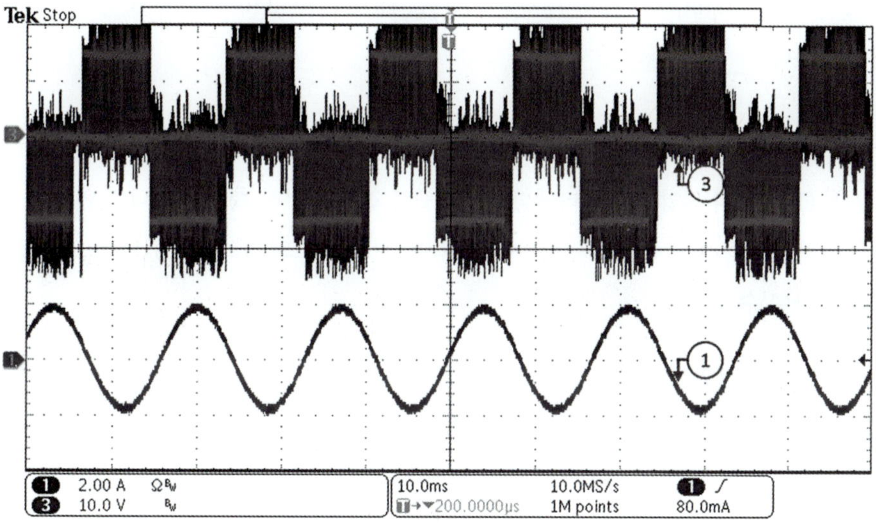

[그림 12-24] Workbench 하드웨어 결과(① 출력 전류, ③ 출력 전압)

12.6 3상 인버터

3상 출력을 위한 컨버터는 [그림 12-25(a)]와 같이 3개의 파워-폴로 구성된다. 이런 형태는 모터 드라이브나 3상 UPS 혹은 3상 계통 시스템에 쓰일 수 있다. [그림 12-25(b)]는 스위칭 주기 동안의 평균화된 표현을 나타낸다.

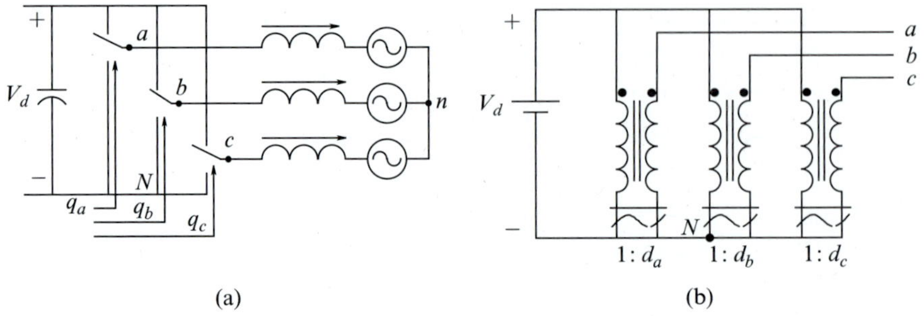

[그림 12-25] 3상 컨버터

[그림 12-25]에서 $\overline{v}_{an}$, $\overline{v}_{bn}$, $\overline{v}_{cn}$은 합성된 평형한 3상 스위칭 주기당 전압이다. 여기서 $\overline{v}_{an} = \widehat{V}_{ph}\sin(\omega_1 t)$, $\overline{v}_{bn} = \widehat{V}_{ph}\sin(\omega_1 t - 120°)$, $\overline{v}_{cn} = \widehat{V}_{ph}\sin(\omega_1 t - 240°)$이다. 공통 모드 전압들은 다음과 같이 더해진다.

$$\overline{v}_{aN} = \overline{v}_{com} + \overline{v}_{an}\,\overline{v}_{bN} = \overline{v}_{com} + \overline{v}_{bn}\,\overline{v}_{cN} = \overline{v}_{com} + \overline{v}_{cn} \tag{12.31}$$

[그림 12-26(a)]는 식 (12.31)의 전압값을 나타낸다. 공통 모드 전압은 부하 측에 나타나지 않으며, 단지 부하의 중성점에 대해 $\overline{v}_{an}$, $\overline{v}_{bn}$, $\overline{v}_{cn}$만 나타난다. 이러한 관계는 [그림 12-26(a)]의 회로에 중첩의 원리를 적용해서 나타낼 수 있다.

$\overline{v}_{an}$, $\overline{v}_{bn}$, $\overline{v}_{cn}$을 제거하면 [그림 12-26(b)]와 같이 각 상에 공통 모드 전압만 걸린다. 이때 한 상의 전류가 i라면 다른 2개의 상 역시 동일할 것이다. 부하의 중성점에서 키르히호프의 법칙에 의해 $3i = 0$이 되고 $i = 0$이 되므로 공통 모드 전압은 부하 측에 나타나지 않는다.

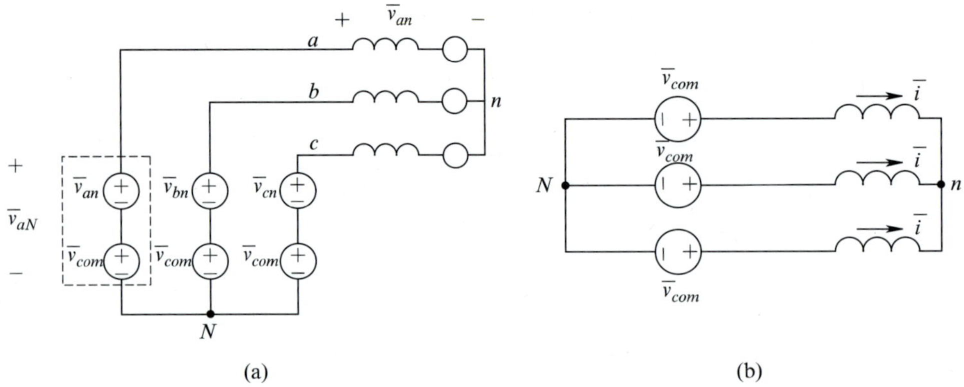

[그림 12-26] 3상 컨버터의 스위칭 주기 동안의 평균 출력 전압

각 스위칭 파워-폴의 전압 단자로부터 생성되는 스위칭 주기 동안의 평균 전류를 구해보자. [그림 12-25(b)]와 같이 모터 부하에 의해 유도되는 전류는 정현적이지만 각 상의 스위칭 주기 동안의 전압 $\overline{v}_{an}(t) = \widehat{V}_{ph}\sin\omega_1 t$에 대해 위상 ϕ_1 만큼 뒤진다고 가정하자. 이를 식으로 나타내면 다음과 같다.

$$\begin{aligned}\bar{i}_a(t) &= \hat{I}\sin(\omega_1 t - \phi_1) \\ \bar{i}_b(t) &= \hat{I}\sin(\omega_1 t - \phi_1 - 120°) \\ \bar{i}_c(t) &= \hat{I}\sin(\omega_1 t - \phi_1 - 240°)\end{aligned} \tag{12.32}$$

출력 전류의 리플은 무시할 만큼 작다고 가정하면 컨버터 측의 평균 출력 전력은 다음과 같다.

$$P_o = \bar{v}_{aN}\bar{i}_a + \bar{v}_{bN}\bar{i}_b + \bar{v}_{cN}\bar{i}_c \tag{12.33}$$

평균 출력 전력과 DC 버스로부터의 입력 전력이 같고 컨버터의 손실이 없다고 가정하면 다음과 같이 쓸 수 있다.

$$\bar{i}_d(t)\,V_d = \bar{v}_{aN}\,\bar{i}_a + \bar{v}_{bN}\,\bar{i}_b + \bar{v}_{cN}\,\bar{i}_c \tag{12.34}$$

식 (12.31)을 식 (12.34)에 대입하면 다음과 같다.

$$\bar{i}_d(t)\,V_d = \bar{v}_{com}\left(\bar{i}_a + \bar{i}_b + \bar{i}_c\right) + \bar{v}_{an}\,\bar{i}_a + \bar{i}_{bn}\,\bar{i}_b + \bar{i}_{cn}\,\bar{i}_c \tag{12.35}$$

부하 측 중성점에서 키르히호프의 전류 법칙을 적용하면 식 (12.35)의 괄호 안에 있는 3상 전류의 합은 다음과 같이 0이 된다.

$$\bar{i}_a + \bar{i}_b + \bar{i}_c = 0 \tag{12.36}$$

따라서 식 (12.35)로부터 다음과 같은 식을 얻을 수 있다.

$$\bar{i}_d(t) = \frac{1}{V_d}\left(\bar{v}_{an}\,\bar{i}_a + \bar{v}_{bn}\,\bar{i}_b + \bar{v}_{cn}\,\bar{i}_c\right) \tag{12.37}$$

식 (12.37)에서 각 상전압과 상전류의 곱의 합은 모터에 공급되는 3상 전력의 합이다. 식 (12.37)에 상전압과 전류를 대입하면 다음과 같다.

$$\bar{i}_d(t) = \frac{\hat{V}_{ph}\hat{I}}{V_d}\begin{Bmatrix}\sin(\omega_1 t)\sin(\omega_1 t - \phi_1) + \sin(\omega_1 t - 120°)\sin(\omega_1 t - \phi_1 - 120°) \\ + \sin(\omega_1 t - 240°)\sin(\omega_1 t - \phi_1 - 240°)\end{Bmatrix} \tag{12.38}$$

3상 회로에서 직류 전류에 대해 식을 정리하면 다음과 같다.

$$\bar{i}_d(t) = I_d = \frac{3}{2}\frac{\hat{V}_{ph}\hat{I}}{V_d}\cos\phi_1 \tag{12.39}$$

3상 컨버터에서 합성된 정현파 출력 전압을 합성하는 다음의 두 가지 방법에 대해 알아보자.

- 정현파 PWM
- 공간 벡터[Space Vector] PWM

12.6.1 정현파 PWM

정현파 펄스 폭 변조[PWM]에서 파워-폴의 한 주기당 평균 출력 $\bar{v}_{aN}$, $\bar{v}_{bN}$, $\bar{v}_{cN}$은 [그림 12-27]에서와 같이 DC 모터 드라이브와 단상 UPS와 유사하게 일정한 DC 공통 모드 전압 $\bar{v}_{com} = \dfrac{V_d}{2}$를 갖는다.

$$\bar{v}_{aN} = \frac{V_d}{2} + \bar{v}_{an} \bar{v}_{bN} = \frac{V_d}{2} + \bar{v}_{bn} \bar{v}_{cN} = \frac{V_d}{2} + \bar{v}_{cn} \tag{12.40}$$

[그림 12-27]에서 식 (12.3)을 이용하여 $\bar{v}_{aN}$, $\bar{v}_{bN}$, $\bar{v}_{cN}$을 각각 V_d로 나누면 0부터 1까지의 d_a, d_b, d_c로 표현된다.

$$d_a = \frac{1}{2} + \frac{\bar{v}_{an}}{V_d} d_b = \frac{1}{2} + \frac{\bar{v}_{bn}}{V_d} d_c = \frac{1}{2} + \frac{\bar{v}_{cn}}{V_d} \tag{12.41}$$

[그림 12-25(b)]와 같이 식 (12.41)에서 결정된 파워-폴의 듀티 비는 이상적인 변압기의 권선비를 결정한다. [그림 12-27]에서 볼 수 있듯이 $\bar{v}_{an}$은 $\dfrac{V_d}{2}$의 최대 크기를 가지므로 상전압의 허용 가능한 최대 전압의 크기는 다음과 같다.

$$(\hat{V}_{ph})_{\max} = \frac{V_d}{2} \tag{12.42}$$

따라서 3상 회로의 선간 전압의 크기가 상전압의 $\sqrt{3}$ 배인 성질을 이용하여 정현파 PWM의 최대 크기는 다음과 같이 제한된다.

$$(\hat{V}_{LL})_{\max} = \sqrt{3}(\hat{V}_{ph})_{\max} = \frac{\sqrt{3}}{2} V_d \simeq 0.867\, V_d \tag{12.43}$$

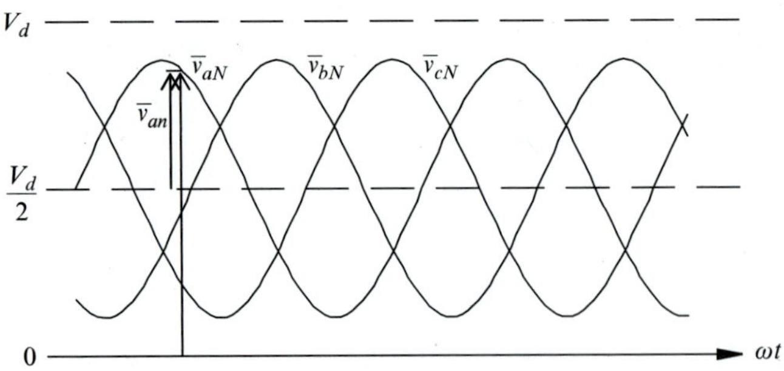

[그림 12-27] 정현파 PWM에 의해 발생하는 스위칭 주기당 평균 전압

12.6.1.1 정현파 PWM을 사용하는 3상 인버터에서 스위칭 파형

정현파 PWM에서 3상 지령 전압은 식 (12.41)의 듀티 비에 $\widehat{V}_{tri}$를 곱한 값이다. 이렇게 구해진 지령 전압은 삼각 파형 신호와의 비교를 통해 스위칭 신호를 생성한다. 다음 예제는 정현파 PWM을 위해 생성된 스위칭 파형을 보여준다.

예제 12-6

[그림 12-25(a)]는 정현파 PWM이 사용된 3상 컨버터이다. 파라미터와 동작 조건들은 $V_d = 350\,\text{V}$, $f_1 = 60\,\text{Hz}$, $\overline{v}_{an} = 160\cos\omega_1 t\,\text{V}$ (b상과 c상의 경우도 동일), 그리고 스위칭 주파수 $f_s = 25\,\text{kHz}$이며, $\widehat{V}_{tri} = 1\,\text{V}$이다. $\omega_1 t = 15°$에서 스위칭 주파수의 한 주기 동안의 스위칭 시간을 계산하고 파형을 그려라.

풀이

$\omega_1 t = 15°$에서 $\overline{v}_{an} = 154.55\,\text{V}$, $\overline{v}_{bn} = -41.41\,\text{V}$, $\overline{v}_{cn} = -113.14\,\text{V}$이다. 그러므로 식 (12.40)으로부터 $\overline{v}_{aN} = 329.55\,\text{V}$, $\overline{v}_{bN} = 133.59\,\text{V}$, $\overline{v}_{cN} = 61.86\,\text{V}$가 된다. 식 (12.41)로부터 관련한 파워-폴의 듀티 비는 각각 $d_a = 0.942$, $d_b = 0.382$, $d_c = 0.177$이다. $\widehat{V}_{tri} = 1\,\text{V}$에서 듀티 비는 지령 전압과 동일하다. 계산된 스위칭 시간 $T_s = 50\,\mu\text{s}$이고 스위칭 파형은 [그림 12-28]과 같다.

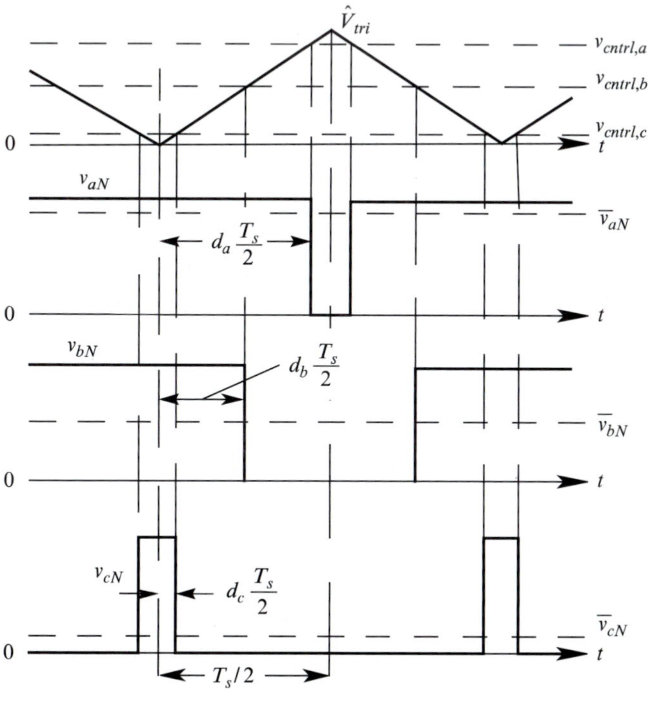

[그림 12-28] [예제 12-6]의 스위칭 파형

12.6.1.2 시뮬레이션 및 하드웨어 프로토타이핑

다음 예제를 통해 정현파 PWM을 이용한 3상 인버터의 시뮬레이션을 수행해보자.

예제 12-7

3상 인버터가 $R = 8\Omega$, $L = 1\,\text{mH}$ 인 평형 3상 RL 부하에 연결되어 있다. 직류 전압은 $V_{dc} = 350\,\text{V}$ 이다. 원하는 출력 전압은 60 Hz 에서 208 V 선간 전압 RMS이다. LTspice를 이용하여 이 컨버터에 대한 시뮬레이션을 수행하라.

풀이

다운로드한 파일을 통해 시뮬레이션을 수행해보자. LTspice 모델은 [그림 12-29]와 같다.

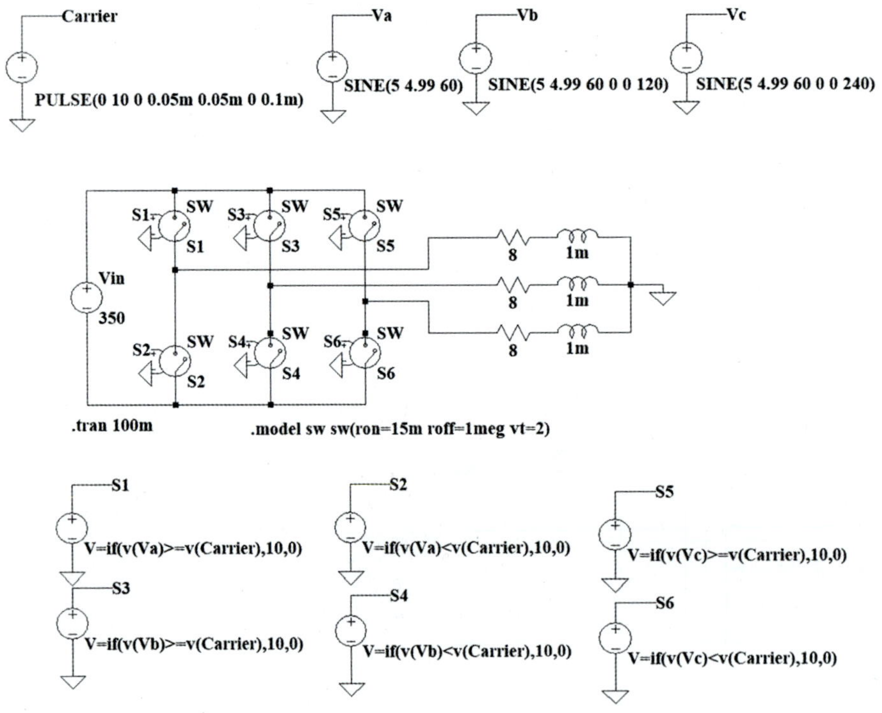

[그림 12-29] LTspice 모델

이 컨버터의 정상상태 파형은 [그림 12-30]과 같다.

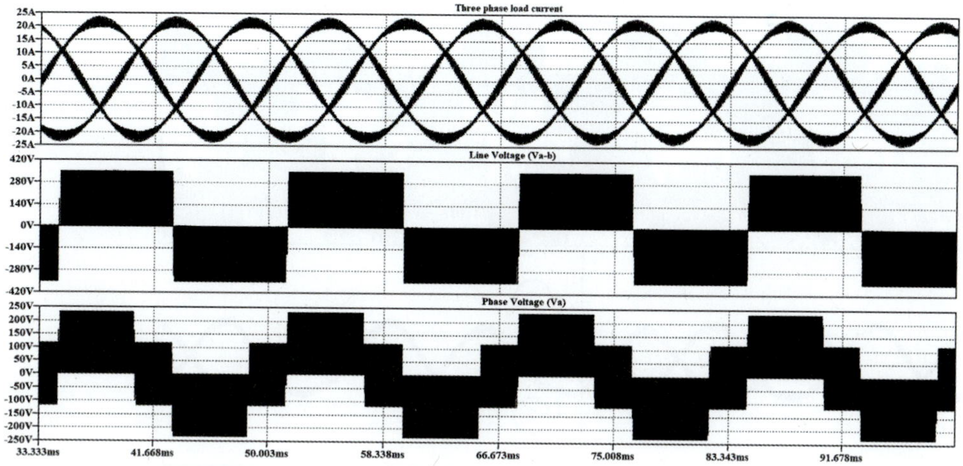

[그림 12-30] LTspice 시뮬레이션 결과

[예제 12-7]에서 사용된 동일한 제어 알고리즘은 Sciamble 실험 키트를 사용하여 직류로부터 균형 잡힌 3상 정현파 전압을 생성하기 위해 [그림 12-31]과 같이 Workbench에 구현되어있다.

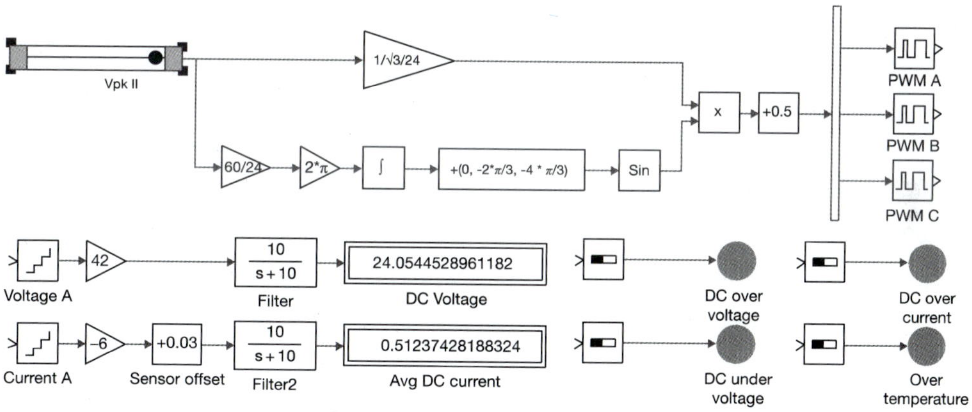

[그림 12-31] Workbench 모델

하드웨어에서 사용할 수 있는 DC 버스 전압은 $V_{dc} = 24\,\text{V}$ 이며, 이는 [그림 12-32]에 나와 있듯이 14.7 V RMS, 60 Hz 출력 전압을 생성하는 데 사용된다. 스위칭 주파수인 $f_s = 20\,\text{kHz}$ 로 설정한다.

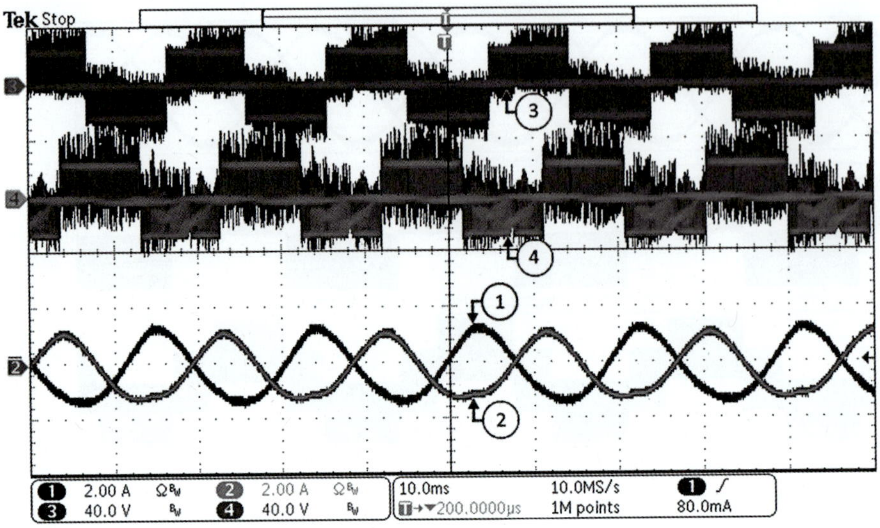

[그림 12-32] Workbench 하드웨어 결과(① I_A, ② I_B, ③ V_{AB}, ④ V_{BC})

12.6.2 공간 벡터 PWM(SV PWM)

공간 벡터Space Vector, SV의 사용은 물리적 기초에 기반하여 도입되었으며, 3상 AC 기기에 관한 수업에서 활용할 수 있다.[1] 이 접근법은 AC 기기를 이해하는 기존 방법들에 비해 많은 이점이 있다.

전압 공간 벡터는 단일 변수로 모든 3상 전압을 원하는 순간에 표현할 수 있는 간결한 방법이다. 이 스위칭 주기 동안의 평균 공간 벡터는 공간 벡터 PWM을 사용하여 합성되며, 가용한 DC 버스 전압을 완전히 활용하고 AC 출력을 생성한다. 이 출력은 정현파 PWM 방식으로 얻을 수 있는 것보다 약 15% 더 높을 수 있고 둘 다 저차 고조파가 나타나지 않는 선형 범위에서의 성능을 나타낸다.

정현파 PWM은 식 (12.43)에 의해 $(\hat{V}_{LL})_{\max} \simeq 0.867\ V_d$로 제한된다. 이는 출력 전압을 폴마다 합성하므로 3상의 특성을 충분히 활용하지 못하기 때문이다. 물리적으로 선간 전압을 고려함으로써 SV PWM에서 $(\hat{V}_{LL})_{\max} = V_d$를 얻는 것이 가능하다.

12.6.2.1 공간 벡터의 정의

공간 벡터는 평형된 3상 부하를 통해 쉽게 이해할 수 있다. 예를 들어 [그림 12-25]의 AC 기기의 경우 a축을 기준으로 나머지 두 상의 축은 반시계 방향으로 각각 $2\pi/3$, $4\pi/3$ 라디안radian만큼 떨어져 있다. 임의의 순간에서 고정자의 공간 전압 벡터는 해당 순간의 고정자 상전압을 각 상의 축 방향과 곱한 후 이를 합산하여 다음과 같이 정의된다.

1 N. Mohan and S. Raju, *Analysis and Control of Electric Drives: Simulations and Laboratory Implementation*, New York: John Wiley & Sons, 2020.

$$\vec{v}_s(t) = v_a(t)e^{j0} + v_b(t)e^{j2\pi/3} + v_c(t)e^{j4\pi/3} \quad (12.44)$$

[그림 12-33]의 음의 DC 버스 "N"을 기준으로 하고, 고정자 중성점을 기준 접지로 가정하면 인버터의 출력 전압은 다음과 같다.

$$\begin{aligned} v_a &= v_{aN} + v_N \\ v_b &= v_{bN} + v_N \\ v_c &= v_{cN} + v_N \end{aligned} \quad (12.45)$$

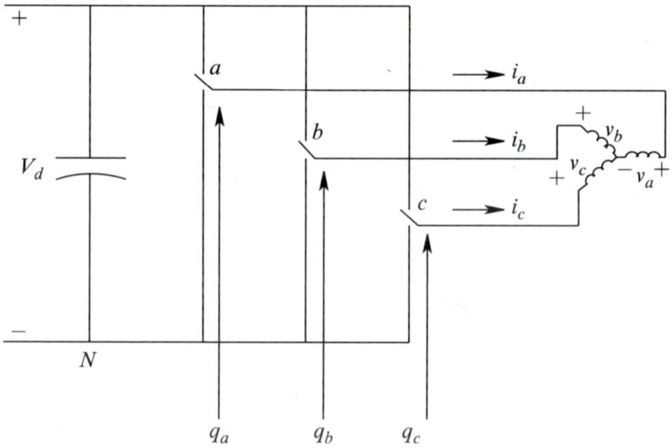

[그림 12-33] 3상 출력을 가진 인버터

식 (12.45)를 식 (12.44)에 대입하면 다음과 같이 정리된다.

$$e^{j0} + e^{j2\pi/3} + e^{j4\pi/3} = 0 \quad (12.46)$$

순시 고정자의 전압 공간 벡터는 인버터의 출력 전압으로 다음과 같이 표현할 수 있다.

$$\vec{v}_s(t) = v_{aN}\,e^{j0} + v_{bN}\,e^{j2\pi/3} + v_{cN}\,e^{j4\pi/3} \quad (12.47)$$

[그림 12-33]에서 폴 스위칭 함수 $q = 1$이면 인버터 폴의 상단 스위치가 "ON" 상태이며, 반대로 $q = 0$이면 하단 스위치가 "ON" 상태이다. 순시 전압 공간 벡터는 스위칭 함수로 다음과 같이 나타낼 수 있다.

$$\vec{v}_s(t) = V_d(q_a e^{j0} + q_b e^{j2\pi/3} + q_c e^{j4\pi/3}) \quad (12.48)$$

3개의 폴에서는 8개의 스위치 상태 조합을 만들 수 있다. 식 (12.48)에서 순시 고정자 전압 벡터 $\vec{v}_s(t)$는 7개로 구분되는 디지털로 표현된 순시값 중 하나를 택해 나타낼 수 있다. 이때 상 "a"는 최하위 숫자, 상 "c"는 최상위 숫자를 나타낸다(예를 들어 스위치 상태 조합이 $\underbrace{011}_{(=3)}$ 인 전압 벡터는 $\vec{v}_3$로 표현할 수 있다).

$$\begin{aligned}
&\vec{v}_s(000) = \vec{v}_0 = 0 && \vec{v}_s(001) = \vec{v}_1 = V_d e^{j0} \\
&\vec{v}_s(010) = \vec{v}_2 = V_d e^{j2\pi/3} && \vec{v}_s(011) = \vec{v}_3 = V_d e^{j\pi/3} \\
&\vec{v}_s(100) = \vec{v}_4 = V_d e^{j4\pi/3} && \vec{v}_s(101) = \vec{v}_5 = V_d e^{j5\pi/3} \\
&\vec{v}_s(110) = \vec{v}_6 = V_d e^{j\pi} && \vec{v}_s(111) = \vec{v}_7 = 0
\end{aligned} \tag{12.49}$$

식 (12.49)에서 $\vec{v}_0$와 $\vec{v}_7$은 그 값이 0이므로 영벡터이다. "기본 벡터"라고 부르는 순시 고정자 전압 벡터들은 [그림 12-34]와 같이 그려진다. 기본 벡터는 [그림 12-34]에서와 같이 6개의 섹터sector를 가진다.

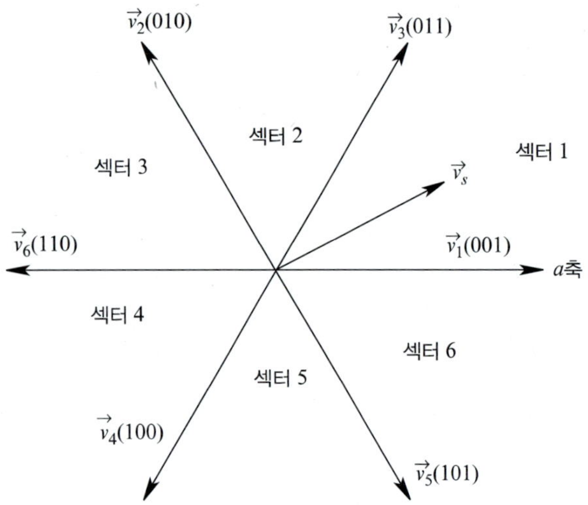

[그림 12-34] 기본 전압 벡터($\vec{v}_0$와 $\vec{v}_7$은 표시하지 않음)

기본 전압 벡터들은 유일하게 유효한true 순시 전압이라는 점을 주의해야 한다. 그러나 식 (12.44)의 예와 같이 합성하고자 하는 기기의 상전압은 한 스위칭 주기 동안의 평균 전압이므로 엄밀히 따지면 $\overline{v}_a(t)$ 등과 같이 써야 한다. 따라서 식 (12.44)의 한 스위칭 주기 동안의 평균 공간 벡터는 $\overline{\vec{v}}_s(t)$라고 나타내어야 한다. 이는 단순히 기호들을 복잡하게 하는 것을 피하기 위해 여기서는 풀이하지 않았지만 그 의도는 분명하게 이해해야 한다. 다시 말해 [그림 12-34]와 같이 기본 벡터는 공간 벡터 PWM이라고 하는, 시간 가중 평균을 낸 실제 순시 공간 벡터들이며, 다음 절에서 분석할 것과 같이 한 스위칭 사이클당 평균을 나타내는 [그림 12-34]의 공간 벡터 $\vec{v}_s(t)$를 합성하는 것을 가능하게 한다.

12.6.2.2 SV PWM : 공간 벡터 펄스 폭 변조

인버터 스위치에 대한 PWM 제어의 목적은 고정자의 지령 전압 공간 벡터를 다음 조건에 맞게 최적의 방식으로 합성하는 것이다.

- 일정한 스위칭 주파수 f_s
- 지령값에 대한 최소 순시 편차[deviation]
- 가능한 DC 버스 전압의 최대 활용
- 모터 전류의 작은 리플
- 인버터에서의 최소 스위칭 손실

스위칭 상태를 전환하는 각 과도상태에서 인버터의 스위칭 손실 최소화를 위해 오직 하나의 스위칭 상태만 바뀌도록 평균 전압 벡터가 한 섹터를 결정하는 영전압 벡터가 아닌 (평균 전압 벡터가 그 섹터 안에 놓이는) 두 순시 기본 전압 벡터와 두 영전압 벡터로 합성하면 앞선 조건들은 일반적으로 만족된다.

모든 섹터에 대해 일반화할 수 있도록 섹터 1의 평균 전압 벡터를 중점으로 분석하자. [그림 12-35]에서 주기 T_s 동안의 평균 전압 벡터 $\vec{v}_s (= \hat{V}_s e^{j\theta_s})$를 합성하기 위해 인접한 두 기본 벡터 $\vec{v}_1$과 $\vec{v}_3$는 각각 xT_s, yT_s의 시간 동안 인가되고 영벡터 $\vec{v}_0$, $\vec{v}_7$은 zT_s의 시간 동안 인가된다.

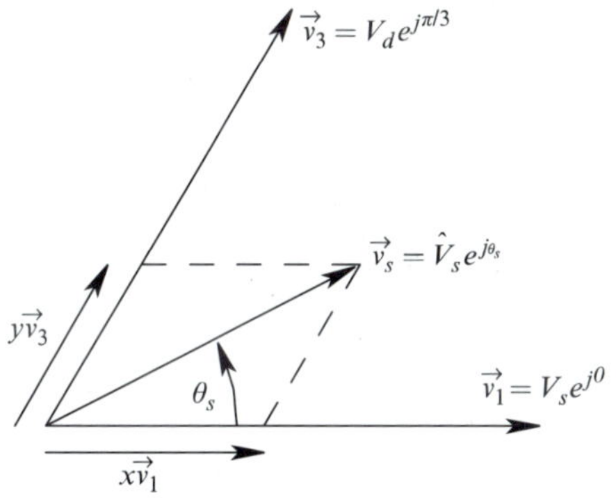

[그림 12-35] 섹터 1에서의 전압 벡터

평균 전압 벡터는 기본 전압 벡터에 대해 다음의 두 식 중 하나의 형태로 정리할 수 있다.

$$\vec{v}_s = \frac{1}{T_s}\left[xT_s\vec{v}_1 + yT_s\vec{v}_3 + zT_s \cdot 0\right] \tag{12.50}$$

$$\vec{v}_s = x\vec{v}_1 + y\vec{v}_3 \tag{12.51}$$

이때 x, y, z의 관계는 다음과 같다.

$$x + y + z = 1 \tag{12.52}$$

식 (12.51)에서 전압 벡터를 벡터의 크기와 위상으로 나타내면 다음과 같이 표현할 수 있다.

$$\hat{V}_s e^{j\theta_s} = xV_d e^{j0} + yV_d e^{j\pi/3} \tag{12.53}$$

얻고자 하는 섹터 1의 평균 공간 벡터를 만들기 위해 식 (12.53)의 양변에서 실수부와 허수부가 동일하다는 것을 이용하여 V_s, θ_s, V_d에 대해 x, y를 구할 수 있다.

인접한 기본 벡터들과 두 영벡터의 인가시간을 결정하고 나면 실제 각 폴(a, b, c)에 대해 앞선 결정 사항을 적용해야 한다. [그림 12-34]와 같이 어느 섹터에서든 인접한 기본 벡터들은 한 자리의 스위칭 상태만 다르다.

예를 들어 섹터 1에서 인접한 기본 벡터 $\vec{v}_1(001)$, $\vec{v}_3(011)$가 있을 때 오직 b폴의 스위칭 상태만 다르다. 섹터 1에서 [그림 12-36]에서의 스위칭 패턴은 a폴의 스위칭 상태가 xT_s, yT_s, z_7T_s의 합인 시간 동안 상단 스위치가 “up” 상태이므로 이는 세 폴의 인가시간 중 가장 긴 구간이 된다. 다음으로 긴 “up” 상태 인가시간은 b폴의 인가시간으로 yT_s, z_7T_s의 합과 같다. 가장 짧은 구간은 c폴의 인가시간 z_7T_s이다. 각 과도상태는 [그림 12-36]에서와 같이 오직 한 폴에서의 스위칭 상태가 변하도록 한다. 3개 폴의 스위칭 패턴은 다른 섹터에서도 모두 생성될 수 있다.

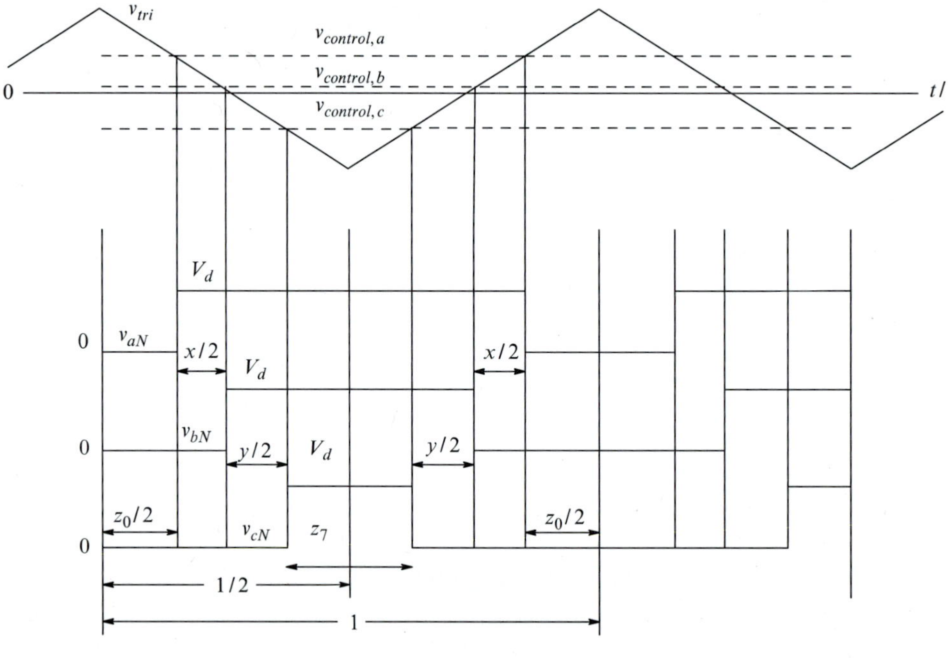

[그림 12-36] 섹터 1에서의 파형($z = z_0 + z_7$)

12.6.2.3 고정자의 전압 공간 벡터($\vec{v}_s$)의 크기($\hat{V}_s$) 제한

먼저 다양한 각도에서 고정자의 공간 전압 벡터의 평균 크기인 $\hat{V}_s$의 확실한 제한을 설정해보자. 평균 전압 벡터가 영전압 벡터가 아닌 유효 전압 벡터를 따라 위치해있다면 V_d(DC 버스 전압)로 제한된다. 기본 벡터 사이에서 평균 전압 벡터의 크기를 제한하는 것은 [그림 12-37]의 육각형을 형성하는 직선이 된다.

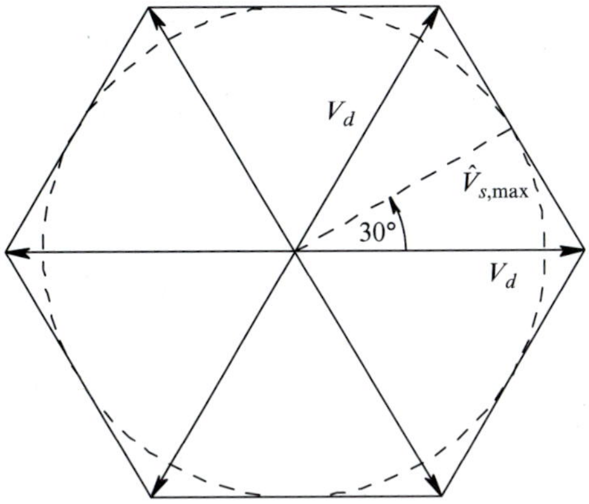

[그림 12-37] $\hat{V}_s$의 크기 제한

그러나 출력 공간 전압 벡터 $\vec{v}_s$의 최대 크기는 출력 전류가 왜곡되는 것을 막기 위해 [그림 12-37]의 육각형에 내접하는 원의 크기로 제한된다. 안정된 정현파 정상상태에서 공간 전압 벡터 $\vec{v}_s$는 일정한 크기로 동기 속도 $w_{syn}(=2\pi f)$로 회전하며, 여기서 f는 상전압의 주파수이다. 이때 최대 출력 전압의 크기는 다음과 같다.

$$\vec{v}_{s,\max}(t) = \hat{V}_{s,\max} e^{j\omega_{syn} t} \tag{12.54}$$

따라서 공간 전압 벡터의 최대 크기 $\hat{V}_s$는 다음과 같이 구할 수 있다.

$$\hat{V}_{s,\max} = V_d \cos\left(\frac{60°}{2}\right) = \frac{\sqrt{3}}{2} V_d \tag{12.55}$$

안정된 정상상태에서 상전압의 최댓값은 공간 전압 벡터 크기의 $\frac{2}{3}$ 값을 갖는다. 그러므로 식 (12.55)로부터 상전압과 공간 벡터 PWM에서의 선간 전압의 최대 크기 값은 각각 다음과 같다.

$$\hat{V}_{phase,\max} = \frac{2}{3}\hat{V}_{s,\max} = \frac{V_d}{\sqrt{3}} \tag{12.56}$$

$$V_{LL,\max}(\text{rms}) = \sqrt{3}\,\frac{\hat{V}_{phase,\max}}{\sqrt{2}} = \frac{V_d}{\sqrt{2}} = 0.707\,V_d \tag{12.57}$$

앞서 언급한 선형 영역에서 정현파 PWM 방식의 선간 전압의 최대 크기는 다음과 같다.

$$V_{LL,\max}(\text{rms}) = \frac{\sqrt{3}}{2\sqrt{2}} V_d = 0.612\,V_d \tag{12.58}$$

식 (12.57)과 식 (12.58)을 비교해보면 공간 벡터 펄스 폭 변조[SV PWM]는 동일한 DC 버스 전압에서 정현파 PWM보다 $2/\sqrt{3}$ 배(약 15%) 큰 출력 전압을 얻을 수 있다.

예제 12-8

[예제 12-6]과 마찬가지로 [그림 12-21(a)]의 3상 컨버터에서 $V_d = 350\,\mathrm{V}$, $\overline{v}_{an} = 160\cos\omega_1 t\ \mathrm{V}$이다. $\omega_1 t = 15°$에서 SV PWM을 적용할 때 듀티 비 d_a를 구하라.

풀이

식 (12.47)을 이용하여 $\omega_1 t = 15°$에서 공간 전압 벡터를 다음과 같이 구한다.

$$\vec{v}_s(t) = 160\cos(15°)e^{j0} + 160\cos(15° - 120°)e^{j2\pi/3}$$
$$+ 160\cos(15° - 240°)e^{j4\pi/3}$$
$$= 240\angle 15°$$

이는 [그림 12-34]에 표시된 전압 벡터의 섹터 1에 해당한다. 섹터 1에서 유효 전압 벡터는 $\vec{v}_1(001)$과 $\vec{v}_2(011)$이다. 각 벡터가 적용되는 스위칭 시간 비율은 식 (12.53)을 사용하여 다음과 같이 결정된다.

$$240\,e^{j15\pi/180} = 350\left(xe^{j0} + ye^{j\pi/3}\right)$$
$$\Rightarrow 0.6857(0.9659 + j0.2588) = (x + 0.5y) + j0.866y$$

앞선 수식을 풀면 $x = 0.5599$이고 $y = 0.2049$이다. 2개의 영벡터 $\vec{v}_0(000)$와 $\vec{v}_7(111)$은 남은 시간 동안 다음과 같이 동일하게 분배된다.

$$z_0 = z_1 = (1 - x - y)/2 = 0.1176$$

이제 각 상의 듀티 사이클은 해당 상에서 스위치가 "위쪽"에 위치한 벡터들의 듀티 사이클을 합산하여 다음과 같이 구할 수 있다.

$$d_a = x + y + z_7 = 0.8824$$
$$d_b = y + z_7 = 0.3225$$
$$d_c = z_7 = 0.1176$$

12.6.2.4 시뮬레이션 및 하드웨어 프로토타이핑

다음 예제를 통해 공간 벡터 PWM을 이용한 3상 인버터의 시뮬레이션을 수행해보자.

예제 12-9

3상 인버터가 $R = 8\,\Omega$, $L = 1\,\text{mH}$ 인 평형 3상 RL 부하에 연결되어 있다. 직류 전압은 $V_{dc} = 350\,\text{V}$ 이고 원하는 출력 전압은 $60\,\text{Hz}$ 에서 $208\,\text{V}$ 선간 전압 RMS이다. LTspice를 이용하여 이 컨버터에 대한 시뮬레이션을 수행하라.

풀이

다운로드한 파일을 통해 시뮬레이션을 수행해보자. LTspice 모델은 [그림 12-38]과 같다.

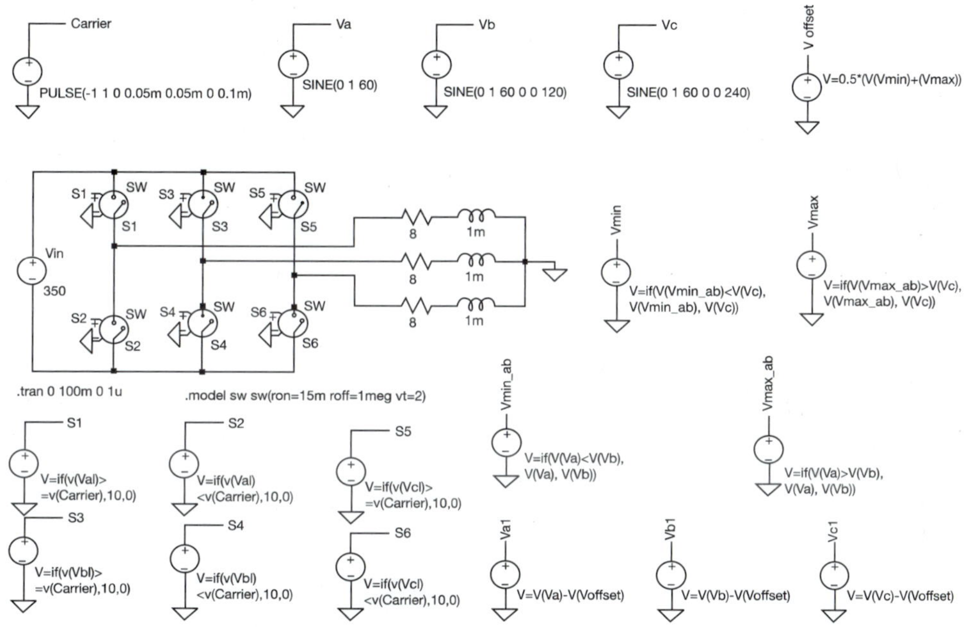

[그림 12-38] LTspice 모델

이 컨버터의 정상상태 파형은 [그림 12-39]와 같다.

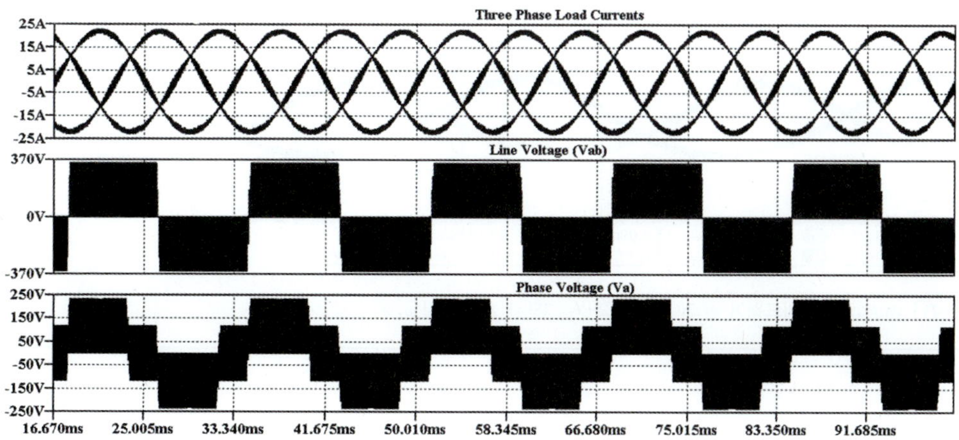

[그림 12-39] LTspice 시뮬레이션 결과

[예제 12-9]에서 사용된 동일한 제어 알고리즘은 Sciamble 실험 키트를 사용하여 직류로부터 균형 잡힌 3상 정현파 전압을 생성하기 위해 [그림 12-40]에 표시된 것처럼 Workbench에 구현되어 있다.

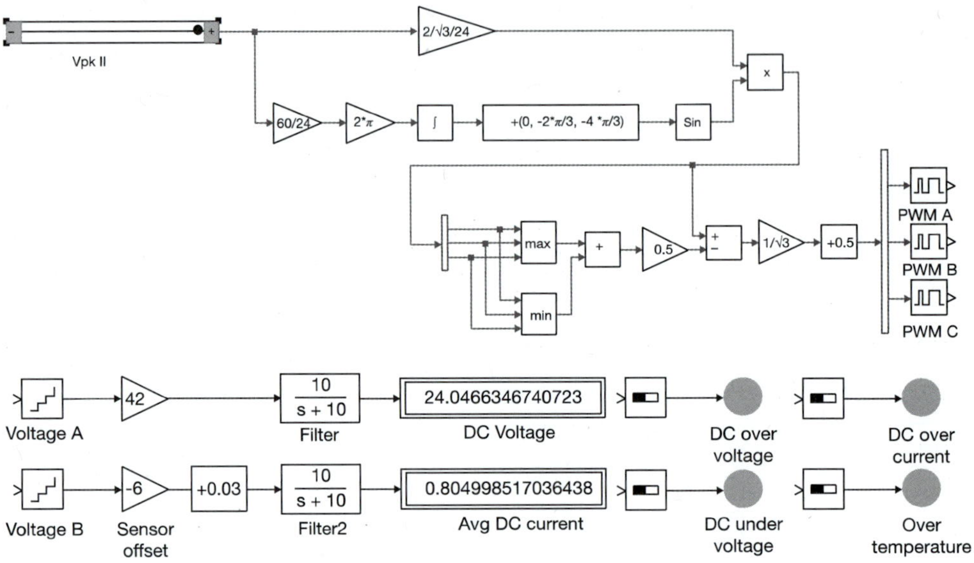

[그림 12-40] Workbench 모델

하드웨어에서 사용할 수 있는 DC 버스 전압은 $V_{dc} = 40\,\mathrm{V}$이며, 이는 [그림 12-41]에 나와 있듯이 17 V RMS, 60 Hz 출력 전압을 생성하는 데 사용된다. 스위칭 주파수는 $f_s = 20\,\mathrm{kHz}$로 설정한다.

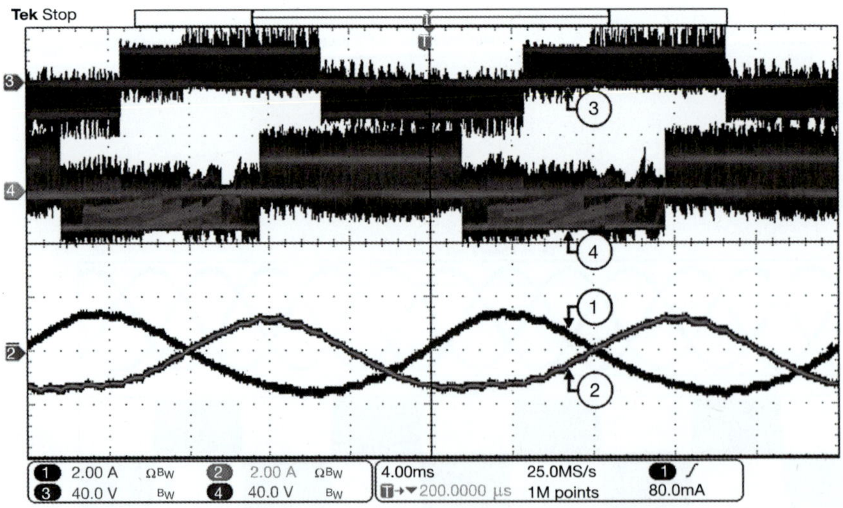

[그림 12-41] Workbench 하드웨어 결과(① I_A, ② I_B, ③ V_{AB}, ④ V_{BC})

12.6.3 과변조와 구형파(6단계) 모드의 동작[2]

지금까지 소개된 정현파 PWM과 공간 벡터 PWM의 방법은 삼각 반송파의 최대값 $\hat{V}_{tri}$보다 제어 전압 값의 최댓값이 같거나 작다는 조건을 가정하였다. 이로 인해 출력 위상 전압이 선형적으로 제어 전압과 관련되는 범위가 형성되었으며, 공통 모드 오프셋 전압은 부하에 나타나지 않으므로 무시된다. 그러므로 PWM 컨버터는 그 역할이 선형구간에서의 선형 증폭기와 유사하다. 이러한 선형성뿐만 아니라 [그림 12-8(b)]와 같이 출력 파형에 대한 스위칭 주파수의 배수 주위에 고조파 출력 파형이 표시된다. 즉 낮은 주파수 f_1(기본주파수)의 배수로 나타나는 낮은 고조파는 출력에 나타나지 않는다.

그러나 정격 속도 이상에서의 모터 드라이브와 같은 응용 분야에서 출력이 f_1의 수 배의 고조파를 갖더라도 기본주파수 f_1에서 가능한 높은 전압을 얻는 것이 유리할 수 있다. 이것을 과변조[over-modulation]라고 하는데, 이를 위해 삼각 반송파의 최고점보다 큰 지령 전압이 필요하다. 푸리에 분석을 의해 출력 전압의 스위칭 파형은 결과적으로 낮은 차수의 고조파를 포함한다는 것을 알 수 있다. [그림 12-42]와 같이 각 스위칭 파워-폴의 한계로 스위치는 제어 주기의 절반은 '위'에, 나머지 절반은 '아래'에 위치한다.

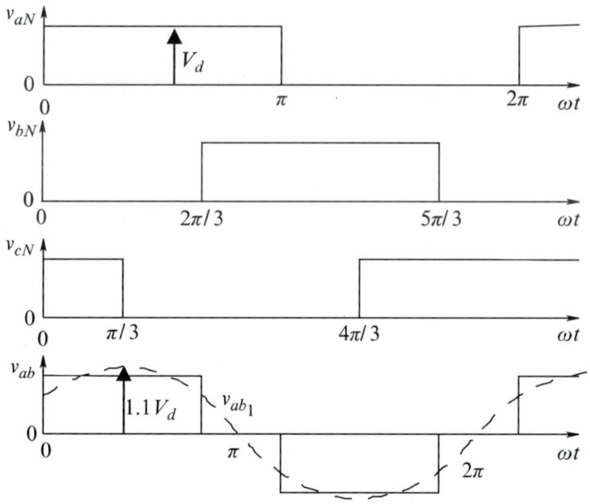

[그림 12-42] 구형파(6단계) 파형

세 극점의 출력 파형은 각각 $2\pi/3$ 라디안씩 차이를 두고 위치한다. 출력 파형은 사각파이며, 이러한 동작을 사각파[square-wave] 또는 6단계 모드[six-step mode] 동작이라고 한다. 주어진 DC 버스 전압 V_d에서 이 동작 모드는 푸리에 분석을 통해 확인하면 기본주파수 f_1에서 가능한 가장 높은 출력 전압을 다음과 같이 출력한다.

$$\hat{V}_{ph_1} = \frac{4}{\pi}\left(\frac{V_d}{2}\right) = 0.637\,V_d, \quad \hat{V}_{LL_1} = \sqrt{3}\,\hat{V}_{ph_1} = \frac{2\sqrt{3}}{\pi}V_d \simeq 1.1\,V_d \qquad (12.59)$$

2 N. Mohan, T.M. Undeland, and W.P. Robbins, *Power Electronics: Converters, Applications and Design*, 3rd Edition, New York: John Wiley & Sons, 2003.

식 (12.59)는 출력 전압에 저차 고조파 성분을 포함하지만 $h = 6n \pm 1$이고 $n = 1, 2, 3, \cdots$일 때 V_d보다 큰 선간 전압 최댓값을 얻을 수 있다는 것을 의미한다.

$$\hat{V}_{LL_h} = \frac{\hat{V}_{LL_1}}{h} = \frac{1.1}{h} V_d \tag{12.60}$$

12.7 멀티레벨 인버터

고전력, 고전압 응용 분야에서는 관련된 전류가 측정 가능한 범위를 유지하기 위해 높은 전압에서 시스템을 동작시키는 것이 바람직하다. 이때 DC 버스 전압 V_d는 [그림 12-3(a)]의 파워-폴에서 트랜지스터의 정격 전압을 초과하는 큰 값이 될 수 있다(물론 안전을 위한 충분한 전압 여유를 보장해야 한다). 이러한 경우 해결 방법 중 하나는 [그림 12-3(a)]와 같이 각각의 트랜지스터를 효과적으로 이용하기 위해 직렬로 다수의 트랜지스터를 사용하는 것이다. 실제 시스템에서 적용되고 있는 이러한 직렬 연결 방법에서 연결된 모든 스위치에 동일한 전압이 분배될 수 있도록 주의해야 한다.

다른 방법은 [그림 12-43]과 같이 중심부를 "●" 모양으로 연결하여 2개의 직렬 연결된 커패시터의 전압을 $V_d / 2$로 분리하여 3레벨로 배열하는 것이다.[3]

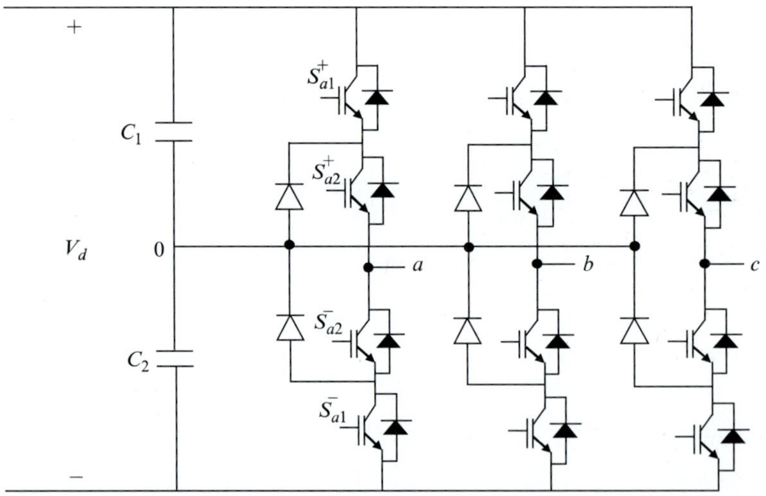

[그림 12-43] 3레벨 인버터

3 Space Vector PWM Lab Manual. https://sciamble.com/resources/pe-drives-lab/basic-pe/svpwm.

a상 스위칭 파워-폴을 살펴보자. 스위치 S_{a2}^{+}와 S_{a2}^{-}를 켜면 전류 방향에 상관없이 중심점에서 스위칭 파워-폴의 출력 전압 $v_{ao}=0$이 된다. S_{a1}^{+}와 S_{a2}^{+}를 켜면 $v_{ao}=V_d/2$가 된다. 마지막으로 S_{a1}^{-}과 S_{a2}^{-}를 켜면 $v_{ao}=-V_d/2$가 된다.

3레벨 인버터에는 두 가지의 큰 장점이 있다. 먼저 [그림 12-43]과 같이 트랜지스터를 직렬로 연결할 필요가 없으며, 동일한 전압으로 나눌 필요도 없이 트랜지스터는 DC 버스 전압의 절반, 즉 $V_d/2$만 견디면 된다. 다음으로 앞서 언급한 2레벨 인버터에 비해 3레벨($V_d/2$, 0, $-V_d/2$)은 동일한 스위칭 주파수에서 출력 리플이 줄어든다. 단, 이러한 인버터는 DC 버스 전압의 중간값에 중성점이 잘 유지되도록 해야 한다는 단점이 있다.

3레벨 이상의 멀티레벨 인버터의 다양한 장점과 연구들은 여러 문헌을 통해 보고되었다.[4][5] 이 주제에 대한 자세한 논의는 관련 문헌을 참고하라.[6]

12.8 양방향 전력 전달을 위한 컨버터

많은 응용 분야에서 [그림 12-1]과 같이 전압-링크 구조를 통한 전력의 흐름은 양방향이다. 예를 들어 모터가 동작할 경우 전력이 계통에서 모터 측으로 흐르고 모터 속도가 감소하는 동안 기계 부하의 관성에 저장된 에너지가 발전기로 동작하는 기기에 의해 계통 그리드로 전력을 되돌릴 수 있다. 이는 12.6절에서 언급한 양방향 전력 흐름이 가능한 3상 컨버터를 [그림 12-44(a)]와 같이 양단에 사용하여 수행할 수 있다.

일반 모드에서 계통 측 컨버터는 정류기[rectifier]로 동작하며, 기기 측 컨버터는 인버터[inverter]로 동작한다. 에너지 회생 동안 전력의 흐름이 반대가 되었을 때 이러한 두 가지 역할은 반대가 된다. 유사한 방식은 HVDC 전송선로에 의해 2개의 교류 시스템을 연결할 때 사용된다.

[그림 12-44(b)]는 이상적인 변압기를 이용한 이 컨버터들의 스위칭 주기 동안의 평균 표현을 나타낸다. 간략화된 표현에서 손실이 없다고 가정하면 한쪽은 내부 시스템 인덕턴스 L_s에 직렬로 연결된 소스 v_{sa} 등으로 표현된다. 예를 들어 AC 기기는 다른 한쪽은 역기전력 e_A에 직렬로 연결된 기기의 등가 인덕턴스 L_{eq} 등의 정상상태 등가회로로 표현된다. 3상 평형 상태에서 각각의 컨버터 역할은 [그림 12-44(c)]와 같이 나타낸 각 상의 등가회로를 통해 분석될 수 있다.

4 J. Rodríguez, et al., "Multilevel Inverters: A Survey of Topologies, Controls, and Applications," *IEEE Transactions on Industrial Electronics* 49, no. 4 (August 2002): 724-738.

5 V.T. Somasekhar, K. Gopakumar, M.R. Baiju, K.K. Mohapatra, and L. Umanand, "A Multilevel Inverter System for an Induction Motor with Open-End Windings," *IEEE Transactions on Industrial Electronics* 52, no. 3 (June 2005), 824-836.

6 N. Mohan, W. Robins, T. Undeland, and S. Raju, *Power Electronics for Grid-Integration of Renewables: Analysis, Simulations and Hardware Lab*, New York: John Wiley & Sons, 2023.

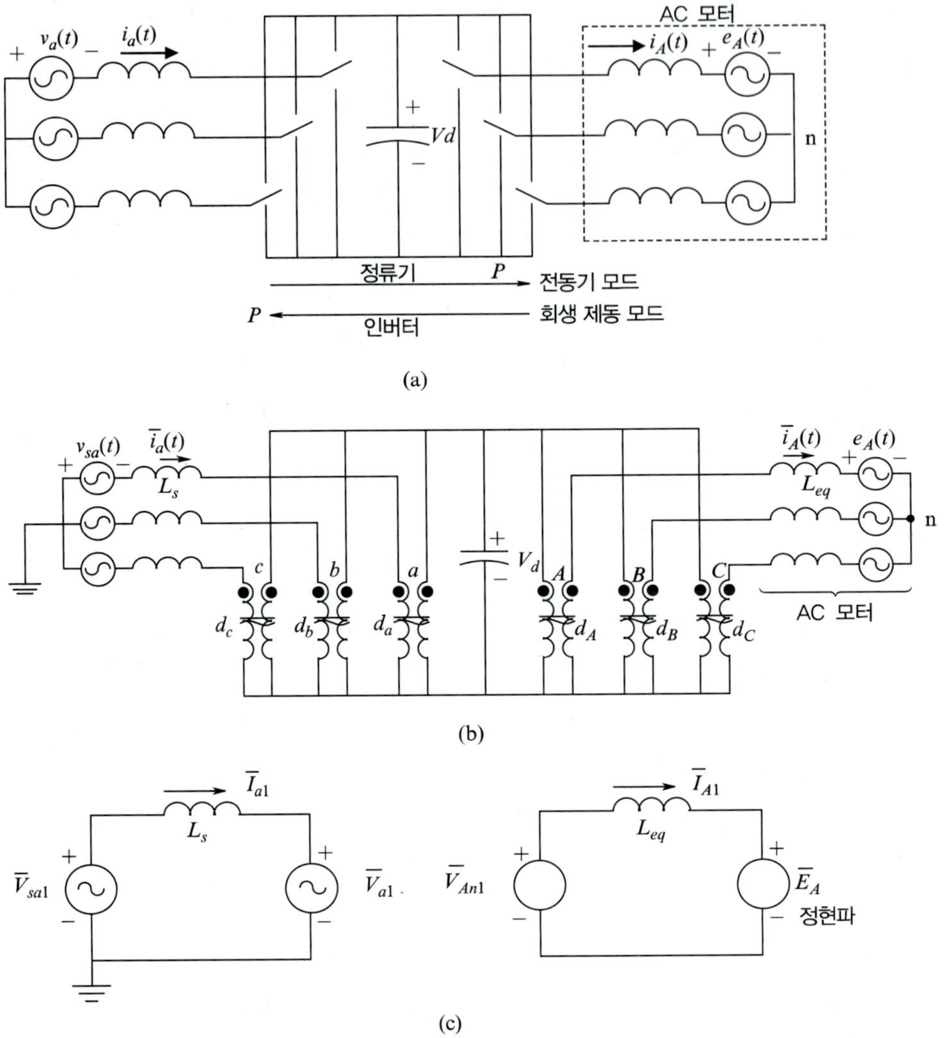

[그림 12-44] 양방향 전력 흐름의 전압-링크 구조

각 상의 등가회로에서 기본주파수를 가지는 전압은 2개의 컨버터로부터 교류 측에 v_{a1}과 v_{An1} 전압을 생성하며, 양쪽의 교류 측 전류는 다음과 같이 페이저 형식으로 표현된다.

$$\bar{I}_{a1} = \frac{\bar{V}_{sa} - \bar{V}_{a1}}{j\omega_s L_s} \tag{12.61}$$

$$\bar{I}_{A1} = \frac{\bar{V}_{An1} - \bar{E}_A}{j\omega_1 L_{eq}} \tag{12.62}$$

식 (12.61)의 페이저는 1차 측의 주파수 ω_s에서의 전압과 전류를 나타내며, 식 (12.62)의 페이저는 2차 측에 동기화된 기본주파수 ω_1에서의 전압과 전류를 나타낸다.

[그림 12-44(a)]에서 주어진 계통 전압하에 1차 측 컨버터의 전압과 위상에 동기화된 전압을 제어함으로써 1차 측으로부터 흘러들어오는 전류를 제어할 수 있다. 이러한 회로에서 손실을 무시한다면 1차 측으로 들어오는 스위칭 주기 동안의 평균 전력은 2차 측에 공급되는 전력과 같다. 그러나 1차 측 컨버터의 무효 전력은 2차 측 컨버터의 무효 전력과는 독립적으로 제어될 수 있다.

12.9 매트릭스 컨버터(직접 링크 시스템)

전력전자 시스템은 전압-링크 시스템과 전류-링크 시스템으로 나뉜다. 전압-링크 시스템은 에너지 저장 소자로서 2개의 컨버터에 커패시터가 병렬로 사용되며, 고전력 응용 분야인, 13장과 14장에서 언급된 전류-링크 시스템은 에너지 저장 소자로서 2개의 컨버터에 인덕터가 직렬로 사용된다. 입력과 출력을 중간의 저장 소자 없이 직접적으로 연결하는 매트릭스 컨버터matrix converter라고 불리는 다른 구조도 있다. 이 컨버터를 사용하면 중간에 있는 에너지 저장 소자의 사용을 피할 수 있어 관련 연구가 활발히 진행되고 있다.

[그림 12-45]는 매트릭스 컨버터와 같은 각각의 입력단에서 출력단으로의 양방향 스위치가 존재하는 3상에서 3상으로의 변환 시스템이다. 이러한 양방향 스위치들은 양쪽 극성의 전압을 차단할 수 있어야 하고, 어느 방향으로든 전류를 전도할 수 있어야 한다. 예를 들어 이러한 양방향 스위치는 [그림 12-45]와 같이 2개의 IGBT와 2개의 다이오드로 구현할 수 있다. 2개의 트랜지스터가 on 되었을 때 전류는 양방향으로 흐를 수 있으며, 양방향 스위치는 닫힌 상태에 있다고 표현한다. 반대로 트랜지스터가 off 되었을 때 전류는 어느 쪽으로도 흐를 수 없으며, 양방향 스위치는 닫힌 상태에 있다고 표현한다. 이 주제에 대한 자세한 논의는 관련 문헌을 참고하라.[7]

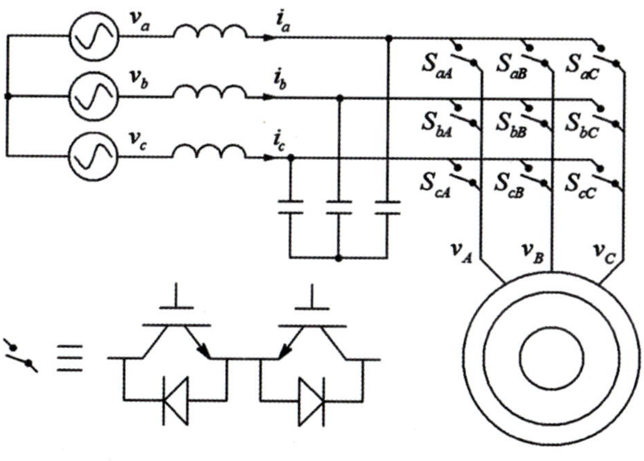

[그림 12-45] 매트릭스 컨버터

7 N. Mohan, W. Robins, T. Undeland, and S. Raju, *Power Electronics for Grid-Integration of Renewables: Analysis, Simulations and Hardware Lab*, New York: John Wiley & Sons, 2023.

연습문제

스위칭 파워-폴

12.1 a폴을 갖는 스위치 모드 컨버터에서 $V_d = 175\,\text{V}$, $\hat{V}_{tri} = 5\,\text{V}$, $f_s = 20\,\text{kHz}$ 이다. 상단 스위치가 on 상태일 때 제어 신호 $v_{cntrl,a}$와 폴의 듀티 비 d_a를 구하라. 이때 평균 출력 전압은 $\bar{v}_{aN} = 125\,\text{V}$, $\bar{v}_{aN} = 50\,\text{V}$ 이다.

12.2 $i_a(t)$ 파형의 리플을 포함하는 컨버터의 폴에서 한 스위칭 주기 동안의 평균 파워-폴 양쪽의 전류 간 관계가 이상적인 변압기 내의 전류와 비슷함을 증명하라.

DC 모터 드라이브

12.3 어떤 스위치 모드의 DC-DC 컨버터는 $\hat{V}_{tri} = 1.5\,\text{V}$, $25\,\text{kHz}$ 인 삼각파 신호를 갖는 PWM 제어기 IC를 사용한다. 입력 DC 전압원(V_d)이 $150\,\text{V}$ 일 때 식 (12.19)에서 이 스위치 모드 증폭기의 이득 k_{pwm}을 계산하라.

12.4 스위치 모드 DC-DC 컨버터에서 $v_{cntrl} / \hat{V}_{tri} = 0.75$ 이고 스위칭 주파수 $f_s = 20\,\text{kHz}$, $V_d = 150\,\text{V}$ 이다. 출력 전압 $v_o(t)$ 의 리플을 계산하고 그래프로 그려라.

12.5 어떤 스위치 모드의 DC-DC 컨버터는 $20\,\text{kHz}$ 의 스위칭 주파수에서 $V_d = 150\,\text{V}$ 로 동작하며, DC 모터로 흐르는 평균 전류는 $8.0\,\text{A}$ 이다. DC 모터의 등가회로에서 $E_a = 100\,\text{V}$, $R_a = 0.25\,\Omega$, $L_a = 4\,\text{mH}$ 이다.

(a) 출력 전류의 그래프를 그리고 피크-피크 리플을 계산하라.

(b) 컨버터의 DC 측에 흐르는 전류의 그래프를 그려라.

12.6 [연습문제 12.5]에서 모터는 회생 제동 모드로 동작하며, 제동 시 모터에서 컨버터로 공급된 평균 전류는 $7.0\,\text{A}$ 이다. 이 순간의 컨버터 양단의 전류 및 전압 그래프를 그리고 컨버터로 흐르는 평균 전력을 계산하라.

12.7 [연습문제 12.5]에서의 $\bar{i}_{da}$, $\bar{i}_{db}$, $\bar{i}_d (= I_d)$를 계산하라.

12.8 모터에 동일한 전류가 흐르고 반대 극성의 유도 기전력 E_a가 같은 크기로 발생하며, 모터가 반대 방향으로 회전할 때 [연습문제 12.5]를 반복하라.

12.9 모터가 반대 방향으로 회전하다가 제동할 경우에 대해 [연습문제 12.8]을 반복하라. 이때 모터는 같은 전류를 공급하며, 반대 극성의 유도 기전력 E_a가 같은 크기로 발생한다.

12.10 DC-DC 컨버터가 양극성[bipolar]의 스위칭을 할 경우에 대해 [연습문제 12.5]를 반복하라. 이 스위칭 방식에서 2상 온오프 스위치들은 스위치 a가 위쪽에 위치하며, 스위치 b는 하단에 위치하고 그 반대의 경우에도 마찬가지로 동작한다. a폴의 스위칭 신호는 [연습문제 12.5]에서와 같은 제어 전압과 삼각파 비교를 통해 얻어진다.

단상 인버터

12.11 단상인 무정전 전원 공급 장치에서 $V_d = 350\,\text{V}$, $\bar{v}_o(t) = 170\sin(2\pi \times 60t)\,\text{V}$, $\bar{i}_o(t) = 10\sin(2\pi \times 60t - 30°)\,\text{A}$이다. $d_a(t)$, $d_b(t)$, $\bar{v}_{aN}(t)$, $\bar{v}_{bN}(t)$, I_d, $i_{d2}(t)$, $\bar{i}_d(t)$를 계산하고 그래프로 그려라. 이때 스위칭 주파수 $f_s = 20\,\text{kHz}$이다.

12.12 [연습문제 12.11]에서 $\omega t = 90°$일 때 $q_a(t)$와 $q_b(t)$를 계산하라.

3상 인버터

12.13 $\omega_1 = 2\pi \times 60\,\text{rad/s}$에서 컨버터의 a폴의 출력 전압 $\bar{v}_{aN}(t) = \frac{V_d}{2} + 0.85\frac{V_d}{2}\sin(\omega_1 t)$일 때 $d_a(t)$의 그래프를 그려라.

12.14 3상 DC-AC 인버터에서 $V_d = 350\,\text{V}$, $\hat{V}_{tri} = 1\,\text{V}$이고 제어 전압의 최댓값은 $0.8\,\text{V}$이며, $f_1 = 45\,\text{Hz}$이다. 다음을 계산하고 그래프로 그려라.

(a) 듀티 비 $d_a(t)$, $d_b(t)$, $d_c(t)$

(b) 폴 출력 전압 $\bar{v}_{aN}(t)$, $\bar{v}_{bN}(t)$, $\bar{v}_{cN}(t)$

(c) 상전압 $\bar{v}_{an}(t)$, $\bar{v}_{bn}(t)$, $\bar{v}_{cn}(t)$

12.15 3상의 평형 DC–AC 컨버터에서 $V_d = 300\,\text{V}$, $\omega_1 = 2\pi \times 45\,\text{rad/s}$일 때 a상의 평균 출력 전압 $\bar{v}_{an}(t) = 112.5\sin(\omega_1 t)$이다. 각 상의 인덕턴스 L은 5 mH이고 AC 모터의 a상 내부 전압 $e_a(t) = 106.14\sin(\omega_1 t - 6.6°)\,\text{V}$로 나타낼 수 있다. 다음을 계산하고 그래프로 그려라.

(a) $d_a(t)$, $d_b(t)$, $d_c(t)$

(b) $\bar{i}_a(t)$, $\bar{i}_{da}(t)$

12.16 [연습문제 12.15]에서 DC 측으로부터 흘러나오는 평균 DC 전류 $\bar{i}_d$를 그리고 계산하라.

12.17 $V_d = 700\,\text{V}$인 컨버터에서 평균 고정자 전압 벡터 $\vec{v}_s^{\,a} = 563.38e^{j0.44}\,\text{V}$를 합성하기 위한 x, y, z를 구하라.

12.18 $\vec{v}_s^{\,a} = 563.38e^{j0.44}\,\text{V}$일 때 상전압 성분을 계산하라.

시뮬레이션 문제

12.19 45 Hz의 기본주파수 $V_d = 300\,\text{V}$이고 출력 전압 v_o가 150 V (RMS)일 때 단상 인버터를 시뮬레이션하라. 출력 전류 i_o는 지상lagging 역률이 0.866일 때 10 A (RMS)이다. 출력 부하는 직렬로 연결된 저항 2.0 Ω과 10.0 mH의 인덕턴스에 의한 역기전력으로 가정한다.

(a) v_o와 i_o의 파형을 구하라.

(b) 푸리에 분석을 통해 v_{o1}을 구하고 v_{o1}과 i_{o1}의 파형을 그려라.

(c) i_d의 파형을 구하라.

(d) 푸리에 분석을 통해 I_d와 i_{d2}를 구하고 파형을 그려라.

(e) i_d에서 고주파 리플 전류 성분의 RMS 값을 구하라.

12.20 [연습문제 12.17]의 단상 인버터에서 평균 모델의 두 폴이 있다.

(a) $\bar{v}_o$, $\bar{i}_o$의 파형을 구하라.

(b) $\bar{i}_d$의 파형을 구하라.

(c) I_d와 i_{d2}를 구하고 그래프를 그려라.

12.21 45 Hz 의 기본주파수 $V_d = 350\,\mathrm{V}$ 이고 출력 전압 V_{LL} 이 175 V(RMS)일 때 3상 인버터의 시뮬레이션을 수행하시오. 출력 전류는 지상[lagging] 역률이 0.866일 때 10 A(RMS)이고 스위칭 주파수 $f_s = 1\,\mathrm{kHz}$ 이다. 각 상의 출력 부하는 직렬로 연결된 저항 2.0 Ω과 10.0 mH의 인덕턴스에 의한 역기전력으로 가정한다.

(a) (부하 중성점에 대한) v_{an} 과 i_a 와 i_d 의 파형을 구하라.

(b) v_{an} 의 푸리에 분석을 통해 v_{an1} 의 파형을 구하라.

(c) (b)의 결과를 이용하여 출력 전압의 리플 성분인 v_{ripple} 의 파형을 구하라.

12.22 [연습문제 12.19]의 3상 인버터에서 평균 모델의 세 가지 폴이 있다.

(a) $\bar{v}_{an}$, $\bar{i}_a$, $\bar{i}_b$ 의 파형을 구하라.

(b) [연습문제 12.19]의 스위칭 모델의 출력 전류 파형을 구하라.

CHAPTER

13

사이리스터 컨버터

13.1 서론

이전 장에서 살펴보았던 스위치 모드 컨버터가 현재 수행하고 있는 작업을 과거에는 사이리스터thyristor 컨버터가 주로 수행하였다. 사이리스터 컨버터는 현재 높은 전력이 필요한 응용 분야에서 일반적으로 사용된다. 이 장에서는 사이리스터를 기반으로 한 컨버터의 동작 원리에 대해 알아본다.

13.2 사이리스터

사이리스터는 제어 가능한 다이오드라고 간주할 수 있는 소자로, 다이오드와 마찬가지로 매우 높은 전력이 필요한 응용 분야에 적합하도록 매우 높은 정격 전압 및 전류에서 사용할 수 있다.

사이리스터는 **실리콘 제어 정류기**silicon controlled rectifiers, SCRs라고도 불린다. [그림 13-1(a)]와 같은 기호로 나타내며, [그림 13-1(b)]와 같이 4단(p-n-p-n)으로 구성된다. 역방향 전압($v_{AK} < 0$)이 인가될 때 전류는 pn1과 pn3 접합에 의해 차단된다block. 반대로 순방향 전압($v_{AK} > 0$) 전압이 인가되고 게이트 단이 개방될 때는 pn2 접합에 의해 전류가 차단되며, 사이리스터는 순방향 차단 상태에 있다고 간주된다. 이 상태에서 게이트-캐소드 단에 작은 양(+)의 전압을 걸어주면 펄스 형태의 게이트 구동 전류 i_G가 흘러 사이리스터가 턴-온된다. 추후 이러한 게이트 전류는 제거될 수 있다.

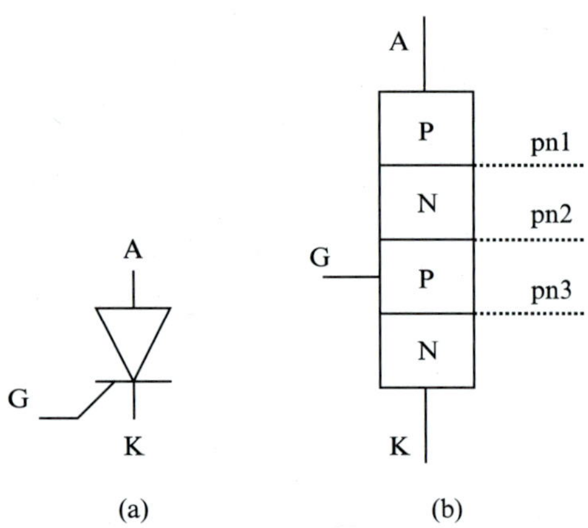

[그림 13-1] 사이리스터

13.2.1 기본적인 사이리스터 정류기 회로

사이리스터의 동작은 [그림 13-2(a)]와 같이 저항 부하가 연결된 간단한 회로를 통해 설명된다. $\omega t = 0$일 때 입력 전압의 양의 반주기가 시작되며, 사이리스터는 순방향 바이어스된다. 즉 캐소드 K에 대해 애노드 A가 양의 전압을 갖는다. 이 순간을 **자연 도통 순간**instant of natural conduction이라고 하는데, 만약 사이리스터가 아니라 다이오드였다면 전류가 흐르기 시작할 것이다. 순방향 저지 상태인 사이리스터의 경우 다이오드와는 다르게 자연 도통 순간에 대해 도통 시점을 제어할 수 있다. 즉, 사이리스터의 게이트에 위상 지연각 $\omega t = \alpha$에서의 전류 펄스를 인가하여 턴-온시킨다. 사이리스터가 도통되면 다이오드와 마찬가지로 1 V ~ 2 V 만큼의 매우 작은 전압 강하를 가진다(이상적으로 전압 강하는 0 V). [그림 13-2(b)]와 같이 부하에 걸리는 전압 v_d는 전원 전압 v_s와 동일하고 파형은 진한 선으로 표시되어 있다. 전류는 v_d / R와 동일하다.

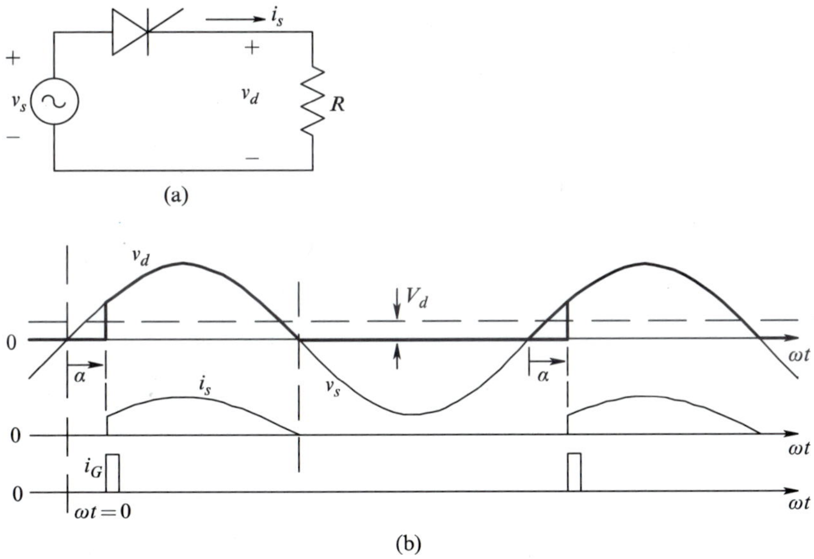

[그림 13-2] 저항 부하로 이루어진 간단한 사이리스터 회로

사이리스터의 전류는 $\omega t = \pi$에서 0으로 감소하며, 사이리스터를 통해 역방향으로 흐를 수 없으므로 전원 전압의 음의 반주기 동안은 [그림 13-2(b)]와 같이 0으로 유지된다. 또한 전압 파형의 다음 주기에서 사이리스터에 게이트 펄스 전류가 인가되기 전까지 사이리스터에 흐르는 전류는 0이 된다. 부하 전압의 평균값 V_d는 [그림 13-2(b)]에 점선으로 나타내었으며, v_d의 파형으로부터 다음과 같이 계산될 수 있다.

$$V_d = \frac{1}{2\pi}\int_{\alpha}^{\pi} \widehat{V}_s \sin\omega t \cdot d(\omega t) = \frac{\widehat{V}_s}{2\pi}(1 + \cos\alpha) \tag{13.1}$$

여기서 $\widehat{V}_s$는 입력 AC 전압의 피크값이다. 식 (13.1)로부터 부하 전압의 평균값은 지연 위상각 α를 조절함으로써 제어할 수 있는데, 이는 5장의 다이오드 정류회로에서는 불가능한 과정이었다.

직렬 연결된 인덕턴스의 영향을 고려하기 위해 [그림 13-3(a)]의 기본적인 사이리스터 회로를 검토해보자. 인덕터의 영향으로 인한 파형은 [그림 13-3(b)]와 같이 전류가 서서히 증가하고 입력 전압의 음의 반주기의 어느 시간 동안에는 0이 된다. 사이리스터를 통해 흐르는 전류는 역방향으로 흐를 수 없으며, 음의 반주기 동안에는 0의 값을 유지한다. 이 원리는 앞으로 살펴볼 실질적인 회로들로 확대할 수 있다.

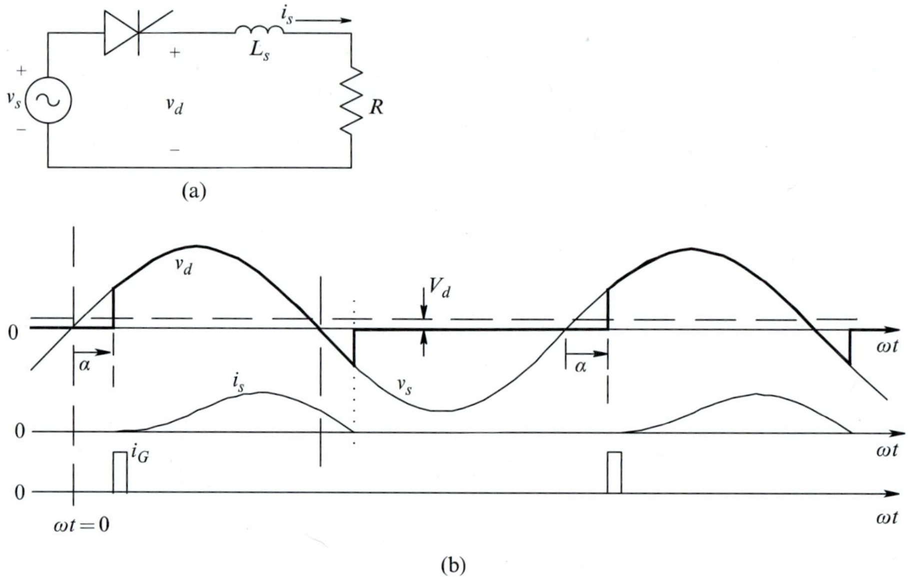

[그림 13-3] 저항 부하와 직렬 연결 인덕턴스를 갖는 사이리스터 회로

13.3 단상 위상 제어 사이리스터 컨버터

[그림 13-4(a)]는 일반적으로 사용되는 단상 계통 전압의 제어된 정류를 위한 풀-브릿지 위상 제어 컨버터이다.

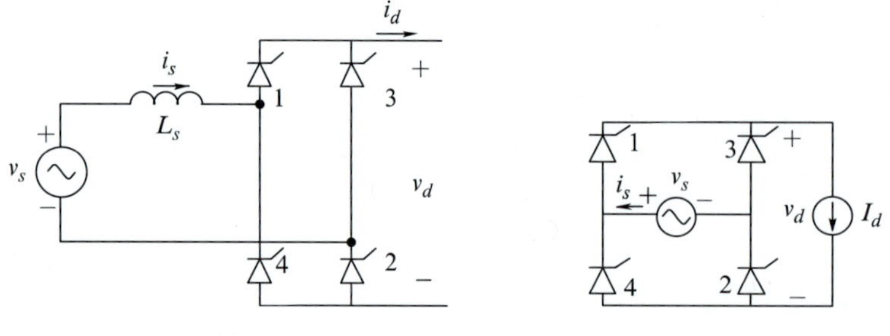

[그림 13-4] 풀-브릿지, 단상 사이리스터 컨버터

동작 원리를 쉽게 이해하기 위해 풀-브릿지 위상 제어 컨버터 회로를 [그림 13-4(b)]와 같이 입력단의 인덕턴스 L_s는 무시하고 DC 부하단을 정전류 I_d로 표시하여 다시 나타내었다. [그림 13-5]는 이러한 풀-브릿지 위상 제어 컨버터의 파형을 나타낸 것이다.

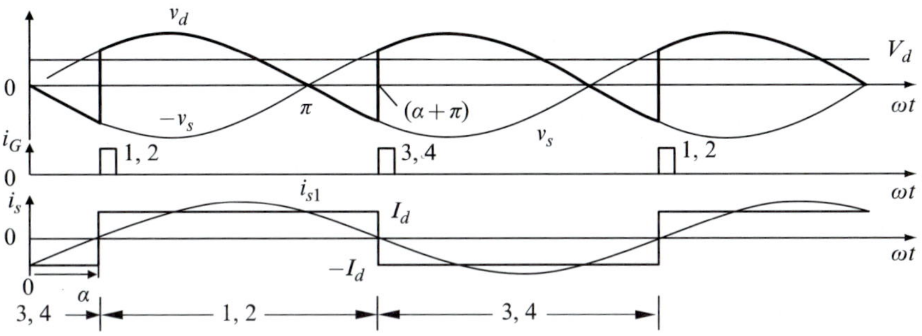

[그림 13-5] 단상 사이리스터 컨버터의 파형

사이리스터 (1, 2)와 (3, 4)가 두 쌍으로 동작하며, 각 쌍의 사이리스터에는 위상 지연각 α만큼 지연된 게이트 펄스가 인가된다. [그림 13-5]를 보면 사이리스터 (1, 2)는 $\omega t = 0°$를 기준으로 α만큼 지연된 펄스가 인가되며, 사이리스터 (3, 4)에는 $\omega t = 180°$를 기준으로 α만큼 지연된 펄스가 인가된다.

입력 전압의 양의 반주기 동안 사이리스터 1과 2는 L_s를 0이라고 가정했으므로 I_d의 도통이 시작되는 $\omega t = \alpha$ 시점까지 순방향 저지 상태이고 사이리스터 3과 4는 역방향 저지 상태가 된다. 이때 출력 전압과 입력 전류는 다음과 같다.

$$v_d(t) = v_s(t), \quad i_s(t) = I_d \tag{13.2}$$

이때 $\alpha < \omega t \le \alpha + \pi$이다. 이러한 출력 전압과 입력 전류의 관계는 입력 전압의 음의 반주기에서 사이리스터 3과 4가 도통되어 I_d를 도통하기 시작하는 $\omega t = \alpha + \pi$ 시점까지 유지된다. 사이리스터 3과 4가 도통될 때 출력 전압과 입력 전류는 다음과 같다.

$$v_d(t) = -v_s(t), \quad i_s(t) = -I_d \tag{13.3}$$

이때 $\alpha + \pi < \omega t \le \alpha + 2\pi$이다. 이 상태는 사이리스터 1과 2가 도통되는 다음 반주기까지 지속된다. 컨버터의 DC 측에 걸리는 전압의 평균값 V_d는 [그림 13-5]에서 나타낸 $v_d(t)$의 파형 $\alpha < \omega t \le \alpha + \pi$ 반주기 동안 (대칭을 이용하여) 평균을 구함으로써 다음과 같이 계산할 수 있다.

$$V_d = \frac{1}{\pi}\int_{\alpha}^{\alpha+\pi} \hat{V}_s \sin\omega t \cdot d(\omega t) = \frac{2}{\pi}\hat{V}_s \cos\alpha \tag{13.4}$$

AC 측에서 입력 전류 i_s의 파형은 입력 전압에 비해 [그림 13-5]와 같이 α만큼 이동하며, 기본주파수 성분인 $i_{s1}(t)$의 최댓값은 다음과 같다.

$$\hat{I}_{s1} = \frac{4}{\pi} I_d \tag{13.5}$$

전압과 전류 최댓값의 관점에서 AC 측 전력을 나타내면 다음과 같다.

$$P = \frac{1}{2}\hat{V}_s \hat{I}_{s1} \cos\alpha \tag{13.6}$$

사이리스터 컨버터의 전력 손실이 없다고 가정할 때 입력 전력은 컨버터의 DC 측 전력과 동일하다. 식 (13.4)와 식 (13.5)를 사용하면 다음과 같은 관계를 재확인할 수 있다.

$$P = \frac{1}{2}\hat{V}_s \hat{I}_{s1} \cos\alpha = V_d I_d \tag{13.7}$$

이 컨버터에서 전류의 흐름은 단방향[unidirectional]이지만 DC 측 전압은 제어할 수 있고 양극성을 가질 수 있으므로 전력의 흐름은 지연각 α에 의해 제어할 수 있다. α가 90°까지 증가하면 동시에 입력 전류 $i_s(t)$의 파형을 입력 전압 파형에 대해 더 멀리 이동시키면서 평균 DC 측 전압 V_d가 감소한다. DC 전압은 [그림 13-6(a)]와 같이 α의 함수로 도시하고 전력의 방향은 [그림 13-6(b)]와 같이 나타낸다.

[그림 13-5]는 지연각 α의 0°부터 90°까지의 범위의 파형을 나타낸 것으로, [그림 13-6(a)]와 [그림 13-6(b)]에 도시한 바와 같이 V_d는 양의 값을 갖고 컨버터는 정류기로서 동작하며, 전력은 AC 측에서 DC 측으로 전달된다.

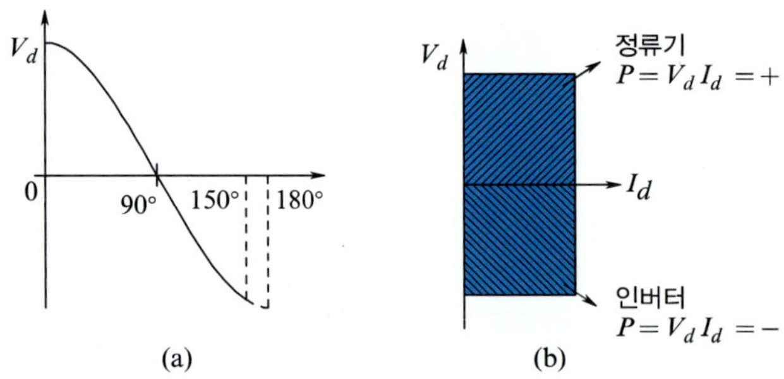

[그림 13-6] 지연각 α의 영향

[그림 13-5]에서 게이트 펄스의 지연각 α가 90°보다 크면 식 (13.4)에서도 확인할 수 있듯 V_d는 음의 값을 가지며, [예제 13-1]과 같이 컨버터는 인버터로 동작한다.

예제 13-1

[그림 13-4(b)]의 풀-브리지 사이리스터 컨버터가 인버터 모드로 동작하고 지연각 α가 150°라고 할 때 이 컨버터의 파형을 그려라.

풀이

α가 150°이므로 [그림 13-5]와 비교하여 보면 i_s의 파형은 [그림 13-7]과 같이 v_s의 파형에 비해 150°만큼 이동한다.

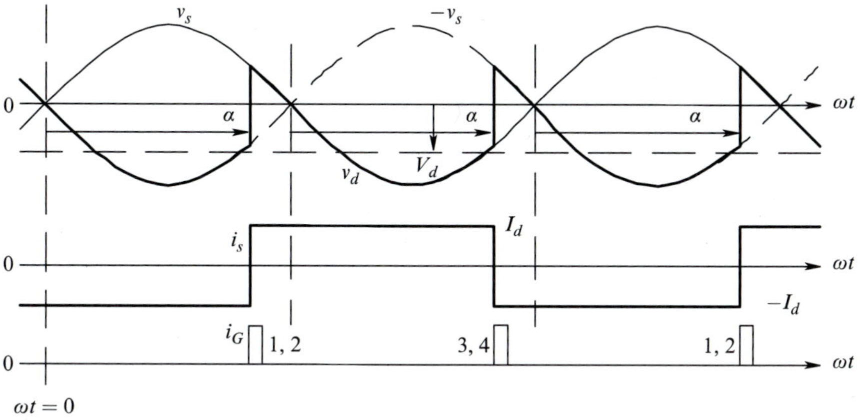

[그림 13-7] $\alpha = 150°$일 때 인버터 모드에서의 단상 사이리스터 인버터

[그림 13-6(b)]의 인버터 모드에서 전력은 DC 측에서 AC 측으로 흐른다. AC 측에 직렬로 연결된 인덕턴스를 갖는 실제 회로에서 인버터 모드에서의 α 의 제한값은 [그림 13-6(a)]와 같이 180°보다 작다(예 160°). 이는 도통하는 사이리스터 쌍이 다음 도통하는 사이리스터 쌍으로 완전히 전환되지 않는 현상, 즉 사이리스터 쌍이 다음 반주기 동안에도 계속해서 도통 상태를 유지하는 **정류 실패**를 방지하기 위함이다. 이러한 정류 실패 현상commutation-failure phenomenon은 관련 문헌을 통해 더 자세히 살펴볼 수 있다.[1]

13.3.1 전류 고조파와 무효 전력의 필요 조건

[그림 13-5]의 AC 측 전류 파형 i_s 로부터 볼 수 있듯이, 전류는 사각파이고 기본주파수 파형은 점선으로 표현되며, 크기 $\hat{I}_{s1}$ 은 식 (13.5)와 같이 주어진다. 푸리에 분석으로부터 i_s 의 고조파 h 는 다음과 같이 기본주파수 성분의 항을 이용하여 다음과 같이 표현된다.

$$\hat{I}_{sh} = \frac{\hat{I}_{s1}}{h} \tag{13.8}$$

이때 h 는 3, 5, 7 등과 같은 홀수의 값이다. [그림 13-5]에서 알 수 있듯 i_{s1} 은 v_s 에 대해 지연각 α 만큼 위치가 변경된다. 따라서 컨버터의 무효 전력은 다음과 같다.

$$Q = \frac{1}{2}\hat{V}_s\hat{I}_{s1}\sin\alpha \tag{13.9}$$

1 N. Mohan, T.M. Undeland, and W.P. Robbins, *Power Electronics: Converters, Applications and Design*, 3rd Edition, New York: John Wiley & Sons, 2003.

13.3.2 전류 정류에서의 L_s 효과

이전까지 AC 측의 인덕턴스 L_s는 0이라고 가정했다. 이제 [그림 13-8(a)]의 회로를 생각해보자. 하나의 사이리스터 쌍에서 다음 쌍으로 전류가 정류될 때 AC 측 인덕턴스로 인해 전류의 방향이 바뀌는 동안 일정량의 시간이 소요된다.

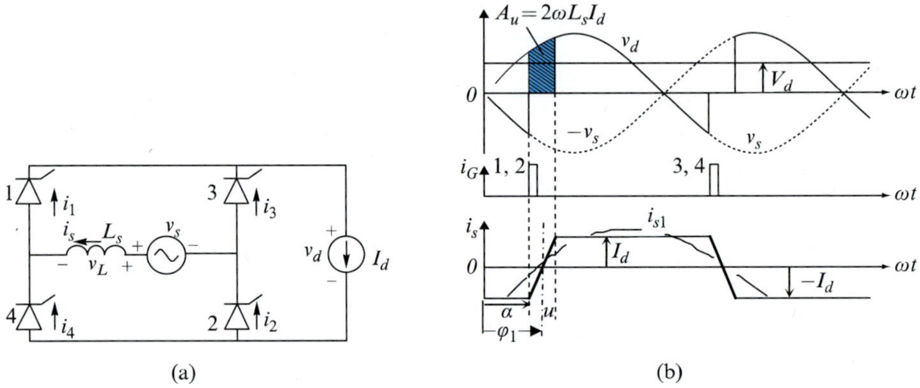

[그림 13-8] 전류 정류에서의 L_s 효과

기본적인 원리를 통해 [그림 13-8(a)]의 회로에서 인덕터 L_s를 통해 흐르는 전류를 바꾸기 위해서는 유한한 볼트-초[volt-second]가 필요하다는 것을 알 수 있다. 직류단은 여전히 직류 전류 I_d로 표현된다. [그림 13-8(b)]에 나타낸 파형을 보면 사이리스터 3과 4는 $\omega t = \alpha$이고 $i_s = -I_d$가 되기 전에 도통된다.

$\omega t = \alpha$에서 순방향 저지가 되어있던 사이리스터 1과 2에 게이트 전압이 인가되고 두 사이리스터는 즉시 도통되기 시작한다. 그러나 두 사이리스터를 통과하는 전류 i_s는 $L_s = 0$일 때의 경우처럼 $(-I_d)$에서 $(+I_d)$로 순간적으로 증가하지 않는다. 유한한 인덕턴스 L_s로 인해 정류시간[commutationin interval] u라고 불리는 짧은 시간 동안 모든 사이리스터들은 도통되고 $v_d = 0$이 되며, L_s에 v_s가 인가된다.

ωt에 대한 파형을 나타낸 [그림 13-8(b)]와 부합하도록 볼트-초 대신 볼트-라디안으로 정류 전압의 적분을 구해보자. 인덕터 전류가 $(-I_d)$에서 $(+I_d)$로 바뀌는 데 필요한 볼트-라디안[volt-radian]은 다음과 같이 α부터 $(\alpha + u)$까지 인덕터 전압 $v_L(= L_s \cdot di_s/dt)$을 적분하여 계산할 수 있다.

$$\int_{\alpha}^{\alpha+u} v_L d(\omega t) = L_s \int_{\alpha}^{\alpha+u} \frac{di_s}{dt} d(\omega t)$$

$$= \omega L_s \int_{-I_d}^{I_d} \frac{di_s}{dt} dt = \omega L_s \int_{-I_d}^{I_d} di_s = 2\omega L_s I_d \qquad (13.10)$$

식 (13.10)의 볼트-라디안(V·rad)은 [그림 13-8(b)]의 음영 처리된 영역 A_u와 같으며, 이는 매 반주기마다 DC 측 전압 파형의 적분으로부터 빠진 부분이다. 그러므로 식 (13.10)의 볼트-라디안을 매 반주기당 π 라디안으로 나누면 DC 측 전압에서의 전압 강하는 다음과 같다.

$$\triangle V_d = \frac{2}{\pi} \omega L_s I_d \tag{13.11}$$

이 전압은 L_s의 존재로 인해 DC 측 평균 전압으로부터 빠지는 것이다. 따라서 인덕터가 연결된 경우 식 (13.4)보다 평균 전압이 작으며, 다음과 같이 나타낸다.

$$V_d = \frac{2}{\pi} \widehat{V}_s \cos\alpha - \frac{2}{\pi} \omega L_s I_d \tag{13.12}$$

L_s의 존재로 인한 전압 강하는 L_s에서의 전력 손실을 의미하지 않는다. 이것은 단지 DC 측에서 사용 가능한 전압의 감소를 의미한다.

예제 13-2

L_s를 포함하는 [그림 13-8(a)]의 단상 사이리스터 컨버터에서 다음을 구하라.

(a) 정류각 u에 대한 식을 도출하라.

(b) $V_s(\text{rms}) = 120\,\text{V}$, $L_s = 5\,\text{mH}$, $I_d = 10\,\text{A}$, $\alpha = 30°$이고 주파수 $f = 60\,\text{Hz}$일 때 정류각을 계산하라.

풀이

(a) [그림 13-8(a)]로부터 식 (13.10)에서의 정류시간 동안 $v_L = v_s$이다. 따라서 식 (13.10)에서 v_L을 v_s로 대체하면 다음의 두 식 중 하나로 나타낼 수 있다.

$$\int_{\alpha}^{\alpha+u} \widehat{V}_s \sin\omega t \cdot d(\omega t) = \widehat{V}_s [\cos\alpha - \cos(\alpha+u)] = 2\omega L_s I_d$$

$$\cos(\alpha+u) = \cos\alpha - \frac{2\omega L_s I_d}{\widehat{V}_s} \tag{13.13}$$

(b) 식 (13.13)에 $\widehat{V}_s = \sqrt{2}\, V_s(\text{rms})$에서 주어진 값들을 대입하면 정류각 $u = 19.92°$이다. [그림 13-8]에서 사이리스터의 전류가 선형적으로 증가 또는 감소한다고 가정하면 [그림 13-8(b)]에서 점선으로 표현되는 기본주파수 성분 i_{s1}가 전압 v_s보다 각도 ϕ_1만큼 다음과 같이 지연된다.

$$\phi_1 \simeq \alpha + \frac{u}{2} \tag{13.14}$$

여기서 근사 등호($\simeq$)를 사용하는 것은 사이리스터의 전류가 선형적으로 증가 또는 감소한다는 가정 때문이다. 따라서 컨버터의 무효 전력은 다음과 같이 도출된다.

$$Q \simeq \frac{1}{2} \widehat{V}_s \widehat{I}_{s1} \sin\left(\alpha + \frac{u}{2}\right) \tag{13.15}$$

13.4 3상 풀-브릿지 사이리스터 컨버터

[그림 13-9(a)]와 같이 3상 풀-브릿지 컨버터는 6개의 사이리스터를 사용하며, 초기 분석을 위한 간략화한 컨버터는 [그림 13-9(b)]와 같이 나타낼 수 있다. 이때 AC 측 인덕턴스 L_s는 0이라고 가정하고 사이리스터는 위쪽top과 아래쪽bottom 그룹으로 나뉜다. 이는 3상 다이오드 정류기와 비슷하며, DC 측은 전류 전원 I_d로 표시한다.

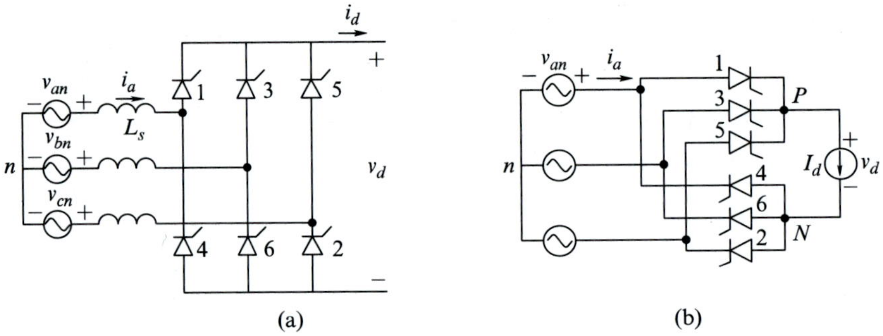

[그림 13-9] 3상 풀-브릿지 사이리스터 컨버터

(상 전압의 파형이 각각 서로 교차하는 시점을 기준으로 측정된) 지연각 α가 0인 컨버터 파형은 5장([그림 5-11]과 [그림 5-12] 참조)에서 논의된 다이오드 정류기에서와 비슷하다. 평균 DC 전압은 식 (5.33)을 통해 계산되며, $\hat{V}_{LL}$은 AC 입력 전압의 최댓값이다. 이를 식으로 나타내면 다음과 같다.

$$V_{do} = \frac{1}{\pi/3}\int_{-\pi/6}^{\pi/6} \hat{V}_{LL}\cos\omega t \cdot d(\omega t) = \frac{3}{\pi}\hat{V}_{LL} \tag{13.16}$$

자연 도통되는 순간에 대해 측정된 각도 α만큼 지연된 게이트 펄스가 사이리스터에 인가되면 $L_s = 0$일 때의 파형은 [그림 13-10]과 같다.

DC 측 출력 전압 파형에서 A_α의 면적은 $\pi/3$마다 α만큼 게이트 펄스의 지연으로 발생한 “볼트-라디안 손실”과 같다. [그림 13-10]과 같이 시간의 원점을 v_{an}과 v_{cn} 파형이 교차하는 순간으로 가정하면 선간 전압 v_{ac}의 파형은 $\hat{V}_{LL}\sin\omega t$로 표현할 수 있다. 그러므로 [그림 13-10]으로부터 평균 DC 측 전압에서의 전압 강하 ΔV_α는 다음과 같이 계산할 수 있다.

$$\Delta V_\alpha = \frac{1}{\pi/3}\underbrace{\int_0^\alpha \hat{V}_{LL}\sin\omega t \cdot d(\omega t)}_{A_\alpha} = \frac{3}{\pi}\hat{V}_{LL}(1-\cos\alpha) \tag{13.17a}$$

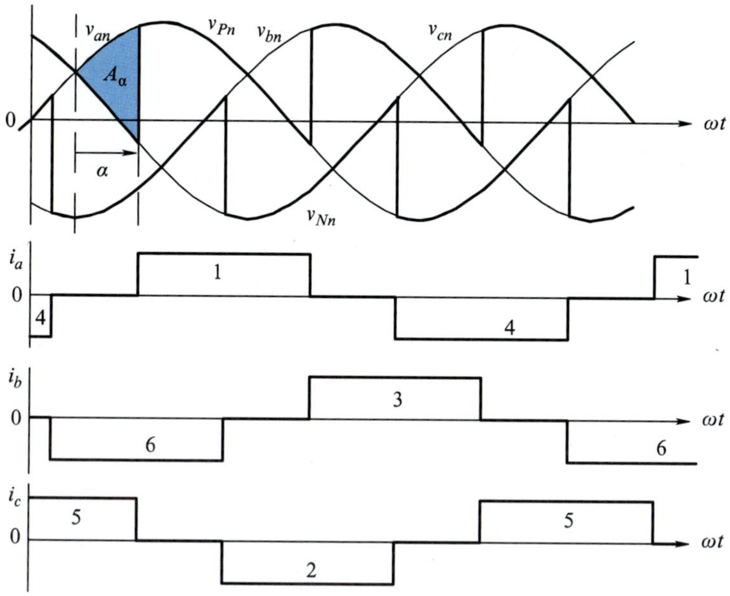

[그림 13-10] $L_s = 0$일 때의 파형

유한한 지연각 α와 식 (13.16), 식 (13.17a)를 사용하면 DC 측 전압은 다음과 같다.

$$V_{d\alpha} = \frac{3}{\pi}\hat{V}_{LL}\cos\alpha = V_{do}\cos\alpha \tag{13.17b}$$

[그림 13-9(a)]에서 상전류는 다음과 같이 나타낼 수 있다.

$$i_a = i_1 - i_4, \quad i_b = i_3 - i_6, \quad i_c = i_5 - i_2 \tag{13.18}$$

여기서 i_1, i_2 등은 사이리스터를 통해 흐르는 정방향 전류이며, 모든 3상을 통해 흐르는 전류는 [그림 13-10]과 같다. 이 파형들은 각 사이리스터가 기본주파수의 주기 동안 120° 만큼 도통되며, 지연각 α에 의해 전류 파형이 그 각도만큼 오른쪽으로 이동하는 것을 보여준다. 이로 인해 전류 파형은 입력 전압에 α 만큼의 지연을 갖는다.

단상 컨버터와 비슷하게 3상 사이리스터 컨버터는 지연각 α가 90° 보다 커지면 인버터 모드로 동작한다. 인버터 모드에서는 단상 컨버터에서 발생하는 것과 같은 정류 실패를 피하기 위해 α의 상한값이 180° 보다 작다. 3상 사이리스터 컨버터의 더 자세한 내용은 관련 문헌을 참고하면 된다.[2]

---

2 N. Mohan, T.M. Undeland, and W.P. Robbins, *Power Electronics: Converters, Applications and Design*, 3rd Edition, New York: John Wiley & Sons, 2003.

예제 13-3

[그림 13-9(b)]의 3상 사이리스터 컨버터는 $\alpha = 150°$인 인버터 모드에서 동작하고 있다. 이러한 동작 조건에서 [그림 13-10]과 유사한 파형을 그려라.

풀이

$\alpha = 150°$인 인버터 모드에서의 파형은 [그림 13-11]과 같다.

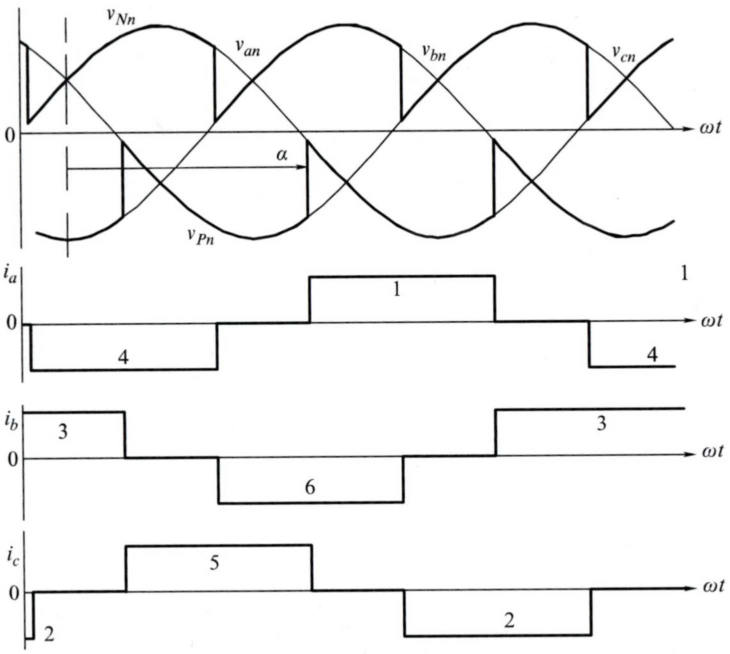

[그림 13-11] 인버터 모드에서의 파형

13.4.1 고조파 전류와 무효 전력의 필요 조건

[그림 13-10]에서의 AC 측 전류 i_a로부터 볼 수 있듯 전류는 구형파 파형을 가지며, 푸리에 분석으로부터 기본주파수 성분의 크기는 $\hat{I}_{a1}$이다.

$$\hat{I}_{a1} = \frac{\sqrt{12}}{\pi} I_d \tag{13.19}$$

i_a의 고조파 h는 기본주파수의 성분 관점에서 다음과 같이 표현할 수 있다.

$$\hat{I}_{ah} = \frac{\hat{I}_{a1}}{h} \tag{13.20}$$

이때 $h = 6n \pm 1$이고 $n = 1, 2, 3$ 등이다. [그림 13-10]에서 i_{a1}은 v_{an}에 대해 지연각 α만큼 지연된다. 따라서 3상 컨버터의 무효 전력은 다음과 같이 도출된다.

$$Q = \frac{3}{2}\hat{V}_a \hat{I}_{a1} \sin\alpha \tag{13.21}$$

13.4.2 L_s 효과

지난 절과 다르게 L_s의 존재로 인해 하나의 사이리스터로부터 다음 사이리스터로 정류하기 위해서는 유한한 정류시간 u가 필요하다. 예를 들어 [그림 13-12(a)]에서 볼 수 있듯 c상에 연결된 사이리스터 5로부터 a상에 연결된 사이리스터 1로 정류하려면 정류시간 u가 필요하다.

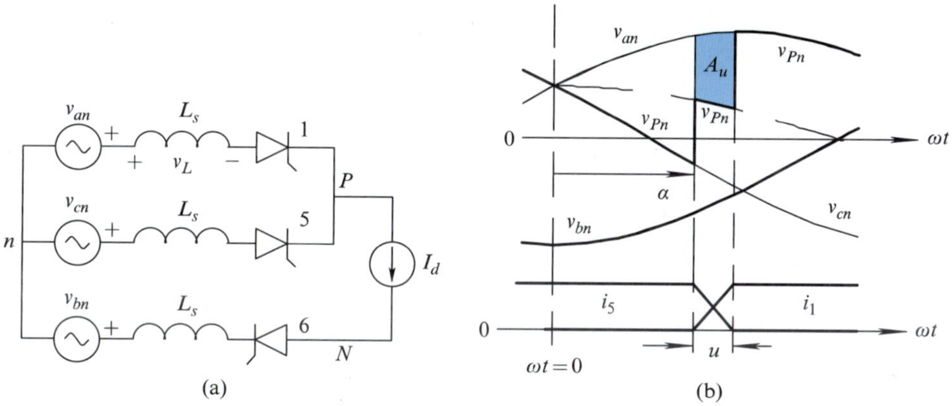

[그림 13-12] 사이리스터 5에서 사이리스터 1로의 전류 정류

정류시간 u 동안, 즉 α에서 $\alpha + u$까지 2개의 사이리스터에 전류 I_d가 도통되고 있으며, c상과 연결된 사이리스터 5에서 a상에 연결된 사이스리터 1로 정류하려고 한다. [예제 13-4]에서 유도하겠지만 전압 v_{Pn}은 [그림 13-12(b)]에서 두 상전압의 평균이다.

$$v_{Pn} = \frac{v_{an} + v_{cn}}{2} \tag{13.22}$$

이때 $\alpha < \omega t < \alpha + u$이다. 결과적으로 이러한 정류가 매 $60°$마다 일어나는 경우 전압 파형은 [그림 13-13]과 같다. 정류시간 동안 [그림 13-12(a)]를 고려하면 v_{Pn}은 전류가 0에서 $(+I_d)$로 정류되는 사이리스터 1에 직렬 연결된 인덕턴스의 전압 강하에 의해 감소한다. 단상 컨버터에 대한 식 (13.10)을 사용하면 [그림 13-13]의 면적 A_u(볼트-라디안 형태)를 다음과 같이 계산할 수 있다.

$$A_u = \int_{\alpha}^{\alpha+u} v_L d(\omega t) = \omega L_s \int_0^{I_d} di_s = \omega L_s I_d \tag{13.23}$$

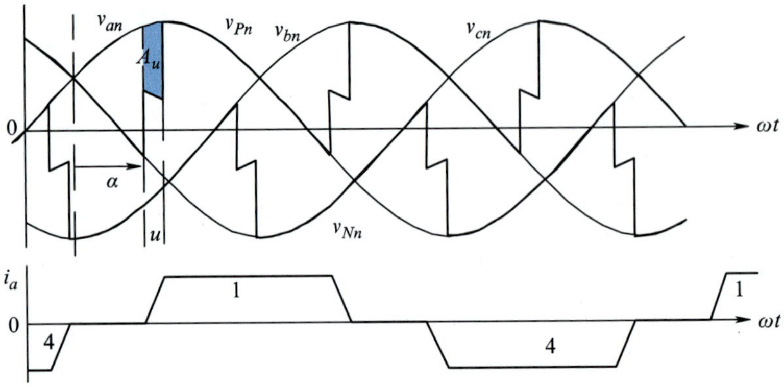

[그림 13-13] L_s가 존재할 때의 파형

이러한 정류는 매 $\pi/3$ 라디안 마다 발생하므로 평균 DC 출력 전압은 $\pi/3$ 라디안에 의해 나눠진 면적 A_u에 의해 감소한다. 식 (13.23)을 사용하여 평균 DC 측 전압에서의 강하를 구하면 다음과 같다.

$$\Delta V_u = \frac{A_u}{\pi/3} = \frac{3}{\pi}\omega L_s I_d \tag{13.24}$$

따라서 직류 측 출력 전압을 다음과 같이 서술할 수 있다.

$$V_d = V_{do} - \Delta V_\alpha - \Delta V_u \tag{13.25}$$

식 (13.16), 식 (13.17), 식 (13.24)를 식 (13.25)에 대입하면 다음과 같다.

$$V_d = \frac{3}{\pi}\hat{V}_{LL}\cos\alpha - \frac{3}{\pi}\omega L_s I_d \tag{13.26}$$

예제 13-4

[그림 13-9(a)]의 L_s를 포함한 3상 사이리스터 컨버터에 대해 다음을 구하라.

(a) 정류각 u에 관한 식을 도출하라.

(b) $V_{LL}(\text{rms}) = 460\,\text{V}$, $L_s = 5\,\text{mH}$, $I_d = 20\,\text{A}$, $\alpha = 30°$일 때 정류각을 계산하라.

풀이

(a) [그림 13-12(a)]의 보조회로에서 모든 사이리스터가 도통될 때 P에서 키르히호프의 전류 법칙을 적용하면 다음과 같다.

$$i_a + i_c = I_d \tag{13.27}$$

I_d가 일정하다고 가정하고 식 (13.20)의 양변을 시간에 대해 미분하면 다음의 두 식 중 하나로 나타낼 수 있다.

$$\frac{di_a}{dt} + \frac{di_c}{dt} = 0 \tag{13.28}$$

$$\frac{di_a}{dt} = -\frac{di_c}{dt} \tag{13.29}$$

따라서 [그림 13-12(a)]에서 v_{Pn}을 다음과 같은 두 식으로 쓸 수 있다.

$$v_{Pn} = v_{an} - L_s\frac{di_a}{dt} \tag{13.30}$$

$$v_{Pn} = v_{cn} - L_s\frac{di_c}{dt} \tag{13.31}$$

여기서 식 (13.30)과 식 (13.31)을 더하고 식 (13.29)를 이용하면 다음과 같이 정리된다.

$$v_{Pn} = \frac{v_{an} + v_{cn}}{2} \tag{13.32}$$

이때 $\alpha < \omega t < \alpha + u$이다. 식 (13.30)에 식 (13.32)의 v_{Pn}에 대한 식을 대입하면 다음과 같다.

$$v_L = L_s\frac{di_a}{dt} = v_{an} - v_{Pn} = \frac{1}{2}(v_{an} - v_{cn}) \tag{13.33}$$

식 (13.33)에서 $(v_{an} - v_{cn})$은 선간 전압이고 [그림 13-13]에서 a상과 c상 전압의 교차점을 시간상의 원점이라고 가정하면 식 (13.33)에서의 전압 강하 v_L은 다음과 같이 표현할 수 있다.

$$v_L = L_s\frac{di_a}{dt} = \frac{1}{2}\hat{V}_{LL}\sin\omega t \tag{13.34}$$

마찬가지로 $\alpha < \omega t < \alpha + u$이다. 식 (13.34)를 식 (13.23)에 대입하면 다음과 같다.

$$A_u = \int_{\alpha}^{\alpha+u}\frac{1}{2}\hat{V}_{LL}\sin\omega t\, d(\omega t) = \omega L_s I_d \tag{13.35}$$

따라서 앞선 식을 정리하여 다음과 같이 정류각 u를 계산할 수 있는 식을 구한다.

$$\cos(\alpha + u) = \cos\alpha - \frac{2\omega L_s I_d}{\hat{V}_{LL}} \tag{13.36}$$

(b) 주어진 값들을 식 (13.36)에 대입하면 정류각 u는 $11.4°$가 된다. 단상 컨버터와 유사하게 [그림 13-12(b)]에서 사이리스터 전류가 선형적으로 증가 및 감소한다면 [그림 13-13]에서 기본 주파수 성분 i_{a1}은 전압 v_s 보다 ϕ_1만큼 지연된다.

$$\phi_1 \simeq \alpha + \frac{u}{2} \tag{13.37}$$

여기서 근사 등호($\simeq$)를 사용하는 것은 사이리스터의 전류가 선형적으로 증가 또는 감소를 한다는 가정 때문이다.

13.5 전류-링크 시스템

사이리스터는 직렬로 연결하면 수 킬로암페어(kA)와 수 킬로볼트(kV)의 매우 큰 전류와 전압 범위에서 사용할 수 있다. 또한 사이리스터 컨버터는 두 극성의 전압을 차단할 수 있지만 전류는 순방향으로만 전도시킬 수 있다. 이러한 사이리스터 컨버터의 특성은 [그림 13-14]와 같이 중간에 DC 전류-링크를 가지는 사이리스터 컨버터의 구현을 가능하게 한다.

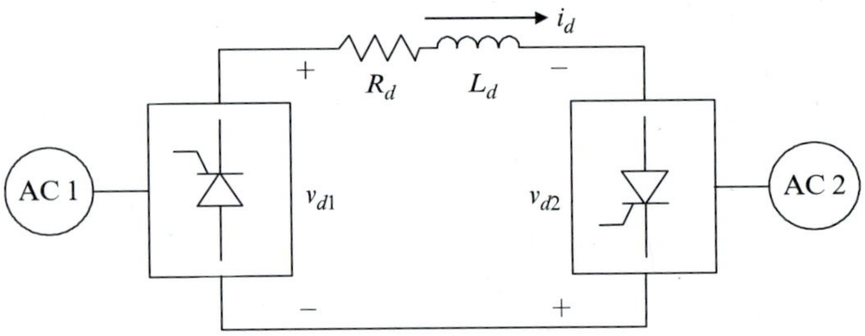

[그림 13-14] 전류-링크 시스템의 블록 다이어그램

전압-링크 시스템과 달리 전류-링크 시스템에서는 DC 링크의 전압 극성을 반대로 하여 전력 전달의 방향을 반전할 수 있다. 이 구조는 고압 DC[high-voltage DC, HVDC] 송전 시스템과 같은 수천 메가와트(MW) 이상의 고전력 영역에서 사용된다.

[그림 13-14]와 같이 DC 링크의 전류가 흐를 수 있도록 컨버터 1의 사이리스터는 애노드가 위를 향하도록 연결하고 컨버터 2의 사이리스터는 애노드가 아래를 향하도록 연결한다. [그림 13-14]에서 아래 첨자 1과 2는 각각 시스템 1과 2를 나타낸 것이고 R_d는 DC 전송선을 포함하는 DC 링크의 저항이다. 각 컨버터가 앞에서 설명한 6개의 펄스[six-pulse]를 발생시키는 사이리스터 컨버터라고 가정하면 각 사이리스터의 DC 링크 전압은 다음과 같다.

$$V_{d1} = \frac{3}{\pi}\hat{V}_{LL1}\cos\alpha_1 - \frac{3}{\pi}\omega L_{s1} I_d \tag{13.38}$$

$$V_{d2} = \frac{3}{\pi}\hat{V}_{LL2}\cos\alpha_2 - \frac{3}{\pi}\omega L_{s2} I_d \tag{13.39}$$

지연각 α_1과 α_2를 0° ~ 180° 구간(실제로는 대략 160°로 제한)에서 제어하면 [그림 13-14]의 시스템에서 평균 전압과 평균 전류는 제어될 수 있다. 이때 DC 링크로 흐르는 전류는 다음과 같이 표현할 수 있다.

$$I_d = \frac{V_{d1} + V_{d2}}{R_d} \tag{13.40}$$

DC 링크 저항 R_d가 일반적으로 매우 작기 때문에 V_{d1}과 V_{d2}의 크기는 거의 같지만 방향은 반대이다. 예를 들어 전력이 시스템 1에서 시스템 2로 흐른다면 α_2 제어에 의해 V_{d2}는 음의 값이 되며, 컨버터 2는 인버터로 동작하고 DC 링크의 전압을 생성한다. 컨버터 1은 DC 전류-링크를 제어하기 위해 지연각 α_1에서 양의 V_{d1}를 가지며 정류기로 동작한다. 만약 전력이 시스템 2에서 시스템 1로 흐른다면 두 컨버터에서 정반대의 설명이 성립한다.

앞서 언급한 전류-링크 시스템은 다음 장에서 설명할 변압기와 6개의 펄스를 가지는 사이리스터 컨버터를 이용한 전류-링크 HVDC 전송 시스템의 동작 원리를 보여준다. 이 시스템에서 사이리스터는 DC 측에 직렬로 연결되며, AC 측은 충분히 높은 수의 펄스 전압을 출력하기 위해 병렬로 연결된다.

연습문제

단상 사이리스터 컨버터

[연습문제 13.1] ~ [연습문제 13.3]의 단상 사이리스터 컨버터에서 60 Hz 일 때 $V_s = 120\,\text{V(rms)}$, $L_s = 3\,\text{mH}$ 이고 지연각 $\alpha = 45°$ 이다. 이 컨버터는 1 kW의 전력을 공급하고 있다. 직류 측 전류 i_d 에는 순수한 DC 성분만 존재한다고 가정한다.

13.1 정류각 u를 계산하라.

13.2 v_s, i_s, v_d의 파형을 그려라.

13.3 사이리스터로 흐르는 전류의 증가 및 감소가 정류 구간에서 선형적이라고 가정하고 컨버터의 무효 전력을 계산하라.

3상 사이리스터 컨버터

[연습문제 13.4] ~ [연습문제 13.7]의 3상 사이리스터 컨버터에서 60 Hz 일 때 $V_{LL} = 460\,\text{V(rms)}$, $L_s = 5\,\text{mH}$ 이고 지연각 $\alpha = 45°$ 이다. 이 컨버터는 5 kW의 전력을 공급하고 있다. 직류 측 전류 i_d 에는 순수한 DC 성분만 존재한다고 가정한다.

13.4 정류각 u를 계산하라.

13.5 상전압, 상전류, v_{Pn}, v_{Nn}, v_d의 파형을 그려라.

13.6 사이리스터로 흐르는 전류의 증가 및 감소가 정류 구간에서 선형적이라고 가정하고 컨버터의 무효 전력을 계산하라.

13.7 3상 사이리스터 컨버터에서 정류각이 0°이며, AC 측 전압 $V_{LL}(\text{rms})$와 DC 측 전류 I_d가 일정 상수라고 가정한다. 이때 지연각 α의 함수로 표현된 I_d와 $V_{LL}(\text{rms})$로 컨버터에 의한 무효 전력 Q를 그려라. 또한 왜 컨버터가 정류 모드에서는 $\alpha = 0°$에 근접하도록 동작하고 인버터 모드에서는 $\alpha = 180°$에 가깝도록 동작하는 것이 바람직한지를 설명하라.

전류-링크 시스템

13.8 [그림 13-14]의 블록 다이어그램에서 2개의 3상 컨버터의 전압 $V_{d0}=480\,\text{kV}$ 이고 DC 측 전류 $I_d=1.1\,\text{kA}$ 이다. 컨버터 2는 인버터로 동작하며 $V_{d2}=-425\,\text{kV}$ 의 DC 링크 전압을 생성한다. 이때 DC 링크 저항 R_d는 $10.0\,\Omega$ 이다. 각 컨버터의 정류 구간이 교차함에 따라 발생하는 DC 전압 강하는 10 kV 이다. 이와 같은 DC 정상상태에서 각 α_1, α_2, u_1, u_2를 구하라.

13.9 [연습문제 13.8]의 정류 구간에서 사이리스터에 흐르는 전류가 선형적으로 증가 및 감소한다고 가정한다. 이때 각 컨버터의 무효 전력을 구하라.

시뮬레이션 문제

13.10 단상 사이리스터 컨버터에서 60 Hz 일 때 입력 전압 $V_s=120\,\text{V}(\text{rms})$ 이다. 이때 AC 측 인덕턴스는 1.2 mH 이고 DC 측 부하에는 20 mH 의 인덕턴스와 $5\,\Omega$ 의 저항이 직렬로 연결된다.

(a) v_s, v_d, i_d의 파형을 그려라.

(b) v_s와 i_s의 파형을 그려라.

(c) (a), (b)의 그래프로부터 정류각 u를 계산하라.

(d) i_s의 푸리에 분석을 통해 I_{s1}을 기준으로 한 고조파 성분의 비를 구하라.

(e) I_s와 입력 전류의 %THD, 입력 변위역률, 입력역률을 구하라.

CHAPTER

14

전력전자공학의 계통 응용 분야

14.1 서론

이전 장에서 다양한 전력전자 시스템은 효율적으로 전기를 사용하고 신재생에너지를 동력원으로 활용함을 학습하였다. 이번 장에서는 모든 전력전자 시스템의 기존, 그리고 새로운 응용 분야를 계통 응용 분야와 관련하여 정리한다. 이러한 계통 시스템에서 전력전자의 응용 분야는 매우 빠르게 성장하고 있으며, 발전, 동작, 제어 측면에서 볼 때 미래 전력 시스템의 모습은 달라질 것으로 예상된다.

이번 장의 목표는 전력전자의 응용 분야를 간략하게 설명하는 것이다. 이를 통해 규제가 완화된 계통 환경에서 학생들에게 새로운 도전을 준비하도록 하며, 미국의 미네소타 대학교와 같이 전력전자공학의 응용과 관련한 상위 수준의 대학원 교과목이 개설되어 있는 곳에서 심화 교육과정을 수강하고자 하는 학생들에게 동기를 부여할 수 있다.[1][2]

이를 바탕으로 이전 장에서 논의한 것과 같거나 변형된 전력전자 컨버터를 검토할 것이며, 이 책의 범위는 다양한 컨버터의 블록 다이어그램을 통해 그들의 응용 분야를 충분히 살펴볼 것이다. 이러한 전력전자의 계통 응용 분야는 다음과 같이 분류할 수 있다.

❶ 분산 전원Distributed Generation, DG
- 재생 가능한 자원(바람, 태양광 등)
- 연료전지와 마이크로 터빈
- 배터리 저장, 초전도 자기 저장, 플라이휠

❷ 전력전자 부하 – 가변속 드라이브

❸ 전력 품질 솔루션
- 듀얼 공급 장치dual feeder(이중선로)
- 무정전 전원 공급 장치uninterruptible power supply
- 동적 전압 보상기dynamic voltage restorer

❹ 송배전transmission and distribution, T&D : HVDC와 FACTS[3]
- 고압 DC High voltage DC, HVDC와 HVDC-Light
- 유연 송전 시스템Flexible AC transmission, FACTS
  - 병렬 보상
  - 직렬 보상
  - 위상각 고정 제어와 결합형 조류 제어기

---

1 N. Mohan, A. Jain, P. Jose, and R. Ayyanar, "Teaching Utility Applications of Power Electronics in a First Course on Power Systems," *IEEE Transactions on Power Systems* 19(February 2004): 40–47.

2 N. Mohan, *First Course on Power Systems*, New York: John Wiley & Sons, 2011.

3 N.G. Hingorani, and L. Gyugyi, *Understanding FACTS*, New York,: IEEE Press, 2000.

14.2 전력 반도체 소자와 그 역량

[그림 14-1(a)]는 주로 쓰이는 전력 소자들의 기호이며, 이러한 소자들의 전력 처리 능력과 스위칭 속도는 [그림 14-1(b)]와 같다. 이러한 소자들은 오직 순방향으로만 전류를 흐르게 할 수 있다(MOSFET에 포함되어 반대 방향으로 병렬 연결된 다이오드는 따로 설명할 수 있다). 사이리스터가 순방향과 역방향 전압을 모두 차단할 수 있는 반면 (본질적 혹은 설계에 의해) 트랜지스터는 순방향 전압만 차단할 수 있다.

다이오드는 제어 불가능한 소자로, 순방향으로 전류를 흐르게 하고 역방향 전압은 차단한다. 매우 높은 전력 영역에서는 게이트 턴-오프 사이리스터에서 진화된 게이트 정류 사이리스터integrated-gate controlled thyristors, IGCTs가 사용된다. 사이리스터는 반semi제어가 가능한 소자로, 순방향 차단 상태에서 원하는 순간에 스위치를 켜는 것은 가능하지만 끄는 것은 불가능하며 연결된 회로에 의해서만 스위치를 끌 수 있다. 그러나 사이리스터는 매우 큰 정격 전압과 전류에서 사용 가능하다.

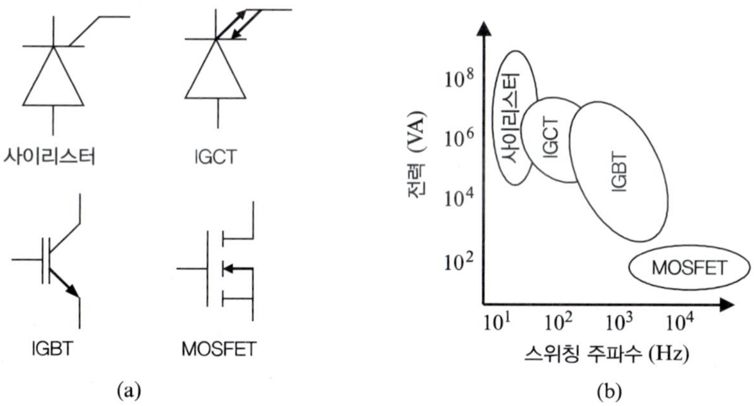

[그림 14-1] 전력 반도체 소자

이러한 소자들은 넓은 범위의 정격 전압 및 전류를 가지고 있어 다양한 응용 분야에서 사용 가능하다. 게다가 소자의 직렬 및 병렬 연결을 통해 더 넓은 범위의 정격으로 확장시킬 수 있다. 예를 들어 계통과 연관된 응용 분야의 아주 넓은 범위에서 주로 사용되는 IGBTs는 600 A/6500 V 의 정격 전류 및 전압을 가지는 상용 단일 모듈로 사용할 수 있다.

14.3 전력전자 시스템의 분류

매우 광범위한 의미에서 전력전자 응용 분야에서의 전력전자의 역할은 다음과 같이 분류할 수 있다.

14.3.1 반도체 스위치

[그림 14-2]와 같이 2개의 사이리스터를 역병렬back-to-back로 연결하면 양방향으로 전류를 흘릴 수 있는 반도체 스위치를 만들 수 있으며, AC 회로에서 선주파수의 반주기 지연으로 턴-온 또는 턴-오프를 수행한다. 이러한 스위치는 이중선로, 전압 제어 버스를 위한 무효 전력의 주입을 위한 병렬 보상shunt-compensation 및 송전선의 직렬 보상과 같은 응용에 필요하다.

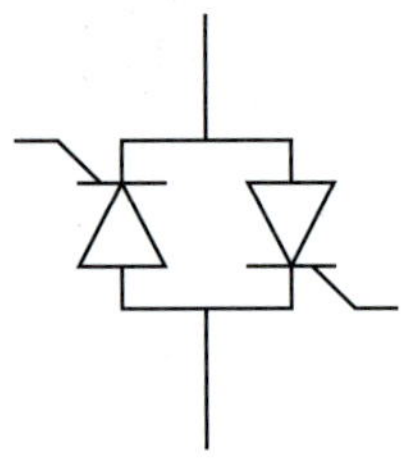

[그림 14-2] 반도체 스위치로 동작하기 위한 역병렬(back-to-back) 사이리스터

14.3.2 인터페이스로의 컨버터

전력전자 컨버터는 [그림 14-3]과 같이 종종 계통과 같은 전원과 부하 사이에 필요한 인터페이스를 제공한다. 전원과 부하는 주파수, 전압의 크기, 그리고 위상의 수가 서로 다를 수 있다. 전력전자 인터페이스는 에너지가 가장 효율적인 방법으로 전원에서 부하로의 전력 전송이 가능하며, 이는 전원과 부하의 역할을 바꿨을 때도 가능하다.

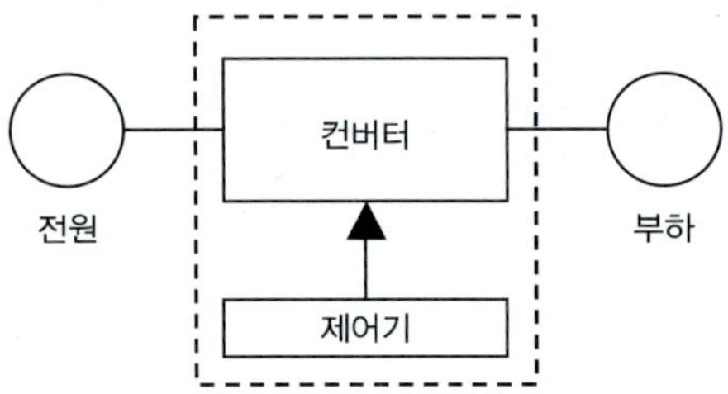

[그림 14-3] 전력전자 인터페이스

이러한 인터페이스는 다음과 같이 분류할 수 있다.

14.3.2.1 전압-링크 시스템

다양한 종류의 트랜지스터와 다이오드 같은 반도체 소자는 순방향 전압만을 차단할 수 있다. 이러한 반도체 소자는 단방향 전압 저지만 가능하므로 [그림 14-4]와 같이 2개의 컨버터의 DC 단자를 병렬 커패시터로 연결하여 전압의 극성이 바뀌지 않는 DC 링크를 형성하는 구조를 갖게 하고 단극unipolar 전압 제어 트랜지스터가 컨버터에서 사용되도록 한다. DC 링크 시스템의 전류 방향을 반대로 하면 전력의 전달 방향을 반전할 수 있다.

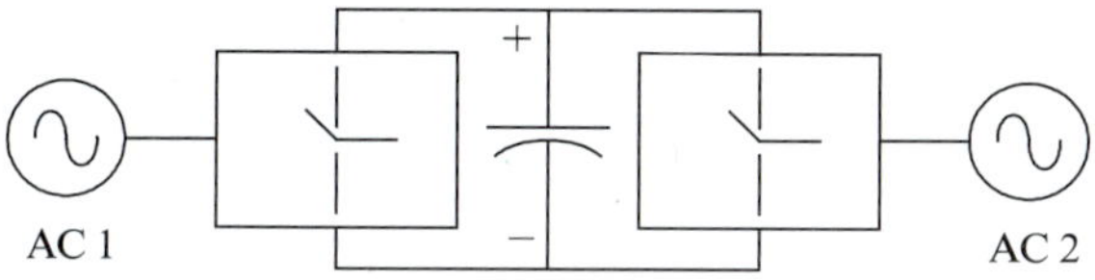

[그림 14-4] 전압-링크 시스템의 블록 다이어그램

전압-링크 컨버터는 빌딩 블록(기본 구성)으로서 스위칭 파워-폴로 구성되며, 펄스 폭 변조pulse-width modulation, PWM를 통해 원하는 출력을 합성하고 양방향 전력을 전달할 수 있다. 이러한 스위칭 파워-폴은 앞서 12장에서 설명했듯 제어 가능한 권선비를 갖는 이상적인 변압기로 모델링될 수 있다.

14.3.2.2 전류-링크 시스템

사이리스터는 양극의 전압을 차단할 수 있지만 전류는 순방향으로만 도통된다. 이러한 특성으로 인해 [그림 14-5]와 같이 중간에 DC 전류-링크를 갖는 사이리스터 컨버터로 구성된 인터페이스를 구현하게 된다. 전력의 전달 방향은 DC 링크 전압의 극성을 반전시켜 뒤바꿀 수 있지만 링크의 전류는 같은 방향을 유지한다. 이 구조는 고압 DChigh-voltage DC, HVDC 송전과 같은 수십~수백 메가와트(MW)의 매우 큰 전력 레벨에서 사용된다.

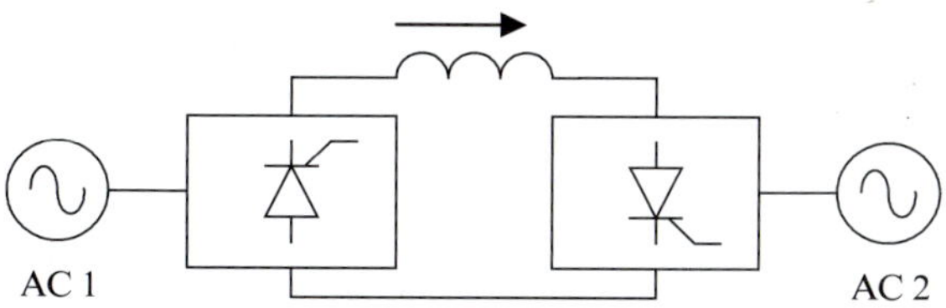

[그림 14-5] 전류-링크 시스템의 블록 다이어그램

다음 절에서는 다양한 계통 응용 분야와 전력전자의 역할에 대해 좀 더 상세히 다룰 것이다.

14.4 분산 전원의 응용 분야

분산 전원distributed generation, DG은 미래의 전력 시스템의 운영 및 제어되는 방법의 판도를 바꿀 것으로 예측된다. 이러한 시스템에서 발전기는 중앙 관리 제어 이외에도 분산decentralized(현장local) 제어가 가능하다. 환경 및 경제적인 이유로 대규모 중앙 발전소들은 분산 전원으로 변화하고 있으며, 풍력과 태양광photovoltaic, PV 시스템과 같은 재생 가능한 자원들에 대한 관심이 증대되고 있다. 따라서 송전 혼잡과 선로의 손실 모두를 피하기 위해 연료전지와 마이크로 터빈을 기반으로 한, 부하 중심지 근처의 고효율 소규모 발전소 배치가 제안되고 있다. 이 절에서는 이러한 분산 전원 시스템에 대해 알아보자.

14.4.1 풍력 시스템

풍력에너지는 태양에 의한 지구 표면의 불균일한 가열에 의해 생기는 것으로, 태양에너지로 인한 간접적인 현상이다. 풍력은 모든 신재생에너지 중에서 가장 오랫동안 연구되었으며 그 잠재력은 여전히 무궁무진하지만 아직 시작 단계에 있다. [그림 14-6]은 미국의 풍력발전 가용성을 나타낸 것으로, 바람이 많이 불어 우수한 발전 조건을 갖는 몇몇 적합한 장소가 있음을 보여준다.

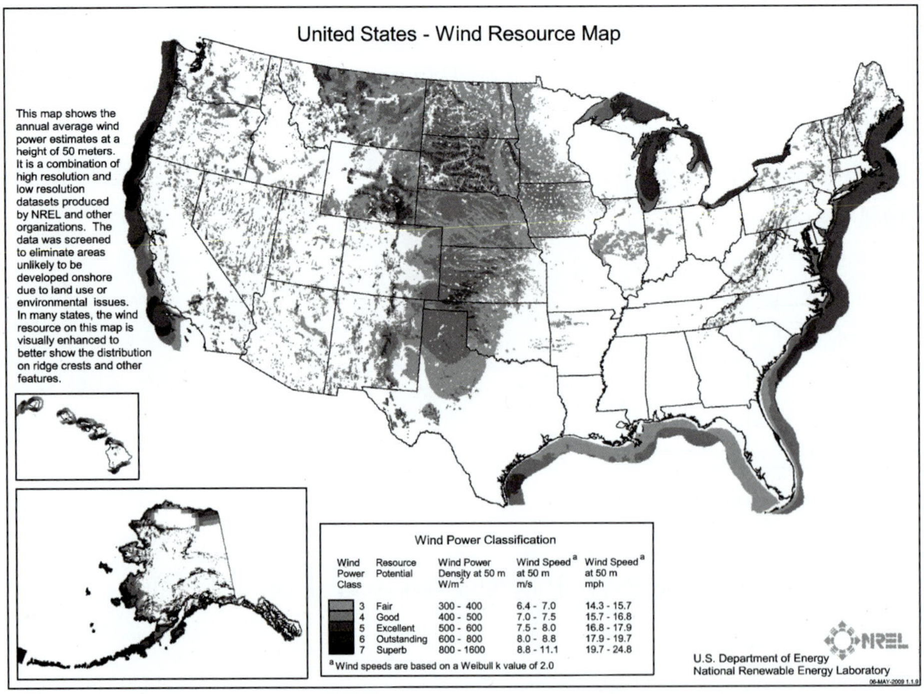

[그림 14-6] 국립 재생에너지 연구실의 동적 지도에 실려있는 미국의 풍력자원 지도[4]

4 GIS Data & Analysis Tolls webpage, http://www.nrel.gov/gis/wind.html, map "U.S. Wind Resource Map." Accessed August 4, 2011.

발전기는 60 Hz 의 선주파수에서 4극 1800 rpm 과 8극 900 rpm 정도의 동기 속도에 가까운 빠른 속도로 동작하는 반면 풍력 터빈은 매우 느린 속도로 회전하므로 풍차를 이용한 발전 시스템에서는 보통 기어링 메커니즘이 필요하다. 따라서 너셀[nacelle]은 더 높은 속도에서 발전기를 구동하기 위해 터빈의 속도를 향상시키는 기어링 메커니즘을 포함한다. 단, 기어링 메커니즘이 필요하다는 것은 이 기법의 단점 중 하나가 된다. (기어 없이) 매우 큰 크기의 영구자석 기기를 직접 구동하는 방법이 제안되기도 하지만 대부분의 풍차는 기어링을 사용한다. 다음은 다양한 방식의 풍력발전 구조이다.

14.4.1.1 계통 직접 연결형 유도발전기

[그림 14-7]처럼 풍력 터빈을 구동할 농형 유도발전기로 구동되는 풍력 터빈은 소프트 스타트[soft-start]를 위해 백투백[back-to-back], 즉 역병렬로 연결된 한 쌍의 사이리스터 쌍을 통해 직접 계통에 연결된, 가장 저렴하고 튼튼하며 간단한 방식이므로 농형 회전자 유도기를 사용한다.

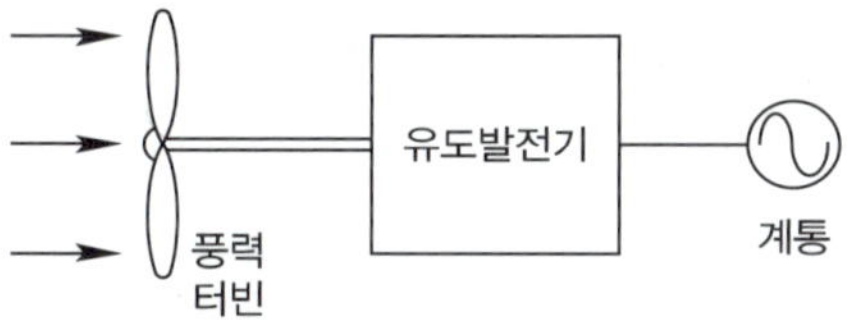

[그림 14-7] 계통 직접 연결형 유도발전기

유도기를 발전기 모드로 동작시키려면 회전자의 속도는 동기 속도보다 반드시 빨라야 한다. 이 기법에서 유도기는 항상 동기 속도와 매우 비슷한 속도로 동작하기 때문에 가변 속도 방식과 비교하여 낮거나 높은 속도의 바람에서는 적합하지 않다는 단점이 있다. 또한 농형 유도기는 항상 지상 역률에서 동작한다. 즉, 유도 부하처럼 계통에서 무효 전력을 끌어온다. 따라서 유도기의 지상 역률을 보상하기 위해 무효 전력을 공급하는 별도의 성분, 예를 들어 병렬 연결 커패시터와 같은 것이 종종 필요하다.

14.4.1.2 이중여자 권선형 회전자 유도발전기

[그림 14-8]은 고정자가 직접 계통 공급선에 연결되고 회전자가 전력전자 인터페이스를 통해 원하는 전류를 공급받는 권선형 유도기를 이용한 기법을 나타낸다. 일반적으로 전력의 4/5는 고정자로부터 계통으로 직접 흐르고, 전력의 1/5만 회전자와 연결된 전력전자 회로를 통해 흐른다. 이 기법은 유지보수가 필요한 슬립링[slip-ring]과 브러쉬[brush]를 통해 3상 권선형 회전자에 전류를 공급하는 권선형 회전자 유도기[wound-rotor induction machine]를 사용해야 한다는 단점이 있다. 단, 전력전자 시스템이 고가임에도 전체 시스템 정격의 1/5만 전력전자 시스템에서 사용하기 때문에 앞서 언급한 시스템에 비해 크게 고가는 아니다. 이러한 구조는 앞으로 설명할 바와 같이 이전 방식과 다른 몇 가지 뚜렷한 장점이 있다.

이중여자 doubly fed 권선형 회전자 유도기를 사용한 방식은 일반적으로 동기 속도의 ±30% 범위에서 동작할 수 있다. 따라서 회전자는 동기 속도보다 빠르거나 느린 속도에서도 동작이 가능하므로 이전 방식에 비해 작거나 큰 풍속에서도 더 많은 전력을 만들 수 있다. 또한 농형 유도기에서는 무효 전력의 흡수만 가능하지만 이 방식은 무효 전력을 공급할 수도 있다. 따라서 미국에서 최근에 설치된 풍력발전기에서 이중여자 권선형 회전자 유도기를 사용한 사례는 매우 평판이 좋다.

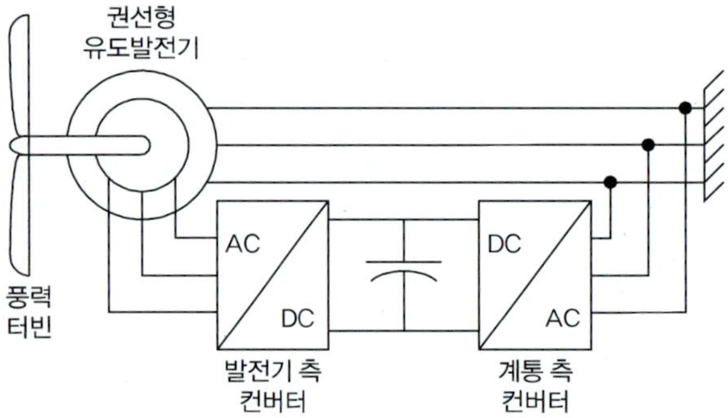

[그림 14-8] 이중여자 권선형 회전자 유도발전기

14.4.1.3 발전기 연결형 전력전자

[그림 14-9]에서는 농형 유도발전기 또는 영구자석 발전기가 전력전자 인터페이스를 통해 계통에 연결된다. 이 인터페이스는 2개의 컨버터로 구성되며, 유도발전기라면 발전기 측 컨버터는 여자에 필요한 무효 전력을 공급한다. 유도발전기의 동작주파수는 탁월풍 prevailing wind에 대한 최적값으로 제어된다.

계통(선로) 측 컨버터는 연속적으로 무효 전력을 흡수 또는 공급할 수 있다. 이 시스템은 견고한 농형 기기 혹은 고효율의 영구자석 발전기를 매우 유연하게 선택하여 사용할 수 있으며, 매우 넓은 속도 범위에서 동작 가능하다. 또한 전력전자 인터페이스에서 전체 전력의 출력을 처리해야 함에도 불구하고 계속 감소하고 있는 전력전자 인터페이스 비용의 관점에서 보면 미래에는 경쟁력을 갖출 것으로 예측된다.

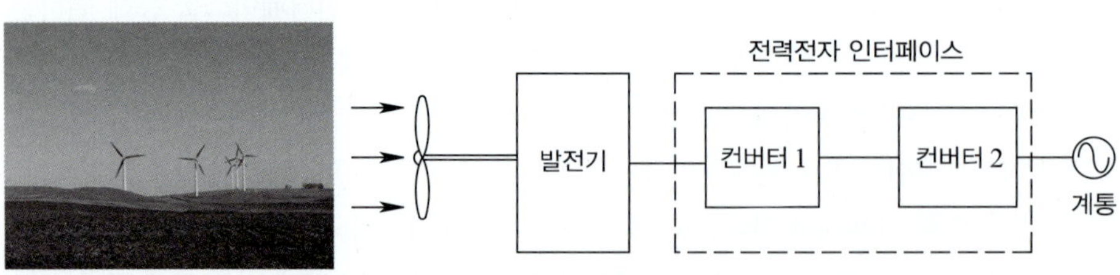

[그림 14-9] 발전기 연결형 전력전자

14.4.2 태양광 시스템

태양광 photovoltaic, PV 시스템은 분산형 발전에 가장 적합하며, 풍력발전 시스템보다 더 큰 잠재성을 가진다. PV 시스템에서 (일반적으로 4개의 직렬로 연결된) PV 어레이는 52 V 에서 90 V 까지 전압을 전달하며, [그림 14-10]과 같이 전력전자 시스템은 단상 계통의 인터페이스를 위한 120 V/60 Hz 의 정현적인 전압으로 변환한다. 이러한 PV 모듈은 높은 출력을 위해 병렬로 연결될 수 있고 대규모 PV 어레이의 경우 3상 계통과 연결될 수 있다.

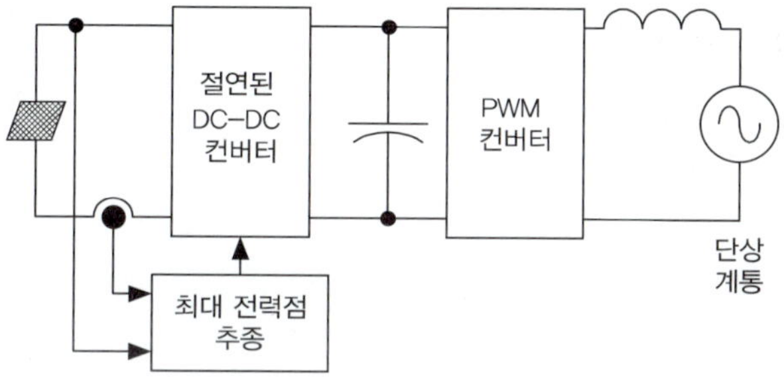

[그림 14-10] 태양광 시스템

[그림 14-11]은 미국 최대의 지붕 일체형 시스템인 127 kW급 옥상용 PV 시스템이다.

[그림 14-11] 옥상형 PV 시스템[5]

14.4.3 연료전지 시스템

60% 정도의 높은 효율로 인해 최근 연료전지 시스템에 대한 큰 관심과 시도가 이어지고 있다. 연료전지의 입력은 수소, 천연가스 또는 가솔린이 될 수 있으며, 출력은 [그림 14-12]와 같이 DC 전압이 된다.[6] 연료전지 시스템에서 계통과의 인터페이스를 위한 전력전자 컨버터에 필요한 것은 태양광 시스템에서 필요한 것과 동일하다.

---

5 www.NREL.gov.

6 D. Collins, "DOE FE Distributed Generation (DG) Fuel Cells Program", IEEE Applied Power Electronics Conference, March 6-10, 2005, Austin, TX.

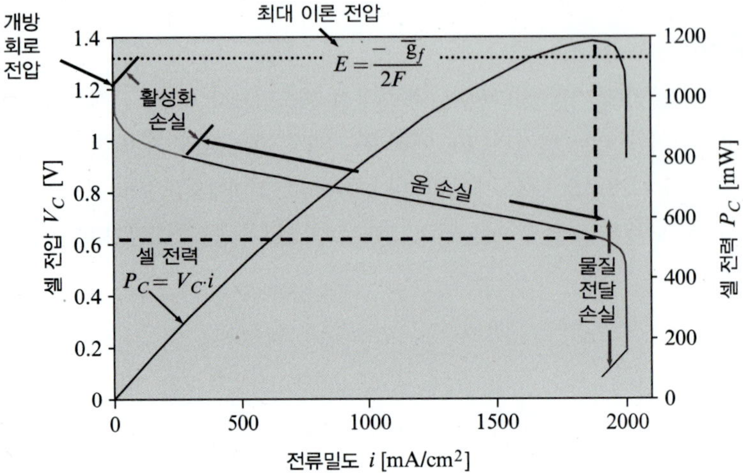

[그림 14-12] 연료전지의 $V-I$ 관계와 셀 전력[7]

14.4.4 마이크로 터빈

마이크로 터빈micro-turbine은 필요시 피크 전력을 생성하기 위해 천연가스가 입력 연료로 사용되는 고효율 비행기 엔진 등에 사용된다. 효율을 높이기 위해 터빈의 속도가 가변되어야 하므로 출력주파수를 가변할 수 있는 가변속 드라이브와 같은 전력전자 인터페이스가 요구된다.

14.4.5 에너지 저장 시스템

주요 에너지원은 아니지만 **저장소**storage plant는 낮 시간의 전력 사용량 특성으로 인해 전력 시스템의 부하 평준화load-leveling와 피크 완화peak-shaving의 이점을 제공한다. 에너지는 주로 부하 수요가 낮은 밤에 저장되고 피크-부하 시간 동안 다시 에너지를 공급한다.

에너지는 납축전지(다른 새로운 전지도 개발되고 있다), 초전도 에너지 저장 장치superconducting magnetic energy storage, SMES 코일, 플라이휠 관성 등에 저장 가능하다. 이러한 모든 시스템은 전력전자 인터페이스가 필요하며, 플라이휠 저장을 위한 인터페이스는 [그림 14-13]과 같다.

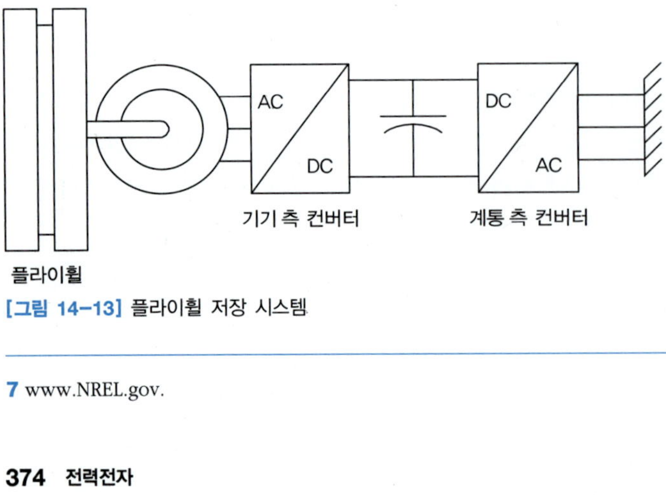

[그림 14-13] 플라이휠 저장 시스템

7 www.NREL.gov.

14.5 전력전자 부하

1장에서 논의했던 바와 같이 가변속 구동 장치의 사용으로 인해 에너지 소비를 줄이고 공정 제어를 보다 향상시킬 수 있는 것처럼 전력전자는 에너지 절약 측면에서 중요한 역할을 하고 있다. [그림 14-14]는 이러한 **가변속 드라이브** adjustable-speed drive, ASD의 블록 다이어그램이다.

이 유형의 전력전자 부하는 왜곡된 선전류를 발생시키는 계통과의 인터페이스를 종종 사용한다. 이러한 전류는 왜곡된 전압 파형을 발생시키고 주변 부하에 영향을 미친다. 그러나 계통에서 정현파 전류가 나오도록 계통 인터페이스(역률 보정 프론트 엔드라고도 한다)를 설계하는 것이 가능하다. 전력전자 부하의 확산과 함께 왜곡된 전류의 양을 제한하는 표준이 강화되고 있다.

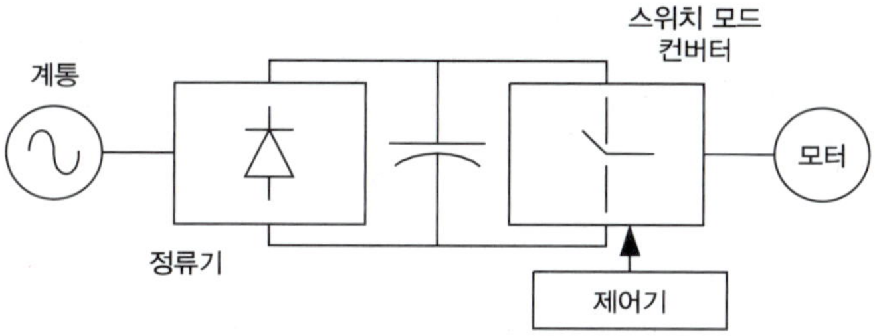

[그림 14-14] 가변속 드라이브

14.6 전력 품질 솔루션

전력의 품질이 낮다는 것은 왜곡된 전압 파형, 불평형, 순시적인 전압 변동(상승 Sag, 처짐 Swell), 정전 등을 의미한다. 이러한 문제는 장비의 부적절한 유지보수에 따라 발생하며, 계통의 생산비가 겨우 충족될 정도의 적은 이윤의 동작을 요구하는 규제 없이 자율화된 발전 정책 환경에서 더 자주 발생할 수도 있다. 이 장에서는 전력전자가 많은 전력 품질 문제를 해결할 수 있다는 것을 살펴볼 것이다.

14.6.1 이중선로

[그림 14-15]와 같이 한 배전선이 부하에 공급하고 있는 다른 배전선을 대체할 때 이중 전력 배전선에 의한 서비스의 연속성은 향상될 수 있다. 반도체 스위치로 동작하는 역병렬 back to back 연결형 사이리스터를 사용하면 주 배전선에서 대체 배전선 또는 반대의 방향으로 끊임없이 빠르게 부하를 전환할 수 있다.

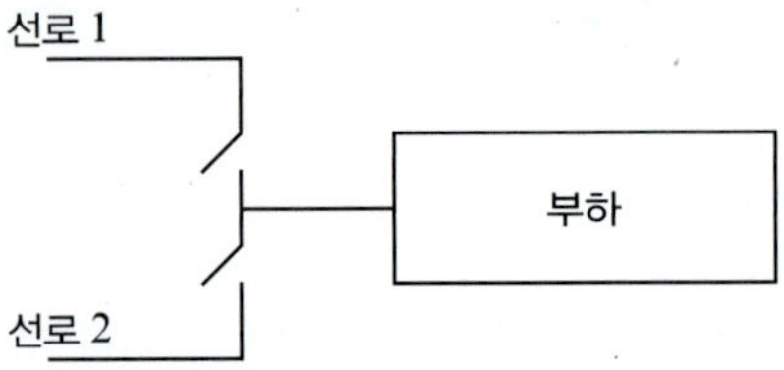

[그림 14-15] 이중선로

14.6.2 무정전 전원 공급 장치

정전power outage은 단지 몇 주기만 발생해도 중요한 부하에 매우 치명적이다. 이러한 정전에 대비하기 위해 [그림 14-16]과 같은 전력전자 기반의 **무정전 전원 공급 장치**uninterruptible power supply, UPS가 사용될 수 있다. 에너지를 저장하기 위해서는 배터리, 초전도 자기에너지 저장 장치superconducting magnetic energy storage, SMES, 플라이휠flywheel 또는 울트라 커패시터ultracapacitor 등이 사용 가능하다.

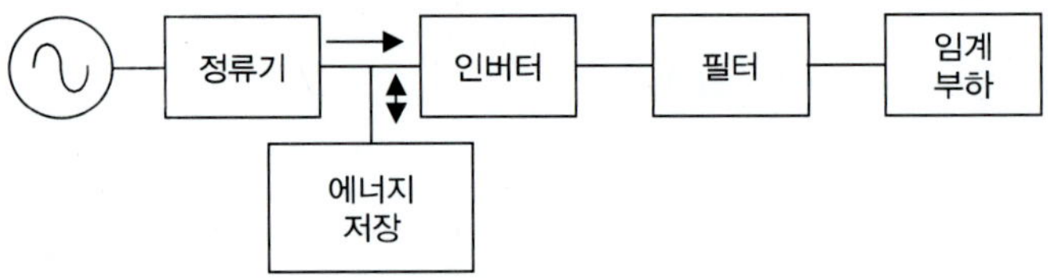

[그림 14-16] 무정전 전원 공급 장치

14.6.3 동적 전압 보상 장치

[그림 14-17]의 **동적 전압 보상 장치**dynamic voltage restorers, DVR는 계통에 의해 공급된 전압에 직렬로 전압 v_{inj}를 주입함으로써 순시적인 전압 변동을 보상할 수 있다.

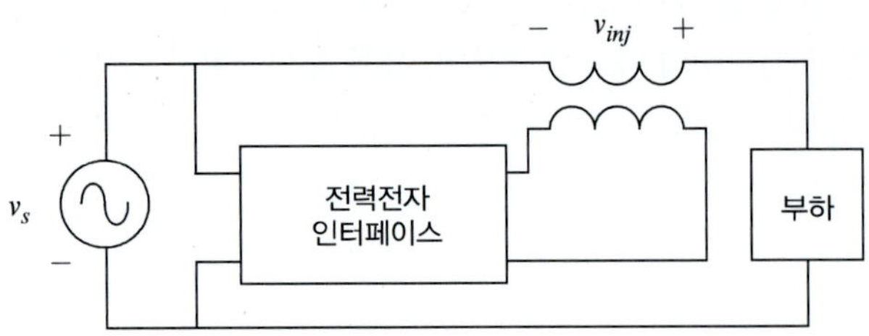

[그림 14-17] 동적 전압 보상 장치

14.7 송배전 응용

과거에는 이용자가 전력 공급자를 고를 수 있는 선택권이 거의 없는 독점제로 시장이 운영되었다. 그러나 최근에는 반대에도 불구하고 전력 공급자는 오픈 마켓에서 전력을 판매하기 위해 경쟁하고, 소비자는 전력 공급자를 선택할 수 있도록 규제를 해제하는 동향을 보인다. 이러한 환경에서 최상위에 집중되었던 계통은 전력을 생산하는 발전회사와 수수료를 위해 송배전 네트워크를 유지하는 송전선 운영자로 강제 분리되었다.

이러한 규제 완화 속에서 송전선의 과부하와 대규모 전력 손실을 피하고 지정된 전원선에 전력이 흐르도록 하는 것이 매우 바람직하다. 이번 절에서는 이를 위한 몇 가지의 대책들에 대하여 살펴볼 것이다.

14.7.1 고압 DC(HVDC) 송전

직류[DC] 송전은 동시에 혹은 동일한 주파수에서의 동작이 요구되는 2개의 상호 AC 시스템을 분리할 수 있는 최적의 방법이다. 사이리스터 기반의 전류-링크 컨버터를 이용하는 **고압 DC**[high-voltage DC, HVDC] **송전 시스템**은 현재까지 수십 년에 걸쳐 운영되어왔다. 최근에는 다소 낮은 전압에서 사용되는 IGBT 기반의 전압-링크 컨버터 시스템이 설치되고 있다. 이러한 두 가지 유형의 시스템은 다음과 같다.

14.7.1.1 사이리스터 기반 전류-링크 HVDC 송전 시스템

[그림 14-18]은 500 kV 를 넘는 높은 전압에서 DC 선로를 통해 전송되는 HVDC 송전 시스템의 블록 다이어그램이다. 먼저 송신단 AC 시스템 1에서의 전압은 변압기에 의해 승압된다. 이 전압은 사이리스터 기반 컨버터를 통해 DC로 정류되며, 컨버터에서 AC 선간 전압에 따라 전류가 전환되어 컨버터의 반대쪽에서 AC 시스템 1에서 발생하는 AC 전류가 DC 전류로 변환된다. 이 전류는 최대한 리플 없이 순수한 DC 전류를 위해 추가된 직렬 인덕턴스가 있는 DC 선로로 송전된다. 수신단에는 강압 변압기를 통해 DC 전류를 AC 전류로 변환하고 이를 AC 시스템 2로 주입하는 사이리스터 기반 컨버터가 있다. 송신단과 수신단의 역할은 DC 시스템에서 전압 극성의 반전을 통해 바꿀 수 있다.

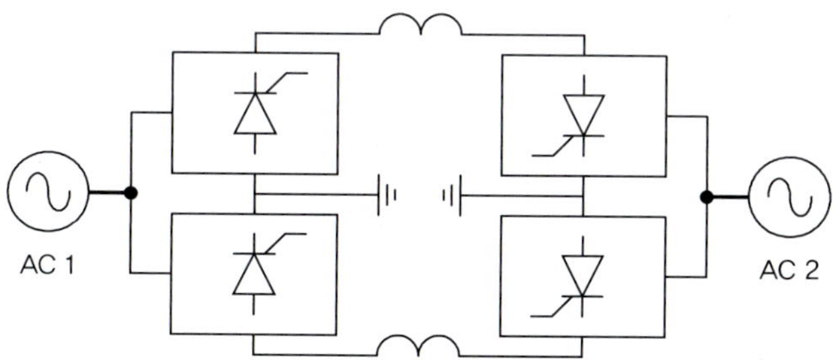

[그림 14-18] 전압-링크 HVDC 송전 시스템의 블록 다이어그램(변압기는 표시하지 않음)

예를 들어 미국 서부에 있는 전류-링크 HVDC 송전 시스템은 ±500 kV 에서 3100 MW를 1361 km 만큼의 거리로 송전한다. 현재 최소 1000 MW를 넘는 매우 높은 전력 레벨에서는 사이리스터를 사용하는 것이 합리적인 선택이다.

14.7.1.2 전압-링크 IGBT 기반 컨버터를 이용한 고압 직류 송전 시스템

사이리스터를 기반으로 한 HVDC 송전선에 의해 전송되는 것과 비교했을 때 더 낮은 전력 레벨에서는 [그림 14-19]와 같은 전압-링크 시스템을 사용하는 것이 효과적이다. 이러한 시스템에서 전력을 전달하는 방향은 DC 선로에 흐르는 전류 방향의 변화에 따라 바뀐다. 예를 들어 미국 동부에 있는 전압-링크 시스템은 ±150 kV 에서 작동하고 330 MW 의 정격을 갖는다.

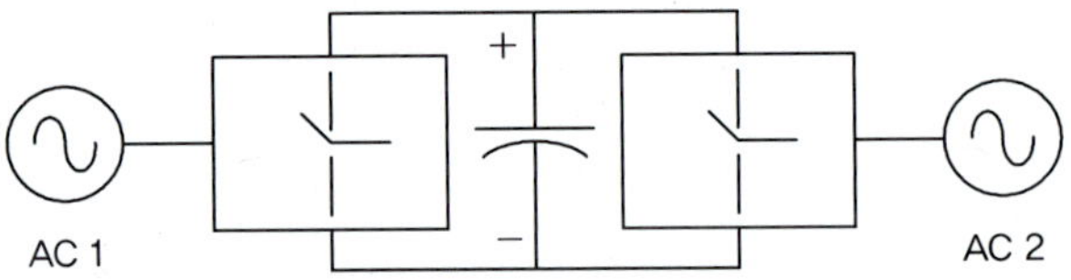

[그림 14-19] 전압-링크 시스템을 이용한 HVDC 전송 블록 다이어그램

14.7.2 유연 송전 시스템(FACTS)[8]

대량의 전력을 장거리에 송전하거나 시스템의 안정성이 중대한 문제일 경우에는 앞에서 논의한 DC 송전 시스템을 사용하는 것이 탁월한 선택이다. 기존의 AC 송전 네트워크에서는 비용 문제와 새로운 전력선 건설에 대한 제한으로 송전 용량의 증가를 위한 안정성을 갖춘 다른 방법이 요구되었다. 이러한 기술은 지정된 선로로 전력을 전달할 때 직접적인 도움이 될 수 있다.

[그림 14-20]에서 두 AC 시스템을 연결하는 전송선에서의 전력 전달은 다음과 같다.

$$P = \frac{E_1 E_2}{X} \sin\delta \tag{14.1}$$

여기서 E_1과 E_2는 전송선로의 양단의 전압의 크기이며, X는 선로 리액턴스, δ는 양 버스 전압 사이의 각도이다.

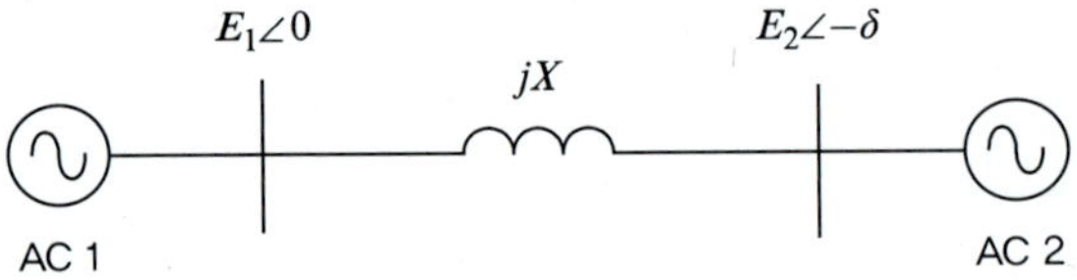

[그림 14-20] 전송선에서의 전력 흐름

8 N.G. Hingorani, and L. Gyugyi, Understanding FACTS, New York,: IEEE Press, 2000.

식 (14.1)을 보면 전송선에서의 전력 전달은 전압 크기 E, 선로 리액턴스 X, 그리고 전력각 δ의 영향을 받는다. 세 가지 중 한 가지 이상의 신속한 제어를 바탕으로 한 다양한 소자들에 대해 알아보자.

14.7.2.1 버스 전압크기 E를 제어하기 위한 병렬 연결 소자

무효 전력의 보상은 매우 중요하며, 높은 부하에서의 전압 붕괴를 방지하기 위해 필요하다. [그림 14-21]과 같이 병렬 연결 소자는 버스에서 무효 전력을 끌어오거나 공급할 수 있으므로 내부 시스템 리액턴스에 따라 제한된 범위에서라도 버스 전압을 제어할 수 있다.

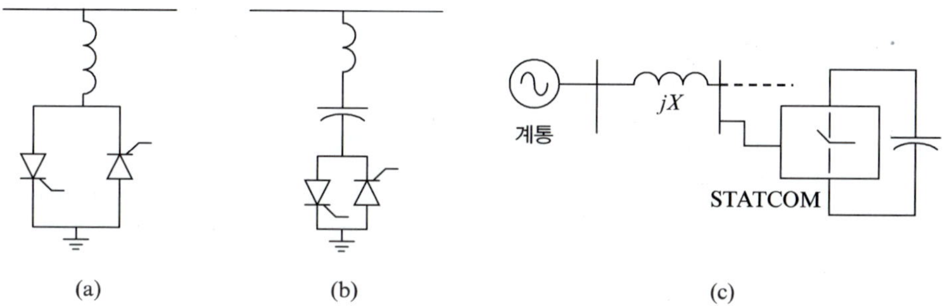

[그림 14-21] 전압 제어를 위한 병렬 연결 소자

이러한 소자의 다양한 형태는 각기 다른 조합으로 사용되며, 정지형 무효 전력 보상static var compensation, SVC을 위한 [그림 14-21(a)]의 사이리스터-제어 리액터thyristor-controlled reactor, TCR, [그림 14-21(b)]의 사이리스터-스위치 커패시터thyristor-switched capacitors, TSC가 있다. [그림 14-21(c)]의 개선된 정지형 무효 전력 보상 장치advanced static var compensator, STATCOM는 무효 전력을 끌어오거나 공급할 수 있다.

병렬 보상 소자는 유효 전력의 흐름 제어를 위해 다음과 같은 제한 사항이 있다.

❶ 전압 크기를 변경하기 위해 시스템 내부의 리액턴스에 따라 많은 양의 무효 전력 보상이 필요할 수도 있다. 물론 전압은 제한된 범위(계통은 공칭값에서 버스 전압을 유지하려 함)에서 변경될 수 있고 이 범위는 식 (14.1)에서 주어진 전력 전달에서 제한적인 효과를 가진다.

❷ 대부분의 송전 시스템은 병렬의 경로 또는 루프로 구성된다. 따라서 특정 버스에서 전압 크기를 변경하면 버스에 연결된 모든 선로의 부하가 변화하므로 특정 선로에서 전달되는 전력량은 변화시킬 수 없다.

14.7.2.2 효율적인 직렬 리액턴스 X를 제어하기 위한 직렬 연결 소자

이 소자는 송전선에 직렬로 연결되어 부분적으로 송전선 리액턴스를 상쇄(또는 증가)시킨다. 따라서 식 (14.1)에서 X의 실효값을 변경하여 유효 전력 전달 P가 제어되도록 한다. 이러한 소자는 다양한 형태로 사용되었으며, [그림 14-22]와 같이 사이리스터-제어 직렬 보상 장치로도 알려져 있는 사이리스터-제어 직렬 커패시터thyristor-controlled series capacitor, TCSC를 포함한다.

더 높은 성능을 가진 STATCOM이 반도체를 이용하는 SVC와 동등한 것처럼 송전선로에 직렬로 연결되어 선로 전류에 지상lag이거나 진상lead인 제어된 전압을 주입하는 반도체를 이용하는 TCSC와 동등한 정적 동기 직렬 보상 장치static synchronous series compensator, SSSC가 있음을 유념해야 한다.

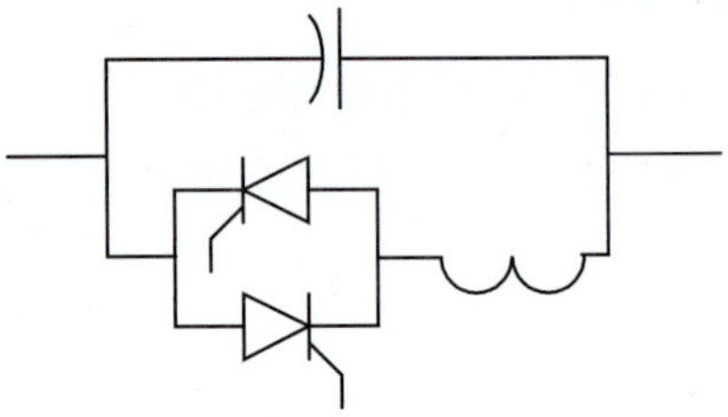

[그림 14-22] 사이리스터-제어 직렬 보상 장치

14.7.2.3 위상각 고정 제어와 결합형 조류 제어 장치(UPFC)

식 (14.1)을 바탕으로 [그림 14-21(a)]와 같이 변전소의 버스에 연결된 소자는 다음과 같은 방법으로 전력 전달에 영향을 줄 수 있다.

❶ 전압 크기 E의 제어
❷ 선 리액턴스 X의 변경
❸ 전력 각도 δ의 변경

이러한 소자는 결합형 조류 제어 장치unified power flow controller, UPFC라고 불리며, 앞서 나열된 방법들의 어떠한 조합으로든지 전력 전달에 영향을 미칠 수 있다. UPFC의 블록 다이어그램은 [그림 14-23(a)]와 같이 송전선 한쪽에 위치하고 2개의 전압원 스위치 모드 컨버터로 구성된다. 첫 번째 컨버터는 다음과 같이 상전압과 직렬로 전압 $\overline{E}_3$를 주입한다.

$$\overline{E}_1 + \overline{E}_3 = \overline{E}_2 \tag{14.2}$$

따라서 [그림 14-23(b)]에 나타낸 원 내부에서 주입된 전압 $\overline{E}_3$의 크기와 위상을 제어함으로써 버스 전압 $\overline{E}_2$의 크기와 위상은 제어될 수 있다. 주입된 전압 $\overline{E}_3$의 성분이 90° 위상차를 갖도록 한다면, 예를 들어 전류 위상 $\overline{I}$에 앞서는 경우라면 송전선 리액턴스 X는 부분적으로 보상될 수 있다.

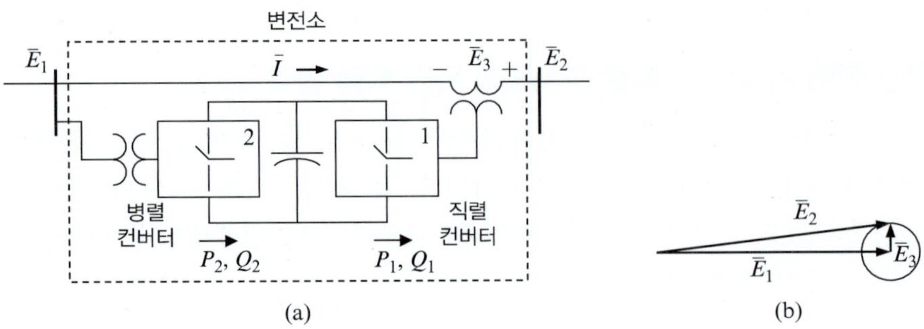

[그림 14-23] 결합형 조류 제어 장치

컨버터 1은 직렬 전압 $\overline{E}_3$를 주입하므로 유효 전력 P_1과 무효 전력 Q_1을 송전선에 전달한다(P_1과 Q_1은 각각 양이거나 음의 값일 수도 있다). 이것이 UPFC의 두 번째 컨버터가 필요한 이유이다.

$$P_1 = 3\,\mathrm{Re}\,(\overline{E}_3 \overline{I}^*) \tag{14.3}$$

$$Q_1 = 3\,\mathrm{Im}\,(\overline{E}_3 \overline{I}^*) \tag{14.4}$$

UPFC 내에는 정상상태에서의 에너지 저장 능력이 없으므로 손실을 무시할 경우 컨버터 2에 들어가는 전력 P_2는 P_1과 같아야 한다.

$$P_2 = P_1 \tag{14.5}$$

그러나 무효 전력 Q_2는 Q_1과 관계가 없으며, 다음과 같이 컨버터 2의 정격 전압과 정격 전류 내에서 독립적으로 제어될 수 있다.

$$Q_2 \neq Q_1 \tag{14.6}$$

버스 전압 E_1의 크기를 제어하기 위해 Q_2를 제어함으로써 UPFC는 개선된 정지형 무효 전력 보상 장치인 STATCOM과 동일한 기능을 제공한다. UPFC는 정지형 무효 전력 보상 장치, 위상 천이 변압기, 제어 직렬 보상과 같은 기능을 통합한다.

연습문제

14.1 [그림 14-8]과 [그림 14-9]의 풍력 시스템의 컨버터에 대한 세부 사항과 평균 식을 구하라.

14.2 [그림 14-10]의 태양광 시스템의 컨버터에 대한 세부 사항과 평균 식을 구하라.

14.3 [그림 14-13]의 플라이휠 저장 시스템의 컨버터에 대한 세부 사항과 평균 식을 구하라.

14.4 [그림 14-14]의 가변속 드라이브의 컨버터에 대한 세부 사항과 평균 식을 구하라.

14.5 [그림 14-16]의 UPS의 컨버터에 대한 세부 사항과 평균 식을 구하라.

14.6 [그림 14-17]의 DVR의 컨버터에 대한 세부 사항과 평균 식을 구하라.

14.7 [그림 14-18]의 전류-링크 HVDC 전송 시스템의 컨버터에 대한 세부 사항과 평균 식을 구하라.

14.8 [그림 14-19]의 전압-링크 HVDC 송전 시스템의 컨버터에 대한 세부 사항과 평균 식을 구하라.

14.9 [그림 14-21(c)]의 STATCOM의 컨버터에 대한 세부 사항과 평균 식을 구하라.

14.10 [그림 14-23(a)]의 UPFC 시스템의 컨버터에 대한 세부 사항과 평균 식을 구하라.

찾아보기

[ㅅ]

[ㅇ]

[ㅎ]

[A~B]

[C]

[D]

[E]

[F]

[G~H]

[I]

[J~K]

[L]

[M]

[N~O]

[P]

[R]

[S]

[T~U]

[V~Z]

[기타]